HISTOIRE

NATURELLE

DES POISSONS.

STRASBOURG, IMPRIMERIE DE F. G. LEVRAU
IMPRIMEUR DU ROI.

HISTOIRE

NATURELLE

DES POISSONS,

PAR

M. LE B.^{ON} CUVIER,

Grand-Officier de la Légion d'honneur, Conseiller d'État et au Conseil royal
de l'Instruction publique, l'un des quarante de l'Académie française,
Secrétaire perpétuel de celle des Sciences, membre des Sociétés et Académies
royales de Londres, de Berlin, de Pétersbourg, de Stockholm, de Turin,
de Gœttingue, des Pays-Bas, de Munich, de Modène, etc.;

ET PAR

M. VALENCIENNES,

Aide-Naturaliste au Muséum d'Histoire naturelle.

TOME SIXIÈME.

A PARIS,

Chez F. G. LEVRAULT, rue de la Harpe, n.° 81;
STRASBOURG, même Maison, rue des Juifs, n.° 33;
BRUXELLES, Librairie parisienne, rue de la Magdeleine, n.° 438.

1830.

AVERTISSEMENT.

LES naturalistes et les voyageurs amis des sciences continuent à favoriser notre entreprise par de riches contributions.

M. Rang, également distingué par ses services dans la marine et par ses ouvrages d'histoire naturelle[1], nous a envoyé de Gorée, où il commandait la station, une collection des poissons de ce parage dans un état de conservation parfaite. M. Frère, qui occupait à Cayenne une place de conseiller à la Cour royale, en a rapporté les espèces principales en très-grands échantillons, qu'il a bien voulu nous remettre. Il nous est arrivé deux envois de l'Isle-de-France par les soins de M. Desjardins, et un de Valparaiso, dans le Chili, par ceux de M. Gay, qui y est professeur de botanique. On verra déjà dans

1. Voyez surtout sa belle Monographie des aplysies.

ce volume quelques-unes des nouvelles espèces dues à ces généreux collecteurs, et il y en aura bien d'autres dans la suite de cet ouvrage. M. Ruppel, qui vient de terminer la partie ichtyologique de son Voyage, a bien voulu nous communiquer plusieurs de ses poissons de la mer Rouge, ce qui nous a permis d'en faire la comparaison avec les nôtres et d'en assurer la synonymie. On verra même déjà dans le supplément de ce volume la correction d'une faute à laquelle nous avions été induits en jugeant mal une de ses figures, et que nous nous empressons de rectifier.

Le volume actuel comprend des poissons que jusqu'à présent l'on réunissait sous le genre *sparus*, mais que leur grand nombre et les diversités de leurs caractères nous ont obligés de diviser en plusieurs genres et même en deux familles ; et comme leur histoire ne remplit point un volume égal aux autres, nous avons profité de l'espace qui nous restait pour donner une partie des espèces nouvelles appartenant aux classes précédemment traitées, et que nous n'avions pas lorsque nos volumes précédens ont été rédigés. Cependant nous n'avons pu tout donner à beaucoup près : c'est surtout aux percoïdes que nous nous sommes bornés, et nous profiterons des occasions semblables que nous trouverons par la suite pour donner plusieurs articles supplémentaires relatifs aux joues cuirassées et surtout aux sciénoïdes.

Le septième volume, dont l'impression est déjà fort avancée, contiendra l'histoire des squammipennes et des poissons à branchies munies d'appendices labyrinthiformes ; deux familles très-remarquables, la première par le nombre et la beauté de ses espèces, la seconde par l'organisation singulière qui lui permet de vivre au sec plus que ne le font la plupart des autres poissons.

Au Jardin du Roi, Juillet 1830.

TABLE

DU SIXIÈME VOLUME.

—

LIVRE SIXIÈME.

PARTIE I.

Pages. Planch.

DES SPAROÏDES 1

CHAPITRE PREMIER.

DES SARGUES (*SARGUS*, nob.) ET DES PUNTAZZO
 (*CHARAX*, Risso) 9

DES SARGUES . . . . *Ibid.*

Le Sargue, ou Sar proprement dit (*Sargus Ron-
deletii*, nob.) 14 141
Le Sargue de Salvien (*Sargus Salviani*, nob.). 28
Le petit Sargue, Sarguet ou Sparaillon (*Sargus
annularis*, nob.; *Sparus annularis*, Linn.). 35 142
Le Sargue vieille (*Sargus vetula*, nob.) 48

Des Sargues étrangers. 51

Le Sargue nocte (*Sargus noct*, Ehrenb.) . . . . . *Ibid.*
Le Sargue tête-de-mouton (*Sargus ovis*, nob.;
Sparus ovis, Mitch.) 53
Le Sargue tête-de-bélier (*Sargus aries*, nob.). 58
Le Sargue rayé (*Sargus lineatus*, nob.) 59
Le Sargue rubanné (*Sargus fasciatus*, nob.) . . *Ibid.*
Le Sargue argenté (*Sargus argenteus*, nob.) . . 60

	Pages.	Pl.
Le Sargue à lignes jaunes (*Sargus flavolineatus*, nob.)	60	
Le Sargue de l'Ascension (*Sargus Ascensionis*, nob.)	61	
Le Sargue unimaculé (*Sargus unimaculatus*, nob.).	62	
Le Sargue rhomboïde (*Sargus rhomboides*, nob.).	68	1
DES PUNTAZZO (*CHARAX*, Risso)	71	
Le Puntazzo commun (*Charax puntazzo*, nob.; *Sparus puntazzo*, Gmel.)	72	1

CHAPITRE II.

	Pages.	Pl.
DES DAURADES (*CHRYSOPHRIS*, nob.)	81	
La Daurade vulgaire (*Chrysophrys aurata*, nob.; *Sparus aurata*, Linn.)	85	1
La Daurade à museau renflé (*Chrysophrys crassirostris*, nob.)	98	1
La Daurade à front bombé (*Chrysophrys globiceps*, nob.)	100	
La Daurade sarbe, ou Gueule-Pavée de l'Isle-de-France (*Chrysophrys sarba*, nob.)	102	
La Daurade chitchillé (*Chrysophrys chrysargyra*, nob.)	107	
La Daurade haffara (*Chrysophrys haffara*, nob.; *Sparus haffara*, Forsk.)	108	
La Daurade tachetée de bleu (*Chrysophrys cæruleosticta*, nob.)	110	
La Daurade pique (*Chrysophrys berda*, nob.; *Sparus berda*, Forsk.)	113	
La Daurade à longues épines (*Chrysophrys longispinis*, nob.)	116	

Pages. Planch.

La Daurade calamara (*Chrysophrys calamara*, nob.)................................ 117

La Daurade à deux bandes (*Chrysophrys bifasciata*, nob.)........................... 118

La Daurade à large tête (*Chrysophrys laticeps*, nob.)............................. 122

La Daurade bilobée (*Chrysophrys bilobata*, nob.; *Sparus bilobatus*, Lacép.)............ 125

La Daurade à tête bossue (*Chrysophrys gibbiceps*, nob.)........................... 127   147

La Daurade cardinal (*Chrysophrys cardinalis*, nob.; *Spare cardinal*, Lacép.).......... 130

La Daurade à tête crêtée (*Chrysophrys cristiceps*, nob.)........................... 132

La Daurade bec-de-corbeau (*Chrysophrys coracinus*, nob.)........................... 133

La Daurade à gros yeux (*Chrysophrys grandoculis*, nob.; *Sciæna grandoculis*, Forsk.).. 134

La Daurade de Madagascar (*Chrysophrys madagascariensis*, nob.).................... 135

La Daurade aiguillonnée (*Chrysophrys aculeata*, nob.)............................ 137

La Daurade annulaire (*Chrysophrys annularis*, nob.; *Sparus annularis*, Bl.)............ 139

La Daurade de Forster (*Chrysophrys Forsteri*, nob.; *Sparus Forsteri*, Bl. Schn.)........ 140

CHAPITRE III.

Des Pagres (*Pagrus*, nob.)................. 141

Le Pagre ordinaire (*Pagrus vulgaris*, nob.)... 142   148

	Pages.	Planch.
Le Pagre orphe (*Pagrus orphus*, nob.)	150	149
Le Pagre hurta (*Pagrus hurta*, nob.; *Sparus hurta*, Linn.)	152	
Des Pagres étrangers	155	
Le Pagre d'Ehrenberg (*Pagrus Ehrenbergii*, nob.)	*Ibid.*	
Le Pagre spinifère (*Pagrus spinifer*, nob.; *Sparus spinifer*, Forsk.)	156	
Le Pagre à un seul filament (*Pagrus filamentosus*, nob.)	158	
Le Pagre à longs filets (*Pagrus longifilis*, nob.)	159	
Le Pagre à gouttelettes (*Pagrus guttulatus*, nob.)	160	
Le Pagre unicolore (*Pagrus unicolor*, nob.)	162	
Le Pagre à défenses (*Pagrus laniarius*, nob.)	163	
Le Pagre microptère (*Pagrus micropterus*, nob.)	*Ibid.*	
Le Pagre œil-d'argent (*Pagrus argyrops*, nob.)	164	

CHAPITRE IV.

	Pages.	Planch.
DES PAGELS (*PAGELLUS*, nob.)	169	
Le Pagel commun (*Pagellus erythrinus*, nob.; *Sparus erythrinus*, Linn.)	170	150
Le Rousseau, ou Pagel à dents aiguës (*Pagellus centrodontus*, nob.; *Sparus centrodontus*, Laroche)	180	
Le Pagel acarne (*Pagellus acarne*, nob.)	191	
Le Pagel bogueravel, ou Pilonneau (*Pagellus bogaraveo*, nob.; *Sparus bogaraveo*, Brünn.)	196	
Le Pagel à museau court (*Pagellus breviceps*, nob.)	199	
Le Pagel morme, ou Mormyre (*Pagellus mormyrus*, nob.; *Sparus mormyrus*, Linn.)	200	

Pages. Planch.

Des Pagels étrangers . . . . 2 o 3

Le Pagel de Gorée (*Pagellus goreensis*, nob.). *Ibid.*

Le Pagel à maxillaire pierreux (*Pagellus lithognathus*, nob.). 204 151

Le Pagel à plume (*Pagellus calamus*, nob.). . . 2 o 6 152

Le Pagel à tuyau (*Pagellus penna*, nob.) . . . . 2 o 9

Le Pagel de Fernambouc (*Pagellus pernambucensis*, nob.). 2 1 o

CHAPITRE V.

Des Dentés (*Dentex*, nob.). 2 1 2

Le Denté ordinaire (*Dentex vulgaris*, nob.; *Sparus dentex*, Linn. Bl.). . . . . 2 2 o 153

Le Denté aux gros yeux (*Dentex macrophtalmus*, nob.; *Sparus macrophtalmus*, Bl.). . . 2 2 7

Des Dentés étrangers 2 3 1

Le Denté de roche (*Dentex rupestris*, nob.). . . *Ibid.*

Le Denté macrocéphale (*Dentex macrocephalus*,
 nob.; *Labre macrocéphale*, Lacép.). 2 3 2

Le Denté gobioïde (*Dentex gobioides*, nob.;
 Perca gobioides, Soland.). 2 3 4

Le Denté de Maroc (*Dentex maroccanus*, nob.). *Ibid.*

Le Denté aux raies d'argent (*Dentex argyrozona*,
 nob.). 2 3 5

Le Denté de Thunberg (*Dentex Thunbergii*, nob.;
 Labre Thunberg, Lacép.). 2 3 7

Le Denté multident (*Dentex multidens*, nob.). . . 2 3 8

Le Denté à dents de chien (*Dentex cynodon*, nob.;
 Sparus cynodon, Bl.). 2 3 9

Le Denté nufar (*Dentex nufar*, Ehrenb.). . . . . . 2 4 o

	Pages.	Planch.
Le Denté variable (*Dentex variabilis*, Ehrenb.).	241	
Le Denté à bandelettes (*Dentex fasciolatus*, Ehr.).	242	
Le Denté hexodonte (*Dentex hexodon*, Q. et G.).	243	
Le Denté à fourches alongées (*Dentex furcosus*, nob.).	244	
Le Denté de Péron (*Dentex Peronii*, nob.).	245	154
Le Denté à caudale bordée (*Dentex marginatus*, nob.).	*Ibid.*	
Le Denté à nageoires rayées (*Dentex tæniopterus*, nob.).	246	
Le Denté biponctué (*Dentex bipunctatus*, Ehr.).	247	
Le Denté rouge (*Dentex ruber*, nob.).	*Ibid.*	
Le Denté tolu (*Dentex tolu*, nob.).	248	
Le Denté tambuli (*Dentex tambulus*, nob.; *Sparus japonicus*, Bl.).	249	
Le Denté jaune (*Dentex luteus*, nob.; *Coryphæna lutea*, Bl. Schn.).	250	
Le Denté strié (*Dentex striatus*, nob.; *Coryphæna striata*, Bl.).	252	
Le Denté à queue en filet (*Dentex setigerus*, nob.; *Spare chinois*, Lacép.).	253	
Le Denté filamenteux (*Dentex filamentosus*, nob.).	254	155
Le Denté pique (*Dentex hasta*, nob.).	255	

CHAPITRE VI.

	Pages.	Planch.
Des Pentapodes (*Pentapus*, nob.)	258	
Le Pentapode rayé (*Pentapus vittatus*, nob.; *Sparus vittatus*, Bl.).	260	
Le Pentapode unicolor (*Pentapus unicolor*, nob.).	263	
Le Pentapode à une seule bandelette (*Pentapus vitta*, nob.).	264	

Pages. - Planch.

Le Pentapode gris (*Pentapus iris*, nob.)..... 266

Le Pentapode à pores (*Pentapus porosus*, nob.). 267   156

Le Pentapode de Péron (*Pentapus Peronii*, nob.). 268

Le Pentapode rayé d'or (*Pentapus aurolineatus*, nob.; *Sparus aurolineatus*, Lacép.)....... 269   157

Le Pentapode à filet (*Pentapus setosus*, nob.). 270

CHAPITRE VII.

DES LÉTHRINUS (*LETHRINUS*, nob.)......... 272

Le Léthrinus de l'Atlantique (*Lethrinus atlanticus*, nob.)............................ 275

Des Léthrinus des mers de l'Inde.......... 279

Le Léthrinus bungus (*Lethrinus bungus*, Ehr.). *Ibid.*

Le Léthrinus nuageux (*Lethrinus nebulosus*, Ehr.; *Sciæna nebulosa*, Forsk.)............... 284

Le Léthrinus de Geoffroy (*Lethrinus Gothofredi*, nob.)............................. 286

Le Léthrinus mahsénoïde (*Lethrinus mahsenoides*, Ehrenb.)............................ *Ibid.*

Le Léthrinus varié (*Lethrinus variegatus*, Ehr.). 287

Le Léthrinus alongé (*Lethrinus elongatus*, Ehr.). 289

Le Léthrinus à tache operculaire (*Lethrinus opercularis*, nob.)......................... *Ibid.*

Le Léthrinus à bandes (*Lethrinus fasciatus*, nob.). 290

Le Léthrinus bridé (*Lethrynus frænatus*, nob.). 291

Le Léthrinus korely (*Lethrinus korely*, nob.)... 292

Le Léthrinus tacheté (*Lethrinus maculatus*, nob.). *Ibid.*

Le Léthrinus à queue rouge (*Lethrinus erythrurus*, nob.)........................... 293

Le Léthrinus cendré (*Lethrinus cinereus*, nob.). *Ibid.*

Pages. Planch.

Le Léthrinus à demi-ceinture (*Lethrinus semicinc-
tus*, nob.)........................... 294

Le Léthrinus à petites dents (*Lethrinus microdon*,
nob.)............................... 295

Le Léthrinus olive (*Lethrinus olivaceus*, nob.). *Ibid.*

Le Léthrinus long-museau (*Lethrinus rostratus*,
K. et V. H.)........................ 296

Le Léthrinus de Waigiou (*Lethrinus waigiensis*,
nob.)............................... 297

Le Léthrinus à réseau (*Lethrinus reticulatus*,
nob.)............................... 298

Le Léthrinus sale (*Lethrinus sordidus*, nob.).... *Ibid.*

Le Léthrinus jaunâtre (*Lethrinus flavescens*, nob.). 299

Le Léthrinus azuré (*Lethrinus azureus*, nob.)... 300

Le Léthrinus bleu (*Lethrinus cœruleus*, nob.)... 301

Le Léthrinus capitaine (*Lethrinus centurio*, nob.). *Ibid.* 158

Le Léthrinus à nageoires aurores (*Lethrinus cro-
ceopterus*, nob.)..................... 302

Le Léthrinus argenté (*Lethrinus argenteus*, nob.). 303

Le Léthrinus de Bourbon (*Lethrinus borbonicus*,
nob.)............................... *Ibid.*

Le Léthrinus à joues tachetées (*Lethrinus geni-
guttatus*, nob.)...................... 304

Le Léthrinus à joues rayées (*Lethrinus genivittatus*, nob.).......................... 306 159

Le Léthrinus à museau de porc (*Lethrinus chœrorhynchus*, nob.; *Sparus chœrorhynchus*, Bl.). 308

Le Léthrinus verdâtre (*Lethrinus virescens*, nob.). *Ibid.*

Le Léthrinus leutjan (*Lethrinus leutjanus*, nob.;
Bodian lentjean, Lacép.).............. 309

Le Léthrinus orné (*Lethrinus ornatus*, nob.)... 310

Pages. Planch.

Le Léthrinus karwa (*Lethrinus karwa*, nob.;
Karwa, Russ.) 311

Le Léthrinus d'Ehrenberg (*Lethrinus Ehrenbergii*, nob.) 312

Le Léthrinus raccourci (*Lethrinus abbreviatus*,
Ehrenb.) . . . . *Ibid.*

Le Léthrinus mahsena (*Lethrinus mahsena*, nob.;
Sciæna mahsena, Forsk.) 313

Le Léthrinus aux nageoires rouges (*Lethrinus
erythropterus*, nob.) . . . . *Ibid.*

Le Léthrinus aux rayons rouges (*Lethrinus ery-
thracanthus*, nob.) 314

Le Léthrinus à points blancs (*Lethrinus albogut-
tatus*, nob.) . . . . *Ibid.*

Le Léthrinus aux nageoires jaunes (*Lethrinus
xanthopterus*, nob.) 315

Le Léthrinus carminé (*Lethrinus miniatus*, nob.;
Sparus miniatus, Forst., Bl. Schn.) . . . . *Ibid.*

Le Léthrinus à larges molaires (*Lethrinus lati-
dens*, nob.) 316

CHAPITRE VIII.

Des Canthères 318

Le Canthère commun (*Cantharus vulgaris*, nob.;
Sparus cantharus, Linn.) 319   160

Le Canthère brême (*Cantharus brama*, nob.) . . . 328

Le Canthère orbiculaire (*Cantharus orbicularis*,
nob.) 331

Le Canthère gris (*Cantharus griseus*, nob.) 333

Des Canthères étrangers 337

xviij TABLE.

Pages. Planch.

Le Canthère du Sénégal (*Cantharus senegalensis*, nob.).................................. 337

Le Canthère à sous-orbitaire échancré (*Cantharus emarginatus*, nob.)..................... 338

Le Canthère de Bloch (*Cantharus Blochii*, nob.; *Sparus brama*, Bl.)....................... 339

Le Canthère à grands yeux (*Cantharus grandoculis*, nob.)................................. 341

Le Canthère bleu (*Cantharus cœruleus*, nob.).. 342

Le Canthère tacheté (*Cantharus maculatus*, nob.). 343

Le Canthère linéolé (*Cantharus lineolatus*, nob.). 344

Le Canthère guliminda (*Cantharus guliminda*, nob.)............................... Ibid.

CHAPITRE IX.

DES BOGUES (*Box*, nob.)................. 346

Le Bogue commun (*Box vulgaris*, nob.; *Sparus boops*, Linn.)......................... 348   161

La Saupe (*Box salpa*, nob.; *Sparus salpa*, Linn.)................................ 357   162

Le Bogue de Gorée (*Box goreensis*, nob.).... 364

Le Bogue salpoïde (*Box salpoides*, nob.)..... 365

CHAPITRE X.

DES OBLADES (*OBLATA*, nob.), DES SCATHARES (*SCATHARUS*, nob.) ET DES CRÉNIDENS (*CRENIDENS*, nob.)..................... 366

DES OBLADES........................... Ibid.

L'Oblade ordinaire (*Oblata melanura*, nob.; *Sparus melanurus*, Linn.)............... Ibid. 162 bis.

Pages.   Planch.

L'Oblade à dents à trois pointes (*Oblata tricuspidata*, nob.; *Box tricuspidatus*, Q. et G.)... 372

DES SCATHARES. 375

Le Scathare grec (*Scatharus græcus*, nob.)... 376   162 *ter.*

DES CRÉNIDENS. 377

Le Crénidens de Forskal (*Crenidens Forskalii*, nob.). 378   162 *quater.*

Explication de la planche 163 (dents de sparoïdes). 380   163

LIVRE SIXIÈME.

PARTIE II.

DES MÉNIDES. 381

CHAPITRE XI.

DES MENDOLES (*MÆNA*, nob.). 386

La Mendole commune (*Mæna vulgaris*, nob.; *Sparus mæna*, Linn.). 390

La Mendole juscle (*Mæna jusculum*, nob.).... 395

La Mendole d'Osbeck (*Mæna Osbeckii*, nob.; *Sparus tricuspidatus*, Spin.). 397

La Mendole vomérienne (*Mæna vomerina*, nob.). 400   164

CHAPITRE XII.

DES PICARELS (*SMARIS*, nob.). 403

Le Picarel ordinaire (*Smaris vulgaris*, nob.)... 407

Le Picarel insidiateur (*Smaris insidiator*, nob.). 414

Le Picarel martin-pêcheur (*Smaris alcedo*, nob.). 416

Le Picarel chrysèle (*Smaris chryselis*, nob.)... 419   165

Pages. Planch.

Le Picarel gagarel (*Smaris gagarella*, nob.)... 420

Des Picarels étrangers 421

Le Picarel étroit (*Smaris angustatus*, nob.; *Sciæna
angustata*, Soland. Park.) .... *Ibid.*

Le Picarel Royer (*Smaris Royeri*, Bowd.).... *Ibid.*

Le Picarel à queue noire (*Smaris melanurus*, nob.). 422

Le Picarel de la Martinique (*Smaris martinicus*,
nob.) 424

Le Picarel à étole (*Smaris balteatus*, nob.).... *Ibid.*

(Par M. Valenciennes.)

CHAPITRE XIII.

DES CÆSIO (*CÆSIO*, Commers.)............ 426

Le Cæsio tilé (*Cæsio tile*, nob.) 428

Le Cæsio azuror (*Cæsio cærulaureus*, Lacép.). 434

Le Cæsio argenté (*Cæsio argenteus*, nob.; *Bodianus argenteus*, Bl.) 437

Le Cæsio tricolor (*Cæsio tricolor*, nob.)...... 438

Le Cæsio tacheté (*Cæsio maculatus*, nob.).... 439

Le Cæsio à ceinture d'or (*Cæsio chrysozona*, K.
et V. H.) 440

Le Cæsio à croissant (*Cæsio lunaris*, Ehr.).... 441

Le Cæsio à ventre rouge (*Cæsio erythrogaster*,
K. et V. H.) 442   166

Le Cæsio cuning (*Cæsio cuning*, nob.; *Sparus
cuning*, Bl.) 444

CHAPITRE XIV.

DES GERRES. 446

Le Gerres de Plumier (*Gerres Plumieri*, nob.). 452   167

Pages. Planch.

Le Gerres du Brésil (*Gerres brasilianus*, nob.).   458

Le Gerres rhomboïde (*Gerres rhombus*, nob.).   459

Le Gerres sans scie (*Gerres aprion*, nob.).....   461

Le Gerres petite-gueule (*Gerres gula*, nob.)...   464

Le Gerres à dorsale bilobée (*Gerres bilobus*, nob.).   466

Le Gerres du Pérou (*Gerres peruvianus*, nob.).   467

Le Gerres poisson-blanc (*Gerres poeti*, nob.)...   468

Le Gerres de Riche (*Gerres Richii*, nob.).....   469

Le Gerres rayé (*Gerres lineatus*, nob.; *Smaris lineatus*, Humb.).....................   470

Le Gerres breton (*Gerres oyena*, nob.; *Labrus oyena*, Forsk.).....................   472

Le Gerres bordé (*Gerres limbatus*, nob.).....   476

Le Gerres brillant (*Gerres lucidus*, nob.).....   477

Le Gerres demi-rubanné (*Gerres subfasciatus*, nob.)......................... *Ibid.*

Le Gerres argire (*Gerres argyreus*, nob.; *Sciæna argyrea*, Forst.; *Cychla argyrea*, Bl. Schn.).   478

Le Gerres alongé (*Gerres oblongus*, nob.)....   479

Le Gerres ponctué (*Gerres punctatus*, nob.)...   480

Le Gerres filamenteux (*Gerres filamentosus*, nob.; *Woodawahah*, Russ.)................   482

APPENDICE AU LIVRE SIXIÈME.

Des Aphareus........................   485

L'Aphareus bleuâtre (*Aphareus cœrulescens*, nob.; *Labre fourche* et *Caranxomore sacrestin*, Lacép.)......................   487   167 *bis.*

L'Aphareus rouge (*Aphareus rutilans*, nob.).   490

(Par M. le Bon Cuvier.)

Pages. Planches.

La Diacope rose (*Diacope rosea*).............. 537

Le Mésoprion à tache caudale (*Mesoprion caudalis*, nob.)...................... *Ibid.*

Le Mésoprion brunâtre (*Mesoprion fuscescens*, nob.)........................ 538

Le Mésoprion éclatant (*Mesoprion fulgens*, nob.). 539

Le Mésoprion de Gorée (*Mesoprion goreensis*, nob.)........................ 540

Le Mésoprion à dentelures rétrogrades (*Mesoprion retrospinis*, nob.) 541

Le Mésoprion à trait sous l'œil (*Mesoprion tæniops*, nob.)..................... 543

DE L'APRION............................ *Ibid.*

L'Aprion verdâtre (*Aprion virescens*, nob.)... 544 168

Additions au tome troisième.............. 548

DE L'APSILE (*APSILUS*, nob.) .... *Ibid.*

L'Apsile brun (*Apsilus fuscus*, nob.)........ 549 168 *bi*

Addition à l'article de l'*Apogon à nageoires roses*. 553

Addition au tome quatrième.............. 554

Addition à l'article de l'*Aspidophore à une seule dorsale*........................ *Ibid.* 169

Additions et corrections aux tomes cinquième et sixième........................ 558

(Par M. Valenciennes.)

AVIS AU RELIEUR

POUR PLACER LES PLANCHES.

Planches.

141. *Sargus Rondeletii* . . . . vis-à-vis la page   26

142. *Sargus annularis*   46

143. *Sargus rhomboides*   70

144. *Charax puntazzo*   80

145. *Chrysophrys aurata*   96

146. *Chrysophrys crassirostris*   98

147. *Chrysophrys gibbiceps*   128

148. *Pagrus vulgaris*   148

149. *Pagrus orphus* [1]   150

150. *Pagellus erythrinus*   178

151. *Pagellus lithognathus*   204

152. *Pagellus calamus*   208

153. *Dentex vulgaris*   226

154. *Dentex Peronii*   245

155. *Dentex filamentosus*   254

156. *Pentapus porosus*   267

157. *Pentapus aurolineatus*   270

158. *Lethrinus esculentus*   302

159. *Lethrinus genivittatus*   306

160. *Cantharus vulgaris*   326

---

1. Les n.ᵒˢ 149, 162 *bis*, 162 *ter*, 162 *quater* et 168 *bis*, paraîtront dans la livraison des planches accompagnant le septième volume.

Planches.

161. *Box vulgaris*............vis-à-vis la page 356
162. *Box salpa*........................ 362
162 bis. *Oblata melanura*.................., 366
162 ter. *Scatharus græcus*.................. 376
162 quater. *Crenidens Forskalii*.............. 378
163. Dents de sargues et de daurades.......... 380
164. *Mæna vomerina*.................... 402
165. *Smaris chryselis*................... 419
166. *Cæsio erythrogaster*................. 442
167. *Gerres Plumieri*................... 456
167 bis. *Aphareus cærulescens*.............. 488
168. *Aprion virescens*.................. 546
168 bis. *Apsilus fuscus*................. 552
169. *Aspidophorus monopterygius*............ 556

POISSONS OSSEUX.

ACANTHOPTÉRYGIENS.

SPAROÏDES. Pièces operculaires sans épines ni dentelures; palais sans dents; bouche non protractile; écailles grandes.

Une partie des dents coniques ou en tubercules.

Joue écailleuse.

SARGUES. Incisives tranchantes; molaires arrondies sur plusieurs rangs.

CHARAX. Incisives tranchantes; molaires petites et grenues.

DAURADES. Dents coniques en avant; molaires arrondies sur plusieurs rangs.

PAGRES. Dents coniques en avant, avec des dents en carde derrière; molaires arrondies sur deux rangs.

PAGELS. Dents en velours en avant; molaires arrondies sur plusieurs rangs.

DENTÉS. Dents en crochets et en velours; quatre canines au moins dans le nombre à chaque mâchoire.

PENTAPODES. Dents en velours; deux canines seulement à chaque mâchoire; bouche peu fendue.

Joue sans écailles.

LÉTHRINUS. Dents en crochets et en velours; quelquefois des molaires coniques ou arrondies, mais sur un seul rang.

Dents toutes en velours.

CANTHÈRES. La rangée des dents extérieures plus forte.

Dents tranchantes; point de molaires arrondies.

BOGUES. Une seule rangée de dents aplaties, échancrées ou crénelées.

OBLADES. Dents en velours de derrière les dents aplaties et crénelées.

SCATHARES. Une seule rangée de dents aplaties, sans échancrure.

CRÉNIDENS. Deux rangées de dents aplaties et crénelées, et des dents grenues par derrière.

POISSONS OSSEUX.

ACANTHOPTÉRYGIENS.

MÉNIDES. Forme des sparoïdes, mais quelquefois des dents au palais ou des dentelures au préopercule; la bouche constamment très-protractile.

Dorsale sans écailles.

MENDOLES. Des dents au vomer.

PICARELS. Point de dents au palais.

Dorsale écailleuse.

CÆSIO. Bouche peu protractile; dorsale reculée sur le dos, et en grande partie couverte d'écailles.

GERRES. Bouche très-protractile et s'abaissant lorsqu'elle s'avance; dorsale pouvant se cacher entre deux lames écailleuses.

HISTOIRE
NATURELLE
DES POISSONS.

LIVRE SIXIÈME.

PARTIE I.

DES SPAROÏDES.

Artedi avait réuni dans son genre *sparus* quinze espèces de poissons, la plupart de la Méditerranée, et qui toutes se ressemblent par un corps ovale, une dorsale épineuse, indivise, non écailleuse, un préopercule non dentelé, un opercule non épineux, un palais sans dents, une membrane des ouïes soutenue par cinq ou six rayons, et des appendices pyloriques en petit nombre; tous caractères positifs qui auraient pu nous déterminer à laisser ensemble ces poissons et les nombreux analogues qu'on leur a trouvés depuis, si nous ne nous étions aperçus que parmi les groupes qui composeraient cette famille il en est dont quelques membres échapperaient à ces déter-

6.   1*

minations, malgré les rapports qui les lient d'ailleurs avec leurs semblables.

Ainsi nos *gerres,* qui tiennent évidemment de très-près au picarel (*sparus smaris*), ont pour la plupart des dentelures au préopercule; et les *mendoles,* qui y tiennent de plus près encore, s'il est possible, ont toutes des dents au vomer. Heureusement qu'il existe un caractère propre à détacher ces genres rebelles de la famille des spares, sans les séparer les uns des autres : c'est la protractilité de leur museau; et nous n'avons point hésité à employer cette conformation comme base d'une famille particulière, celle des ménides, dont nous ferons l'histoire dans la deuxième partie de ce livre.

Nous rejetons aussi dans une autre famille, dans celle des labroïdes, le *sparus chromis* d'Artedi, qui n'a point d'appendices cœcales, et dont tous les autres caractères sont étrangers aux spares.

Nos retranchemens seront un peu plus nombreux dans le genre *sparus,* tel que Linnæus l'a composé et porté à vingt-six espèces. Parmi les onze qu'il y ajoute, il se trouve une cychle (le *sparus saxatilis*), un mésoprion (le *sparus synagris*), un pristipome (le *sparus virginicus*), un amphacanthe (le *sparus spinus*) et une girelle (le *sparus radiatus*).

Les auteurs postérieurs ont encore beaucoup augmenté la confusion. Ainsi Gmelin,
qui a porté le nombre des spares à trente-
neuf, y range un apogon (le *sparus notatus*),
un épibulus (le *sparus insidiator*), et cinq
ou six espèces tirées de Houttuyn et d'Hasselquist[1] et indéchiffrables pour la plupart.

M. de Lacépède en annonce quatre-vingt-
dix-huit; et l'on aura peut-être peine à nous
croire, si nous avançons que dans ce nombre
il en a, indépendamment de ceux que Linnæus et Gmelin y avaient déjà ajoutés mal à
propos, quarante-deux espèces qui ne seraient
des spares dans aucun système, sans compter
ceux dont il est impossible de dire ce qu'ils
sont, tant les descriptions sur lesquelles on
les établit sont incomplètes.

Un travail opiniâtre nous a fait reconnaître
en effet que M. de Lacépède a rangé parmi
ses spares un amphacante[2], une castagnole[3],
deux gerres[4], quatre mésoprions[5], cinq chéi-

---

1. *Sparus argentatus, Sparus palpebratus, Sparus latus, Sparus virgatus, Sparus fuscescens.* Nous avons lieu de soupçonner que le *Sparus galilæus* d'Hasselquist est un chromis.

2. *Sparus calcaratus.*

3. *Sparus castaneola,* ou *Sparus Rayi,* Bl.

4. *Sparus erythrurus* et *Sparus brittannus.*

5. *Sparus chrysurus; Sparus semiluna* (qui est le même); *Sparus cynodon; Sparus tetracanthus.*

lines [1], deux scares [2], trois girelles [3], quatre chromis[4], cinq serrans [5], un cæsio [6], un anampses[7], une cirrhite[8], deux cychles[9], trois labres[10], un apogon[11], un crénilabre[12], un hémulon[13] et un pristipome.[14]

Shaw fait mieux encore ; il admet sans discussion toutes ces espèces disparates, et il y en joint au hasard une foule d'autres, prises dans les genres de Lacépède ou de Bloch, qu'il n'adopte pas, en sorte que l'on voit parmi ses spares de plus que parmi ceux de Lacépède, des crénilabres [15], des

---

1. *Sparus anchorago; Sparus fasciatus; Sparus zonephorus; Sparus chlorurus; Sparus falcatus.*

2. *Sparus holocyanosus; Sparus Abildgaard.*

3. *Sparus chloropterus; Sparus hemisphœreon; Sparus brachion.*

4. *Sparus chromis; Sparus surinamensis; Sparus Desfontaines; Sparus acara.*

5. *Sparus venenosus; Sparus punctulatus; Sparus cruentatus; Sparus atlanticus; Sparus chrysomelanus.*

6. *Sparus Cuning.*

7. *Sparus xanthurus.*

8. *Sparus pantherinus.*

9. *Sparus naoquunda; Sparus pavo.*

10. *Sparus lividus; Sparus claviera; Sparus niger.*

11. *Sparus meaco.*

12. *Sparus carudje.*

13. *Sparus Catesby.*

14. *Sparus jub.*

15. *Sparus verres,* Shaw; *Sparus rupestris: Sparus norvegicus; Sparus lupina; Sparus bidens; Sparus notatus; Sparus Linkii; Sparus viresens,* etc.

serrans[1], des hémulons[2], des scolopsides[3], des amphiprions[4], jusqu'à des otolithes et des johnius[5], et des poissons de vingt autres genres, tout aussi étrangers les uns aux autres. C'est ainsi qu'il parvient à compter cent soixante-trois prétendues espèces du genre *sparus,* ne laissant pas néanmoins de caractériser ce genre comme Artedi, et n'hésitant point à attribuer à la plupart des espèces des dents en forme de pavés.

Beaucoup moins nombreux dans le Système posthume de Bloch, où il n'y en a que quarante-neuf espèces, le genre *sparus* ne laisse pas que d'en renfermer encore huit ou dix, qui n'entreraient pas dans les *sparus,* même avec l'extension qu'Artedi leur avait donnée. [6]

Ainsi, après avoir écarté toutes ces espèces hétérogènes, après avoir séparé des *sparus.*

---

1. *Sparus anthias; Sparus serran; Sparus ascensionis; Sparus adriaticus; Sparus argus.*

2. *Sparus sciurus,* Shaw.

3. *Sparus ellipticus,* Shaw.

4. *Sparus percula,* Shaw; *Sparus polymna; Sparus bifasciatus; Sparus ephippium.*

5. *Sparus triangulum; Sparus diacanthus; Sparus cayennensis,* etc.

6. *Sparus fasciatus; Sparus chlorurus* (sont des chéilines); *Sparus falcatus* (un labre); *Sparus radiatus* (une girelle); *Sparus lunulatus; Sparus malabaricus* (des mésoprions), etc.

d'Artedi les espèces à museau protractile, ou notre famille des ménides, il ne nous reste, pour composer celle des sparoïdes, que ceux des spares d'Artedi dont le museau ne se jette pas en avant, et qui n'ont ni dents au palais ni aucune armure aux pièces operculaires. Cette dernière circonstance, jointe à l'absence de toute cavernosité, de tout renflement au crâne, les distingue des sciénoïdes; l'absence d'écailles sur les nageoires verticales les distingue des squammipennes, et la grandeur des écailles du corps les sépare des scombéroïdes.

Ainsi réduite, cette famille possède encore des espèces assez nombreuses et assez différentes entre elles, pour que nous ayons été obligés de les répartir en plusieurs genres.

Pour cet effet leurs dents nous fournissent d'excellens caractères, d'après lesquels nous les distribuons d'abord en quatre tribus.

Dans la première, les mâchoires ont sur les côtés des dents rondes en forme de pavés; dans la seconde, elles n'ont que des dents coniques et en crochets; dans la troisième, les dents sont en velours; enfin, la quatrième a autour de chaque mâchoire une rangée de dents tranchantes.

Chacune de ces tribus peut être subdivisée en genres d'après des caractères secondaires.

La tribu à molaires rondes a les dents antérieures tranchantes, ou coniques ou en velours.
Dans le premier cas, on a le genre des *sargus,*
si les molaires sont sur plusieurs rangs, et le
genre des *charax,* si elles sont sur un seul
rang et très-petites; dans le second on a,
avec des molaires sur plusieurs rangs, le genre
des *daurades;* et avec des molaires sur deux
rangs seulement, le genre des *pagres.* Le genre
des *pagels* a les molaires tantôt sur deux, tantôt sur plusieurs rangs; mais toutes les dents
antérieures y sont en velours.

La deuxième tribu, ou celle à dents coniques, dont plusieurs s'alongent en canines,
se divise en *lethrinus,* qui n'ont pas d'écailles
sur la joue; en *dentex,* qui ont la joue écailleuse et au moins quatre canines à chaque mâchoire, et en *pentapodes,* dont la joue et les
dents ressemblent à celles des *dentex,* mais à
qui leur forme moins élevée, leur bouche
moins fendue, armée seulement de deux canines à chaque mâchoire, leur caudale plus
écailleuse, donnent une tournure particulière.

La troisième tribu, celle qui n'a de dents
qu'en velours, ne comprend qu'un genre, celui
des *canthères.*

Enfin, dans la quatrième, les dents tranchantes qui entourent les mâchoires sont tantôt seules, tantôt accompagnées en arrière de dents en velours; ce qui donne les deux genres des *bogues* et des *oblades*.[1]

---

1. Voyez le tableau ci-joint.

CHAPITRE PREMIER.

Des Sargues (Sargus, nob.) et des Puntazzo (Charax, Risso).

DES SARGUES.

Les espèces que nous réunissons dans ce genre ont un air de famille qui ne permet pas de les séparer. Leur caractère le plus saillant consiste dans la forme de leurs incisives élargies, comprimées, tronquées à leur extrémité, qui les rend semblables à des incisives humaines, surtout dans les individus de grandes dimensions : leurs dents molaires et arrondies rapprochent les sargues des daurades, des pagres et des pagels ; mais leurs incisives sont toutes différentes.

Klein[1] a le premier fait un genre *sargus* de ces espèces à dents incisives, tronquées et aplaties, semblables à celles de l'homme, et paraît réunir dans sa première espèce nos deux premiers sargues, et placer notre sparaillon dans la seconde ; mais il y ajoute des

---

1. *Miss. V*, p. 57.

labres, la saupe, et enfin un vrai scare, dont les figures sont très-reconnaissables.

La Méditerranée produit quatre espèces de sargues, fort voisines les unes des autres, dont trois au moins ont été vues par les auteurs du seizième siècle; mais dont les deux premières ont été généralement confondues par les nomenclateurs. Toutes les quatre ont à chaque mâchoire huit à dix incisives courtes, larges, à tranchant rectiligne, et des molaires rondes sur trois ou quatre rangs; mais elles diffèrent par la taille et par les couleurs.

Une cinquième espèce, également de la Méditerranée, se distingue davantage des autres, en ce qu'elle n'a qu'une seule rangée de petites molaires, et que ses incisives sont longues, étroites et couchées en avant, ce qui contribue à lui rendre le museau beaucoup plus pointu. C'est à elle que M. Risso a donné le nom générique de *charax*. Nous en traiterons à la fin du chapitre.

Les sargues sont des poissons littoraux, assez communs sur les côtes de nos provinces méridionales, et dont on voit aussi au moins une espèce sur les côtes occidentales d'Espagne et jusque dans le golfe de Gascogne, mais qui ne s'avancent pas au-delà sur les côtes septentrionales de l'Océan; ils n'entrent

pas dans la Manche, et nous ne trouvons pas
qu'il en soit fait mention dans aucun auteur
des Faunes du nord. Pennant, Donovan, Mül-
ler, Linnæus, Othon Fabricius, se taisent également à leur sujet.

Ces poissons se nourrissent en général de
petits coquillages et de petits crustacés dont
ils peuvent facilement briser l'enveloppe dure
et coriace avec leurs molaires. Mais plusieurs
espèces ont aussi un régime herbivore : dans
quelques-unes de la mer Rouge et de l'océan
Atlantique nous avons trouvé l'estomac et
tout l'intestin remplis de fucus très-reconnaissables.

Le concert unanime des peuples qui entourent la Méditerranée à désigner ces poissons par des noms dérivés de *sargus*, tels que
sargue, sargo, sar, saragu, etc., annonçait
déjà qu'ils devaient être le σαργὸς des Grecs
et le *sargus* des Latins, et ce que les anciens
nous ont dit de leur sargue, ne contredit point
cette indication.

C'était un poisson épineux[1], à chair ferme[2],
qui avait une tache noire à la queue, et dont
le corps était marqué de plusieurs lignes noi-

---

1. Oppien, *Hal.*, l. IV, v. 599.
2. Archestrat, *ap. Athen.*, l. VII, p.,m. 321.

res[1]; caractères qui conviennent bien à notre première espèce.

Je ne voudrais pas répondre cependant de tous les détails que les anciens rapportent sur ses habitudes.

Selon Ælien[2] et Oppien[3], le sargue était polygame; il prétendait posséder plusieurs femelles, et combattait avec fureur pour en écarter les autres mâles. On se servait même de cette passion pour le prendre. Une nasse, construite de branches et de verdure, lui offrait un asile où il contraignait ses femelles d'entrer, et où il venait le dernier se faire prendre avec elles.

Les mêmes auteurs lui attribuent une disposition encore plus extraordinaire, une amitié vive pour les chèvres. En paraissait-il une sur le rivage, les sargues y nageaient avec rapidité, en montrant leur joie par de grands sauts. Ce penchant était assez aveugle pour qu'un pêcheur, couvert d'une peau de chèvre avec ses cornes, et qui répandait dans l'eau de la farine imbibée de bouillon de chèvre, en attirât et en prît tant qu'il voulait; pour

---

1. Aristote, *ap. Athen.*, l. VII, p. m. 313; Ovide, *Hal.*, v. 106. *Insignis sargusque notis, insignis et alis.*
2. Ælien, l. I, c. 23 et 26.
3. Oppien, *Hal.*, l. IV, v. 308 à 403.

qu'il pût même les prendre à la main, en ayant soin seulement de coucher leurs épines contre le corps. On employait cependant aussi des moyens plus simples : un anchois salé mis à l'hameçon les attirait en grand nombre.[1]

Le reste de l'histoire du sargue était également naturel. Poisson littoral, il se tenait surtout dans les grottes sous-marines, où le soleil pénétrait par de petites ouvertures[2]. Son adresse était extrême à user et à rompre le fil de la ligne où il s'était pris[3]; il aimait les bas-fonds[4]; il suivait de près le mulle, et lorsque ce dernier avait remué la vase, le sargue avalait les parties alimentaires qui se trouvaient ainsi soulevées[5] : il pondait deux fois par an, à l'époque des équinoxes.[6]

Si tous ces faits sont vrais, ils démontrent bien à quel degré les connaissances des anciens sur les mœurs des poissons surpassaient les nôtres; car les modernes n'ont fait que les copier sur le sargue. Ni Bélon[7] ni Rondelet[8] n'en disent rien de leur chef; encore moins Gesner[9] et Aldrovande[10]. Willughby

---

1. Ælien, l. XIII, c. 2. — 2. *Ibid.*, l. 1, c. 23. — 3. Athénée, l. VII, p. m. 321. — 4. Ælien, *loc. cit.*; Oppien, l. IV, v. 335. — 5. Aristote, *Hist. an.*, l. VIII, c. 2; Pline, l. IX, c. 17. — 6. Aristote, l. V, c. 9; Pline, l. IX, c. 51. — 7. *Aquat.*, p. 242 et 244. — 8. L. V, c. 5, p. 222. — 9. Gesner, *Aquat.*, p. 828. — 10. Aldrovande, *Pisc.*, p. 173.

s'est borné à la description extérieure [1], et c'est presque à Duhamel qu'il faut arriver pour rencontrer quelques observations originales sur ces poissons.

Le SARGUE, *ou* SAR PROPREMENT DIT.

(*Sargus Rondeletii,* nob.)

Nos deux premières espèces de sargues ne paraissent avoir été bien distinguées par aucun auteur, et cependant il en existait de bonnes figures dès le milieu du seizième siècle. Rondelet en représente une [2], et Salviani l'autre [3], chacun regardant la sienne comme le vrai sargue des anciens; en quoi il est assez probable qu'ils ont raison tous les deux, car les anciens peuvent fort bien aussi ne les avoir pas distinguées.

Nous nous attacherons d'abord à l'espèce de Rondelet.

C'est un poisson à corps comprimé et élevé. La courbure de son dos appartient à un arc de cercle assez ouvert. La ligne du ventre est droite depuis le bout du museau jusqu'à l'anus, d'où elle se relève vers la queue le long de l'anale. Aussi la queue n'a en hauteur que le quart de la plus grande longueur du

---

1. Willughby, *Pisc.*, p. 309. — 2. Rondelet, l.V, c. 5, p. 122. — 3. Salviani, p. 178.

corps au-dessus des ventrales, qui n'est contenue que deux fois et presque deux tiers dans la longueur totale; l'épaisseur n'est que le tiers de la hauteur. La tête est de grandeur médiocre : sa longueur est égale à sa hauteur prise à l'aplomb de la nuque, et elle ne fait que le quart de la longueur totale, c'est-à-dire de la distance du bout du museau à l'extrémité de la caudale. Le museau est obtus, assez gros; son angle facial mesure à peu près quarante-cinq degrés. L'œil est de grandeur médiocre, placé dans le haut de la joue, et éloigné du bout du museau de deux fois et demie la longueur de son diamètre, qui n'est que le cinquième de la longueur de la tête. Le sous-orbitaire est grand, aminci vers le bas; le bord inférieur est légèrement échancré, et cache en partie le maxillaire quand la bouche est fermée. Le préopercule est grand; son bord montant descend un peu obliquement d'avant en arrière sur le bord droit, qui lui-même est oblique de haut en bas sur l'axe du corps : l'angle est arrondi. Le limbe n'est pas très-large et manque d'écailles. L'opercule est étroit, arrondi en arrière, fortement uni au subopercule, que l'on ne distingue que dans le squelette : son bord membraneux est assez large, mais en partie caché ou replié sous l'os. L'interopercule est grand, et assez élargi antérieurement pour se croiser sous l'isthme de la gorge avec celui du côté opposé, et cacher entièrement la membrane branchiostège. La bouche est médiocrement fendue : le bord postérieur du maxillaire ne dépasse pas le bord antérieur de l'œil. On ne voit point la partie postérieure du maxillaire. L'intermaxillaire est tout-à-fait caché sous une lèvre épaisse, et s'étend et s'amincit sur les dents antérieures. Ces dents sont au nombre de huit, droites, quadrilatères, tranchantes au bord, amincies vers leur racine, et tout-à-fait semblables aux incisives de l'homme. Les deux extrêmes sont un peu plus petites que les autres. Tout le bord interne de l'intermaxillaire est pavé de dents arrondies, toutes de même forme et devenant plus grosses à mesure qu'elles sont plus enfoncées dans la bouche : elles sont disposées sur trois rangs; celles de la rangée interne sont les plus grosses, celles de la rangée mitoyenne les plus petites. Les dents de la mâchoire inférieure sont tout-à-fait semblables à celles de la supérieure; mais il n'y a que deux rangées de molaires : les plus grandes sont celles de la rangée interne. La lèvre de cette mâchoire est également amincie sur les incisives; mais, devenue très-épaisse le long des molaires, elle forme un repli assez profond, et dans l'angle antérieur de ce repli il y a un tubercule charnu, alongé, que l'on pourrait presque prendre pour un barbillon très-court.

Les deux ouvertures de la narine sont rapprochées de l'œil : l'antérieure est ronde et petite; la postérieure ressemble à une fente élargie, qui descend obliquement vers le bout du museau. L'ouverture des ouïes est assez grande. La membrane branchiostège est épaisse, courte, et porte cinq rayons aplatis, serrés l'un sur l'autre.

La dorsale naît à peu près à une distance du bout du museau égale à la hauteur du corps : elle est basse, et sa partie molle est moins élevée que la portion épineuse. Les épines sont fortes, et alternativement plus étroites d'un bord et plus larges de l'autre; forme nécessaire pour qu'elles puissent se recouvrir l'une l'autre quand la nageoire s'abaisse et qu'elle se cache dans une profonde gouttière formée sur le dos par les écailles latérales et élevées de la base de la nageoire.

Le nombre des rayons mous varie de douze à quatorze; nous l'avons constaté sur plusieurs individus. Celui des épineux est de douze.

L'anus s'ouvre à peu près au milieu de la longueur totale : un peu derrière lui commence l'anale, qui est plus basse que la partie molle de la dorsale, à laquelle elle correspond et qu'elle ne dépasse que de l'épaisseur d'un ou deux rayons; ses rayons épineux sont forts, mais très-courts : il y en a trois, et treize mous. Leur base est cachée par des écailles plus petites que celles du corps, et qui forment également une gouttière dans laquelle la nageoire s'élève ou s'abaisse.

La caudale est fourchue, et son lobe supérieur est un peu plus long que l'inférieur. Il y a une suite de petites écailles sur la membrane entre chaque rayon; mais il n'y a pas d'écailles sur les rayons eux-mêmes.

Toute l'ossature de l'épaule est cachée sous des écailles semblables à celles du corps. Le surscapulaire seul paraît comme une large écaille sans dentelure, et recouverte par une peau épaisse. La pectorale est longue et en faux : sa longueur n'est que trois fois et

6.

2.

demie dans celle du poisson. Les rayons supérieurs sont deux fois plus longs que les inférieurs. C'est le cinquième et le sixième qui sont les plus longs. Les ventrales sont grandes, triangulaires ; leurs rayons mous sont profondément divisés et étalés en éventail. Voici les nombres des rayons :

B. 5 ; D. 12/12, 13 ou 14 ; A. 3/13 ; C. 17 ; P. 16 ; V. 1/5.

Le front et le sous-orbitaire sont nus ; tout le reste du corps est couvert d'écailles minces, flexibles, peu adhérentes et imbriquées l'une sur l'autre de manière à ce que la plus grande partie de leur surface est cachée. Chaque écaille est à peu près trapézoïdale, plus haute que large. Le bord libre est lisse, sans cils ni dentelures ; le bord radical est plus haut que l'autre, et profondément festonné par de fortes dents arrondies. On compte plus de soixante écailles dans la longueur, et une vingtaine dans la hauteur : il n'y en a pas de remarquable dans l'aisselle de la pectorale ; mais il y en a trois pointues dans l'aisselle de la ventrale, elles ne sont pas très-longues.

La couleur de nos individus est un gris argenté à reflets rougeâtres, très-pâles sur le dos et blanchâtres sous le ventre. Le long des flancs il y a vingt à vingt-quatre lignes d'un gris plombé ou doré, plus marqué au-dessus de la ligne latérale qu'en dessous, et par le travers des flancs cinq à six bandes étroites, que l'on ne voit que sous certains reflets. Sur la queue il y a une tache noirâtre très-foncée, qui ne touche nullement à la base de la dorsale, et qui descend sur les côtés sans atteindre le bas de la queue. Le front et le

sous-orbitaire sont d'un gris plombé à reflets pour-
pres; le bord de l'opercule au-dessus de l'angle est
noir : il y a une tache de cette même couleur dans
l'aisselle de la pectorale. La dorsale est grisâtre, avec
un peu de jaunâtre mêlé. Les rayons épineux offrent
quelques reflets argentés, et la partie molle est bordée de noirâtre. L'anale est noire et seulement grise
à sa base. La caudale est jaunâtre, avec une large
bordure noire. Les pectorales sont grises, et les ventrales d'un noir très-foncé.

Les individus qui nous ont présenté ces
diverses couleurs, pris à Naples par M. Savigny, n'avaient au plus que sept pouces de
long. Un individu d'un pied, rapporté de
Marseille par feu Delalande, mais qui était
plus altéré par la liqueur, avait la face plus
rougeâtre, plus argentée : ses bandes transverses ne paraissent plus; mais elles sont encore visibles sur de petits individus pris en
même temps. On peut donc croire qu'elles
s'effacent avec l'âge.

Nous trouvons à ce premier sargue un foie petit,
placé dans l'hypocondre gauche; dans le côté droit
est la vésicule du fiel, qui est longue et étroite.
L'estomac est petit, à parois minces : il y a cinq
appendices cœcales au pylore. L'intestin, après avoir
fait deux replis, débouche à l'anus. La vessie natatoire est grande, mais simple. Nous n'avons trouvé
dans les intestins que des matières animales déjà

décomposées; il nous a été impossible d'y voir la moindre trace de fucus ou d'autres plantes.

La colonne vertébrale du sargue se compose de vingt-trois vertèbres, dont neuf abdominales et quatorze caudales. Les apophyses épineuses sont hautes, larges; les apophyses transverses des sept premières vertèbres sont égales entre elles : chacune d'elles est courte, grosse, et offre en arrière une facette articulaire assez large pour recevoir la côte qui lui correspond. Les apophyses transverses de la huitième et de la neuvième vertèbre, surtout celles de la dernière, sont longues, et placées si obliquement sur la vertèbre, qu'elles ont presque la position d'apophyses épineuses.

Les interépineux des aiguillons de la dorsale sont larges et aplatis sur les côtés, et ils portent sur chaque face une arête saillante et élevée : ceux de ses rayons mous sont plus faibles et plus petits; le premier interépineux porte à sa partie supérieure une épine osseuse, courte, mais très-grosse, dont la pointe est dirigée vers la tête du poisson; en avant de cet interépineux en sont trois sans rayons, formant de simples tiges osseuses, placées sur les deux premières vertèbres. Les deux apophyses épineuses inférieures des premières vertèbres caudales sont élargies et courbées en lame de sabre; les autres sont de simples tiges osseuses. Le premier interépineux de l'anale est très-gros et très-fort, les autres sont grêles.

Le crâne est lisse et arrondi au-devant des yeux; il est surmonté au-dessus d'eux d'une crête triangulaire, très-haute : de chaque côté en est une autre plus basse et alongée. La crête externe est réduite à une simple arête, qui va de l'angle antérieur de la grande crête impaire se terminer un peu en arrière de l'orbite. Les os du nez sont alongés et élargis supérieurement en palettes.

Le préopercule est creusé d'une large fosse très-profonde.

L'opercule est trapézoïde : l'angle supérieur est très-arrondi, l'inférieur très-pointu.

Le surscapulaire s'articule par deux longues apophyses sur le crâne : l'une, plus courte et arrondie, s'appuie sur la base du crâne; la supérieure, horizontale, élargie, en cuilleron, s'appuie sur la portion postérieure de la seconde carène frontale, qui est aussi en cet endroit élargie en un cuilleron correspondant. Le corps de l'os est carré ; sur un bord antérieur entre les deux apophyses on voit l'orifice unique de trois conduits pratiqués dans son épaisseur, et dont deux viennent s'ouvrir sur sa face externe; le troisième le traverse, pénètre dans le scapulaire, et va s'ouvrir sur la face interne de cet os. Le bord postérieur du surscapulaire est arrondi et aminci en écaille visible au dehors.

Le scapulaire s'articule avec le précédent, et s'élargit en une palette oblongue, amincie sur ses bords. Il s'appuie en grande partie sur l'huméral : celui-ci est très-grand et très-fort ; sa partie supérieure est aplatie et élargie en une grande lame quadrilatère, dont le bord inférieur est échancré pour recevoir les os du carpe et la pectorale. De l'angle antérieur naît une longue apophyse creusée en gouttière, et qui se termine en pointe sous la gorge.

Le radial est petit; le trou rond est médiocre. Le cubital est médiocre. Le styléal est très-fort; son os supérieur est large, triangulaire, à bord postérieur arrondi : celui qui fait sa pointe est fort, mais pas très-long.

C'est bien certainement cette espèce que Rondelet a représentée sous le nom de *sargus* (l. V, c. 5, p. 122 de l'édit. in-fol.) : la forme, les bandes, la tache de la queue, ne laissent point de doute à cet égard. Il n'est pas aussi sûr que Bélon l'ait connue : son sargue (*Aq.*, p. 244) est plutôt de notre seconde espèce. A la vérité, il donne (p. 242) une figure un peu plus ressemblante; mais sa description de cet endroit contient des traits qui ne s'appliquent qu'au sparaillon. C'est aussi à notre seconde espèce que paraît appartenir la figure, d'ailleurs très-mauvaise, de Gesner (p. 825). Aldrovande l'a copiée (p. 176); mais de ses figures originales (p. 174, 175 et 182) aucune ne répond à l'espèce actuelle; on ne peut même guère reconnaître que celle de la page 174, qui nous paraît aussi de notre seconde espèce, surtout à cause de ce qu'il dit dans son texte des couleurs.

C'est encore manifestement notre seconde

espèce que Willughby a décrite à Gênes (p. 309); mais en tête de l'article son éditeur Ray a inséré une autre description, qu'il reproduit dans son *Synopsis* (p. 130), et qui ne convient qu'au *charax*, puisqu'il lui refuse *les tubercules osseux et granuleux des mâchoires*.

C'est cette description de Ray qu'Artedi a copiée dans ses *Genera* (p. 37, n.° 13), où il dit : *Dentes lati; tubercula granulosa nulla.* De plus, il a réuni, dans sa Synonymie (p. 58), à ce sargue de Ray, ceux de Bélon et de Salviani, et dès-lors il n'a plus été possible de débrouiller cette confusion.

Ainsi Gronovius [1], qui nous paraît avoir décrit notre premier sargue, qui indique au moins les nombres des rayons comme nous les avons trouvés, mais qui, à la citation de Rondelet, joint mal à propos celle de Salviani, va jusqu'à mettre au nombre de ses synonymes l'*hepatus* de Rondelet, dont les dents sont indiquées d'une manière assez claire pour qu'on ne puisse pas même le rapporter à ce genre.

C'est aussi d'une manière générale, et comme s'il n'y en avait qu'une espèce, que Cetti a parlé du *sargo* ou *sarago* de Sardaigne [2], et que Cornide en a mentionné un des côtes de

---

1. *Zoophyl.*, p. 63, n.° 219. — 2. Cetti, t. III, p. 114.

Galice [1], en sorte que l'on ne peut pas même savoir lequel des nôtres ils avaient en vue.

Brünnich, le premier, a commencé à en distinguer les espèces : c'est à notre seconde qu'il applique l'épithète de *sargus* [2] ; il décrit la première (son n.° 3) sans lui donner de nom spécifique, en sorte que Bonnaterre, l'introduisant d'après lui dans l'Encyclopédie méthodique, lui donne un nouveau nom, et l'appelle *spare bigarré* (*sparus variegatus*), espèce factice que M. de Lacépède n'a pas manqué d'admettre (t. IV, p. 107), mais qui n'est que le vrai sargue de Rondelet, le sargue proprement dit. Un autre de nos *sargues*, le sparaillon ou *sargus annularis*, Lin., est désigné par erreur dans Brünnich sous le nom de *smaris*, et Bonnaterre a aussi porté ce synonyme parmi ceux du vrai *smaris*.

Bloch réunit indistinctement les synonymes et les figures de ses prédécesseurs ; et si l'on examine bien sa planche, on reconnaîtra qu'il a enluminé un dessin fait d'après un sargue de la première espèce, en suivant la description de Brünnich, et que ses couleurs sont celles de la seconde espèce.

1. Cornide, *Pesc. galeg.*, p. 37.
2. Brünnich, *Ichtyol. massil.*, p. 39, n.° 58.

D'ailleurs Bloch est tombé dans une grossière erreur, quand il soutient contre Gronovius que l'*hepatus* de Rondelet (l. V, c. 18, p. 147) est le *labrus hepatus* de Linnæus. Nous avons vu à notre chapitre des *serrans* (t. II, p. 231) que l'*hepatus* de Rondelet est un chrysophrys ou un pagre, tandis que le *labrus hepatus* de Linnæus est un serran. Aussi Linnæus, à l'article de son *labrus hepatus*, ne cite-t-il pas cette figure de Rondelet, mais bien celle de la page 183, qui est en effet un serran.

C'est aussi à tort que Bloch a rapporté au sargue le sarguet de Duhamel (pl. 5, fig. 2), qui est plutôt le sparaillon. M. de Lacépède (t. IV, p. 27 et 77) a tout simplement copié Bloch, et admis toute cette confusion des synonymes comme une chose hors de contestation.

Duhamel[1] a publié sous le nom de *sar de Toulon* une description et une figure très-reconnaissables de notre premier sargue, où seulement la tache caudale est oubliée. D'après les renseignemens qui lui ont été envoyés de Toulon, le sar se nourrit, comme la daurade, de petits poissons, de petits coquillages, de crustacés; mais ses mâchoires n'étant pas aussi

---

1. Pêches, 2.ᵉ part., sect. 4, p. 15, §. 3, et pl 3, fig. 1.

fortes, il ne peut, comme elle, briser les coquilles un peu grosses et s'en nourrir. Le sar se jette avec avidité sur les haims amorcés de petits poissons, et les pêcheurs l'attirent avec une pâtée composée de fromage, de mauvaises sardines et de farine ; pâtée qui n'attire pas les daurades. C'est un poisson tout-à-fait littoral, qui ne s'écarte jamais des côtes, comme le fait la daurade, laquelle ne s'en approche en hiver que lorsqu'elle est poursuivie par quelque gros poisson.

M. Risso[1] nous paraît avoir connu et décrit notre premier sargue sous le nom de *sparus sargus* : il en indique les couleurs et les nombres des rayons comme nous les avons trouvés. Selon lui, ce poisson est commun dans la mer de Nice, et y atteint le poids de deux kilogrammes.

M. Geoffroy a observé le sargue de Rondelet à Alexandrie, et l'a fait graver dans la grande Description de l'Égypte (poissons, pl. 18, n.° 1), mais sous le nom de *sargue enroué* (*sargus raucus*), et comme si c'était une espèce nouvelle ; et c'est à notre second sargue, à celui de Salvien, qu'il donne le nom de *sargue vulgaire*. M. Isidore Geoffroy, en

----

1. Ichtyologie de Nice, p. 236 de la première édition.

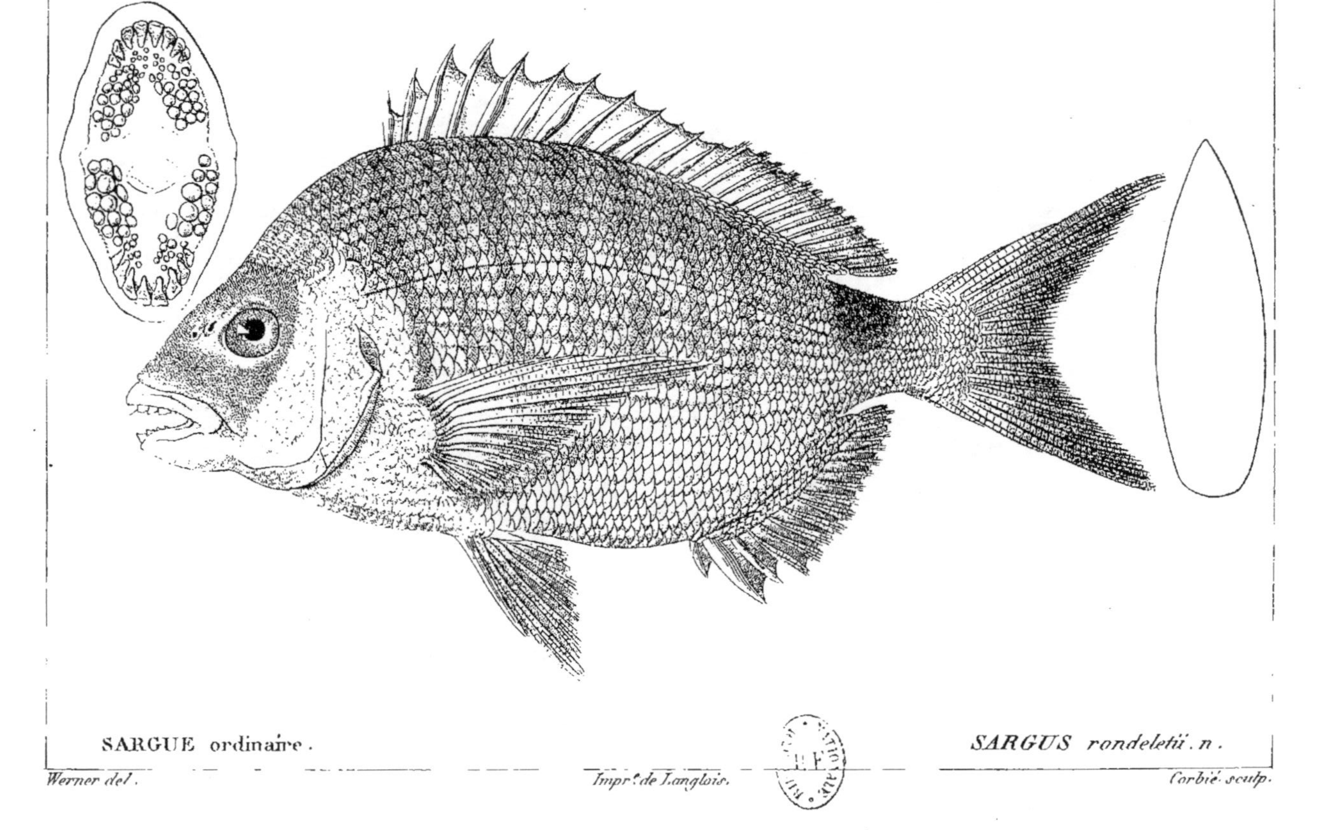

SARGUE ordinaire.

SARGUS rondeletii. n.

Werner del.

Impr.t de Langlois.

Corbié sculp.

publiant les manuscrits de son père, nous apprend que *raucus* est la traduction du nom arabe de ce sargue (*ghenyné*). Il est probable que ce nom vient de quelque bruit sourd que ce poisson fait entendre quand on le prend. M. Geoffroy cependant ne nous donne aucune explication à ce sujet, et nous ne trouvons rien de relatif au bruit que feraient entendre quelques spares, dans les divers auteurs que nous avons consultés.

Outre les individus de Naples et de Marseille dont nous avons parlé, nous avons aussi cette espèce de Toulon et de Malte; M. Geoffroy l'a prise à Alexandrie; M. Marceschaux, consul de France à Tunis, nous en a envoyé des individus de plus d'un pied du lac de Biserte. Cependant ce n'est pas l'espèce la plus abondante.

Tous ces témoignages se rapportent à la Méditerranée, à l'exception du seul Cornide; mais, comme nous l'avons vu, on ne sait de quelle espèce il a voulu parler.

Duhamel ne nous donne guère plus de renseignemens. Le *moucharra* des Basques, qu'il représente section 5, pl. 11, fig. 1, pourrait à la rigueur être un sargue de notre première espèce; mais cette figure est si peu caractérisée qu'on l'a prise pour un glyphisodon;

et dans ses distractions perpétuelles, Duhamel était fort capable d'avoir mis une figure pour une autre. Du reste, aucun auteur ne paraît avoir placé ce sargue sur nos côtes occidentales, et nous ne l'en avons jamais reçu.

Le Sargue de Salvien.

(*Sargus Salviani,* nob.[1])

Un second sargue que la Méditerranée nourrit sur toutes ses côtes,

a le museau un peu plus avancé, et le profil un peu plus oblique que le précédent. La nuque est élevée; la hauteur du corps est contenue deux fois et demie dans la longueur totale. La longueur de la tête est à proportion la même; mais l'œil est plus grand, et il est placé moins haut sur la joue. Le front, entre les deux yeux, est relevé en bosse, ce qui n'a pas lieu dans le sargue de Rondelet. Le sous-orbitaire est plus élargi en arrière, de façon qu'il recouvre en entier le maxillaire; il se porte beaucoup plus en arrière sur la joue, et remonte vers l'œil en faisant un angle presque droit : tout l'appareil operculaire est fait de même. Les lèvres sont plus minces : la supérieure est large et plissée à peu près comme celle des labres; l'inférieure a aussi ce petit tubercule que j'ai décrit

---

1. Salviani, *Aquat.*, p. 64 ; Aldrov., *De pisc.*, p. 174 ; *Sparus sargus*, Brünnich, p. 38, n.º 52 ; *Sparus puntazzo*, Risso, 2.ᶜ éd., p. 352 ; *Sargus vulgaris*, Geoffroy, Égypte, pl. 18, fig. 2 ; *Sparus varatulus*, Rafinesque, *Nov. Spec. Sicil.*, p. 49, n.º 128.

dans l'autre espèce; mais on ne peut l'apercevoir qu'en soulevant le bord replié en dehors de cette lèvre.

Les incisives sont en même nombre, mais plus étroites et insérées plus obliquement sur les mâchoires. Les molaires de la mâchoire supérieure, qui sont derrière les incisives, sont plus petites, et il y en a de même deux rangées dans le fond de la mâchoire inférieure.

La partie molle de la dorsale et l'anale sont plus basses ; les rayons épineux de la dorsale sont plus grêles, et la queue est plus profondément fourchue ; il y a un rayon mou de plus à la dorsale et à l'anale, en sorte que les nombres sont :

D. 11/15 ; A. 3/14 ; C. 17 ; P. 14 ; V. 1/5.

Le surscapulaire est plus grand, et les écailles, qui montent de cet os vers la nuque, sont aussi plus grandes, plus striées. Les écailles du corps elles-mêmes sont plus grandes : on n'en compte que cinquante environ dans la longueur et dix-sept dans la hauteur. La ligne latérale est très-fortement marquée par une ligne large sur une série d'écailles plus petites que les autres; elle est parallèle au dos, au tiers supérieur des flancs.

Ce sargue brille de couleurs beaucoup plus vives et plus belles que le précédent. Son front est gris ; une tache dorée est au-dessus de chacun des yeux. Les flancs sont gris doré, rayés longitudinalement de lignes dorées, brillantes, dont cinq très-vives au-dessus de la ligne latérale, et dix plus pâles au-dessous. L'espace triangulaire compris entre le haut du front, la dorsale et l'angle supérieur de l'opercule, est noirâtre, doré près du dos, et noir foncé à l'angle de l'opercule. La tache annulaire de la queue est large, et s'avance sur la partie molle de la dorsale et sur les écailles qui forment la gaîne dans laquelle cette nageoire peut se cacher. Il y a plusieurs taches noirâtres sur la membrane que soutiennent les rayons épineux. L'anale est noirâtre. La caudale est blanchâtre, et n'a pas du tout de noir dans son croissant. Les pectorales sont grises; les ventrales sont noires, très-foncées en dessus, et blanchâtres en dessous.

Ces couleurs sont peu différentes de celles que nous voyons sur un dessin colorié fait sous les yeux de M. Risso à Nice. Le front et le dos y sont d'un bleu noirâtre, qui se change en pourpré sur les joues. Les flancs sont rayés de jaune doré, et le ventre est jaune. La dorsale est brun jaunâtre; la caudale, de même couleur, n'a pas de noir dans son croissant; l'anale et les ventrales sont noirâtres. Le bord de l'opercule, le haut du dos et le devant de la queue sont noirs.

Le foie est petit et peu épais. Il n'y a dans cette espèce que quatre appendices cœcales. L'intestin ne fait de même que deux plis.

La vessie aérienne est ample, simple, arrondie en avant, et terminée en pointe vers l'arrière. Le péritoine est brun rougeâtre, pointillé de noir.

Nous n'avons trouvé dans l'estomac que des débris de petits animaux.

Nous comptons le même nombre de vertèbres. Les apophyses épineuses et transverses sont semblables à celles du précédent. L'épine du premier interépineux de la dorsale est plus longue et plus grêle.

Le crâne nous offre plus de différences notables. Le front entre les yeux est plus élevé et moins lisse. Les crêtes latérales moyennes sont plus élevées, et elles convergent à la base de la grande crête moyenne; les crêtes latérales externes, quoique très-basses encore, sont un peu plus élevées.

Les os du nez sont un peu moins alongés, et ne sont plus élargis en palette à la partie supérieure.

La fosse du préopercule est moins profonde.

Le surscapulaire est beaucoup plus haut et beaucoup moins alongé, et il n'est percé que par un seul conduit, dont l'orifice antérieur est sur le bord antérieur, et l'autre sur le milieu de sa face antérieure. Le bord postérieur est beaucoup moins arrondi.

Le scapulaire est plus petit, et son bord postérieur est échancré.

L'huméral est très-grand, très-fort, très-élargi; sa gouttière est grande. Les deux bords se rencontrent à angles droits, et s'écartent beaucoup l'un de l'autre vers la pointe.

Le styléal supérieur est alongé en ovale; l'inférieur est long, pointu, et un peu crochu à la pointe.

Cette espèce est plus commune que la précédente; mais il ne paraît pas qu'elle devienne aussi grande : parmi les nombreux individus rassemblés au Cabinet du Roi, nous n'en avons pas trouvé un qui atteigne à plus de huit à neuf pouces. Elle habite au reste toutes les côtes de la Méditerranée. M. Savigny en a rapporté de Naples, et M. Biberon de Messine; M. Viviani nous en a envoyé de Gênes. Dernièrement MM. Quoy et Gaimard l'ont prise dans la baie d'Algésiras. M. Geoffroy l'a vue en si grande abondance à Alexandrie d'Égypte, que c'est à elle qu'il a cru devoir donner l'épithète de *vulgaire;* il l'a entendu nommer par les pêcheurs arabes *chargouch,* ce qui, dit-il, signifie *rat de mer.*

Nous ne l'avons pas trouvée parmi les espèces que M. Marceschaux a envoyées du lac Biserte, quoique presque tous les autres spares de la Méditerranée soient de ce nombre.

La première figure que nous ayons à citer de ce second sargue est, comme nous l'avons dit, celle qu'a donnée Salviani[1] : elle serait parfaitement exacte, si le dessinateur n'avait fait les incisives pointues, bien que l'auteur dise expressément : *Dentibus latis, humanis similibus.* Salviani ne paraît pas avoir distingué son espèce de la première, et l'on peut sans doute rapporter également à l'une et à l'autre ce qu'il dit qu'à Rome et dans toute. l'Italie ce poisson se nomme *sargo* ou *sargone;* qu'il l'a vu sur tous les points de la Méditerranée,

---

1. *Hist. aquat.,* fol. 179, pl. 64.

et que sa chair était très-estimée à Rome, surtout celle des individus pris pendant l'automne et l'hiver sur des côtes rocheuses et pierreuses.

Nous y rapportons encore, mais avec doute, la figure du *sargus* de Bélon[1]. L'élévation du front entre les sourcils, la tache noire de l'épaule, la queue elle-même, qui est fourchue et noire, sont des caractères qui nous déterminent suffisamment. Les dents dans cette figure sont représentées d'une manière plus convenable au genre ; mais nous voyons bien que Bélon aussi l'a confondu avec notre première espèce.

Rondelet et Gesner ne l'ont pas connu.

Aldrovande[2] en a laissé une figure moins bonne que celle de Salviani, mais reconnaissable et assez bien faite pour une figure en bois : la forme des dents y est même dessinée d'une manière fort exacte.

M. Viviani a recommencé à distinguer ce sargue du précédent, et nous en a envoyé des échantillons sous le nom de *sparus gibbosus ;* nom qu'il lui donnait à cause de l'élévation du front entre les yeux. Mais M. Rafi-

---

1. *De aquat.*, p. 244.
2. *De pisc.*, p. 174.

6.   3

nesque[1] a un autre *sparus gibbosus*, qui est probablement un denté encore inconnu pour nous.

Nous croyons, au contraire, retrouver notre second sargue dans la courte description que M. Rafinesque a faite de son *sparus varatulus*[2], qui, dit-il, est argenté, avec des lignes longitudinales jaunes et deux bandes noires transversales, une par le travers de la tête, et la seconde par le travers du dos : il indique comme ses noms vulgaires *varatulu, varatula, guaratulu* ou *oratulu*.

Brünnich a bien décrit notre second sargue à Marseille, et c'est à lui qu'il applique le nom de *sparus sargus*.

M. Risso l'a observé sur la côte de Nice, où les pêcheurs le nomment *sargou rascas*. Dans sa première édition il en mêlait la description à celle du vrai *puntazzo* ou *charax*, et donnait une partie de ses caractères au sparaillon : il a débrouillé jusqu'à un certain point cette confusion dans sa seconde édition; mais il continue d'y prendre ce poisson pour le *puntazzo*, tandis que du vrai *puntazzo* il fait son genre *charax*.

La figure de M. Geoffroy, décrite dans son

---

1. *Nov. Spec. Sicil.*, p. 47, n.º 126. — 2. *Ibid.*, p. 49, n.º 128.

grand ouvrage d'Égypte (poiss., pl. 18, fig. 2) sous le nom de *sargue ordinaire*, ne laisserait rien à désirer, si l'écharpe noire de la partie antérieure du corps y était plus sentie.

Le PETIT SARGUE, SARGUET *ou* SPARAILLON.

(*Sargus annularis*, nob.; *Sparus annularis*, L.)

Le troisième sargue de la Méditerranée, qui demeure dans des dimensions plus petites que les précédens,

a le corps plus étroit et plus alongé. Son museau est assez pointu. Le profil descend obliquement par une ligne qui continue la courbure du dos : le profil du ventre est courbe; disposition qui donne au corps la forme d'un ovale assez régulier, dont la hauteur est contenue deux fois et quatre cinquièmes dans la longueur. La longueur de la tête fait le quart de celle du corps.

L'œil est de grandeur moyenne. Le sous-orbitaire se porte beaucoup en arrière du maxillaire, qu'il recouvre en entier quand la bouche est fermée; mais au lieu que son bord remonte vers l'œil en faisant un angle droit avec le bord inférieur, l'angle postérieur est arrondi, et le bord montant atteint le bord postérieur de l'orbite en suivant une ligne oblique. Sa surface est couverte de plusieurs stries ou rugosités irrégulières. Le profil du front est rectiligne; il n'y a qu'une très-légère tubérosité entre les yeux.

La lèvre supérieure est épaisse et sans plis; l'inférieure mince, repliée, sans tubercule.

Les incisives sont implantées verticalement sur les mâchoires, plus larges et coupées plus carrément que dans aucun autre sargue; c'est dans cette espèce qu'elles ressemblent le plus complétement aux incisives humaines : il y en a huit à chaque mâchoire. Les molaires sont nombreuses et serrées sur trois rangées dans le fond de la mâchoire supérieure, et sur deux ou trois à la mâchoire inférieure. Les épines de la dorsale sont grêles; la caudale est échancrée, et ses deux lobes sont arrondis sur leur bord interne. Les nombres sont.

D. 11/13; A. 3/10; C. 17; P. 14; V. 1/5.

Le surscapulaire est plus grand que dans les précédens. Les écailles qui vont du bord du préopercule sur la nuque, sont grandes, à surface grenue, un peu ciliées sur leur bord, et forment un arc de cercle dont la corde est occupée par la première rangée des écailles de la tête, lesquelles sont plus grandes que les autres, et recouvertes, comme le surscapulaire, par un épiderme épais. Les écailles du corps sont de grandeur médiocre ; nous en comptons soixante dans la longueur et vingt dans la hauteur. La ligne latérale part du dessous du surscapulaire, et va, par le tiers supérieur de la hauteur et en suivant une ligne courbe parallèle au dos, se rendre au milieu de la queue; elle est fortement marquée, et les écailles sur lesquelles elle passe sont à peine plus petites que les autres.

La couleur de ce sargue est d'un jaune presque doré sur le dos. Le ventre est gris argenté. Chacune des écailles au-dessus de la ligne latérale est bordée de brun grisâtre. La tache de la queue, d'un noir foncé, ne s'étend nullement sur la dorsale ; elle descend jusqu'au bas de la queue, de sorte qu'elle est ici tout-à-fait annulaire. Les nageoires dorsale et caudale sont grises, à reflets jaunâtres ; la dernière n'a pas du tout de noir. L'anale est orangée. Les pectorales sont grises, les ventrales d'un très-beau jaune orangé très-vif.

Les couleurs bien conservées sur de petits individus de Toulon, de deux pouces de longueur, ne différaient en rien de celles que nous avons décrites sur de beaux individus longs de sept pouces, que M. Bibron nous a rapportés de Messine.

Le foie du sparaillon ne se compose, comme celui du sargue, que d'un seul lobe placé dans l'hypocondre gauche. Il n'y a que quatre cœcums au pylore. L'intestin ne fait que deux replis. Nous avons fait l'anatomie d'un individu pêché à Nice par M. Laurillard ; c'est le seul dans lequel nous ayons trouvé le rectum rempli de débris de fucus. Les autres sargues européens ne nous ont pas fourni la preuve d'une semblable nourriture.

Le squelette a aussi vingt-trois vertèbres, dont neuf sont abdominales. L'épine du premier interosseux de la dorsale est très-faible.

C'est le crâne qui nous offre le plus de différence. Le front entre les yeux est plat, légèrement rugueux. Les crêtes occipitales commencent plus en arrière ;

les fosses moyennes sont moins profondes, et les latérales le sont davantage que dans les deux premiers sargues : les crêtes latérales sont aussi plus élevées.

La fosse du préopercule est beaucoup moins profonde.

Le surscapulaire est petit. Les deux apophyses d'articulations avec la tête forment un arc très-ouvert. Le bord postérieur est oblique et échancré.

Le scapulaire est triangulaire; son bord postérieur est échancré.

L'huméral est très-grand, très-élargi supérieurement. Sa gouttière est élargie sous la gorge, et peu profonde en cet endroit, parce que les deux bords vont en divergeant.

Le radial et le cubital sont grêles.

Le styléal supérieur est en ovale alongé, étroit, et presque entièrement caché sous l'huméral. Le second styléal est plus alongé que dans aucun autre, pointu et courbé en lame de sabre.

Le sparaillon habite en grande quantité sur toutes les côtes de la Méditerranée; les roches de la Provence, de Nice et de Gênes, les côtes de Toscane, de Rome et de Naples, les plages sablonneuses de la Basse-Égypte le nourrissent également. M. Geoffroy l'a fait dessiner à Alexandrie[1], et M. de Laroche aux îles Ba-

---

1. Grande Description de l'Égypte, poissons, pl. 18, fig. 3.

léares [1]. M. Baillon nous en a donné des individus venus de Malaga ; mais pour nos côtes
de l'Océan, nous ne pourrions citer que Duhamel, qui dit l'avoir reçu du golfe de Gascogne. Il se porte néanmoins plus au sud jusqu'aux Canaries. Nous l'avons, parmi les poissons que M. Galot a envoyés de Ténériffe.

Il paraît que c'est de ce poisson que Bélon
entend parler, lorsqu'il dit qu'il s'appelle *carlinoto* à Rome, et *sparlo* à Gênes. Mais sa
description est si vague et sa figure si mauvaise, que sans les noms on ne pourrait en
deviner l'espèce.

Rondelet, au contraire [2], ne peut nous laisser aucun doute. Il représente le sparaillon
très-exactement, et sa description confirme
sa figure : l'alongement du museau, la couleur
jaune des nageoires, et surtout celle des ventrales ; la tache de cette même couleur au-
dessus du sourcil, tout nous prouve que c'est
notre troisième sargue qu'il avait sous les yeux.

C'est, dit-il, le *sparlo* des Italiens, ou bien
carlino, carlinoto dans quelques provinces
de l'Italie, le *sparaillon* à Montpellier, et le
spargoil des Espagnols. Il le présente comme

---

1. Annales du Muséum, t. XIII, pl. 24, fig. 13.
2. *De pisc.*, p. 118.

un poisson littoral, plus petit que la daurade,
excédant à peine un empan, et qui entre avec
la daurade dans les étangs salés. Rondelet
ajoute que dans les étangs voisins de Montpellier il s'engourdit pendant l'hiver, et qu'il
ne devient jamais aussi grand dans les étangs
que dans la mer. Aussi la figure qu'il en donne
dans son Histoire des poissons des étangs,
est-elle plus petite.[1]

Salviani[2] a aussi une figure du sparaillon,
mais moins bonne que celle qu'il donne de
notre second sargue : ses dents ne sont pas
celles des sargues ; la tache noire de la queue
y est oubliée. Il assure cependant que c'est
le *sparo* des Romains de son temps, le *sparlo*
des Génois. Sa description est très-incom-
plète : il n'y parle pas de la couleur des ventrales ; mais il signale la tache jaune verdâtre
qui est au-dessus de l'œil.

Gesner (p. 880 ou p. 1056), après avoir
reproduit, comme à son ordinaire, les figures
de Rondelet, donne (p. 1058) comme *sparaillon* un dessin qu'il a reçu de Venise. S'il
est vrai que l'on ait voulu représenter notre
espèce, cette figure est au-dessous de toute
critique.

---

1. *De pisc. stag. mar.*, p. 140. — 2. *Hist. aq.*, p. 177, fol. 63.

Aldrovande[1] a méconnu le sparaillon dont il ne donne pas de figure. Celle qu'il intitule *carlinus* appartient au charax ou sargue à museau aigu. On peut en acquérir la conviction en lisant la fin de sa description, qui seule se rapporte à sa figure, et où il dit entre autres choses que toutes les nageoires sont noires : d'ailleurs le nombre des bandes transverses suffit pour le faire reconnaître.

Bien que Willughby[1] ne parle pas de la couleur des nageoires du poisson qu'il avait sous les yeux, et surtout des ventrales, nous croyons cependant, par les autres détails qu'il nous donne à son article du *sparus,* qu'il a entendu parler de notre sparaillon, d'autant qu'il copie (pl. 5, n.° 2) la figure de Salviani. Nous apprenons par lui que ce poisson est commun dans la mer Adriatique et dans celle de Toscane; il l'associe pour le goût à la daurade, au sargue et en général aux autres spares.

C'est d'après ces données qu'Artedi introduit le sparaillon dans ses spares, avec la phrase : *Sparus unicolor flavescens, macula nigra annulari ad caudam;* d'où est sorti ensuite le *sparus annularis* de Linnæus, mais avec la substitution impropre du mot *ocello*

---

1. *De pisc.*, p. 182. — 1. *Hist. pisc.*, p. 308.

pour *macula.* Copistes ici, comme en tant d'autres endroits, de Willughby, ils ont tous deux conservé le faux synonyme d'Aldrovande.

A cette irrégularité Brünnich en a ajouté une autre[1]. Il décrit évidemment notre sparaillon, mais il lui applique le nom du picarel, *sparus smaris,* tandis que c'est au charax qu'il donne celui de *sparus annularis.*

Bloch n'a pas démêlé cette confusion; ce qui nous étonne d'autant moins, qu'il n'a pas connu le sparaillon. Sa figure (pl. 271) est celle d'une daurade que nous ne possédons pas dans notre Musée. Sa description est une compilation des divers auteurs qui ont parlé ou cru parler du sparaillon : elle n'est certainement pas faite d'après nature, et il a entassé à cet article, sans aucune critique, la synonymie la plus disparate.

M. Schneider s'est aperçu de ce désordre, et fait remarquer combien le *sparus smaris* de Brünnich diffère de celui de Linnæus, mais sans s'apercevoir que c'est *l'annularis.*

M. de Lacépède n'a fait que copier Bloch, et son sparaillon n'est pas plus le *sparus annularis* de Linnæus et d'Artedi, que celui de Bloch ne peut l'être.

---

1. *Pisc. mass.*, p. 40, n.° 54.

C'est M. de Laroche[1] qui a le premier débrouillé ce chaos dans son Mémoire sur les poissons des Baléares. Il y donne une figure exacte et une bonne description de l'espèce actuelle; la reconnaît pour le *sparus* des ichtyologistes du seizième siècle, par conséquent pour le *sparus annularis* de Linnæus, et pour le *sparus smaris* de Brünnich. Seulement il n'a pas été aussi heureux en interprétant l'*annularis* de Brünnich, et en l'associant à celui de Bloch, pour les éloigner tous deux du sparaillon. Le *sparus annularis* de Brünnich est celui-là même que M. de Laroche décrit comme nouveau sous le nom de *sparus acutirostris*, ou le *charax*.

M. de Laroche nous apprend qu'à Iviça et à Majorque on nomme le sparaillon *esparay,* qu'il est littoral et ne devient jamais grand; qu'on le trouve aussi dans les étangs salés de la petite île de Formentera, et que sa chair est peu estimée.

M. Risso, dans sa première édition, trompé apparemment par le texte et la figure de Bloch, n'avait pas reconnu le *sparus annularis,* bien qu'il le possédât; mais il l'avait pris pour le *sparus haffara* de Forskal, et sous l'*annularis*

----

1. Annales du Muséum, t. XIII, p. 342, pl. 24, fig. 13.

il avait placé un mélange de caractères qui se rapportaient à notre seconde espèce quant aux formes, et au charax quant aux couleurs. Il s'est corrigé d'après nous dans sa seconde édition, mais en reportant l'espèce parmi les daurades, ce qui n'a aucun fondement.

Le nom niçard de ce poisson est *esperlin*.

M. Rafinesque n'a pas été plus heureux ; il fait du *sparaione* ou *sparaglione* des Siciliens un *sparus sparulus*, qu'il croit une nouvelle espèce[1], et le place avec le sparaillon et le *sparus variegatus* de Lacépède (qui n'est que notre sargue de Rondelet) dans un genre qu'il nomme *diplodus*, et qu'il caractérise par une seule dorsale commençant près de la tête, et un appendice écailleux dans l'angle des ventrales[2], ce qui convient à tous les sparoïdes, de quelque genre qu'ils soient, et même à beaucoup d'autres poissons.

Cetti nomme aussi un *sparo* comme un poisson dont la grande abondance en automne a rendu célèbre l'étang de Cagliari.[3]

Duhamel parle toujours si confusément des poissons, que l'on ne peut guère tirer parti de son ouvrage relativement à notre

---

1. *Car. sp. nov. Sic.*, p. 48, n.° 150.
2. *Ind. ittiol. Sicil.*, p. 26, n.° 183, et *Append.*, p. 54, n.° 6.
3. Cetti, *Sard.*, t. III, p. 80 et 114.　·

espèce. On l'y reconnaît néanmoins dans le *sparlin* d'Antibes ou le *raspaillon* de Narbonne au trait jaune du dessus des yeux[1]; mais sa figure (sect. 4, pl. 1, fig. 5) est très-mauvaise; il en a une meilleure sous le nom de *sarguet* (pl. 5, fig. 2); mais sur ce nom il mêle tellement ses notes venues de Toulon avec celles du pays d'Aunis, que l'on ne peut en rien conclure touchant l'existence de l'espèce sur cette dernière côte.

Cornide[2] seul cite distinctement le *sparus annularis* parmi les poissons du golfe de Gascogne, disant qu'il s'y nomme *pargo*, et en gallicien *prabo*; qu'il vit avec les sargues et les daurades, et qu'il se nourrit de fucus.

Ces noms de *sparo, sparaillon, esparlin,* etc., tous évidemment dérivés de *sparus*, ont fait penser aux auteurs du seizième siècle que ce petit sargue est proprement le σπαρὸς et le *sparus* des anciens.

Les anciens avaient un *scarus* et un *sparus.* Les copistes peuvent avoir quelquefois mis un de ces noms pour l'autre; mais il est certain que les espèces étaient différentes. Athénée les distingue (l. VII, p. 320), et rapporte un

---

1. Pêches, 2.ᵉ part., sect. 4, c. 11, p. 13.
2. Cornide, *Ensayo,* p. 37.

passage d'Épicharme, où elles sont nommées séparément et données l'une et l'autre comme *des poissons délicieux, dont les dieux mêmes ne jetteraient pas les excrémens;* du moins c'est ce qui semble résulter du texte : σπάρυς καὶ σκάρυς, τῶν ὐδὲ τὸ σκὰρ θεμιτὸν ἐκβαλιν θεοῖς. Mais peut-être cette qualité des excrémens aurait-elle dû ne s'entendre que des scares, auxquels on l'attribue aussi ailleurs. Hicesius, cité encore par Athénée, se borne à dire *que le spare est meilleur que le mœnis, et plus nourrissant que bien. d'autres poissons.*

Il y a un endroit d'Aristote[1] où les éditeurs ont mis tantôt *scarus,* tantôt *sparus;* mais qui, soit que l'on y lise l'un ou l'autre de ces noms, prouverait que le spare ou le scare d'Aristote n'était d'aucun des deux genres que l'on nomme ainsi aujourd'hui : le philosophe range le sien avec les poissons qui ont un grand nombre d'appendices cœcales; tandis que nos scares n'en ont aucune, et que dans nos spares il n'y en a au plus que cinq ou six. Il est vrai qu'Aristote cite aussi dans cet endroit d'autres noms que l'on applique maintenant à des poissons qui n'ont que très-peu de ces appendices, ou même qui n'en ont

---

1. *Hist. an.,* t. II, c. 17.

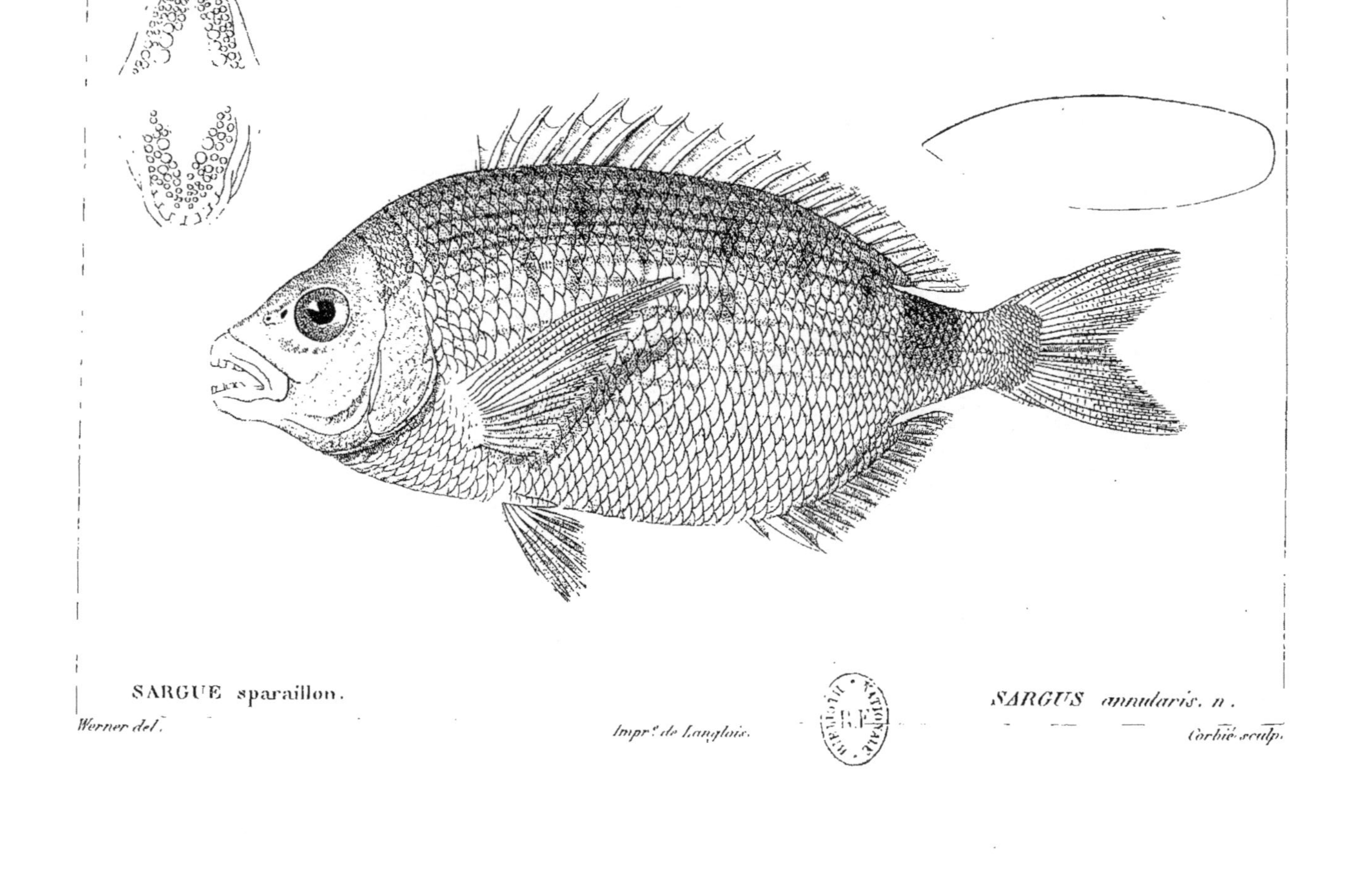

SARGUE sparaillon.
SARGUS annularis. n.
Werner del.
Impr.e de Langlois.
Corbié sculp.

point du tout, tels que le gobius; mais ce n'est qu'une preuve de plus de la légèreté avec laquelle on a interprété cette ancienne nomenclature.

Les autres auteurs n'ajoutent rien qui puisse nous aider à reconnaître le vrai spare. Oppien[1] dit qu'il habite sous les herbes le long des rivages; Marcellus Sidetes (v. 24) lui donne des dents aiguës; Pline (l. XXXIII, c. 11) se borne à le nommer.

Ce qui est plus direct, et ce qui peut-être est la véritable origine du nom du sparaillon, c'est ce qu'Ovide dit de son *sparulus*, qu'il nomme entre le sargue et le pagre, et auquel il attribue une nuque dorée :

Insignis sargusque notis, insignis et alis
Et super aurata sparulus cervice refulgens
Et rutilus pagur.....................[2]

vers qui peuvent d'autant mieux s'appliquer à notre espèce actuelle, que ce *sparulus* était un poisson petit et peu estimé. Martial (l. III, ép. 60) l'oppose au turbot.

Ostrea tu sumis stagno saturata lucrino
Sugitur inciso mytilus ore mihi;
Sunt tibi boleti; fungos ego sumo suillos;
Res tibi cum rhombo est, at mihi cum sparulo.

---

1. *Hal.*, l. I, v. 109. — 2. Ovide, *Halieut.*, v. 106 et 107.

Mais cela même prouve que ce *sparulus* n'était pas le spare si vanté par les Grecs.

Quant au ῥυάς des Grecs, c'est tout-à-fait arbitrairement que Gaza l'a traduit tantôt par *aspargus*, tantôt par *fluta*, tantôt par *solitarius*, et qu'Artedi lui rapporte le sparaillon. Aristote[1] dit dans un endroit que ce ῥυάς pond en été; dans un autre (l. VI, c. 17), que c'est au printemps, et surtout aux environs de l'équinoxe ; dans un troisième (l. IV, c. 8), que les saletés jetées des navires le mettent en fuite par leur odeur.

Ælien[2] prétend que c'est un poisson prudent, qui pendant l'hiver se rapproche et se serre contre ses semblables pour se réchauffer, et au printemps fait de grands trajets pour chercher une nourriture choisie.

Il n'y a rien là, comme on voit, qui puisse aider à reconnaître une espèce, ni qui puisse conduire à l'identifier avec le *sparus*.

Le SARGUE VIEILLE.

(*Sargus vetula*, nob.)

A ces trois espèces de la Méditerranée, plus ou moins distinctement décrites par plusieurs ichtyologistes, nous en ajouterons une qua-

---

1. *Hist. anim.*, l. V, c. 11. — 2. *Ibid.*, l. V, c. 46.

trième, qui n'a pas échappé à Rondelet[1], mais dont Willughby seul[2] a reparlé, et seulement d'après Rondelet. Elle forme cependant une espèce bien réelle et bien distincte, qui égale au moins la première en grandeur, mais qui se fait reconnaître aisément par ses dents plus nombreuses et par son museau plus obtus.

C'est de tous nos sargues celui qui a le profil le plus élevé et le dos le plus courbé. Sa hauteur est à peine deux fois et demie dans la longueur totale. La tête est plus courte qu'elle n'a de hauteur prise à la nuque : sa longueur, comparée à celle du corps, n'en est pas le quart. Le museau est très-obtus; il est aussi plus arrondi à cause d'une plus grande épaisseur dans les mâchoires, qui portent plus de dents, ainsi que nous le dirons tout à l'heure. L'œil est de grandeur médiocre, et n'est pas placé aussi haut sur la joue, ce qui vient de la plus grande hauteur de la nuque. L'intervalle des yeux est grand, arrondi, sans être élevé en bosse comme dans notre second sargue. La mâchoire inférieure est un peu plus courte que la supérieure; elles ont chacune huit incisives : il y a quatre rangées de grosses molaires arrondies à la supérieure, et trois à l'inférieure. Ce nombre de dents, plus considérable que dans les autres sargues, le fait aisément reconnaître.

Toute l'ossature de l'épaule est écailleuse; le sur-

---

1. *Scarus*, Rondelet, l. VI, c. 2, p. 164.
2. Willughby, t. 1, p. 305, §. 11.

6.   4

scapulaire seul a la forme d'une écaille plus grande que celle de nos deux premiers sargues, mais plus petite que celle du sparaillon.

La pectorale, longue et pointue, atteint au-delà des premiers rayons mous de l'anale.

La dorsale a une épine de moins que dans le sargue de Rondelet. Les nombres sont :

D. 11/14 ; A. 3/13 ; C. 17 ; P. 17 ; V. 1/5.

Les écailles ne laissent voir que moins du tiers de leur surface : elles sont imbriquées, plus serrées, et on en compte plus de soixante-dix depuis l'ouïe jusqu'à la caudale sur un grand individu de Martigues, et sur un plus petit, pêché à Naples, il y en a même près de quatre-vingts. Chaque écaille est finement ciliée, et l'éventail de sa portion radicale a neuf rayons. La ligne latérale est, comme dans les autres sargues, assez fortement marquée, et suit la courbure du dos par le quart de la hauteur.

Nous ne savons rien de positif sur la couleur du poisson frais. Tel que nous l'avons il paraît avoir été rougeâtre sur le devant de la tête et sur le sous-orbitaire. On voit encore une faible marque de croissant argenté sur les yeux. Le corps est gris doré, à reflets argentés, avec dix-huit à vingt lignes longitudinales obscures sur les flancs. Une tache brune colore le surscapulaire, une autre, noirâtre, est à l'angle de l'opercule. Sur le dos de la queue il y a une tache noire, qui s'étend et se perd sur les côtés : elle est moins prononcée que dans les autres sargues. La dorsale, l'anale et la caudale sont brunâtres, lisérées de noirâtre ; les ventrales sont noires.

Notre description a été faite sur un grand individu, long de près d'un pied, que M. Delalande a rapporté de Martigues. M. Savigny nous en a donné de plus petits, de Naples, longs de six pouces, et qui ne diffèrent que par des écailles encore un peu plus petites à proportion. Nous n'avons reçu cette espèce d'aucun autre point de la Méditerranée.

Willughby croit l'avoir observée à Venise, où on l'appelait, dit-il, *orada vecchia* (vieille daurade). Nous avons tiré de là son nom spécifique.

Rondelet a regardé ce poisson comme le véritable *scarus* des anciens; mais ce *scarus* nous semble aujourd'hui si bien déterminé, d'après les recherches dont nous rendrons compte au chapitre des *scares,* que la conjecture de Rondelet nous paraît tomber d'elle-même.

Des Sargues étrangers.

Le Sargue nocte.

(*Sargus noct*, Ehrenberg.)

M. Geoffroy Saint-Hilaire avait recueilli dans la mer Rouge un sargue qu'il n'a point décrit dans son Histoire des poissons de l'Égypte, parce qu'il le confondait avec le *sparaillon,* et en effet cette nouvelle espèce a sur chaque côté de la queue une tache noire et arrondie; mais nous lui avons observé d'autres caractères, et cela non-seulement sur les individus rapportés par M. Geoffroy, mais encore sur ceux que M. Ehrenberg a bien voulu nous communiquer. Ils viennent de Suez et des autres ports de la mer Rouge, où le savant voyageur de Berlin les a entendus appeler *nocte* par les Arabes. Nous avons déjà vu que ce nom signifie *tache* dans leur langage.

Ce sargue a la tournure du sparaillon, dont il se distingue par ses dents incisives plus étroites et plus obliques sur les mâchoires : il en a huit à la mâchoire supérieure, et six à l'inférieure. Les dents molaires sont sur quatre rangées en haut et sur trois en bas, ce qui rend les mâchoires plus renflées que celles du sparaillon. Le surscapulaire est peu visible. Les épines de la dorsale sont assez fortes. Les rayons mous sont très-courts; ceux de l'anale le sont encore plus.

D. 12/14; A. 3/13; C. 17; P. 15; V. 1/5.

Le poisson paraît gris verdâtre, à reflets dorés. Il y a sur chaque flanc une vingtaine de lignes longitudinales grises. De chaque côté de la queue à sa naissance est une tache noire, arrondie et divisée en deux parties égales par la ligne latérale qui la traverse. Les nageoires verticales paraissent avoir été jaunâtres, les pectorales rougeâtres, et les ventrales brunâtres.

L'estomac est petit. L'intestin fait deux plis; il est assez gros. Il y a cinq appendices cœcales au pylore.

Le foie est médiocre, placé en entier à gauche de l'estomac. La vésicule du fiel est très-longue; et après avoir longé l'œsophage, elle se contourne sous les intestins de manière à ce que son extrémité soit accolée près des cœcums, de sorte qu'il faut faire attention à ne pas compter une appendice de plus.

Nous avons trouvé dans le canal intestinal des débris de fucus.

La vessie natatoire est grande et simple; ses parois, argentées et brillantes, sont moins épaisses que celles des sargués d'Europe.

Les crêtes latérales du crâne sont basses; la mitoyenne l'est beaucoup. Il y a dix vertèbres abdominales, et treize pour la queue.

Nos individus varient de sept à neuf pouces de longueur.

Le SARGUE TÊTE-DE-MOUTON.

(*Sargus ovis*, nob.; *Sparus ovis*, Mitch.[1])

Les mers d'Amérique nourrissent plusieurs sargues, parmi lesquels il y en a un des États-Unis, qui ressemble prodigieusement à nos premières espèces. C'est le *sheeps-head* ou *tête-de-mouton* des Anglo-Américains.

---

1. *Sheeps-head*, Schœpf, *Naturf.*, t. VIII, p. 152; *Sparus ovis*, Mitchill, *Transact. New-York*, t. I, p. 392, pl. 2, fig. 14.

Son corps n'est pas plus élevé ; mais son museau est encore plus obtus que celui de notre sargue vieille, parce que la nuque est plus haute, et que la ligne du profil, un peu plus courbe, descend plus verticalement. Le front est plus large. Le nu du sous-orbitaire se prolonge davantage sur la joue. Le limbe du préopercule est plus large, et l'angle de l'opercule plus aigu.

Les incisives sont larges et au nombre de huit à chaque mâchoire. Les dents de la rangée externe de la mâchoire supérieure sont plus coniques ; les autres molaires sont tout-à-fait semblables à celles de notre sargue, et en même nombre.

Les lèvres sont épaisses, et l'inférieure a le tubercule que nous avons décrit dans les sargues de nos côtes.

Les épines de la dorsale et de l'anale sont très-fortes, un peu plus que celles des espèces des mers d'Europe.

Les nombres des rayons sont :

D. 12/13 ; A. 3/11 ; C. 17 ; P. 14 ; V. 1/5.

Les écailles sont grandes et lisses. La ligne latérale se ramifie en arbuscules sur chaque écaille qu'elle doit suivre ; mais elle n'est plus marquée par une ligne brune tranchée.

La couleur est blanc argenté, avec une légère teinte grise sous la gorge. Les flancs sont traversés par six à sept bandes larges d'un pouce, et dont les trois premières entourent le ventre ; la dernière tourne autour de la queue. Les nageoires sont noirâtres, à l'exception des pectorales, qui sont jaunâtres.

Nous n'avons pas pu faire l'anatomie de ce sargue.
M. Mitchill dit que les intestins sont longs; que la
vessie aérienne est grande et épaisse, et que le péritoine est noirâtre. Il ne parle pas du nombre des
cœcums ni des autres viscères.

Schœpf avait déjà observé ce poisson, et le
désigne sous le nom qu'il porte encore aujour-
d'hui. Il en a donné une description reconnaissable dans son Mémoire sur les poissons
de l'Amérique du nord[1]. Suivant lui, le *sheeps-
head* est très-estimé; il s'approche des côtes
pendant l'été, et sa principale nourriture consiste en petits coquillages.

Il est assez étonnant qu'une espèce aussi
commune ait été inconnue à Linnæus, et que
Gmelin, dans sa compilation, n'ait fait aucune
attention à la description de Schœpf. Nous
n'en trouvons de description subséquente que
dans le Mémoire de M. Mitchill sur les poissons de New-York. Il y parle aussi avec beaucoup d'éloge de la chair de ce poisson et de la
haute estime dans laquelle on le tient à New-
York. On peut servir, dit-il, le *sheeps-head* sur
les tables les plus somptueuses, parce qu'il ne
cède, peut-être, qu'à la truite et au saumon.
Le prix varie depuis un dollar jusqu'à un

---

1. *Naturforscher*, t. VIII, p. 152.

dollar et demi pour un individu de taille moyenne, et au-dessus de cette taille le prix s'élève de quatre à sept livres sterlings. On en a vu du poids de quatorze à quinze livres. Rien, dit M. Mitchill, ne peut surpasser dans l'opinion d'un habitant de New-York un *sheeps-head* bouilli.

Ce poisson est un objet de pêche important sur les côtes de l'État de New-York. Il s'approche de celles de Long-Island pendant la saison chaude, depuis le mois de Juin jusqu'au milieu de Septembre, époque vers laquelle il s'enfonce de nouveau dans les profondeurs de l'Océan. Il en reste quelquefois assez tard, et M. Mitchill en a vu apporter dans l'année 1814, au marché de New-York, jusque vers la fin d'Octobre. Il nage par troupes ; aussi le pêche-t-on avec avantage à la senne, et on peut en prendre jusqu'à plusieurs centaines d'un coup de filet. Avec les grands filets dont on se sert à Raynortown-Babylon et aux deux Islands, on en tire à terre des milliers ; on les transporte dans la glace, et avec la plus grande hâte, aux marchés de New-York pendant la fraîcheur de la nuit ; et quand la saison est assez froide, on les porte à Philadelphie, à Jersey et autres endroits. A cause de ses dents tranchantes, il est diffi-

cile de prendre le *sheeps-head* à la ligne,
parce qu'il coupe les haims. On se sert aussi
de grands feux pour l'attirer dans des anses;
on le prend alors plus aisément.

M. Milbert a envoyé à diverses reprises
de fort beaux individus de cette espèce pour
le Cabinet du Roi : un d'eux a plus de deux
pieds de longueur, et ses dents incisives ont
près de trois lignes de largeur.

Nous en devons de plus petits individus à
M. Lesueur, qui les a pêchés dans le lac
Pont-Chartrain, près de la Nouvelle-Orléans.
Il nous apprend que l'espèce y est abondante,
et néanmoins qu'on la vend fort cher, parce
qu'elle est fort estimée. Les Français de cette
colonie la nomment *casse-burgot,* parce qu'elle
se nourrit de coquillages qu'elle brise sous ses
molaires. Ce nom est aussi usité sur les côtes
de l'Aunis, selon Duhamel[1], mais, à ce qu'il
paraît, pour un pagre. Ces petits individus
n'ont que six incisives à la mâchoire inférieure, et les dents molaires latérales de la
supérieure sont pointues.

---

1. Pêches, 2.ᵉ part., sect. 4, p. 19.

Le SARGUE TÊTE-DE-BÉLIER.

(*Sargus aries*, nob.)

Les côtes de l'Amérique méridionale ont aussi des sargues peu différens des nôtres et encore moins du *sheeps-head*. Le premier, que nous appellerons *tête-de-bélier,*

a le profil du dos encore plus convexe que dans aucun autre, et son museau avance un peu plus que dans le précédent. Ses dents incisives sont plus étroites et plus longues; les molaires sont un peu moins nombreuses. Les épines de la dorsale et la seconde de l'anale sont beaucoup plus fortes. D'ailleurs les couleurs diffèrent très-peu. Le poisson paraît dans la liqueur d'un beau jaune doré, avec sept bandes verticales, étroites et plus légèrement marquées que dans notre premier sargue. La dorsale est bordée de noirâtre; l'anale est plus brune. Il n'y a pas de noir dans le croissant de la caudale. Les ventrales sont bleu très-foncé ou noires.

D. 12/12; A. 3/10; C. 17; P. 14; V. 1/5.

Nous n'avons pas pu faire l'anatomie de l'individu, long d'un pied, que M. Delalande a rapporté de Rio-Janéiro. M. Plée en a envoyé un second, qu'il a pêché dans la lagune de Maracaïbo; mais il ne nous apprend rien à son sujet, le temps lui ayant manqué pour en faire l'examen. Cet individu avait l'estomac rempli de fucus.

Le Sargue rayé.

(*Sargus lineatus*, nob.)

On possède depuis long-temps au Cabinet du Roi deux sargues empaillés, que nous croyons du Brésil, et qui sont voisins tous deux de celui dont nous venons de faire la description.

L'un a le museau aussi obtus, les dents incisives aussi étroites, en même nombre, huit à chaque mâchoire; mais il diffère par une dorsale plus basse, dont les épines sont plus faibles, et par les nombres des rayons.

D. 12/13; A. 3/13; C. 17; P. 17; V. 1/5.

Ce poisson nous montre encore cinq bandes fort étroites, comme des rayures qui descendent du dos sur les flancs. La queue est entourée par une large bande noire. Un anneau noirâtre entoure la base de la pectorale. Les ventrales paraissent avoir été noires.

L'individu a neuf pouces de longueur.

Le Sargue rubanné.

(*Sargus fasciatus*, nob.)

Le second de ces sargues

a le corps beaucoup plus alongé, le museau très-avancé, des incisives étroites et très-proclives, une dorsale basse et une anale plus courte. Le corps est traversé par cinq larges rubans, qui l'entourent presque en entier.

D. 11/11 ; A. 3/9 ; C. 17 ; P. 14 ; V. 1/5.

Cet individu est long de plus d'un pied.

Le SARGUE ARGENTÉ.

(*Sargus argenteus*, nob.)

Le Brésil a un autre sargue

à museau avancé, à dents incisives petites et proclives ; mais où l'on ne voit plus qu'une large tache noire de chaque côté de la queue, comme dans le sparaillon. Ses flancs paraissent avoir été argentés et marqués d'une vingtaine de lignes longitudinales grises, qui s'affaiblissent à mesure qu'elles sont plus près du ventre. Les nageoires sont grises, à l'exception des ventrales, qui ont encore gardé leur couleur noire.

D. 12/15 ; A. 3/14 ; C. 17 ; P. 14 ; V. 1/5.

Les molaires de ce sargue sont petites.

On en doit les individus au zèle de M. Delalande. Ils ont huit à neuf pouces de longueur.

Le SARGUE A LIGNES JAUNES.

(*Sargus flavolineatus*, nob.)

Un dernier sargue d'Amérique a été découvert a San-Iago de Cuba par l'infortuné Choris.

Il ressemble à l'argenté, mais ses incisives sont

larges et implantées droites sur les mâchoires. Les molaires sont de grandeur médiocre. La partie épineuse de sa dorsale est assez élevée, et c'est de tout le genre celui qui a le plus d'épines à la dorsale.

D. 13/11; A. 3/10; C. 17; P. 17; V. 1/5.

Dans la liqueur il paraît argenté, avec quelques lignes longitudinales grises, et n'offre aucune trace de bandes transversales sur le corps ni de taches sur la queue. D'après le dessin coloré sur le vivant que nous avons reçu de M. Choris, nous savons que le dos est bleuâtre, le ventre argenté, et que les flancs sont rayés en long de treize à quatorze lignes jaune doré sur le dos, et presque effacées sur le ventre. La dorsale est bleuâtre; sa portion molle un peu rougeâtre. La caudale et l'anale sont rouges, les pectorales noirâtres, et les ventrales grises.

L'individu est long de neuf pouces.

Nous n'avons pu rien voir de ses viscères.

Suivant M. Choris, on le nomme *grand-goré* à Cuba.

Le SARGUE DE L'ASCENSION.

(*Sargus Ascensionis,* nob.)

Enfin, nous devons encore à MM. Quoy et Gaimard un sargue fort semblable à notre argenté pour les couleurs;

mais qui a le corps plus élevé, le museau plus court, les incisives plus larges et plus droites, et les molaires bien plus nombreuses; car on en compte facilement quatre rangées à la mâchoire supérieure et trois à l'inférieure.

Ce poisson paraît être d'un gris argenté assez uniforme, faiblement rayé de lignes longitudinales grises. Il y a un ocelle noir par le travers de la queue, et une bordure noire à l'angle de l'opercule.

D. 12/13; A. 3/14; C. 17; P. 16; V. 1/5.

Ce sargue de l'Ascension est long de dix pouces.

———

Les côtes de l'Amérique sur l'Atlantique produisent deux poissons qui à tous les caractères des sargues, tels que nous venons de les décrire d'après nos espèces d'Europe, joignent des incisives échancrées, comme celles des glyphisodons, avec lesquels cependant on ne peut pas les confondre; car, outre les différences dans les formes générales, les glyphisodons n'ont pas de molaires rondes derrière les incisives.

Le SARGUE UNIMACULÉ.

(*Sargus unimaculatus*, nob.[1])

Le premier de ces deux poissons a déjà été décrit par Margrave sous le nom de *salema*

---

1. Margrave, *Bras.*, p. 153; Pison, Brown, *Jam.*, p. 446; *Perca unimaculata*, Bloch, pl. 308, fig. 1; *Grammistes unimaculatus*, Bl. Schn., p. 184; *Spare salin*, Lacépède, t. IV, p. 136.

ou *sallema,* qui est le nom portugais de la saupe (*sparus salpa,* Linn.), et qui lui a été transporté par les colons du Brésil, parce qu'il ressemble singulièrement à la saupe par les couleurs. Néanmoins Margrave observe déjà avec raison qu'il tient davantage du sargue par les formes du corps et de la bouche et par les dents. Selon Pison, les indigènes l'appellent *pacu.*

La figure que ces deux auteurs en donnent[1] est assez reconnaissable, quoique l'on n'y voie point la tache de l'épaule ; mais l'auteur en fait mention dans son texte. Cette figure n'est tirée ni du recueil du prince Maurice, ni de celui de Mentzel ; mais le prince en a une autre, longue à peine de deux pouces, et où la tache est un peu plus en arrière : elle porte aussi le nom *sallema.* C'est celle-là que Bloch (pl. 3o8, fig. 1) a copiée, en la doublant, et en reculant encore la tache jusque vis-à-vis la pointe de la pectorale : il prétend que le prince l'a intitulée *selumixira,* ce qui est tout-à-fait inexact. Il ajoute ensuite de son chef le nom de *selim,* qu'il transforme en celui de *salin,* et qu'il donne comme nom français de l'espèce. M. de Lacépède l'adopte comme son épithète.

---

1. *Bras.,* p. 153 ; *Ind. utr.,* p. 55.

Il nous paraît que c'est le même poisson que Brown[1] a décrit sous le nom de *bream*, que lui donnent les pêcheurs de la Jamaïque, et qui est proprement celui du canthère. Sa dentition, telle que Brown l'indique, est manifestement celle d'un sargue, et les treize aiguillons à la dorsale ne conviennent qu'à l'espèce actuelle. Cet auteur l'a cru identique avec le *perca rhomboides* de Catesby; mais nous avons vu précédemment (t. V, p. 280) que ce poisson de Catesby est notre pristipome rodo. Linnæus adopte non-seulement cette fausse synonymie pour son *sparus rhomboides*, mais il y joint encore le *salt-water-bream de* Garden, qui est l'espèce suivante. Au reste, on peut d'autant plus excuser cette erreur, fondée sur une assez grande ressemblance extérieure, que nos colons mêmes de la Martinique donnent à ce sargue, comme au pristipome, les noms de *rodo* et de *gros-dos.*

Nous ne pensons pas que l'espèce actuelle remonte plus au nord que les Antilles. Déjà Parra n'en fait aucune mention. Elle est fort commune au Brésil : tous nos voyageurs naturalistes l'ont rapportée de Rio-Janéiro. Mar-

---

1. *Jam.,* p. 446.

grave nous apprend qu'elle vit dans les eaux douces et salées ; qu'elle atteint une longueur d'un pied, et que sa chair est excellente.

Dans son Système posthume, Bloch la range parmi ses grammistes, avec cette foule d'autres poissons qui ne se tiennent que par les raies longitudinales dont leur corps est marqué.

Ce poisson, qui ressemble à nos sargues par l'ensemble et par les proportions de son corps, a le profil du dos arqué, et celui du ventre jusqu'à l'anus rectiligne. La plus grande hauteur du corps se mesure vers le troisième ou le quatrième rayon épineux de la dorsale, et fait près du tiers de la longueur totale. La tête est petite, et sa longueur, égale à sa hauteur à la nuque, est contenue quatre fois et demie dans la longueur du poisson. Le museau est obtus ; le profil descend presque verticalement : il y a au-devant des yeux un léger renflement, et sur la nuque un léger abaissement.

L'œil est de grandeur moyenne, situé dans le haut de la joue ; mais son orbite n'échancre pas la ligne du profil du front ; le sous-orbitaire est large, aminci, et recouvre presque en entier le maxillaire. Le préopercule est assez grand. L'opercule est étroit et terminé par une faible pointe. Les écailles qui le recouvrent sont aussi grandes que celles du corps, et du double plus larges que celles que l'on voit sur le préopercule ou sur l'interopercule. Le front, les deux mâchoires, le sous-orbitaire et le limbe du préopercule sont nus et sans écailles.

6.   5

L'ouverture de la bouche est petite, et les deux mâchoires sont d'égale longueur. Il y a six incisives à la mâchoire supérieure. Chaque dent a une petite échancrure sur le milieu de son bord. Derrière elles on voit des petites molaires arrondies, grenues et disposées sur trois rangées. On remarque dans le fond de la bouche deux dents un peu plus grosses que les autres. Les incisives de la mâchoire inférieure sont aussi échancrées et au nombre de huit. Il n'y a que deux rangées de petites molaires, semblables aux dents d'en haut. Les deux ouvertures de la narine sont près de l'œil et rapprochées l'une de l'autre. L'antérieure n'est qu'un très-petit trou rond. La seconde est grande, linéaire, et cachée sous l'arcade sourcilière que fait au-devant de l'œil le frontal antérieur.

Les rayons épineux de la dorsale et le second de l'anale sont forts et pointus. Les rayons mous de ces deux nageoires sont courts, séparés et peu profondément divisés. La caudale est fourchue; les pectorales, alongées et taillées en faux, atteignent à la base de l'anale. Les nombres sont :

D. 13/10; A. 3/10; C. 17; P. 14; V. 1/5.

L'ossature de l'épaule est couverte d'écailles. Le surscapulaire est large, ovale, lisse, et la peau qui le protège est épaisse et brillante d'un bel éclat d'argent poli.

Les deux tiers du bord de chaque écaille sont arrondis. La portion radicale est droite, coupée verticalement, suivant la hauteur du poisson, et finement dentelée par l'expansion des branches de l'éventail qui sillonnent cette partie de la surface de l'écaille. On en compte environ cinquante depuis l'ouïe jusqu'à la caudale, et vingt-six dans une ligne verticale. La ligne latérale est légèrement courbée, et va parallèlement au dos, depuis le surscapulaire jusqu'au commencement de la queue, qu'elle traverse par le milieu de la hauteur.

Un individu très-frais, que M. Achard a envoyé de la Martinique, était argenté, un peu grisâtre sur le dos, et avait sur chaque flanc une vingtaine de lignes longitudinales ou de rubans étroits de couleur d'or pur et poli. Derrière l'épaule, sous la ligne latérale, il y a une tache noirâtre. Les rayons épineux de la dorsale sont argentés. La membrane est violacée. La portion molle de la dorsale, l'anale, la caudale, sont jaunes; les pectorales pâles, et les ventrales noirâtres. Des individus venus du Brésil, et fort décolorés, paraissent gris verdâtre, à reflets dorés, et ils ont conservé la tache noire de l'épaule.

La taille de nos individus varie depuis trois pouces jusqu'à sept.

Leur anatomie nous a montré un canal intestinal plus long que celui de nos sargues, à cause de ses nombreuses sinuosités. Il se replie trois fois, depuis le pylore jusqu'à l'anus. Il y a sept appendices cœcales assez longues autour du pylore. L'estomac est arrondi, de moyenne grandeur. Les parois en sont très-minces, sans rides intérieures. La branche montante sort du milieu de la face inférieure. Ses parois sont aussi minces que celles de l'estomac; elle se renfle tellement entre ses deux extrémités qu'elle a l'air d'un second estomac. Le foie est très-petit et porte une vésicule du fiel, longue, étroite, et dont les parois sont tout-à-fait argentées.

La vessie natatoire est grande, ovale, alongée, et donne en avant deux petites cornes. L'extrémité postérieure est pointue. Sa tunique fibreuse est épaisse, d'un blanc mat, et pointillée de noirâtre. La seconde tunique est mince et nacrée.

Le péritoine est noirâtre.

On compte à la colonne vertébrale dix vertèbres abdominales et quinze caudales. Le premier interépineux de la dorsale a au sommet une pointe courte, acérée, dirigée vers le crâne. La crête mitoyenne du crane est assez élevée, et prend de l'entre-deux des yeux. Les crêtes latérales sont basses.

Le SARGUE RHOMBOÏDE.

(*Sargus rhomboides*, nob.)

La seconde espèce de ces sargues à incisives échancrées vient des côtes septentrionales de l'Amérique, et il ne paraît pas qu'elle descende vers le sud au-delà des côtes de la Louisiane. Nous l'avons reçue de New-York par M. Milbert, de la Caroline et de la Nouvelle-Orléans par M. Despinville, et du lac Pont-Chartrain par M. Lesueur; mais nous ne l'avons pas vue parmi les nombreux envois qui nous sont venus des Antilles ou des côtes plus méridionales de l'Amérique.

Garden l'avait envoyée à Linnæus sous le nom de *saltwater-bream;* on en a la preuve par sa correspondance, d'où Linnæus a extrait ce qu'il dit à la fin de l'article du *sparus rhomboides* (12.ᶜ édit., p. 170) de la tache noire de l'épaule, des nageoires jaunes et des dents obtuses; mais, comme nous l'avons déjà fait observer, les synonymes de Brown et ceux de Catesby ne se rapportent pas au poisson de Garden, et sont même différens l'un de l'autre. Gmelin n'a rien changé à l'article du *sparus rhomboides* de Linnæus, et n'a pas fait attention au *poki* ou *porgee* de Schœpf[1], qui nous paraît cependant devoir se rapporter au poisson dont nous nous occupons. Ce nom de *porgee* est donné par les pêcheurs de New-York à différentes espèces. Nous en trouvons deux dans M. Mitchill; l'une, son *little-porgee,* est notre *léiostome huméral.* Nous verrons que la seconde, ou son *big-porgee,* est un pagre, le *sparus argyrops* de Linnæus. Garden avait aussi envoyé au grand naturaliste suédois la description d'un *porgee,* qui est probablement notre *pagrus noveboracensis.* Ce *porgee* de Schœpf excepté, nous n'avons trouvé aucune indication de notre

---

1. *Naturf. Freund.,* t. VIII, p. 153.

espèce actuelle, postérieure à celle de Garden, et cependant cette espèce doit être commune sur les côtes de New-York, si nous en jugeons par le grand nombre d'individus que M. Milbert a envoyés au Cabinet du Roi. M. Mitchill n'en parle point dans son Mémoire sur les poissons de New-York, et M. Lesueur, qui l'a connue et observée à la Nouvelle-Orléans, ne l'a pas décrite dans ses nombreux mémoires sur les poissons des États-Unis.

Nous savons par les renseignemens que cet excellent observateur a bien voulu nous communiquer, que cette espèce est peu abondante dans le lac Pont-Chartrain ; qu'elle se mange frite et est fort estimée. Les individus ne dépassent guère six pouces de longueur : les colons français de la Nouvelle-Orléans nomment ces poissons *filous* ou *coupeurs,* probablement parce qu'ils coupent les lignes avec leurs dents incisives si tranchantes.

Cette espèce diffère de la précédente par le museau plus avancé, par la nuque et le dos moins élevés, par le sous-orbitaire plus étroit, par les écailles plus petites, par la faiblesse et par le nombre des rayons de ses nageoires.

D. 12/11 ; A. 3/10 ; C. 17 ; P. 17 ; V. 1/5.

Les dents sont aussi plus petites. Il y a huit inci-

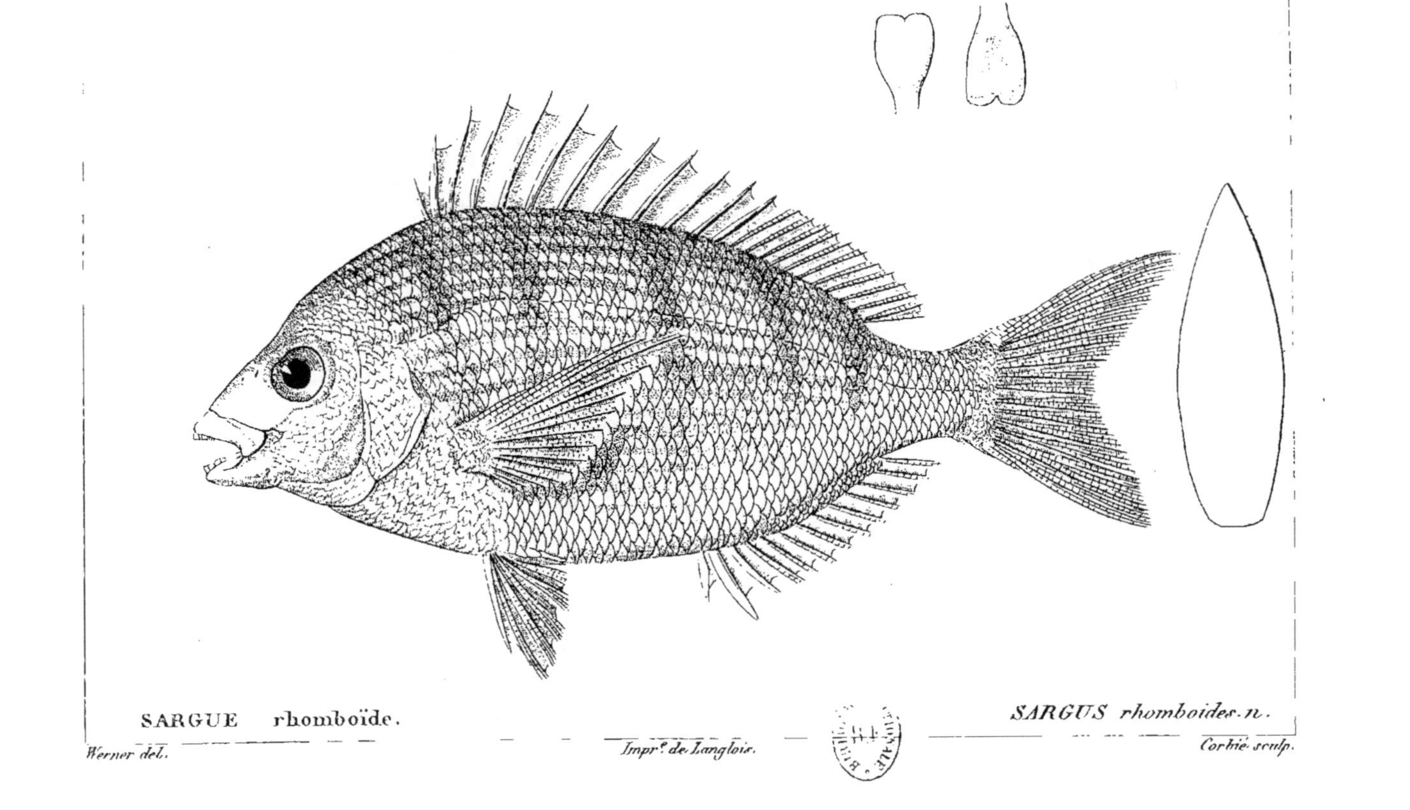

SARGUE rhomboïde.

SARGUS rhomboïdes. n.

Werner del.

Impr.^e de Langlois.

Corbié sculp.

sives à chaque mâchoire, et deux rangées de molaires seulement.

Le fond de la couleur paraît avoir été argenté et rayé longitudinalement de vingt-quatre ou vingt-cinq rubans dorés. Quatre à cinq bandes brunâtres plus ou moins visibles, suivant les différentes incidences de la lumière sur le corps du poisson, descendent du dos sur les flancs. Derrière l'épaule, il y a une tache noirâtre, placée en travers sur la ligne latérale. La dorsale est grisâtre; l'anale est jaune, bordée de violet; la caudale jaune olivâtre; les pectorales et les ventrales paraissent avoir été d'un jaune plus vif que celui des autres nageoires.

La taille des différens individus que nous avons examinés, varie de trois à cinq pouces.

Ces poissons se nourrissent de petits crustacés; mais les viscères de nos individus n'étaient pas assez bien conservés pour en décrire l'anatomie; cependant nous avons pu voir que l'intestin est assez long, et qu'il fait plusieurs ondulations.

———

DES PUNTAZZO (*Charax*, Risso).

On peut séparer des sargues un poisson de la Méditerranée, qui a comme eux des incisives tranchantes, mais dont les molaires sont fort petites et sur une seule rangée.

Le Puntazzo commun.

(Charax puntazzo, nob.; *Sparus puntazzo,*
Gmelin.)

Cette espèce unique jusqu'à présent se reconnaît de suite

à son museau pointu et avancé, et à l'obliquité de
ses incisives longues et étroites. C'est l'avancement
de son museau qui fait que le corps paraît à proportion moins haut que celui des précédens. La hauteur
est le tiers de la longueur totale. Le profil du dos
descend vers le museau par une pente très-oblique,
un peu concave en avant de l'œil. Le profil du
ventre suit une ligne peu courbe, régulière jusqu'à
l'anale, et remontant ensuite assez brusquement à la
queue. La longueur de la tête est un peu moindre
que le quart de la longueur du corps. L'œil est médiocre, à égale distance du bout du museau et de
l'angle de l'opercule. Entre les yeux et plus en avant
le front est un peu relevé en bosse. Le sous-orbitaire
est assez grand. Son bord inférieur, festonné, couvre
presque en entier le maxillaire. L'angle de l'opercule
est plus aigu qu'aux autres sargues de la Méditerranée. Les lèvres sont peu épaisses, plissées sur les
côtés. Les dents incisives sont au nombre de huit,
étroites, dirigées en avant, et coupées obliquement
en biseau; leurs racines sont très-minces : il n'y a
qu'une seule rangée de dents molaires, si petites
qu'elles peuvent à peine mériter ce nom. Elles se
réduisent à une douzaine de petits grains placés sur

le bord des mâchoires, lesquelles sont minces et donnent à la tête cette forme étroite et comprimée, si opposée à ce que nous avons trouvé chez les autres sargues. La dorsale est peu élevée; ses épines sont faibles. La caudale est peu fourchue; l'anale est basse; les pectorales sont pointues.

Voici les nombres des rayons :

D. 11/13; A. 3/12; C. 17; P. 16; V. 1/5.

Les écailles sont de grandeur ordinaire : il y en a cinquante-cinq à soixante depuis l'ouïe jusqu'à la queue, et vingt-deux rangées sur chaque flanc. Chaque écaille est presque orbiculaire, et il y a treize rayons qui se terminent à un bord radical dentelé et un peu échancré. Les écailles qui recouvrent l'ossature de l'épaule sont un peu plus petites que celles du reste du corps. Au-dessus du surscapulaire en est une rangée de plus grandes, disposées en demi-cercle, dont la corde est formée par la série de celles de l'occiput; ces écailles ont une couleur plus brune que les autres. La ligne latérale se marque par une suite de petits tubes rapprochés; elle est plus colorée que le fond du poisson.

Nos individus sont gris argenté, à reflets dorés. Sept bandes noirâtres, étroites, traversent verticalement les flancs. Une tache noire, quadrilatère et très-large se voit de chaque côté de la queue : il y a sur le ventre quelques traits noirâtres, longitudinaux et parallèles entre eux. La dorsale et l'anale sont noirâtres; la caudale est jaune, et une large bordure noire très-foncée en occupe tout le croissant. Les ventrales sont noirâtres, les pectorales pâles.

Ce poisson atteint plus d'un pied.

Son œsophage est alongé, et un rétrécissement assez sensible marque le cardia. L'œsophage a peu de capacité; il est arrondi, et a vers son extrémité postérieure une dépression qui y forme un pli considérable. La branche montante est assez longue, plus épaisse que l'œsophage. On compte sept appendices cœcales, assez longues, autour du pylore.

Le duodénum est très-large, et l'intestin diminue peu de diamètre jusqu'au rectum, qui est très-court, et dont l'origine est marquée par une valvule assez épaisse. L'intestin se replie trois fois; il est assez long. Ses parois sont très-minces, et son velouté est très-fin; au rectum il a des papilles alongées.

La rate est petite, trièdre, alongée et cachée entre les plis de l'intestin.

Le foie est aussi peu volumineux, presque en entier dans le côté gauche de l'abdomen. La vésicule du fiel est très-longue, mais fort étroite.

Le péritoine est noir, assez foncé. La vessie aérienne est grande, simple : ses parois inférieures sont épaisses et argentées; celles qui s'appuient aux côtes sont minces, fibreuses, et d'un beau blanc laiteux.

Le crâne du puntazzo est très-élevé au-dessus des yeux, à l'endroit où naissent les crêtes occipitales. La crête impaire est moins élevée que dans les autres sargues de la Méditerranée; les latérales moyennes le sont un peu plus, les externes le sont beaucoup moins que dans le sparaillon.

La fosse du préopercule est très-peu profonde;

c'est de tous les sargues celui où elle l'est le moins.

Le surscapulaire a deux apophyses très-longues : la supérieure est élargie en cuilleron. Le corps de l'os est petit, triangulaire, moins aplati que dans les espèces précédentes. L'huméral est très-grand. Les bords de la gouttière sont très-hauts et se rencontrent à angle droit. Le radial et le cubital n'offrent rien de remarquable; je n'ai pas vu le styléal.

Ce puntazzo se nourrit certainement de fucus; son tube intestinal en était rempli : il paraissait y avoir aussi quelques débris de mollusques, mais difficiles à reconnaître.

Aldrovande[1] est le seul des auteurs du seizième siècle qui ait connu le *puntazzo*. Sa figure est très-reconnaissable par ses nombreuses bandes transverses et la forme de son museau; mais les incisives y sont trop larges et trop verticalement enchâssées dans la mâchoire. Ce qu'Aldrovande ajoute de la couleur brune des nageoires, achève d'en déterminer l'espèce, et de prouver qu'il a eu tort de la confondre avec le sparaillon. Bélon, Salvien, Rondelet lui-même, n'en font pas mention. Willughby ne l'a pas connu non plus; de sorte qu'il ne paraît ni dans Artedi, ni dans Linnæus. Artedi s'est borné à citer la figure d'Aldrovande parmi les synonymes du sparaillon.

---

1. *De pisc.*, p. 182.

Cetti est le premier auteur récent qui paraisse en avoir parlé. A la fin de son article sur le sargue il dit que les pêcheurs génois prennent aussi, mais plus rarement, un poisson assez semblable au sargue pour la forme et pour la couleur, dont le museau est pointu, et la caudale semi-lunaire et noire dans toute sa partie concave.

C'est d'après cette note de Cetti que Gmelin l'a introduit dans la treizième édition du *Systema naturæ* sous le nom de *sparus puntazzo*.

Brünnich [1] nous semble aussi l'avoir décrit d'après nature, mais en lui appliquant faussement le nom de *sparaillon (sparus annularis)*, et en citant la figure 63 de Salviani, qui est celle du vrai sparaillon. C'est du moins le seul dont Brünnich ait pu dire *incisoribus acutis*. D'ailleurs le nombre des bandes transverses qu'il indique nous paraît trop peu considérable. Ce qu'il y a de certain, c'est que le *sparus annularis* de Brünnich n'est pas le même que celui de Linné.

Duhamel n'a pas connu notre poisson; et Bloch, qui laisse le *sparus annularis* de Brünnich parmi les synonymes du sparaillon,

---

1. *Pisc. mass.*, p. 37, n.° 51.

ne parle aucunement du *puntazzo* de Cetti.

M. de Lacépède, qui ne l'a connu que par Gmelin, a cru devoir en faire une simple variété du sargue.

Walbaum [1] en fait autant et du poisson de Brünnich et de celui de Cetti.

M. de Laroche [2], dans le Mémoire sur les poissons d'Iviça, que nous avons déjà cité tant de fois avec des éloges bien mérités, est le premier qui nous ait donné une description complète et reconnaissable de ce poisson. Il y a joint une très-bonne figure; et l'on ne peut lui reprocher que de n'avoir pas fait remarquer l'extrême petitesse des dents molaires, qu'il indique d'ailleurs trop vaguement, on pourrait presque dire, d'une manière fautive, par ces mots : *molares hemisphærici.* Tout en faisant remarquer les rapports de ce spare avec le *puntazzo* de Gmelin, il lui a imposé un nom nouveau, celui de *sparus acutirostris.* Il nous apprend d'ailleurs que c'est un poisson qui vit près du rivage d'Iviça ; qu'il y est rare, et qu'on l'y nomme *murada.*

M. Risso l'avait plutôt indiqué que décrit dans sa première édition. Les pêcheurs de

---

1. Artedi, édition Walbaum, 3.ᵉ part., p. 282, addit., var. *a.*
2. Annales du Muséum, t. XIII, p. 348, pl. 24, fig. 12.

Nice le lui avaient montré sous le nom de *moure-agut* (museau aigu); nom qui, à lui seul, caractérise cette espèce, mais qu'il a accolé très-arbitrairement à celui de *sparus annularis*. Il a, en copiant la phrase du naturaliste suédois, bien qu'elle ne puisse avoir aucun rapport avec ce *moure-agut*, comme nous l'avons déjà dit, mêlé ensemble des traits pris de ce *moure-agut* avec d'autres qui ne conviennent qu'au *sargou rascas*, c'est-à-dire au sargue de Salviani.

Dans sa seconde édition, M. Risso, après avoir pris connaissance de notre travail dans le Cabinet du Roi, et vu que nous séparions ce sargue des autres à cause de sa rangée unique de molaires granuleuses, en a fait un sous-genre qu'il appelle *charax;* mais qu'il ne caractérise pas bien, en lui donnant des dents latérales aiguës : elles sont petites, mais obtuses.

D'ailleurs M. Risso nous apprend que ce poisson habite pendant toute l'année sur la côte de Nice, parmi les rochers couverts de fucus; que sa chair est délicate, sans être bonne; que la femelle se remplit d'œufs au printemps. Il annonce d'autres espèces de ce genre *charax*, mais ne les décrit pas, et ne dit pas si elles vivent dans la Méditerranée ou ailleurs.

Nous devons remarquer ici que le nom de *charax* a été déjà employé par Gronovius pour désigner des poissons de la famille des saumons, qui font partie maintenant de nos piabuques, de nos chalcéus et quelques autres genres voisins.

D'ailleurs nous ne pouvons deviner dans quel auteur M. Risso a trouvé que les Grecs désignaient sous ce nom un poisson de la famille des sargues, à cause de la ligne de dents qui se continue sans interruption sur chaque mâchoire.

M. Risso ajoute qu'Aristote dit du *charax* que c'est un poisson littoral qui vit par troupes. Ce nom de *charax* ne se trouve pas dans Aristote; il est cité dans Ælien [1] pour désigner un poisson de la mer Rouge, coloré d'or et de pourpre, et qui pourrait bien être un de nos *holocentrums.*

On trouve aussi dans Oppien [2] un *charax* cité parmi les daurades, les vives et d'autres poissons qui vivent sur le sable et parmi les rochers.

M. Viviani a observé à Gênes ce sargue à museau aigu, et il en a envoyé un squelette

1. *De anim. nat.*, l. XII, c. 25.
2. *Halieut.*, l. I, v. 173.

au Cabinet du Roi sous le nom de *sparus oxyrhynchus.*

Dans l'Index d'ichtyologie sicilienne de M. Rafinesque nous trouvons (p. 24, n.° 152) un *sparus puntazzo* qui s'appellerait à Palerme *saragu pizzudo*, mais que l'auteur ne décrit pas de manière à en déterminer l'espèce; tout porte cependant à croire que c'est la même que la nôtre.

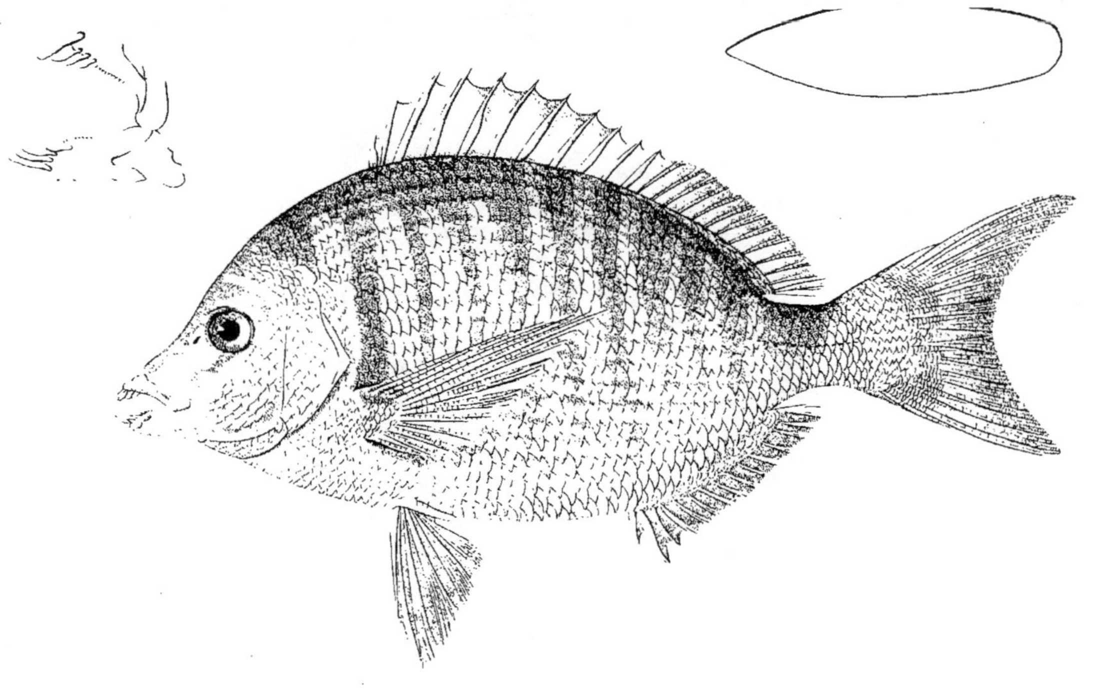

PUNTAZZO commun.

Werner del.

Impr.e de Langlois.

CHARAX puntazzo. n.

Corbié sculp.t

CHAPITRE II.

Des Daurades (*Chrysophrys*, nob.).

Les daurades se distinguent des sargues par leurs dents incisives, qui, au lieu d'être tranchantes, sont coniques et au nombre de quatre ou de six à chaque mâchoire, et des pagres par leurs molaires, qui sont au moins sur trois rangées, tandis que les pagres ne les ont que sur deux. Ces molaires sont pour la plupart arrondies comme celles des sargues et des pagres; quelquefois seulement les antérieures prennent une forme conique, et dans quelques espèces dont nous avons pu suivre la dentition à différens âges, nous avons reconnu que la forme et la grandeur relative de celles qui sont arrondies changent à mesure qu'elles se succèdent[1], et qu'à un certain âge les dents rondes sont remplacées par des dents plus grandes et ovales. Le nombre plus considérable de ces molaires a nécessité une plus grande épaisseur des os des mâchoires, ce qui a rendu le museau des daurades plus gros et plus élargi que celui des sargues et des

---

1. On peut consulter sur ces dents et leur succession les figures de la planche 163. Bloch donne (pl. 74) les mâchoires d'une daurade adulte comme étant celles de l'anarrhichas.

6.　　　　　　　　6

autres sparoïdes à dents rondes. Leur membrane branchiostège porte six rayons, un de plus que dans les sargues; pour tout le reste les formes des deux genres sont à peu près les mêmes.

Les espèces de daurades sont nombreuses et répandues dans toutes les mers. La Méditerranée en produit deux, qui n'ont pas encore été distinguées l'une de l'autre par les naturalistes. Peut-être que l'*hepatus* de Rondelet en fera une troisième, lorsque les ichtyologistes auront eu l'occasion de retrouver ce poisson, qui n'est encore indiqué que par cet auteur.

L'anatomie des daurades diffère peu de celle des sargues. Leur estomac est simple, et on ne compte que quatre à cinq cœcums au pylore. Nous n'avons pas trouvé de fucus ni d'autres plantes marines dans les intestins de celles que nous avons disséquées. Elles n'ont pas, comme les sargues, la facilité de couper ces plantes avec leurs incisives pour les faire passer sous leurs molaires; mais ces dents, qui sont plus fortes, leur permettent de briser des coquillages plus épais, et l'on trouve dans leur estomac des débris de turbo, de trochus, de monodontes, de natices et d'autres testacés à coquille fort dure.

Le nom français de ces poissons s'écrit et

se prononce *daurade,* pour les distinguer de poissons d'un tout autre genre et d'une toute autre famille (de celle des scombéroïdes), qui sont généralement appelés *dorades* par les navigateurs, les *coryphœna* de Linnæus.

Le nom de *daurade* vient d'*aurata,* qui paraît avoir été la dénomination de ces poissons chez les Latins. Les anciens Grecs les nommaient *chrysophrys* (χρύσοφρυς, sourcil d'or), à cause de la tache d'un bel éclat doré que l'espèce commune porte entre les yeux; c'est du moins ainsi que l'on croit pouvoir expliquer ce nom et en prouver l'application; car, du reste, on ne trouve dans les anciens rien qui soit absolument caractéristique, mais on n'y trouve rien aussi qui lui donne l'exclusion.

Selon Aristote, le *chrysophrys* a deux paires de nageoires [1]; ses appendices pyloriques sont en petit nombre [2]; il se tient près des côtes et dans les étangs salés [3]; il fraie l'été [4] et dépose ses œufs à l'embouchure des rivières [5]: les grandes chaleurs l'obligent à se cacher [6]; le froid le fait aussi souffrir [7]; il est carnassier [8]; et on le frappe du trident quand il dort. [9]

---

1. *Hist. an.,* l. I, c. 5. — 2. L. II, c. 17. — 3. L. VIII, c. 13. — 4. L. VIII, c. 2. — 5. L. V, c. 10. — 6. L. VIII, c. 15. — L. VIII, c. 19. — 8. L. VIII; c. 2. — 9. L. IV, c. 10.

Selon Archippus, dans Athénée (p. 328), il était consacré à Vénus, et Hicesius le regardait comme le meilleur des poissons pour le goût (*ib.*).

Ælien le donne comme le plus timide des poissons. Des branches de peupliers implantées dans le sable pendant un reflux, effrayaient tellement les chrysophrys amenés par le flux, qu'au reflux suivant ils n'osaient plus remuer, et se laissaient prendre à la main.[1]

Oppien nomme la mendole comme le meilleur appât pour attirer le chrysophrys.

Que l'*aurata* des Latins fut le même poisson que le chrysophrys des Grecs, c'est ce qui se voit par un passage de Pline (l. IX, c. 16), qui est manifestement pris d'Aristote, et où le premier mot est mis comme traduisant l'autre.

Columelle nous apprend que l'*aurata* était du nombre des poissons que les Romains élevaient dans leurs viviers, et même l'inventeur des viviers de poisson de mer, Sergius *orata*[2], paraît avoir tiré de la daurade le surnom qu'il portait et qu'il laissa à sa branche. C'était par-dessus tout la daurade du lac Lucrin que les

1. Ælien, l. XIII, c. 28.
2. Pline, l. IX, c. 54, et Valer. Maxim., l. IX, c. 1.

Romains[1] estimaient, et Sergius, qui s'était presque emparé de ce lac, y en avait probablement introduit l'espèce.

Apicius nous a laissé la recette des sauces avec lesquelles on servait la daurade[2], et celle d'un plat de daurade, de denté et de muge, aux huîtres, mets très-compliqué, et que nous ne trouverions peut-être pas aujourd'hui aussi bon que les Romains.[3]

La Daurade vulgaire.

(*Chrysophrys aurata,* nob.; *Sparus aurata,* Linn.)

Nous plaçons au premier rang et nous donnons l'épithète de *vulgaire* à la daurade qui nous est parvenue le plus abondamment, et nous placerons à sa suite une seconde espèce, dont nous ne possédons encore qu'un très-petit nombre d'individus.

Celle dont nous traitons dans cet article nous est arrivée de presque toutes les côtes de la Méditerranée et de quelques-unes de celles de l'Océan. Les plus grandes nous viennent du lac de Biserte, près de Tunis (l'*hip*-

---

1. *Non omnis laudem pretiumque aurata meretur,*
   Sed cui solus erit concha lucrina cibus.
                              (Martial, l. XIII, ép. 90.)
2. Apicius, l. XI, c. 12. — 3. *Idem,* l. IV, c. 2.

ponitus des anciens). Ces individus ont plus de quinze pouces de long. C'est d'après eux que nous allons donner la description de l'espèce; mais auparavant nous rappellerons brièvement ce que les auteurs qui nous ont précédés ont pu nous fournir sur son histoire.

Bélon[1] et Salviani[2] ont donné chacun une figure passable de la daurade; et ce dernier nous apprend qu'à Rome on la nomme *orata* ou *ora*. Mais ces deux auteurs sont loin de nous laisser autant de détails que Rondelet[3]. De son temps les pêcheurs distinguaient les daurades par la taille. Celles d'une palme de long étaient nommées *sauquène*, les grandes d'une coudée avaient le nom de *daurades*, et celles d'une taille intermédiaire *méiane*. Les individus qui surpassaient la taille ordinaire, s'appelaient alors *subredaurades*.

Ce poisson ne quitte pas le rivage et entre dans les étangs salés, où il engraisse beaucoup. On estimait fort à Montpellier, du temps de Rondelet, les daurades de l'étang de Martigue.

Willughby donne une assez bonne description de la daurade : il dit qu'elle se trouve dans la Méditerranée et dans l'Océan; mais

---

1. *De pisc.*, p. 192 à 193. — 2. Fol. 175, p. 62. — 3. *De pisc.*, c. 2, p. 115.

il ne paraît pas l'avoir observée lui-même dans cette dernière mer, tandis qu'il cite Gênes et Rome, où il l'a vue en grande abondance.

Artedi et Linnæus l'ont introduite dans le Catalogue des êtres, avec des synonymes tirés de Gronovius, de Hasselquist et de Lœffling; mais celui de Gronovius est faux, car cet auteur n'a décrit qu'un pagel. Le poisson de Lœffling[1] avait été observé pendant la traversée de Cadix en Amérique. Des matelots espagnols l'ont nommé *cochicato*; et si la différence de couleur du bandeau doré n'est pas accidentelle, ce serait au moins une variété remarquable de notre daurade. Lœffling dit que cette bande est bleuâtre. Nous la voyons de cette couleur dans la daurade à large tête du Cap, et quelques auteurs qui ont décrit des poissons de la Méditerranée, en font un des caractères du pagre ordinaire.

Quant à Hasselquist, sa daurade observée à Smyrne ne paraît point différer de la nôtre.[2]

L'individu décrit par Linnæus avait une tache noire sur la queue. Ne serait-ce pas précisément *l'hepatus* de Rondelet que ce grand naturaliste n'aurait pas reconnu? Cet *hepatus* doit beaucoup ressembler à notre

---

1. *Reisen*, p. 150. — 2. *Iter Palest.*, p. 337.

daurade, car Rondelet dit que ce poisson, très-rare, n'a de nom particulier que chez les Grecs modernes, qui le nomment κλειπουρος; or c'est à peu près le nom que l'on donne encore aujourd'hui dans l'Archipel à la daurade. M. Bory Saint-Vincent en a rapporté au Cabinet du Roi un individu que les pêcheurs du golfe de Coron lui ont nommé τζειπόυρα.

Duhamel ajoute aux noms vulgaires de la daurade mentionnés par Rondelet, ceux que les pêcheurs de Narbonne donnent à ce poisson. Les jeunes daurades de l'année, et qui n'ont que cinq à six pouces, sont appelées *saucanelles;* à la taille de neuf pouces, ils les croient âgées de deux ans, et les nomment *poumerengues;* et quand elles ont atteint un pied de long, elles prennent le nom de *daurades.*

C'est aussi dans Duhamel que l'on trouve le plus de renseignemens sur les habitudes de ce poisson. Les pêcheurs lui ont dit que les daurades agitent fortement le sable du rivage avec leur queue, afin d'y découvrir les coquillages qui s'y enfouissent. Elles sont très-avides des moules, et les pêcheurs reconnaissent la présence des daurades par le bruit qu'elles font en brisant les coquilles avec leurs dents.

La daurade est très-commune sur les côtes

du Languedoc; on en fait la pêche tantôt au large, tantôt à la côte, suivant les saisons. On la prend avec des filets ou à la ligne.

On amorce les hameçons avec des coquilles, telles que les pétoncles et les clovisses des Provençaux (*venus decussata*, Linn.). A défaut de coquillages, on emploie des crevettes et des morceaux de thon et de pelamide.

Elle craint beaucoup le froid, et Duhamel remarque que l'hiver rigoureux de 1766 en fit périr un grand nombre.

La daurade, selon lui, n'est pas aussi bonne que la dorade des tropiques (*coryphœna hippuris*). Cependant sa chair est estimée, et quoiqu'un peu sèche, elle est délicate et de bon goût : on en fait des salaisons, ou on la conserve dans le vinaigre, et le peuple du Languedoc s'en nourrit pendant le carême. Suivant Cornide, qui la compte parmi les poissons de la Galice, on fait aussi ces salaisons sur les côtes de l'Espagne baignées par la Méditerranée, et on les expédie pour la France.

On préfère la daurade du Languedoc ou des côtes de Provence à celle de l'Océan ; on estime surtout celles qui sont entrées dans les étangs, et particulièrement celles des lacs de Martigue et de Cette. Dans l'espace d'un été elles y deviennent trois fois plus pesantes : les plus grosses qu'on y ait prises pesaient de dix-huit à dix-neuf livres. Elles se rassemblent aussi en grand nombre à l'embouchure des fleuves.

La figure de Duhamel est assez bonne, et les dents y sont représentées avec assez d'exactitude. Il dit que la tache noire du haut du bord de l'opercule est quelquefois d'un rouge éclatant.

Bloch ne s'est pas servi des données que lui fournissait Duhamel. La figure qu'il a fait graver dans sa grande Ichtyologie nous paraît être, ainsi que nous le verrons dans l'article suivant, celle d'une jeune daurade du Cap. Dans l'édition posthume de Schneider il a reproduit le *sparus aurata* une seconde fois, sous le nom de *sparus scriptus*, d'après Osbeck [1]. Rien n'était plus facile cependant que de reconnaître la daurade dans la description d'Osbeck, qui lui-même avait bien déterminé le poisson qu'il avait sous les yeux, puisqu'il cite Artedi [2]. Osbeck dit que la daurade s'appelle *mochara* en espagnol, nom qui ne se trouve pas dans Cornide, mais qui, d'après Duhamel, serait celui du sargue.

On ne trouve dans les éditions de l'Ichtyo-

---

1. *Nov. act. nat. cur.*, t. IV, p. 100. — 2. *Gener.*, p. 35.

logic de Nice de M. Risso, que des renseignemens exacts sur les couleurs du poisson qu'il
a vu au sortir de l'eau. Brünnich parle aussi
de la daurade; mais il n'en rapporte aucune
particularité.

Nous trouvons donc la daurade citée par
tous les auteurs qui ont décrit des poissons
de la Méditerranée : elle l'est aussi dans ceux
qui ont traité des poissons de l'Océan. Duhamel en parle plusieurs fois. Pennant la nomme
parmi ceux des côtes d'Angleterre, et l'appelle
gilt-head. Mais MM. Donovan et Turton n'ont
pas la daurade : leur *gilt-head* est le *sparus
centrodontus,* que nous avons vu communément sur les côtes de la Manche aux mois
d'Août et de Septembre. Il ne paraît pas que
la daurade s'avance plus loin vers le nord, car
Othon Fabricius, Muller et les autres auteurs
de faunes boréales n'en parlent point.

Le corps de la daurade est ovalaire, plus élargi
de l'avant que de l'arrière. Sa hauteur fait à peu près
le tiers de la longueur totale, et l'épaisseur n'est que
des deux cinquièmes de la hauteur. Le museau est
obtus, et renflé par l'élargissement des mâchoires.

L'œil est de grandeur médiocre, et placé au haut
de la joue, à une distance du bout du museau de
deux fois la longueur du diamètre. Le sous-orbitaire
couvre tout le devant de la face. Il ne cache que la

portion antérieure du maxillaire. Le préopercule est assez grand, à limbe large et à bord postérieur un peu festonné. L'angle est arrondi et légèrement strié. Les écailles de la joue sont un peu plus petites que celles du corps.

L'opercule est étroit, presque trois fois plus haut que large, intimement réuni au sous-opercule. Les écailles qui les recouvrent, sont plus grandes que celles du préopercule. L'interopercule est plus distinct, arqué, écailleux; il ne touche pas à celui du côté opposé quand les ouïes sont fermées.

La mâchoire inférieure est un peu plus courte que la supérieure. Les lèvres sont minces et peu grandes. Les maxillaires forment deux lames minces, qui se cachent presque entièrement sous le bord antérieur du sous-orbitaire. Les intermaxillaires sont gros et surtout fort élargis en arrière, afin de pouvoir porter les dents grosses et rondes dont la gueule est pavée. La branche montante est forte et avancée entre les os du nez jusqu'à la hauteur des narines. La mâchoire inférieure a aussi ses branches fort élargies pour donner appui aux nombreuses molaires qu'elle doit porter.

Il y a six incisives à chaque mâchoire, fortes, crochues, coniques, un peu émoussées. Les dents tuberculeuses sont disposées sur cinq rangs à la mâchoire supérieure, et sur trois à l'inférieure; les antérieures sont petites et arrondies. Dans le fond de la bouche il y en a toujours au moins une, et souvent deux, ovales, beaucoup plus grandes que les autres. Leur plus long diamètre mesure quelquefois quatre lignes.

Telle est la dentition d'un individu adulte; mais nous avons pu en suivre les différens états sur des daurades plus petites.

Une d'elles, qui nous est venue de la Rochelle, et longue de onze pouces, a cinq rangées de dents. La quatrième rangée a trois dents plus grosses que les autres, ovales, mais dont le plus grand diamètre est transversal, au lieu d'être dans le sens de la longueur du corps : il n'y a point encore de grande dent ellip- tique comme dans l'adulte; mais nous avons ouvert le maxillaire, et nous avons trouvé le germe de cette dent bien formé et prêt à se montrer au dehors.

Une autre daurade, de Naples, longue de huit pouces, n'a que quatre rangées de dents, dont trois élargies sur le troisième rang.

Une de six pouces a aussi quatre rangées de dents; mais elles sont toutes rondes et granuleuses. Les dernières du troisième rang sont un peu plus grosses que les autres.

On retrouve le même nombre de rangées et la même disposition pour la grosseur jusque dans des petits individus, qui n'ont qu'à peine trois pouces. Les dents de la seconde rangée et celles de la qua- trième n'y sont guère plus grosses que de la graine de pavot, et la dent tuberculeuse n'est pas si forte que de la graine de navette. [1]

Les deux ouvertures de la narine sont au-dessus du sous-orbitaire, au-devant de l'œil. L'antérieure est un peu oblique, ovale et petite. La seconde est

---

1. Voyez sur ces variations la planche 163.

grande, linéaire et fendue dans le sens de la longueur du corps.

La dorsale commence à peu près au tiers de la longueur totale. Sa partie épineuse est plus haute que la partie molle. Les épines ne sont pas très-robustes ; elles peuvent se cacher dans une fossette creusée sur le dos, ainsi que cela a lieu dans la plupart des sparoïdes.

L'anale correspond au troisième rayon mou de la dorsale, et elle ne la dépasse pas en arrière. Ses rayons épineux sont plus courts que ceux de la dorsale. Le second est le plus fort. La caudale est médiocrement fourchue.

Les os de l'épaule et du bras sont couverts d'écailles comme le reste du corps.

Le surscapulaire paraît sous la forme d'une écaille plus grande que les autres, rayonnée par des stries très-fines. Son bord mince n'est pas dentelé. De là il remonte sur la nuque une série d'écailles aussi un peu plus grandes que les autres, et disposées en arc, qui se joint à celui du côté opposé sur le haut du front.

La pectorale, attachée assez en avant de la dorsale, est très-longue, et atteint jusqu'au-delà de l'anus ; elle a près du quart de la longueur totale du poisson.

Les ventrales, fixées un peu en arrière, sont assez larges.

Les nombres des rayons des nageoires, ainsi que ceux de la membrane branchiostège, sont :

B. 6 ; D. 11/13 ; A. 3/11 ; C. 17 ; P. 16 ; V. 1/5.

Les écailles de la daurade sont petites : on en compte près de quatre-vingts sur la longueur, et environ vingt-quatre sur la hauteur, toutes minces, lisses, non ciliées, à bord radical un peu dentelé. On n'en voit point de remarquable dans l'aisselle de la pectorale; mais dans celle de la ventrale il y en a une longue, très-forte et très-pointue, qui a près de la moitié de la longueur de la nageoire.

La ligne latérale est presque droite : elle part de l'angle supérieur de l'opercule, et passant un peu au-dessus du tiers supérieur de la hauteur, elle va à la queue en formant une sorte de petite chaîne; parce qu'elle est composée d'une série de petits traits alongés et relevés sur l'épaisseur de l'écaille.

Desséchée, la daurade paraît d'un gris argenté, avec une tache noire qui descend le long de l'épaule depuis l'angle supérieur du surscapulaire jusqu'à l'angle de l'opercule. L'opercule lui-même est rembruni. On voit sur le devant du front, en avant des yeux, les traces de la bandelette argentée ou dorée qui va d'un œil à l'autre en forme de croissant.

Les nageoires verticales sont grises, et l'on voit sur la dorsale une ligne longitudinale noirâtre. Les ventrales sont jaunâtres.

Des individus presque aussi beaux que si l'on venait de les pêcher, nous ont été envoyés de la Rochelle par M. d'Orbigny, et de Brest par M. Garnot.

Leur dos était gris argenté, à reflets verdâtres. Le ventre brillait d'un bel éclat d'argent poli, et on comptait, depuis le haut du dos jusqu'au ventre, dix-huit à vingt bandelettes longitudinales dorées, qui donnaient au poisson un aspect général jaune d'or très-vif. La bande entre les yeux est brillante et d'un beau jaune d'or à reflets comme une feuille de clinquant.

Ces couleurs diffèrent très-peu de celles qui ont été observées par les naturalistes qui ont pu voir les daurades vivantes.

Selon M. Risso le dos est bleuâtre, quelquefois très-foncé et noirâtre. Les côtés sont jaunâtres, à reflets dorés. Le ventre est bleuâtre. Il y a le long des flancs des bandes longitudinales plus claires que le fond. Une large tache dorée couvre le préopercule, et une autre, violette, est sur l'opercule. La dorsale est bleuâtre, avec une raie longitudinale brune. L'anale n'a point de raie. La caudale est noirâtre, avec des reflets dorés, principalement près du bord. Les ventrales sont violettes.

L'estomac est petit, assez court, renflé sur le côté. La branche montante est courte. Il y a quatre cœcums courts auprès du pylore. L'intestin ne fait que deux plis. A la moitié de la longueur de la dernière portion il y a une valvule assez épaisse, qui marque le commencement du rectum. Cette portion de l'intestin est très-renflée et a un diamètre plus que double de celui de l'intestin grêle. Les parois en sont aussi beaucoup plus minces. Le foie est peu volumineux, presque tout entier dans le côté gauche de l'abdomen. La rate est petite. Les reins sont médiocres. La vessie aérienne est très-grande, à parois très-minces, argentées. Le péritoine est légèrement rougeâtre, à reflets argentés, et pointillé de noirâtre.

Nous trouvons au squelette de la daurade dix vertèbres abdominales et quatorze caudales. Le crâne

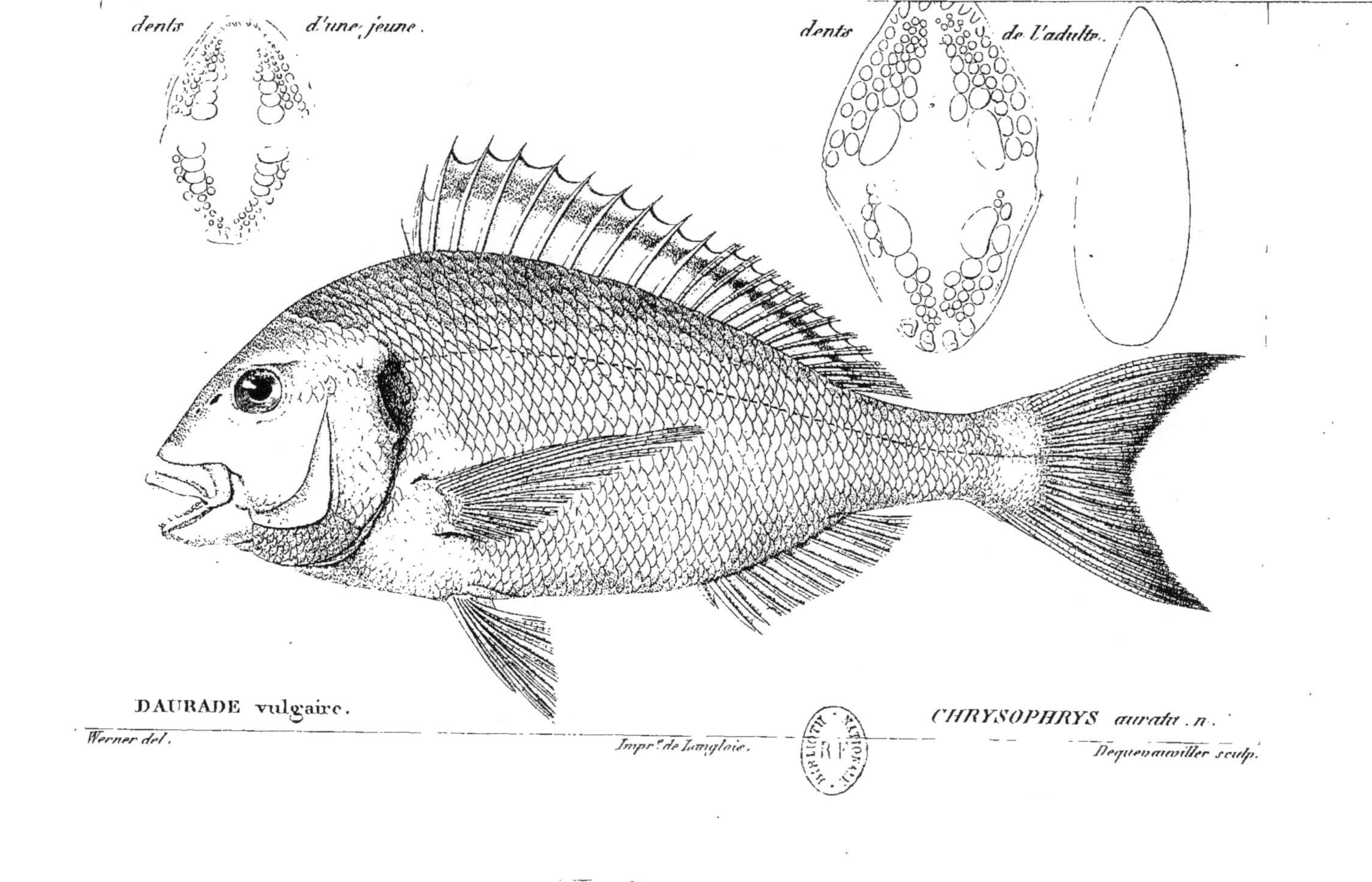

dents d'une jeune.
dents de l'adulte.
DAURADE vulgaire.
CHRYSOPHRYS aurata. n.
Werner del.
Impr.e de Langlois.
Dequevauviller sculp.

nous montre des frontaux un peu caverneux, relevés dans leur milieu par une large carène aplatie, d'où s'élève la crête mitoyenne; elle est assez haute, un peu renflée en avant, et son bord est légèrement sinueux. La seconde crête latérale est mince, peu élevée et couchée très-obliquement sur la tête. La crête la plus externe est très-épaisse et naît de l'angle postérieur de l'orbite. Les os du bras et du bassin ne nous ont présenté aucune particularité notable.

L'individu que les naturalistes de l'expédition de Morée ont pris à Coron

n'a pas neuf pouces de long, et cependant sa dentition est complète; ce qui nous prouve que les daurades de ces mers plus chaudes prennent le caractère des adultes plutôt que les daurades de nos côtes. Nous ne trouvons à cet individu aucune différence dans les formes, ni dans les nombres des rayons. La tache de l'épaule nous paraît beaucoup plus étroite, et même est presque restreinte au bord membraneux de l'opercule : c'est la seule différence que nous ayons vue dans les couleurs. Il n'y a pas de tache noire sur la queue.

M. Bory Saint-Vincent l'a entendu nommer à Coron τζειπουρα. Ce nom, comme nous l'avons dit plus haut, est très-voisin de celui que les Grecs de Smyrne donnaient du temps de Rondelet au poisson que cet auteur a mentionné à l'article de son *hepatus*.

6.   7

La Daurade a museau renflé.

(*Chrysophrys crassirostris,* nob.)

Notre seconde daurade de la Méditerranée a été prise sur les côtes de la Corse, près d'Ajaccio, par M. Payraudeau, et sur celles du Péloponèse par M. Bory Saint-Vincent. Nous en trouvons aussi une figure parmi des planches de poissons gravées en Espagne, et qui n'ont pas encore été publiées; en sorte que, bien que plus rare que la première, elle paraît habiter les mêmes parages.

Elle se reconnaît à la grosseur de son mufle, et elle a d'ailleurs le corps beaucoup plus alongé, sa hauteur étant contenue trois fois et demie dans sa longueur. La nuque est aussi beaucoup plus élevée à proportion. L'œil est plus grand; l'espace entre les yeux plus large et plus bombé. Le bord inférieur du sous-orbitaire est plus arqué, le préopercule plus arrondi, le limbe plus étroit, également nu. L'interopercule est de beaucoup plus grand et se croise sous la gorge avec celui du côté opposé. Les mâchoires sont très-renflées. Il y a six grosses incisives et quatre rangs de mâchelières à la mâchoire supérieure, et trois à l'inférieure; elles sont plus grosses, plus espacées. La dent ovalaire est plus arrondie. La dorsale est plus basse; la pectorale un peu plus large. Les rayons des ventrales sont très-forts, et s'étendent en un large éventail.

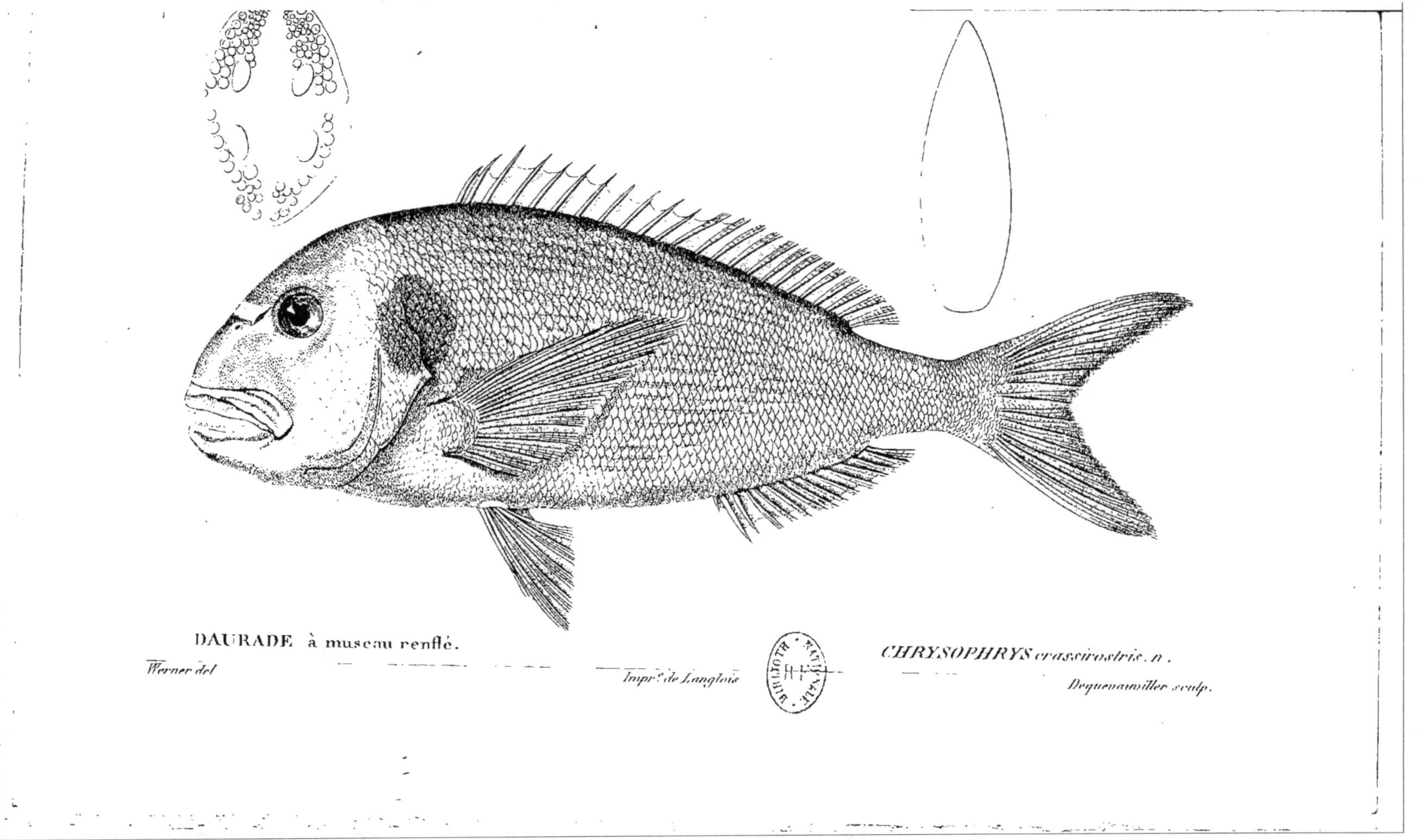

DAURADE à museau renflé.

CHRYSOPHRYS crassirostris. n.

Werner del

Impr.^e de Langlois

Dequevauviller sculp.

Les nombres sont :

B. 6; D. 11/13; A. 3/11; C. 17; P. 15; V. 1/5.

Les écailles sont serrées, plus hautes que larges. On en compte plus de quatre-vingts depuis l'ouïe jusqu'au bout de la queue. La ligne latérale est presque droite. L'individu, presque aussi frais qu'au sortir de l'eau, était bleu foncé sur le dos, à reflets dorés très-vifs. Ces reflets proviennent d'un trait doré, tracé sur chaque écaille. Sur l'épaule et sur le haut de l'opercule on voit une large tache noire. Le front est bleu; le devant de la face bleuâtre, à reflets cuivrés. Entre les yeux il y a un croissant plus arqué que celui de la daurade vulgaire, et de la plus belle couleur d'or poli. Sur chaque tempe en avant du surscapulaire est une très-belle tache aussi brillante que le croissant. Le dessous de l'orbite est aussi doré, ainsi que le limbe du préopercule. Le bas de l'opercule et la mâchoire inférieure sont rouge de cuivre poli et brillant. Les nageoires paraissent gris bleuâtre. Il n'y a point de raie noirâtre sur la dorsale.

Nous n'avons pu rien voir des viscères, à cause du mauvais état de leur conservation. L'abdomen était rempli de débris de crustacés, d'opercules de turbo, de trochus et d'autres coquillages à test fort dur. Il y avait aussi des bifores très-reconnaissables.

L'individu de Corse a près de dix-huit pouces. Celui de Morée n'a qu'un pied, et cependant sa grande dent ovale est déjà sortie.

Aucun des auteurs que nous avons consultés ne nous paraît avoir eu connaissance de cette belle daurade, qui ne le cède en rien à l'autre par l'éclat de ses couleurs.

La Daurade a front bombé.

(*Chrysophrys globiceps*, nob.)

On trouve dans la mer qui baigne les côtes du cap de Bonne-Espérance une daurade qui tient de près à la commune.

Elle en diffère par son chanfrein relevé et globuleux, ce qui rend l'espace entre les yeux plus arrondi. Le sous-orbitaire est moins haut. Les dents sont grosses, nombreuses; et sur un individu long de vingt pouces nous avons compté cinq rangées de dents tuberculeuses, et au fond de la bouche une dent ovale, dont le plus grand diamètre a près de quatre lignes, et le diamètre transversal trois et demie. Cette dent est moins alongée que celle de la daurade commune.

Des individus plus petits nous ont montré les mêmes changemens dans la dentition de cette daurade que dans la commune. Elle commence dans le premier âge par avoir des petites dents arrondies : à celles-ci succèdent des dents ovales, dont le plus grand diamètre est transversal, et enfin elle prend la grosse dent ovale, alongée.

Les rayons de la dorsale sont un peu plus grêles, et leurs nombres un peu différens.

D. 12/11; A. 3/11; C. 17; P. 16; V. 1/5.

La couleur des individus adultes paraît un gris bleuâtre sur le dos, s'affaiblissant sur les côtés, et passant au blanc argenté sous le ventre. Il y a un beau croissant doré entre les yeux et une tache noirâtre sur l'opercule.

Les jeunes individus ont des bandes longitudinales grises très-marquées, et trois ou quatre bandes transversales, formées par une double série de points noirs. Ces bandes s'effacent à mesure que le poisson grandit, et ne paraissent plus du tout sur l'adulte.

Nous avons vérifié cette disposition de couleurs sur plusieurs individus, et nous n'en avons jamais rencontré une semblable sur les daurades de nos mers. C'est ce qui nous porte à croire que la daurade donnée par Bloch (pl. 266) comme la vulgaire, était une jeune de cette espèce du Cap. La figure convient parfaitement. MM. Quoy et Gaimard en ont rapporté de leur dernier voyage des individus qui n'ont que cinq pouces de long, et MM. Delalande et Verreaux, de grands qui ont près de vingt pouces.

L'anatomie de cette daurade nous a fait voir qu'elle a un petit estomac, avec quatre cœcums courts au pylore, et l'intestin de longueur médiocre, plié deux fois sur lui-même. Le diamètre du rectum est du double plus grand que celui de l'intestin grêle. Le péritoine est noir. La vessie aérienne est grande, à parois minces et argentées.

On compte onze vertèbres abdominales et treize pour la queue. Le crâne offre une crête mitoyenne, élevée, deux latérales très-basses : la base de la mitoyenne ne s'avance que peu au-delà du bord postérieur de l'orbite; et en avant de cette crête les frontaux sont relevés en bosse, comme calleux, et contribuent à donner à la figure de la tête cette forme globuleuse dont nous avons tiré le nom spécifique de ce poisson.

Kolbe parle de cette daurade du Cap dans la relation de son voyage, et dit que l'on en fait une pêche abondante depuis le mois de Mai jusqu'au mois d'Août. Bloch, ayant regardé la daurade du Cap comme de la même espèce que celle de nos mers, avance à tort que la daurade vulgaire se trouve dans les mers du Cap, et il a été copié en cela par M. de Lacépède.

La Daurade sarbe, *ou* Gueule-Pavée de l'Isle-de-France.

(*Chrysophrys sarba*, nob.[1])

Commerson a laissé deux bons dessins d'un poisson sur lequel on ne trouve dans ses manuscrits qu'une notice incertaine : ils sont

---

1. *Sparus sarba*, Forskal, *Faun. arab.*, n.º 22 ; *Sparus sarba*, Gm. Lacép.; *Spare bufonite*, Lacép., t. IV, p. 76, pl. 26, fig. 2; *Spare perroquet, ejusd.*, *ibid.*, fig. 3; Renard, fol. 27, n.º 147.

faits à la pierre noire, et cette courte indication : *Sparus*, vulgò *la gueule-pavée*, est écrite sur chacun d'eux de la main de ce célèbre voyageur. L'une de ces figures est dessinée d'après un individu adulte et long d'un pied et demi ; elle est aussi détaillée qu'aucun naturaliste puisse le désirer. Les mâchoires sont représentées séparément, et il est facile de voir que ce poisson, nommé *gueule-pavée* à l'Isle-de-France, est du genre des daurades. Ce dessin a été gravé dans l'ouvrage de M. de Lacépède (t. IV, p. 76, pl. 26, fig. 2), et est devenu le *spare bufonite* de cet auteur.

Quoique Commerson ait eu le soin d'établir par sa note l'identité de cette figure avec une autre faite d'après un poisson plus jeune, M. de Lacépède n'en a pas moins fait graver cette seconde sur la même planche du même tome, comme une espèce distincte, sous le nom de *spare perroquet*[1]. Il nous a été facile

---

1. C'est à ces figures de Commerson que nous croyons pouvoir rapporter une description faite sur la côte australe de Madagascar, et que nous avons trouvée dans les manuscrits que M. Hammer nous a communiqués. Ce qui y est dit des dents indique une jeune daurade qui n'a pas encore poussé sa grosse dent ovale ; et quant aux couleurs, elles sont disposées par lignes brunes dorées, au nombre de dix sur les flancs, qui sont bruns vers le dos, et plus pâles au-dessous de la ligne latérale. Les ventrales sont d'un beau jaune d'or. L'anale est moins vivement colorée.

de réparer cette erreur, et de réduire à une seule espèce ce double emploi, et M. Julien Desjardins, nous ayant envoyé cette *gueule-pavée* de l'Isle-de-France, nous a mis à même d'en constater complétement l'espèce. Il paraît cependant que les habitans de cette colonie donnent encore ce nom à d'autres poissons. Nous le trouvons deux autres fois dans les manuscrits de Commerson : la première, pour une autre daurade, dont nous parlerons tout à l'heure; la seconde, pour un poisson que nous ne connaissons encore qu'imparfaitement par la seule description de ce naturaliste, et qui sera probablement le type d'un nouveau genre de la famille des sciénoïdes. M. de La-cépède en fait son *spare mylostome;* mais ce ne peut évidemment être un spare.

La première de toutes ces gueules-pavées, celle dont nous parlons dans le présent article, n'est pas restreinte à l'Isle-de-France. Forskal l'avait déjà décrite avec une exactitude qui ne peut laisser le moindre doute. Les couleurs qu'il assigne à son *sparus sarba* sont parfai-tement les mêmes que celles des individus arrivés de l'Isle-de-France.

Les pêcheurs arabes de Djidda connaissent ce poisson sous le nom d'*arid*. Il a paru à Forskal que c'était le même qui était nommé à Suez *kofar* ou *sarba;* mais ces dénominations sont moins généralement connues des Arabes que la première.

M. Leschenault a trouvé aussi la gueule-pavée sur la côte de Coromandel. Comme les individus qu'il a rapportés au Cabinet du Roi sont plus adultes que ceux de l'Isle-de-France, nous allons d'abord en parler.

Ils ont près de onze pouces de long. Leur forme est semblable à celle de la daurade ordinaire, et les dents ne sont pas très-différentes.

Les six dents incisives de chaque mâchoire sont un peu comprimées et mousses. Les dents rondes qui pavent la gueule, sont plus égales et en plus grand nombre que dans la daurade de nos côtes. Dans le fond de la bouche il y a une grosse dent en ovale alongé, qui est placée sur le troisième rang à la mâchoire supérieure, et sur le second en bas, et y est séparée par une dent arrondie, plus grosse que les autres. Les rayons de la dorsale nous paraissent aussi un peu plus forts et plus longs que dans notre daurade.

D. 11/13; A. 3/11; C. 17; P. 15; V. 1/5.

L'écaille pointue de l'aisselle des ventrales est aussi longue que leur dernier rayon.

La couleur paraît argentée, avec dix à douze lignes brunes longitudinales sur les flancs. Il y a une légère trace de croissant doré entre les yeux. On ne voit pas de tache noire à l'épaule.

Les individus moins âgés, que nous devons à M.

Julien Desjardins, n'ont que neuf pouces de long. La grande dent ovale n'est pas encore sortie. Sur un fond argenté, on compte au-dessus de la pectorale dix à onze bandes longitudinales brun doré. Une autre, courte et brillante d'or pur, est entre la pectorale et la ventrale. Le bord supérieur de la dorsale est brun. L'anale et le bord externe du lobe inférieur de la caudale sont jaunâtres. Les ventrales sont d'un beau jaune vif, teinté de rose. Ces couleurs ne diffèrent pas de celles que M. Desjardins a observées sur le poisson frais. Il y a compté plus de quinze lignes le long des flancs, dont les dix supérieures étaient plus fortement marquées. On voit que les inférieures se sont effacées dans l'alcool.

Suivant M. Leschenault, ce poisson atteint à un pied et demi, et quand il est frais, il a le dos gris et le ventre blanc, et ses côtés portent des raies longitudinales grises, plus foncées que le dos. La ligne latérale est fortement marquée par un trait gris.

Des petits individus de trois à quatre pouces n'offrent point des couleurs différentes de celles des grands; mais à cet âge ils n'ont que deux rangées de molaires rondes et grenues.

Nous n'avons pu voir de l'anatomie de ce poisson que la vessie aérienne : elle est simple, fort grande, à parois fibreuses, assez épaisses et recouvertes par un péritoine noirâtre.

Cette daurade, que les pêcheurs indiens nomment *kaloury*, est abondante pendant toute l'année dans la rade de Pondichéry, où l'on en fait une grande pêche, à cause de la bonté de sa chair.

M. Leschenault assure que ce poisson est un excellent manger, et qu'on le sert sur les meilleures tables.

L'espèce se porte jusqu'aux Moluques. Il s'en trouve une figure assez reconnaissable dans le recueil des peintures de Corneille de Vlaming, intitulée *stompneus* (camus),

et représentée gris argenté, avec douze à quatorze lignes brunes longitudinales. La ligne latérale est très-marquée et de couleur brune. Toutes les nageoires sont jaunes.

Renard a reproduit ce dessin dans son ouvrage (fol. 27, n.° 147); mais il l'a peint de couleurs si différentes que l'on a peine à le reconnaître.

Sur un fond bleuâtre il a mis sept rubans jaunes longitudinaux, et trois rangées de gros points noirs.

La Daurade chitchillé.

(*Chrysophrys chrysargyra, * nob.[1])

Russel a figuré sur la planche 91 de son Histoire des poissons de Vizagapatam une daurade dont les formes sont à peu près semblables à celles

---

1. *Chitchillée*, Russel, p. 73, pl. 91.

de notre sarbe; mais les couleurs en sont différentes. Selon l'auteur, elles varient sur les différens individus d'après leur taille. Celui qu'il a décrit avait le front brun glacé de vert; le reste de la tête argenté; le dos et les côtés rayés par des filets rapprochés, alternativement dorés et argentés, courbes au-dessus de la ligne latérale, et droits au-dessous.

La dorsale est cendrée, bordée de noir, et les rayons osseux argentés. Les autres nageoires sont d'un jaune pâle, bordées d'orangé.

Ce poisson atteint à treize pouces de long, et en excède rarement seize anglais. Sa chair est fort estimée sur les tables.

Il y a des individus plus petits, sur lesquels les filets dorés deviennent rouges au-dessus de la ligne latérale, et brun jaunâtre au-dessous. Dans ce cas les nageoires prennent une teinte rouge.

Cette variété appartient-elle bien à la même espèce?

La Daurade haffara.

(*Chrysophrys haffara,* nob.; *Sparus haffara,* Forsk.)

Les ichtyologistes auraient eu de la peine à déterminer par des caractères précis le *sparus haffara* de Forskal, si M. Ehrenberg n'avait pas retrouvé le poisson nommé *haffara* sur les côtes de la mer Rouge.

C'est une daurade à corps alongé, à nuque peu élevée, à museau obtus, et dont la dent ovale paraît sortir de bonne heure. Nous la voyons sur des individus qui n'ont que six pouces de long, et pas tout-à-fait deux pouces de haut.

La couleur est argentée, un peu bleuâtre au-dessus de la ligne latérale, avec des lignes brunes longitudinales sur les côtés, qui s'effacent promptement après la mort. Ce qui la distingue de l'espèce précédente, est la tache noire alongée et étroite, qui est le long du bord supérieur de l'opercule.

Nos plus grands individus n'ont que huit à neuf pouces.

D. 11/13; A. 3/10; C. 17; P. 15; V. 1/5.

Je n'ai pu compter le nombre des cœcums, à cause du mauvais état de conservation des intestins. Le péritoine est noirâtre. La vessie aérienne est simple, de grandeur médiocre. Les parois en sont très-minces.

Cette daurade se nourrit de petits coquillages, tels que des modioles, des fissurelles, des turbo, des oscabrions.

———

Il nous paraît que l'on peut faire une subdivision distincte des daurades qui vont suivre, parce que dans les nombreux individus que nous avons examinés, et parmi lesquels il y en avait d'assez grands pour que l'on dût les croire adultes, nous n'avons jamais trouvé la grosse dent ovalaire; en sorte que nous pensons que ces espèces ne la prennent pas, et qu'elles restent constamment à l'état où sont les jeunes des espèces précédentes.

La Daurade tachetée de bleu.

(*Chrysophrys cæruleosticta,* nob.)

M. Rang, officier de la marine royale, déjà connu dans les sciences naturelles par ses intéressans travaux sur les mollusques, vient d'adresser au Cabinet du Roi une magnifique collection de poissons, faite dans la rade de Gorée.

Parmi les nombreuses espèces nouvelles que nous y observons, nous avons à décrire une daurade qui atteint à une taille assez considérable. Les individus envoyés ont seize pouces de long.

La forme du corps est semblable à celle de la daurade commune; mais la dentition en diffère beaucoup par l'absence de la grande dent ovale. La plus grande hauteur du corps se mesure à la base des premiers rayons épineux de la dorsale; elle fait le tiers de la longueur totale. Le profil de la tête monte par une courbure régulière de l'extrémité du museau vers la dorsale, en faisant un quart de cercle. Le front est légèrement bombé entre les yeux; leur diamètre égale le quart de la longueur de la tête, et la distance qui les sépare est d'un diamètre et demi. Le sous-orbitaire est grand et sans écailles : il n'y en a que trois rangées sur le préopercule, dont le limbe inférieur est assez large. Les trois autres pièces de l'opercule sont écailleuses. Les deux ouvertures de la narine sont près de l'œil; l'antérieure est petite et ronde, l'autre est une fente étroite et alongée.

La mâchoire supérieure dépasse un peu l'inférieure, dont les branches sont assez fortement renflées. Les lèvres sont épaisses et garnies de nombreuses et fortes papilles : on en voit aussi de grandes sur le voile de la mâchoire supérieure et sur celui de l'inférieure; mais il n'y en a pas sur le palais ni sur la langue, qui est épaisse, charnue, arrondie et adhérente dans toute sa longueur. Les dents incisives sont fortes, coniques, au nombre de quatre en haut et de six en bas; les deux mitoyennes de la mâchoire inférieure sont plus petites que les latérales. Il y a quatre rangées de molaires à la mâchoire supérieure : celles de la première rangée, au nombre de huit, sont coniques et pointues; la cinquième et la sixième dent de la seconde rangée sont rondes et plus grosses que toutes les autres, qui sont globuleuses. La mâchoire inférieure ne porte que trois rangées de molaires : celles de la rangée externe sont coniques, mais plus émoussées que les dents de la mâchoire supérieure; les autres sont arrondies : celles de la seconde rangée sont les plus grosses.

La dorsale est élevée. Le troisième rayon épineux a les trois septièmes de la hauteur du corps : les deux premiers sont très-courts; les autres sont moins hauts que le troisième, et le dernier n'en a plus que le tiers. Les rayons mous sont un peu plus longs que la dernière épine de la dorsale. Les épines de l'anale sont médiocres. La caudale est fourchue. La pectorale est très-longue, en faux. Les deux premiers rayons sont simples : le quatrième est le plus long; il atteint à l'aplomb du quatrième rayon mou de l'anale; sa longueur est égale au tiers de celle du corps. Les autres diminuent jusqu'au douzième; mais le treizième et le quatorzième s'alongent de nouveau, ce qui échancre le contour de la nageoire. Les ventrales sont larges ; leur rayon épineux est grêle et long.

B. 6 ; D. 12/11 ; A. 3/9 ; C. 17 ; P. 16 ; V. 1/5.

La couleur est rouge doré sur le dos; elle s'affaiblit insensiblement jusque sous le ventre, qui est argenté, à reflets rosés. Le dos est parsemé de taches bleues, disposées sur quatre à cinq rangées. La dorsale est orangée, finement pointillée de noirâtre, et a des teintes lilas le long des rayons épineux : les mous sont jaunâtres. La membrane est rougeâtre entre les premiers, et jaune entre les derniers. L'anale est rougeâtre et bordée de violet. La caudale et la pectorale ont les rayons rosés et la membrane violette. Les ventrales sont jaunes, bordées de lilas. On voit sur le dessus de l'orbite et sur le front la trace d'un croissant doré, qui était probablement plus vif quand le poisson était vivant.

L'anatomie de cette espèce nous a fourni les observations suivantes. L'œsophage est long, large, et terminé en un estomac cylindrique, obtus, dont les parois sont minces et pourvues à l'intérieur de grosses rides parallèles. Il y a quatre cœcums au pylore. L'intestin est large et très-long à cause de ses nombreuses sinuosités. La vessie aérienne est très-grande,

et porte sur chaque côté un grand nombre d'appendices simples, courtes et obtuses.

Nous croyons reconnaître cette espèce sur un dessin que MM. Lesson et Garnot ont fait à Sainte-Croix de Ténériffe. Leur poisson était d'un rose tendre, parsemé de points bleu d'azur sur le dos, le ventre argenté. Ils ont trouvé sa chair blanche et de très-bon goût.

La DAURADE PIQUE.

(*Chrysophrys berda,* nob.; *Sparus berda,* Forsk.[1])

Feu Sonnerat a rapporté de Pondichéry une daurade qui se distingue de toutes les autres par la force et la longueur du second rayon épineux de l'anale.

Cette espèce a le corps plus haut et plus court que la daurade commune. Sa hauteur est à peine deux fois et demie dans sa longueur. La tête est aussi plus courte; elle est comprise quatre fois dans la longueur du corps. Le sous-orbitaire est très-étroit; sa hauteur fait la moitié de sa longueur.

Les molaires sont petites, granuleuses, arrondies, et disposées sur quatre rangs aux deux mâchoires.

Les pectorales sont longues et pointues; elles at-

---

1. *Faun. arab.,* p. 33; Lac., t. III, p. 104. *Sparus hasta,* Bl. Schn., p. 275.

teignent jusques au commencement de l'anale. Les rayons épineux de la dorsale sont assez forts : c'est le quatrième qui est le plus long. A partir de celui-ci, les autres commencent à décroître. Le rayon épineux de la ventrale est long, mais pas très-robuste. Les nombres sont :

D. 11/11; A. 3/9; C. 17; P. 14; V. 1/5.

La longueur de l'individu rapporté par M. Sonnerat est de six pouces. Il y en a un de onze pouces dans le Cabinet de Bloch. Malgré sa grandeur, il n'a point la grande dent ovalaire.

Les couleurs sont totalement effacées. Cependant on voit que la partie molle de la dorsale et de l'anale, ainsi que la caudale, étaient bordées de noir. La moitié des ventrales est également noire.

Il est facile de reconnaître notre poisson dans la description que Forskal nous a laissée de son *sparus berda*. Il compte cependant les rayons de cette manière :

D. 12/11; A. 3/10, etc.

Ainsi on voit qu'il trouvait un rayon épineux de plus à la dorsale, et un rayon mou de plus à l'anale.

La couleur, telle qu'il l'indique, est blanche, avec une teinte grise, et sur chaque écaille des côtés il y a un trait brun transversal. Ces traits s'effacent sur le dos.

Ce naturaliste dit que les Arabes nomment cette espèce *abu-basal*, c'est-à-dire *cepa gau-*

dens, à cause du renflement en bulbe de la base des épines dorsales. On la nomme aussi *berda.* Elle habite sur les plages vaseuses de la mer Rouge, principalement autour des îles plantées de l'arbre *schoüra,* dont elle mange les feuilles. Cette espèce est commune et d'un bon goût : on la pêche à l'hameçon.

Gmelin et M. de Lacépède ont porté dans le catalogue de leurs spares ce *sparus berda* de Forskal. Bloch, dans son édition de Schneider, a aussi placé ce *sparus berda;* mais il n'a pas su reconnaître dans la description de Forskal le poisson qu'il avait reçu de la côte de Coromandel sous le nom de *karumudalei,* et qu'il décrit comme une espèce nouvelle sous le nom de *sparus hasta.* Nous avons comparé l'individu de Bloch avec le nôtre, et nous nous sommes assurés de leur identité. On lui avait aussi appris que la chair de ce poisson est de bon goût, et qu'il ne dépasse pas un pied.

Nous devons remarquer ici que ce *sparus berda* n'a rien de commun avec celui de M. Risso [1], qui est notre pagel acarnan, et dont nous parlerons plus loin.

---

1. Ichtyologie de Nice, p. 254.

La Daurade a longues épines.

(*Chrysophrys longispinnis*, nob.)

M. Duvaucel a envoyé du Bengale une daurade assez semblable à la précédente,

mais qui a la seconde épine de l'anale encore plus
longue et cependant plus grêle; celles de la dorsale
sont également fort longues. Le corps est plus oblong,
la nuque moins haute, la bouche moins fendue, les
dents plus petites et disposées sur trois rangs, le
sous-orbitaire plus étroit. Les nombres sont :

D. 12/10; A. 3/9, etc.

La couleur de nos individus est totalement effacée.
On peut voir cependant que la dorsale et l'anale
étaient brunes. La longueur est de six à sept pouces.

Nous avons remarqué parmi les poissons du
Japon que M. Langsdorff a donnés au Cabinet
de Berlin, un individu de cette espèce, mieux
conservé que les nôtres,

et qui montre sept à huit lignes brunes sur le préopercule, formées par une suite de points marqués
sur chaque écaille de la joue. Le corps est argenté,
et il y a sur le dos huit lignes longitudinales brunes.

L'individu de M. Langsdorff est long de
neuf pouces. Cette espèce porte au Japon le
nom de *tai*.

La Daurade calamara.

(*Chrysophrys calamara*, nob.; Russel, pl. 92.)

MM. Kuhl et Van Hasselt ont envoyé de Java au Musée royal des Pays-Bas une daurade qui nous a paru ressembler entièrement à la figure du poisson nommé *calamara* sur la côte de Madras, et dessiné à la planche 92 de l'ouvrage de Russel.

Elle a le corps presque aussi élevé que la daurade pique. La hauteur est comprise deux fois et deux tiers dans la longueur.

Il y a six dents canines à chaque mâchoire, et derrière, un assez grand nombre de dents molaires, petites, arrondies, presque toutes égales entre elles et disposées sur quatre rangs. Les pectorales sont longues et en faux; les ventrales sont grandes et leur rayon épineux est très-fort. Les nombres sont :

D. 11/11; A. 3/9; C. 19; P. 16; V. 1/5.

La caudale est échancrée. Les écailles sont lisses et de moyenne grandeur : on en compte environ trente-huit dans la longueur et quinze dans la hauteur.

L'individu sec et décoloré que M. Valenciennes a vu à Leyde avait les flancs jaunâtres et rayés par des séries de points noirâtres, à reflets argentés.

Russel, qui a décrit les couleurs sur le poisson frais, dit que la tête est pourpre foncé; le reste du corps gris, et le bord des écailles noir. Les nageoires sont grises, bordées de noir. Le ventre est pourpré.

Cette espèce, rapprochée du *berda*, s'en distingue par la longueur des incisives, par la grosseur du rayon épineux des ventrales, et par le museau plus pointu.

Ce poisson atteint communément onze pouces; mais il n'est pas rare d'en voir de plus grands. L'individu que nous avons décrit avait dix pouces de long.

M. Bélenger en a rapporté un de la côte de Malabar qui ressemble assez bien au poisson figuré par Russel.

Nous ne lui trouvons qu'un peu moins de hauteur au sous-orbitaire. Les flancs paraissent avoir été rayés par des séries parallèles de points argentés. Les nageoires sont brunes.

La Daurade a deux bandes.

(*Chrysophrys bifasciata, nob.* [1])

Il est impossible d'éloigner des espèces précédentes une daurade assez commune dans toutes les mers de l'Inde, qui présente un caractère remarquable dans les stries du limbe de son préopercule; stries peu visibles sur le frais, mais très-marquées sur

---

1. *Chœtodon bifasciatus*, Forsk., *Arab.*, p. 64, n.° 90; *Holocentre rabaji*, Lacépède, t. IV, supplément, p. 725; *Spare mylio*, ibid., t. IV, p. 131, et t. III, pl. 26, fig. 2; *Labre chapelet*, *ibid.*, t. III, p. 476, pl. 3, fig. 3; *Caffer*, Valentyn, p. 147.

le squelette, où elles entaillent le bord du préopercule de manière à le rendre presque dentelé. Forskal avait observé ce poisson sur la mer Rouge, et il en a laissé une description exacte; mais on ne peut deviner pourquoi il l'a placé dans le genre des chétodons, car voici ce qu'il dit des dents : *Dentes incisores utriusque maxillæ quini, validi, conico-obtusi. Maxillæ plenæ callis hemisphericis, confertis validis.* Il n'y a dans cet énoncé rien qui puisse faire classer une espèce dans un genre qui était alors du petit nombre de ceux que l'on avait caractérisés par les dents. Gmelin a tout simplement copié Forskal, et il a été suivi en cela par Bonnaterre. M. de Lacépède, à cause de l'expression exagérée de Forskal : *Opercula anteriora, ponè serrata,* a placé ce prétendu chétodon parmi ses holocentres, sous le nom d'*holocentre rabaji;* mais, en ayant trouvé deux dessins très-bien faits dans les manuscrits de Commerson, il en a tiré, comme cela ne lui est arrivé que trop souvent, encore deux autres espèces, l'une sous le nom de *spare mylio,* et l'autre sous celui de *labre chapelet;* de sorte que ce poisson se trouve trois fois dans son ouvrage.

L'examen attentif du dessin noir de Commerson, gravé sous le nom de *spare mylio,* ainsi que la description de ce voyageur, n'auraient pu nous laisser le moindre doute sur l'affinité de ce poisson avec nos spares à molaires rondes. On peut remarquer que la dentelure des opercules est bien peu sensible quand la peau la recouvre, puisque cet observateur si exact et dont les descriptions sont pour ainsi dire minutieuses, n'en parle pas. Il existe encore au Cabinet du Roi un individu sec, rapporté par Commerson ; il est entièrement semblable à un autre de la mer Rouge, que nous devons à M. Ehrenberg, et qui convient en tous points à la description du *chætodon bifasciatus* de Forskal.

Cette daurade a le front presque rectiligne ; le dos arqué et élevé, et le ventre rectiligne, ainsi que ses congénères. Sa hauteur est deux fois et deux tiers dans la longueur.

Il y a six incisives à chaque mâchoire, étroites, peu pointues, point recourbées, mais droites et projetées en avant. Les molaires ne sont sur le devant des mâchoires que de fort petits tubercules arrondis; en arrière elles grossissent un peu, et sont disposées sur trois rangs : il n'y en a pas d'ovale.

Le préopercule est plus haut que large, et couvert d'écailles assez grandes. Son limbe est nu et chargé surtout dans sa partie supérieure de stries, qui font paraître le bord comme dentelé. L'opercule est de même plus haut que large. Son angle postérieur est très-aigu, et semble faire une saillie sur le bord de l'opercule, et presque une épine.

Les rayons de la dorsale sont assez forts. Les ventrales sont longues. La caudale est en croissant.

Voici les nombres des rayons :

D. 11/14; A. 3/11 ; C. 17; P. 15; V. 1/5.

Les couleurs nous sont indiquées par Commerson de la manière suivante : le corps, sur un fond blanc ou argenté, offre sur chaque flanc dix lignes brunes interrompues, formées chacune par une série de taches obscures, suivant la direction du milieu de chaque écaille.

Une bande noire descend verticalement du sommet de la tête sur l'opercule, et une autre va obliquement de la nuque vers la joue, en passant à travers l'œil.

L'anale et les ventrales sont entièrement noires. Les pectorales sont tout-à-fait jaunes, et ont une grande tache noire dans leur aisselle. La partie épineuse de la dorsale est grise, bordée de noir. La partie molle est à moitié noire, à moitié jaune. La caudale est d'un jaune plus vif, et son bord est noir.

Les couleurs indiquées par Forskal sont absolument les mêmes; seulement il dit que les pectorales sont à moitié jaunes et à moitié blanches.

M. Ehrenberg l'a représenté bleuâtre sur le dos, argenté sur le ventre. La dorsale, la pectorale et la caudale, d'un beau jaune.

Cette espèce, selon Forskal, est nommée par les Arabes *rabaji,* ou bien *rabdja,* ou encore *robgi.* M. Ehrenberg l'a entendu nom-

mer *herghigh* à Massuah. Nous en avons trouvé
une figure très-reconnaissable dans le recueil
de peintures de Corneille de Vlaming (n.° 172),
sous le nom de *caffer-of-oud-wif* (cafre ou
vieille femme). Ce même dessin se reproduit
dans Valentyn (n.° 147) d'une manière passable;
mais il a été si mal copié dans Renard (2.ᵉ part.,
fol. 19, n.° 91) qu'on en a fait un monstre
presque indéchiffrable. Il le donne, sous le
nom de *caffer*, comme un poisson d'Amboine
fort délicat, que l'on tient dans les réservoirs.
Commerson, qui l'a vu à l'Isle-de-France, dit
qu'il n'y est pas très-commun. Sa chair a un
bon goût. Il pèse une livre environ.

La Daurade a large tête.

(*Chrysophrys laticeps*, nob.)

Nous avons une espèce de daurade du Cap,
rapportée par feu M. Delalande, et assez différente des autres par ses dents.

La mâchoire supérieure porte sur le devant quatre grosses incisives coniques et un peu crochues.
On compte sur les côtés huit ou neuf grosses dents :
les trois premières sont coniques et pointues; celles
qui suivent sont émoussées, et décroissent à mesure
qu'elles sont placées plus en arrière. Derrière cette
première rangée on voit sur le devant de la mâchoire
des dents fortes, mais plus petites que celles du rang

externe, disposées sur six rangées ; celles des deux premiers rangs, coniques et pointues, les autres arrondies : derrière les latérales elles sont petites et grenues, et il n'y en a plus que trois rangées.

La mâchoire inférieure a six incisives, dont les mitoyennes sont plus petites que les latérales ; celles-ci sont aussi grosses que les supérieures. Derrière elles il y a trois rangées de dents coniques et pointues, et une quatrième composée de molaires rondes et grenues. Sur les côtés de la mâchoire sont neuf à dix grosses dents, dont les quatre premières sont semblables aux correspondantes de la mâchoire supérieure ; les autres sont plus basses et plus arrondies. Derrière elles il n'y a plus que deux rangées de molaires très-petites et globuleuses. Les pharyngiennes sont en carde, très-fortes.

La langue est lisse, convexe et obtuse à sa pointe.

La tête est plus large entre les yeux que dans aucune autre daurade. Le front est légèrement bombé transversalement. Les yeux sont plus reculés qu'à l'ordinaire, parce que le sous-orbitaire est très-haut.

Le préopercule est très-grand et descend jusque sous la gorge. L'opercule est haut, mais étroit. L'interopercule et le subopercule sont larges, et toutes ces pièces sont entièrement couvertes d'écailles très-fortement serrées. Le limbe même du préopercule est écailleux sur presque toute sa surface.

Le surscapulaire paraît derrière la tête comme une forte écaille, un peu plus alongée que celles du corps.

La partie molle de la dorsale est plus haute que

la dorsale épineuse. La caudale est très-faiblement échancrée.

Les nombres des rayons sont :

D. 12/11; A. 3/9; C. 19; P. 15; V. 1/5.

La couleur paraît avoir été grise, avec du brun dans l'aisselle et sur le scapulaire. Quelques individus montrent une tache brune sur la base de la partie molle de la dorsale, dans l'angle qu'elle fait avec la queue.

Il y a quelques taches rousses effacées sur la membrane de la dorsale, et les ventrales paraissent noirâtres.

Cette espèce atteint jusqu'à dix-huit et vingt pouces, et même davantage.

Nous n'avons pas pu faire l'anatomie de ses viscères; mais M. Delalande en a rapporté des squelettes, qui nous ont offert les particularités suivantes.

Il y a vingt-quatre vertèbres, dont dix abdominales. Le crâne est très-élargi en avant des yeux pour recevoir la forte apophyse interne du sousorbitaire, qui écarte ainsi les os de la face. La crête mitoyenne du crâne est peu relevée. Le préopercule est creusé en une large fosse.

Le scapulaire est étroit et alongé : il descend jusqu'à l'angle de l'opercule.

L'huméral est très-grand; il forme au-dessus de la pectorale une grande plaque carrée, en partie nue et visible sur la peau même du poisson. Il donne en avant une forte et large pointe, pliée en arrière en gouttière assez profonde.

Le cubital est médiocre, carré, percé d'un grand trou rond dans le milieu.

Le radial se compose aussi d'une plaque carrée, qui donne de son angle inférieur et postérieur une pointe styloïde, qui va rejoindre l'extrémité antérieure de l'huméral.

La DAURADE BILOBÉE.

(*Chrysophrys bilobata,* nob.; *Sparus bilobatus,* Lacépède.)

C'est près de cette daurade à large tête que nous croyons devoir placer le *spare bilobé*[1], établi par M. de Lacépède d'après un dessin de Commerson, sur lequel ce voyageur avait écrit : *Vulgò, capitaine blanc.* Nous n'avons pu trouver dans ses manuscrits aucune description qui s'y rapportât. Le dessin fait à la pierre noire et coloré avec du crayon rouge, montre six incisives pointues en haut, et quatre en bas. Une rangée de molaires, semblables à celles de notre daurade à tête bossue, est dessinée sur le bord de la mâchoire supérieure.

Au - dessus de l'œil le front est un peu relevé en bosse ; mais son profil est beaucoup plus oblique que dans les espèces précédentes.

Le limbe du préopercule n'a pas d'écailles.

Les pectorales sont courtes. Le premier rayon mou

1. Lacépède, t. IV, p. 141.

des ventrales est prolongé en fil, qui atteint l'anale. Les épines de cette nageoire et celles du dos sont faibles. La caudale est médiocrement fourchue, et ses deux lobes sont égaux et arrondis.

Tout le corps du poisson paraît d'une même teinte Les pectorales sont rouges, avec une tache brune dans le haut de l'aisselle. Il y a trois taches de cette même couleur sur le haut de la membrane qui réunit les trois premiers rayons épineux de la dorsale. L'anale et la caudale sont bordées de rouge.

L'intérieur de la bouche est de la même couleur. Voici les nombres de rayons qu'indique ce dessin.

D. 10/11 ; A. 3/10 ; C. 19 ; P. 11.

Il faut bien se garder de confondre ce spare bilobé des mers équatoriales avec le poisson décrit sous le même nom par M. Risso[1]. C'est un smaris. M. Risso[2] a rectifié cette méprise dans sa seconde édition, d'après les déterminations que nous lui avons communiquées ; mais il n'a pas encore bien caractérisé l'espèce, ainsi que nous le dirons bientôt.

---

1. Ichtyologie de Nice, 1.re édit., p. 252. — 2. 2.e édit., p. 346.

La Daurade a tête bossue.

(*Chrysophrys gibbiceps*, nob.)

Feu M. Delalande nous a encore rapporté du Cap deux daurades très-remarquables, qui se distinguent de toutes leurs congénères par l'élévation de leur front en forme de crête plus ou moins élargie. Sur le devant des mâchoires, derrière les canines, elles ont encore un grand nombre de dents à demi mousses, et dans le fond de la bouche elles n'ont que trois rangées de dents.

La première que je décrirai, est celle qui a le front le plus élevé. La crête qui forme cette élévation, est élargie en une forte bosse, placée au-dessus et en avant des yeux.

La plus grande hauteur perpendiculaire du corps est mesurée derrière l'œil; elle fait le tiers de la longueur totale, tandis qu'à l'aplomb des pectorales elle y est contenue trois fois et demie.

Cette élévation du front rend le profil de la face presque vertical; celui du dos fait un angle presque droit avec la ligne du front, et il s'abaisse vers la queue. Le profil du ventre est presque droit jusqu'à l'anale; de là il remonte un peu vers la queue, dont la hauteur n'est que le quart de celle de la tête.

L'œil est placé près de la ligne du profil du front et un peu au-dessus de la moitié de la hauteur de la tête. Son diamètre fait à peu près le quart de la longueur de la tête.

Le sous-orbitaire est médiocre, et a la forme

d'un trapèze, dont le bord inférieur est échancré et du double plus long que le supérieur. Le bord antérieur est presque vertical, avec une petite échancrure vers le haut, dans laquelle les narines sont percées.

Le préopercule est assez grand. Son bord postérieur est oblique d'avant en arrière, de sorte que l'angle qu'il fait avec le bord horizontal est un peu moindre qu'un angle droit.

L'opercule est à peu près aussi grand que le préopercule. Son angle est à la même hauteur que l'œil.

L'interopercule et le subopercule sont tout-à-fait confondus avec l'os précédent, parce que ces trois pièces sont entièrement couvertes d'écailles. Il y en a même sur le limbe du préopercule, et elles s'avancent aussi jusque sur le sous-orbitaire.

Les deux ouvertures de la narine sont arrondies, à peu près égales et percées obliquement l'une au-dessus de l'autre.

La bouche est médiocrement grande. L'angle de sa commissure se trouve à l'aplomb du bord antérieur de l'orbite ; elle est assez protractile. Les maxillaires sont arqués, larges, aplatis, et peuvent se cacher en très-grande partie sous le bord du sous-orbitaire.

Les intermaxillaires sont moins épais que ceux des autres daurades, parce qu'ils avaient moins de dents à porter. Leur branche montante est assez longue et remonte sur le front jusqu'au bord supérieur de l'œil. Les lèvres sont épaisses.

Il y a quatre dents canines pointues sur le devant

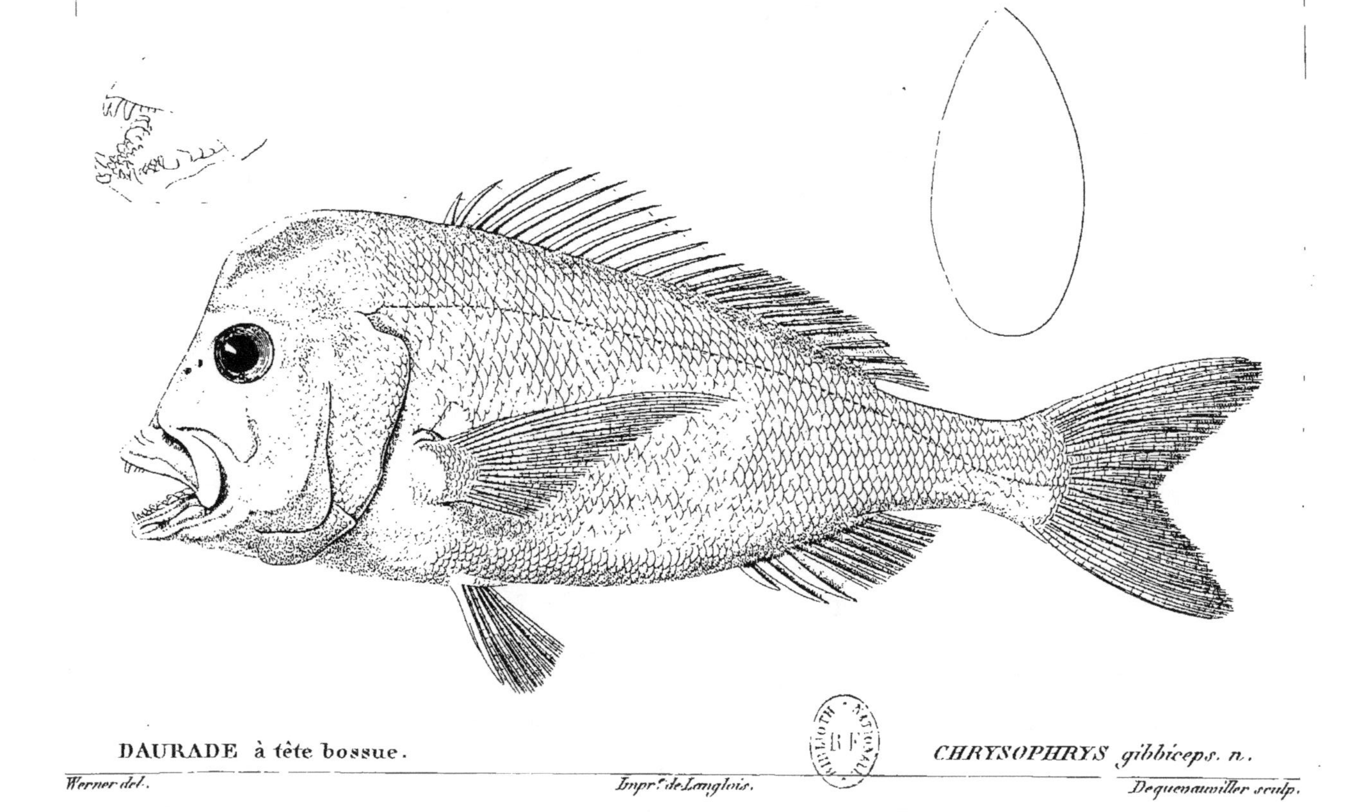

DAURADE à tête bossue.   CHRYSOPHRYS gibbiceps. n.

Werner del.   Impr.te de Langlois.   Dequenauviller sculp.

de la mâchoire supérieure, et derrière elle trois autres plus petites et un peu plus mousses. En dedans il y a trois à quatre rangées de dents égales, grosses, coniques, émoussées, et dans le fond de la bouche, sur le bord des mâchoires, se voient trois grosses molaires aplaties, presque carrées et plus larges que longues. A la mâchoire inférieure il n'y a que six canines; trois à quatre rangées de dents coniques, obtuses; derrière elles, et dans le fond de la bouche, deux rangées seulement de dents, dont l'externe est composée de quatre molaires très-grandes, semblables à celles d'en haut.

L'os surscapulaire a la forme d'une écaille alongée, un peu plus grande que celles du corps et finement striée à sa surface.

La dorsale commence un peu en arrière de l'attache des pectorales. Ses premiers rayons épineux sont plus hauts que les derniers et que les rayons mous; le premier est très-court.

La caudale est fourchue. Ses deux lobes sont arrondis et égaux.

Les pectorales sont très-longues; elles égalent presque le quart de la longueur du corps.

Les nombres des rayons sont :

D. 12/10; A. 3/7; C. 17; P. 17; V. 1/5.

Les écailles sont fortement imbriquées les unes sur les autres, et plus hautes que longues : on en compte environ cinquante-cinq sur une ligne longitudinale, depuis l'opercule des pectorales jusqu'à la base de la caudale.

La ligne latérale est fortement marquée; elle naît

6.   9

derrière l'os surscapulaire, remonte vers le dos jusqu'à la hauteur du quatrième rayon épineux de la
dorsale, puis elle s'infléchit un peu et va parallèlement au dos jusqu'à la queue.

La couleur est totalement effacée : on ne voit plus
que quelques reflets argentés sur les écailles, avec
des taches brunâtres éparses sur les flancs.

Le seul individu que M. Delalande nous ait rapporté, a vingt et un pouces de long.

Ce que le squelette de ce poisson offre de plus
remarquable, est la crête mitoyenne du crâne; elle
est haute de plus d'un pouce, et longue de plus de
deux; elle est mince à son attache au crâne, et les
deux tables osseuses sont séparées par un diploë très-
lâche : elle s'élargit à mesure qu'elle s'élève, et devient très-large et très-dure à son bord libre, qui
se renfle en avant en un gros tubercule, et s'amincit
beaucoup vers l'arrière du crâne.

Il y a un très-beau crâne de cette espèce
dans la collection anatomique du Collége des
chirurgiens à Londres.

La Daurade cardinal.

(*Chrysophrys cardinalis,* nob.; *Spare cardinal,*
Lacép., t. IV, p. 141.)

La figure que M. de Lacépède a trouvée
dans le recueil japonais que nous avons à
la bibliothèque du Muséum, et dont il a fait
son *spare cardinal,* doit être d'une espèce

très-voisine de celle que nous venons de décrire; mais je crois que M. de Lacépède a ajouté
foi avec trop de complaisance à l'exactitude
de ce dessin, lorsqu'il a compté les rayons
ainsi qu'il le fait.

Ce poisson diffère surtout du précédent par la
brièveté de sa pectorale, et par sa caudale, qui n'est
pas fourchue. Il lui ressemble par la force des dents
incisives et par la tubérosité du front, qui est placée
de même au-dessus des yeux.

Le peintre japonais a coloré le front en carmin,
ainsi que le bord de chaque écaille, les rayons des
mâchoires et la membrane des branchies. Le dos est
brun pourpré. Les flancs sont rose vif, et le ventre
rose pâle. Les nageoires sont bordées de noir, excepté les ventrales.

Cette espèce est mentionnée dans l'Ency-
lopédie japonaise sous le nom de *tai* ou de
abi; mais ce nom est générique, car il appartient à d'autres daurades et à des dentex.

On trouve dans notre recueil deux autres
igures qui nous en paraissent très-voisines.
I. de Lacépède n'en a pas fait usage ; mais
omme M. Abel Remusat les a retrouvées dans
Encyclopédie japonaise, nous allons mettre
i ce que ce savant académicien a bien voulu
ous communiquer. L'une d'elles, représentée
la planche 55 du recueil, est intitulée *petite-
ii.*

Peut-être est-elle plus voisine du *chrysophrys cristiceps*, que nous allons décrire, que du *gibbiceps ?*
Son profil, quoique élevé, ne l'est pas autant que
celui du *chrysophrys gibbiceps*. La pectorale est
alongée; la caudale fourchue; la dorsale élevée. Le
corps est rouge carmin, et le bord des écailles est
argenté. La tête, le ventre et la base de la queue
sont argentés. La dorsale et la pectorale sont rosées
La caudale est aussi foncée que le corps.

Cette espèce est comptée dans l'Encyclopédie japonaise parmi les poissons de mer. On
dit qu'elle est commune dans toutes les saisons; que sa chair est blanche et d'un goû
exquis, et qu'elle atteint un à deux pieds de
longueur.

L'autre figure, qui est à la planche 56 du
recueil, me paraît encore représenter la même
espèce : ce sont les mêmes couleurs; le fron
est seulement plus bombé. Elle est aussi nommée *tai* dans l'Encyclopédie japonaise.

La Daurade a tête crêtée.

(*Chrysophrys cristiceps*, nob.)

La seconde espèce que M. Delalande nou
a rapportée du Cap, ressemble beaucoup au
gibbiceps.

Son profil est cependant plus oblique, et la crêt
qui surmonte le front est amincie et n'a point de

tubérosités. Le sous-orbitaire est plus large et plus couvert d'écailles. Le bord du préopercule est tout-à-fait vertical. L'angle de l'opercule est plus arrondi.

Les dents sont en moindre nombre, surtout à la mâchoire inférieure. Les molaires sont proportionnellement plus petites.

Les rayons épineux de l'anale me paraissent un peu plus longs. La caudale est plus profondément fourchue. Le lobe supérieur est plus long que l'inférieur, et tous deux sont plus pointus. D'ailleurs le nombre des rayons est le même.

La couleur ne paraît différer que par moins de taches.

Nous n'avons qu'un seul individu de cette espèce, qui est plus grand que ceux de la précédente. Il a plus de deux pieds. Je n'ai pu voir de son squelette que la crête mitoyenne du crâne; elle a la forme d'un coin triangulaire. Son bord libre s'élargit un peu en montant sur le front, et se rétrécit ensuite vers l'arrière. Le bord postérieur est mince et tranchant.

La Daurade bec-de-corbeau.

(*Chrysophrys coracinus*, nob.)

C'est auprès de ces espèces qu'il faut placer le *raven-beek* de Renard (fol. 21, n.° 214). Nous le trouvons sous le même nom dans Corneille de Vlaming comme un poisson pêché à trois milles de l'Isle-de-France.

Le dos est rouge; la poitrine jaunâtre; la tête

rosée, marbrée de traits fins et noirâtres. La dorsale épineuse est noire; la partie molle est rougeâtre. La pectorale et l'anale sont jaunes; la caudale jaunâtre.

La lèvre supérieure est bleue, ainsi que le limbe de l'opercule.

Dans Renard, les couleurs sont à peu près les mêmes; mais le dessin n'est pas aussi pur.

La Daurade a gros yeux.

(*Chrysophrys grandoculis*, nob.; *Sciœna grandoculis*, Forsk.[1])

On doit encore rapprocher de nos daurades à tête bossue le *sciœna grandoculis* de Forskal, qu'il décrit ainsi :

Le corps est ovale-oblong. Le front entre les yeux est tuberculeux. Les lèvres sont charnues, épaisses, surtout l'inférieure. Il y a six dents canines à chaque mâchoire. Les molaires sont larges, planes et peu élevées. Le bord des opercules est lisse et sans dentelures (*opercula integra*). La caudale est fourchue, et la membrane qui unit les rayons est écailleuse à sa base.

D. 10/11.

La couleur est blanchâtre, teintée de bleu, avec des lignes pâles effacées. Les nageoires sont violettes, excepté les pectorales, qui sont d'un rouge pâle.

---

1. Forskal, *Faun. arab.*, p. 53; *Sparus grandoculis*, Lacépède, t. IV, p. 111.

Forskal dit qu'en arabe on nomme ce poisson *abu-œjn*, ce qui signifie *grands yeux*.

La Daurade de Madagascar.

(*Chrysophrys madagascariensis*, nob.[1])

Commerson a laissé dans ses dessins la figure d'un spare qui nous paraît devoir appartenir à nos daurades.

Le corps est en ovale assez régulier, un peu aminci vers la queue. Le museau est plus pointu que dans la plupart des espèces de ce genre.

Les dents qui bordent la mâchoire sont assez fortes et crochues. La dorsale est basse; la caudale fourchue; la pectorale pointue. Les nombres sont :

D. 11/13 ; A. 2/8.

Aux autres nageoires ils sont difficiles à compter.

La couleur paraît avoir été uniforme, un peu plus foncée sur le dos.

Le dessin est fait à la mine de plomb par Jossigny au fort Dauphin de Madagascar. Nous n'avons pu trouver dans les manuscrits de Commerson aucune note qui lui soit relative.

M. de Lacépède a fait graver cette figure dans son Histoire des poissons comme une

---

1. Variété du *spare brunâtre*, Lacépède, t. III, pl. 17, fig. 3.

variété du *spare brunâtre*[1]; mais il n'en fait aucune mention à l'article de ce *spare brunâtre*, qui n'est que la copie de l'article de Gmelin, lequel n'est lui-même qu'un extrait d'Houttuyn[2], dont les descriptions incomplètes laissent toujours dans le doute sur la place que l'on doit assigner à la plupart de ses espèces. Houttuyn dit que son poisson appartient proprement à la division des spares tachetés (*spari notati*) de Linné; ce qui n'a pas empêché Gmelin de le placer parmi les spares variés (*spari varii*).

Selon Houttuyn, la couleur est brunâtre, et est peut-être due à la chute des écailles dorées du poisson. Il y a une tache noire auprès de la pectorale. La ligne latérale est droite. La bouche a de petites dents.

Les nombres sont :

D. 13/11 ; A. 2/10 ; C. .. ; P. 14 ; V. 1/5.

Ce poisson avait quatre pouces de long.

Rien ne prouve que ce soit une daurade.

---

1. Lacépède, t. III, pl. 17, n.° 3.
2. *Act. Harl.*, t. XX, 2.ᵉ part., p. 324, n.° 12.

La Daurade aiguillonnée.

(*Chrysophrys aculeata,* nob.)

On trouve sur les côtes de l'Amérique septentrionale une daurade à corps plus alongé que les précédentes, et qui se fait reconnaître

par une épine forte et courte, couchée sur le dos au-devant de la dorsale, ainsi qu'on en trouve dans un grand nombre de poissons de la famille des scombéroïdes ou de celle des squammipennes.

Les dents sont petites, sur trois rangées à la mâchoire supérieure. La rangée du milieu les a plus petites que celles de la rangée interne.

La dorsale est basse, la pectorale longue, les écailles médiocres; celles du préopercule se portent jusque sur le limbe.

La couleur paraît avoir été rougeâtre, à reflets argentés, et très-brillante. La dorsale et l'anale sont roussâtres, ainsi que le sous-orbitaire.

Ce poisson, dans la liqueur, est blanc argenté, avec un reste de teinte rougeâtre sur les flancs, qui portent une vingtaine de lignes longitudinales dorées. La tête est très-brillante et a des reflets dorés. Le sous-orbitaire, la dorsale et l'anale, sont roussâtres. Les ventrales sont rouges. La caudale est grise.

Voici ses nombres :

D. 12/12; A. 3/12 ; C. 17; P. 16; V. 1/5.

Nous n'avons pas trouvé qu'il soit fait men-

tion de ce poisson dans le Mémoire du docteur
Mitchill, quoiqu'il paraisse assez commun sur
la côte; car MM. Milbert et Lesueur nous en
ont envoyé un bon nombre d'individus. Il y
en a de vingt-deux pouces. Nous sommes très-
portés à le reconnaître dans l'*aurata baha-
mensis* de Catesby, et même, si les dents
antérieures n'étaient pas représentées si longues, nous n'aurions aucun doute. Ce serait
alors le *sparus chrysops* de Linnæus.

Nous n'avons pas pu faire la description du canal
intestinal de cette daurade ; mais nous avons vu son
foie, qui est très-volumineux, partagé en deux lobes,
divisés eux-mêmes en plusieurs lobules. La vessie
aérienne est très-grande. Le péritoine est rougeâtre,
à reflets argentés.

Son squelette offre vingt-quatre vertèbres, dont
dix abdominales. Les trois premiers interépineux
de la dorsale sont plus grands et plus larges que
les autres. Le premier porte l'épine couchée en
avant, qui nous a servi de caractère pour nommer
cette espèce.

L'arête mitoyenne du crâne est la seule qui soit
saillante; elle ne se prolonge pas au-delà des yeux.
L'espace qui est entre eux est légèrement bombé.

Les os qui composent l'épaule sont comme dans
toutes les espèces de ce genre, et pas très-forts.

La Daurade annulaire.

(Chrysophrys annularis, nob.; *Sparus annularis,*
Bl., pl. 271.)

Nous devons placer à la fin de ce chapitre
des daurades le *sparus annularis* de Bloch;
car il n'a rien de commun avec celui de Linnæus, qui est notre sarguet, comme nous l'a-
vons vu dans le chapitre précédent. On ne
peut deviner où Bloch a pris sa figure; l'original n'en existe point au Cabinet de Berlin,
et il ne dit point dans son texte d'où il l'avait
tirée.

Elle représente un poisson à dos brun jaunâtre,
à ventre argenté, dont le corps est traversé verticalement par cinq larges bandes brunes. Une tache noire
se montre sur la quatrième bande. Les pectorales sont
rouges. La caudale est de la même couleur, mais à
bord noir. Les autres nageoires sont noirâtres.

D. 12/10; A. 3/8; C. 17; P. 15; V. 1/5.

Les dents sont représentées séparément. Il y a six
canines à chaque mâchoire, quatre rangées de molaires à la supérieure et trois à l'inférieure.

Il est à remarquer que l'article relatif à cette
figure est une compilation des articles des divers auteurs qui ont décrit le sarguet, ou le
véritable *sparus annularis;* mais sur cette
figure même l'auteur ne dit pas un mot.

La Daurade de Forster.

(*Chrysophrys Forsteri*, nob.; *Sparus Forsteri*,
Bl. Schn.; p. 282.)

Le spare dont Bloch a trouvé la description parmi les manuscrits de Forster sous le nom de *sparus striatus*, et qui a été publié par le naturaliste de Berlin sous celui de *sparus Forsteri*, est bien certainement une daurade. Nous ne l'avons vue dans aucune des collections que nous avons visitées.

Le corps est rouge, rayé longitudinalement de vingt à vingt-deux lignes bleuâtres. Une bande noire traverse les lombes de la fin de la dorsale à la caudale, et une autre bande de la même couleur va de l'anale au lobe inférieur de la nageoire de la queue. La dorsale est rouge, et il y a une tache noire entre les trois premiers rayons. La ventrale est noire. La portion de l'anale comprise entre le premier et le sixième rayon est noire; le reste de la nageoire est rouge. La caudale est tronquée et de couleur rouge.

D. 12/9; A. 3/12; C. 13; P. 17; V. 1/5.

Ce poisson était long de neuf pouces et demi. Il a été pris dans l'océan Pacifique, à Tongatabou.

CHAPITRE III.

Des Pagres (*Pagrus*, nob.).

Nous séparons des daurades les sparoïdes qui, présentant, comme elles, en avant des mâchoires quatre ou six dents fortes et coniques, n'ont sur les côtés que deux rangées de dents rondes. Plusieurs espèces étrangères ont cependant encore derrière les canines de nombreuses petites dents grenues ; mais l'espèce de la Méditerranée à laquelle nous attachons le nom de *pagre,* a ces dents plus fines, c'est-à-dire qu'elles sont en fortes cardes : les premières lient ainsi ce genre aux daurades, et la dernière conduit aux pagels ; mais ce qui, outre les fortes dents antérieures, distingue les pagres des pagels, c'est d'avoir le corps plus trapu, et les nombres des rayons des daurades. Les rangées de leurs molaires étant réduites à deux, leurs mâchoires n'ont pas dû être autant élargies, et leur museau est moins épais que celui des daurades, avec lesquelles ils ont d'ailleurs une grande ressemblance.

Le PAGRE ORDINAIRE.

(*Pagrus vulgaris*, nob.[1])

L'espèce à laquelle nous affectons le nom de *pagre*

a le museau obtus comme la daurade; mais sa nuque est moins élevée et son corps plus alongé. Sa hauteur n'est pas contenue tout-à-fait quatre fois dans sa longueur. La longueur de sa tête n'est que le quart de celle du corps. L'œil est grand, arrondi et placé au-dessus d'un sous-orbitaire fort large, légèrement et irrégulièrement sillonné. Le préopercule, deux fois plus haut que long, a le limbe large, strié en travers, et l'angle arrondi. L'opercule est plus de deux fois plus haut que large. Les interopercules se touchent en dessous. La membrane branchiale a six rayons. Les quatre dents fortes et pointues de l'extrémité de la mâchoire ont derrière elles un groupe de petites dents en forte carde; ensuite il y a à chaque mâchoire une série de cinq dents en cônes obtus, et de quatre ou cinq dents rondes; plus en dedans et parallèlement à cette rangée en est une autre de cinq ou six dents, toutes rondes. Aux pharyngiens il y en a en fortes cardes.

La dorsale commence un peu avant le tiers de la longueur totale. Elle se cache presque entièrement, quand elle se fléchit, dans le sillon du dos. Les

---

1. *Sparus pagrus*, Brünnich, ou *sparus argenteus*, Bl. Schn., probablement le *sparus pagrus* de Linnæus.

rayons épineux sont comprimés et un peu flexibles.
Les plus longs n'ont pas le tiers de la hauteur du
corps. L'anale répond à la partie molle de la dorsale.
Ses trois épineux sont sensiblement plus forts. L'angle
postérieur de ces deux nageoires ne se prolonge pas.
Il y a aussi le long de l'anale une légère proéminence
écailleuse, qui la cache en partie.

Les pectorales sont pointues, et leur longueur
est trois fois et demie dans celle du poisson. Leur
pointe atteint au troisième rayon épineux de l'anale.

Les ventrales n'ont que moitié de la longueur
des pectorales. Leur épine n'est que d'un sixième
plus courte que le premier rayon mou.

Les nombres des rayons sont :

B. 6 ; D. 12/10 ; A. 3/8 ; C. 17 ; P. 15 ; V. 1/5.

Le surscapulaire est plus petit et plus épais que
celui de la daurade. Son bord est fortement cilié.
Les écailles qui remontent en croissant sur la nuque,
sont beaucoup plus petites ; on ne les distingue des
autres que par leur dentelure. Celles du dessus de la
tête et des opercules sont plus petites, et celles du
corps sont plus grandes à proportion. Il y en a près
de soixante dans la longueur sur vingt de hauteur.

La ligne latérale est plus courbe et plus fortement
marquée que celle de la daurade.

Ce poisson est argenté, teinté de rougeâtre. On
ne voit pas de traces de croissant argenté entre ses
yeux. Il n'y a pas de tache noire sur l'épaule.

Brünnich dit que le rose du dos descend par bandes transversales assez larges sur le blanc du ventre.

Nous n'avons pas eu l'occasion de décrire exactement les viscères. Le seul individu que nous ayons eu dans la liqueur ne les avait pas en assez bon état.

Rondelet assure qu'il a l'estomac et la vessie natatoire plus grands que le pagel; la rate plus petite.

Nous trouvons au squelette une vertèbre abdominale de moins qu'à la daurade, ce qui nous donne neuf de ces vertèbres et quinze caudales.

Outre ce que l'on voit du crâne à l'extérieur, on observe que la portion des frontaux qui est entre les yeux est peu caverneuse, et que cet espace est arrondi; que la crête mitoyenne est basse, et que les latérales sont aussi très-peu élevées.

Ce pagre commun a été assez bien représenté par Rondelet (l. V, c. 15, p. 142), mais les ichtyologistes postérieurs l'ont méconnu et confondu tantôt avec la daurade encore jeune, tantôt avec le pagel, et quelquefois même avec le rousseau (*pagellus centrodontus*); d'où il résulte qu'il a été introduit dans les différentes classifications des poissons d'une manière peu précise et difficile à retrouver.

Bélon a pu le connaître; mais il a confondu avec lui le rousseau, ainsi qu'il est facile de s'en assurer en lisant son article du pagre[1]. Il nous paraît même que c'est la figure du pagre qu'il donne dans un autre endroit sous le nom de *pagel* ou d'*erythrinus*.[2]

---

1. Bélon, p. 251. — 2. *Idem*, p. 186.

Aldrovande reproduit à son article du pagre les descriptions de Bélon et de Rondelet, et y ajoute la figure d'un poisson qu'il reconnaît lui-même n'être pas celui de Rondelet : c'est en effet notre *pagellus centrodontus.*

Salviani ne fait pas mention de notre pagre, et Gesner et Willughby ne nous en apprennent rien d'original.

Artedi a mêlé ces différens synonymes dans son article intitulé *sparus rubescens : cute ad radicem pinnarum dorsi et ani in sinum producta;* caractère bien insuffisant, car tous les sparoïdes, tous les sciénoïdes, et un grand nombre de percoïdes, ont ainsi la base de la nageoire écailleuse et charnue.

Dans le *Systema naturæ* la phrase d'Artedi a été copiée, et l'espèce y est devenue le *sparus pagrus.* Elle n'y est donc pas mieux caractérisée.

Duhamel (sect. 4, c. 2, p. 29) parle du pagre; mais on voit que son article est tiré de Rondelet et des autres auteurs de la renaissance des lettres, avec l'addition de quelques renseignemens communiqués par M. de Borda sur le poisson nommé au cap Breton *arroquero,* qu'il juge de la même espèce, mais sans en donner de preuve.

Le *sparus pagrus* de Brünnich, dont Bloch

6.							10

a fait son *sparus argenteus,* est le vrai pagre, le même que celui de Rondelet; mais Brün- nich n'a fait sa description que sur un jeune individu, long de trois pouces. La couleur était argentée, avec des bandes rougeâtres, et entre les yeux il y avait un croissant bleu.

Le poisson que Bloch donne pour le *sparus pagrus* à la planche 267 de sa grande Ichtyologie, n'est certainement pas de notre espèce. Tout incorrecte qu'est cette figure, nous croyons qu'elle représente plutôt le *pagellus centrodontus.*

C'est, au contraire, bien sûrement notre pagre que M. Risso dans sa première édition (p. 241) appelle *sparus pagrus.* Ses citations sont seules inexactes, parce qu'il les a copiées de Bloch et du *Systema naturæ,* sans y rien changer.

Dans la seconde édition il a plutôt em- brouillé qu'éclairci la matière; car dans sa description du pagre ordinaire (p. 360), sous le nom de *padre,* il lui donne trois rangées de molaires, la nuque violette, le dos rougeâtre mêlé de nuances dorées; ce qui doit être la description peu exacte d'une jeune daurade.

Rondelet assure que ce poisson porte sur les côtes de la Grèce les noms de φάγρος, ou de πάγγρος, ou de φαγέριος, et sur celles d'Ita-

lie et de Provence, ceux de *pagro,* de *phagorio*
et de *pagre.* Il dit aussi que les Dalmates l'appellent πάγρος.

M. Bory de Saint-Vincent vient de nous
l'envoyer de Morée avec l'étiquette de φάγγαρι,
et le *fangri* de Sonnini[1], quoi qu'en dise celui-ci, ne diffère en rien de notre poisson actuel.

A Ivica M. de Laroche l'a entendu appeler
pagara[2]. En Sicile ces noms prennent la
forme de *praù* et de *paurù.*[3]

Ces différentes dénominations font remonter au *pager* ou *pagur* des anciens Latins, et
les mots d'Ovide, *rutilus pagur*[4], ne démentiraient pas cette étymologie.

Aristote parle du φάγρος comme d'un poisson pélagique[5], et qui a des pierres dans la
tête[6]. Tous les anciens lui attribuent une chair
ferme, l'habitude de se nourrir de coquillages.
Ainsi rien n'empêche que leur pagre n'ait été
le même que le nôtre : mais il ne faut pas le
confondre, comme plusieurs d'entre eux l'ont
fait, avec le φαγρώριος, qui était un poisson
du Nil, sacré pour les habitans de Syène, et
qui avait donné son nom à la ville de φαγρω-

---

1. Voyage en Turquie et en Grèce, t. I, p. 197, pl. 4, fig. 2.
— 2. Annales du Muséum, t. XIII, p. 317. — 3. Rafinesque,
Indice, p. 24. — 4. *Hal.*, v. 108. — 5. *Hist.*, l. VIII, c. 13.
— 6. *Ibid.*, l. VIII, c. 17.

ριοπολις. M. Geoffroy pense que celui-ci était
une espèce de salmoïde du genre *hydrocyon*.
Nous en parlerons ailleurs.

Quelques-uns des noms modernes du pagre
ont une autre origine : à Venise notamment
il s'appelle, selon MM. Naccari[1] et de Martens, *cantarella* et *tabara*[2]. Brünnich dit qu'il
s'appelle en Dalmatie *arbun*, et à Ancone
arborato; mais MM. Naccari et de Martens
rapportent ces noms au pagel.

Cornide (p. 42) croit que le pagre est le
besugo de la côte de Galice, qu'il ne décrit
que très-imparfaitement; mais nous doutons
beaucoup que ce soit notre espèce. La tache
noire qu'il lui attribue désignerait plutôt le
pagellus centrodontus, si celui-ci n'était pas
son *besugo de laredo,* décrit page 40. C'est
bien certainement ce *centrodontus* qui est
le *besugo* de Duhamel (sect. 4, p. 3o).

Nous n'avons aucune preuve que le pagre
existe dans la Manche, ni dans les mers plus
septentrionales. Pennant, à la vérité, le nomme
dans la seconde édition de sa Zoologie britannique; mais c'est le *centrodonte* qu'il paraît
avoir eu sous les yeux. Le Cabinet du Roi

1. Journal de physique de Pavie, t. XV (1822), p. 336.
2. Naccari, *ibid.,* et de Martens, Voyage à Venise, t. II, p. 425.

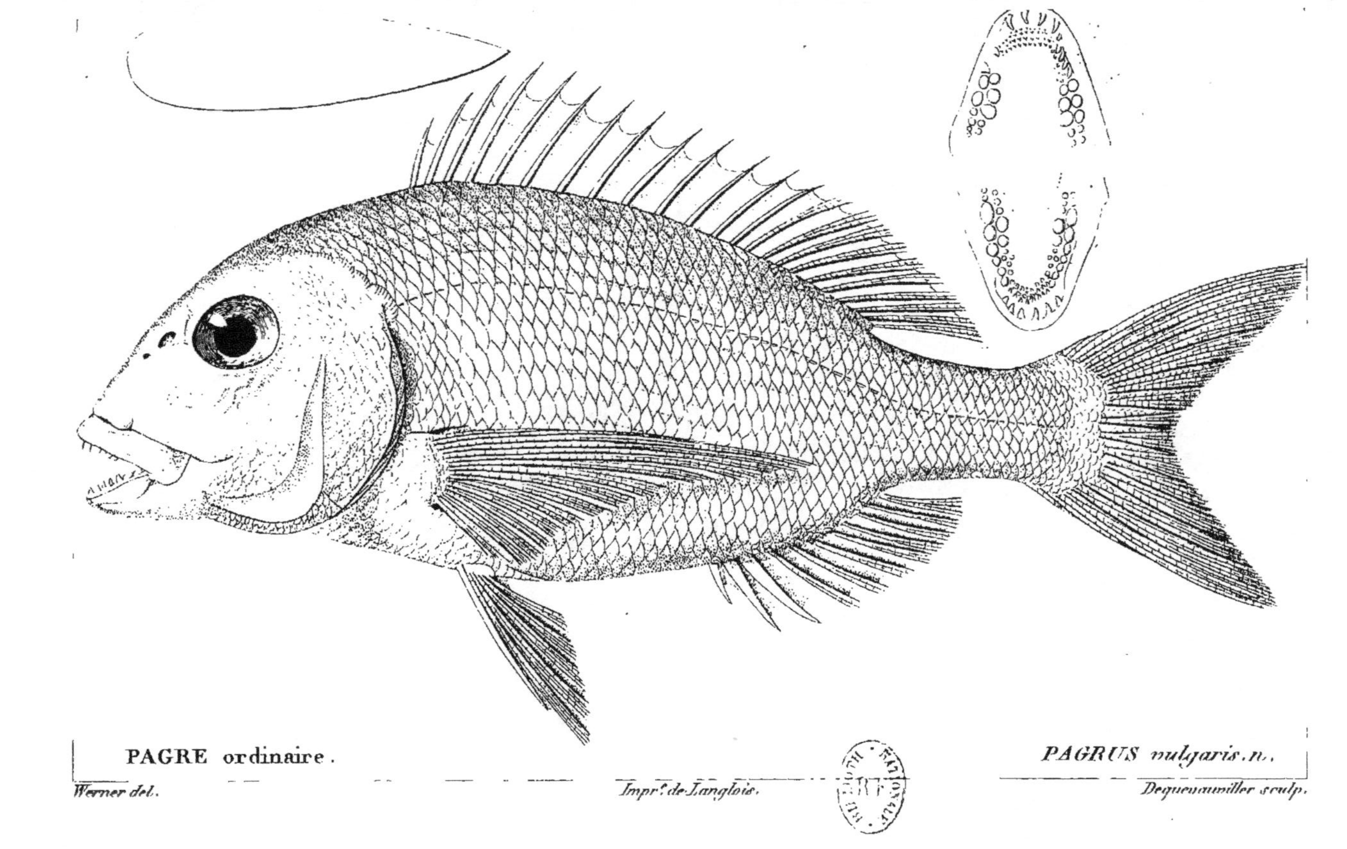

PAGRE ordinaire.

PAGRUS vulgaris. n.

Werner del.

Impr.ᵉ de Langlois.

Dequenaumiller sculp.

n'en a reçu aucun échantillon de l'Océan septentrional; mais il paraît qu'il va vers le sud jusqu'à Gorée au moins, car Adanson l'en a rapporté.

Le pagre se prend et se vend avec le pagel, et leur couleur, également rougeâtre, a souvent fait prendre l'un pour l'autre. Rondelet prétend que même à cet égard on distingue ces deux poissons, parce que le pagel reste rouge pendant toute l'année, tandis que le pagre tire au bleuâtre pendant l'hiver[1]. Aucune observation récente ne nous a confirmé cette assertion, et il ne serait pas impossible qu'ayant vu une jeune daurade, il eût pris ce jeune poisson pour un pagre dont l'hiver aurait changé la couleur.

Le pagre, selon Rondelet (p. 43), se nourrit de vase, d'algues, de sèches, de squilles et de coquilles.

Aristote avait dit de son φάγρος, dans un passage que nous n'avons plus, mais qu'Athénée a conservé, que c'est un poisson solitaire; mais Rondelet assure que l'on en prend toujours plusieurs ensemble.

----

1. Rondelet, p. 142.

Le PAGRE ORPHE.

(*Pagrus orphus*, nob.[1])

M. Risso a décrit sous le nom de *daurade orphe* un vrai pagre, que M. le duc de Rivoli a pêché dans la rade de Toulon, et qu'il a bien voulu donner au Cabinet du Roi. Ce poisson doit être rare dans la Méditerranée, car c'est le premier et le seul individu que nous ayons encore vu.

Ce n'est point, comme le croit M. Risso, l'orphe de Rondelet. Nous établirons dans le chapitre suivant que l'*orphus* de cet auteur est notre rousseau (*pagellus centrodontus*). Rien ne prouve non plus que ce soit l'*orphus* des anciens, sur lequel on n'a que quelques passages non caractéristiques; mais après cet avertissement nous croyons pouvoir conserver l'épithète d'*orphe* au pagre dont M. Risso a donné une description succincte, et que nous allons décrire avec plus de détails, pour mieux en établir les caractères.

Ce poisson a le corps elliptique : sa hauteur est le tiers de sa longueur, et son épaisseur est contenue trois fois dans la hauteur. Le profil descend de la dorsale par une courbe oblique jusqu'au-devant de

1. *Aurata orphus*, Risso, 2.ᵉ édit., p. 356.

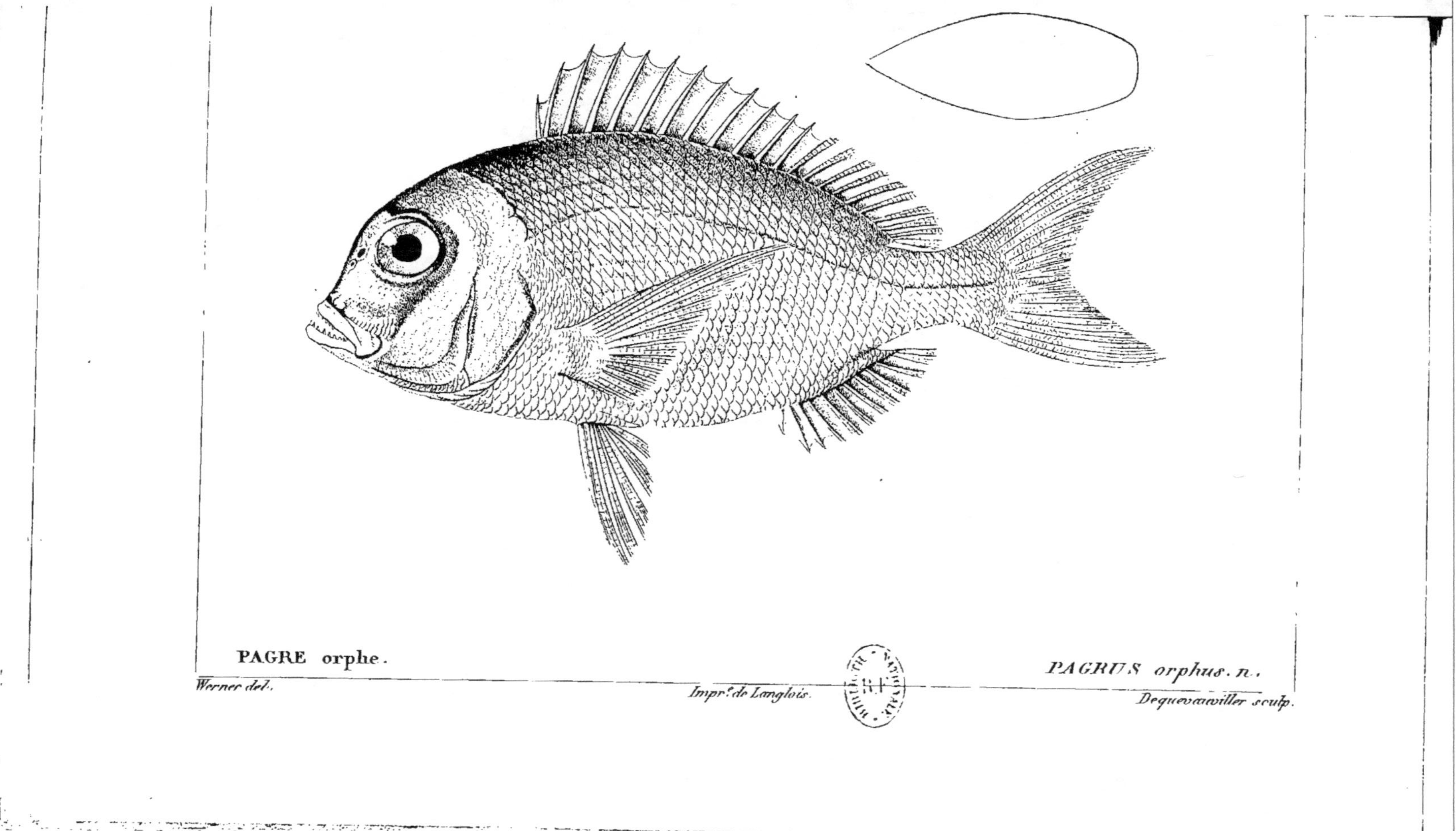

PAGRE orphe.

PAGRUS orphus. n.

Werner del.

Impr. de Langlois.

Dequevauviller sculp.

l'œil, d'où il s'abaisse rapidement vers la bouche; il devient même un peu concave : ce qui rend le museau très-court et comme tronqué. La mâchoire inférieure se ferme obliquement sur la supérieure, et elle la dépasse un peu. La tête est courte, et n'a que le quart de la longueur du corps. L'œil est très-grand, un peu ovale. Son plus long diamètre mesure le tiers de la longueur de la tête. L'espace qui sépare les deux yeux est plus large que la longueur de ce diamètre. Le sous-orbitaire est large, rectangulaire, strié et marqué de rivulations très-fines. Le limbe du préopercule est assez large, finement pointillé, mais sans aucune écaille.

L'opercule et le sous-opercule sont confondus par les écailles qui les recouvrent. L'interopercule est également écailleux, et il s'élargit près de l'articulation de la mâchoire inférieure, de manière à recouvrir celui du côté opposé, quand la bouche est fermée. Les mâchoires sont peu épaisses. La bouche n'est pas fendue au-delà du tiers de la distance qui sépare l'œil du bout du museau.

Les dents coniques sont au nombre de six à chaque mâchoire. Il y a deux rangées de molaires, dont les antérieures sont un peu coniques et pointues. Les dents en cardes sont petites, peu nombreuses et sur une bande étroite. Les pharyngiennes sont coniques et peu nombreuses.

Les nageoires sont semblables, pour leur forme et le nombre des rayons, à celles du pagre vulgaire.

D. 12/10; A. 3/8, etc.

Ce poisson est d'une belle couleur rose argentée

sur tout le corps. Le ventre est plus pâle que le dos. La tête a entre les yeux un croissant bleuâtre et un trait bleu sur le bas du sous-orbitaire. Au-dessus de l'œil il y a une tache brunâtre, qui entame un peu le brillant métallique de la pupille.

L'estomac est de grandeur médiocre, en cul-de-sac arrondi. Il y a cinq cœcums au pylore. Le reste de l'intestin était déchiré dans notre individu. La vessie aérienne est grande, simple et obtuse à sa partie antérieure. Ses parois sont très-minces. Le péritoine est argenté.

L'individu est long de huit pouces.

M. Risso dit que ce poisson paraît sur les côtes de Nice depuis le mois de Mars jusqu'au mois de Novembre, et qu'il vit sur les rochers peu profonds. La femelle dépose ses œufs sur les galets pendant l'été.

Nous avons trouvé l'estomac et la cavité abdominale remplis de débris de petites coquilles à opercules cornés. Il mange donc des coquillages dont le test est moins dur que les turbo et les trochus.

Le Pagre hurta.

(*Pagrus hurta*, nob.; *Sparus hurta*, Linn.)

Le *sparus hurta* est, selon Linnæus, un pagre de la Méditerranée, voisin du commun; mais qui paraît en différer par les couleurs et par le nombre des rayons. Nous ne l'avons pas vu, et nous ne pouvons en parler que d'après le grand naturaliste suédois. Qui ne consulterait que le caractère donné dans le *Systema naturæ*, croirait plutôt à l'indication d'un denté qu'à celle d'un pagre ; mais tous les doutes disparaissent, si l'on remonte à la courte notice insérée dans le prodrome du tome II de la Description du Musée du prince Adolphe-Fréderic. Linnæus y parle clairement de molaires arrondies. [1]

Ce *hurta*, de la Méditerranée, est un pagre dont le corps est traversé par des bandes rouges et dont les rayons des nageoires sont ainsi comptés.

D. 11/12 ; A. 3/9 ; C. 17 ; P. 16 ; V. 1/5.

Linnæus ne lui donne que cinq rayons aux ouïes. Il dit que le troisième rayon de la dorsale est long ; ce qui pourrait le faire rapprocher de notre pagre d'Ehrenberg. Mais les couleurs et les nombres des rayons sont différens.

---

1. Sparus hurta. *Cauda bifida, corpore fasciis transversis rubris, dentibus laniariis exsertis. Habitat in mare Mediterraneo.* (Hurta.)
Dentes primores superiores quatuor, grossi, canini; inferiores tres, prominuli; laniarii inferiores exserti; molares utrinque obtusi rotundati. Membrana branchiostega quinque. Corpus latum, compressum, antice declive. Linea lateralis modice curvata. Pinnæ in fossula reconditæ. D. 11/12 *(tertio longo)*; P. 16 *(primo simplici fere adnato, quarto longissimo)*; V. 1/5 *(breviore)*; A. 3/9 *(validi)*; C. 17 *(bifurca).*

M. Risso (1.re édit., p. 255) a observé dans la mer de Nice un poisson nommé *ravella*, qu'il prend pour le *hurta*,

dont le corps est ovale-oblong, d'une couleur argentée, traversé de petites lignes dorées et de plusieurs bandes rougeâtres.

Il donne à la dorsale les mêmes nombres qu'à nos pagres, c'est-à-dire douze épines et dix rayons mous; mais il ne compte que sept rayons mous à l'anale.

Ces nombres ne se rapportent ni à nos pagres ni au *hurta* de Linnæus, quoique M. Risso ait ainsi déterminé son poisson. Il ne parle pas de la longueur du troisième rayon, caractère saillant, qui l'aurait sans doute frappé, si son poisson avait eu ce rayon prolongé.

Dans sa seconde édition (p. 358) il reproduit ce *ravella* dans le genre des *daurades;* il ne le donne plus qu'avec doute pour synonyme du *sparus hurta*, et ne copie plus la phrase de Linnæus. Il ne change rien à la description des couleurs ni au nombre des rayons.

Ce poisson, qui est de passage sur les côtes de Nice, apparaît au printemps.

Des Pagres étrangers.

Le Pagre d'Ehrenberg.

(*Pagrus Ehrenbergii,* nob.)

Il existe sur les côtes orientales de la Méditerranée un pagre remarquable par le prolongement de quelques rayons épineux de sa dorsale, à compter du troisième. Il avait été probablement vu par Forskal, qui le confondit avec une espèce voisine de la mer Rouge, son *sparus spinifer.* M. Geoffroy en rapporta quelques individus de petite taille; mais c'est M. Ehrenberg qui a le premier fait attention à la différence qui existe entre ces deux poissons, et qui consiste principalement

en ce que les deux épines libres en avant de la dorsale sont très-apparentes, tandis que dans le *spinifer* la première est si courte qu'elle dépasse à peine les écailles. Outre cette différence de grandeur des deux premiers rayons épineux, le pagre d'Ehrenberg a le corps à peu près semblable au pagre commun. Le premier et le second rayon de la dorsale sont forts et courts, quoiqu'ils dépassent les écailles du dos. Le troisième rayon est prolongé en filet et sa longueur fait à peu près les trois quarts de la hauteur du corps, et quand il est abaissé, il atteint au premier rayon mou de la nageoire. Le quatrième est aussi prolongé; mais il n'a de hauteur que les deux tiers du précédent. Le cinquième est encore un peu plus court. Les sept rayons qui les suivent sont épineux, pointus, sans être prolongés en une pointe molle et flexible. Il y a dix rayons mous. Les autres nageoires n'offrent rien de particulier. Les nombres sont :

D. 12/10 ; A. 3/8 ; C. 17 ; P. 16 ; V. 1/5.

Les dents molaires sont sur deux rangées : celles de derrière les incisives sont grenues, fort petites.

Nous comptons cinquante-quatre écailles dans la longueur et dix-sept dans la hauteur.

Cette espèce a le corps d'un beau rouge, couvert sur le dos, au-dessus de la ligne latérale, de taches bleues.

Forskal dit qu'à Damiette il y a un poisson nommé par les pêcheurs arabes *qidjádj* ou *didjadj-el-báhr* (poule de mer) ; et comme il le réunit à son *spinifer*, nous avons lieu de croire que c'est l'espèce actuelle qu'il a voulu indiquer.

Le PAGRE SPINIFÈRE.

(*Pagrus spinifer*, nob. ; *Sparus spinifer*, Forsk.)

Cette espèce vient de la mer Rouge ; elle s'avance dans la mer des Indes, mais ne se trouve pas dans la Méditerranée. Forskal l'a décrite sous le nom de *sparus spinifer*. MM. Geoffroy et Ehrenberg l'ont rapportée de la mer Rouge, et M. Leschenault en a envoyé de beaux individus de la rade de Pondichéry.

Son corps est un peu plus élevé de la nuque que dans le précédent. Les rayons de sa dorsale sont moins hauts. Le premier est à peine visible. Le second est très-court. Le troisième est prolongé en filament flexible ; mais sa hauteur ne fait que les deux tiers de celle du corps, et quand le rayon est couché, il atteint au dixième épineux. Le quatrième est à peu près de même longueur, et ceux qui suivent se raccourcissent insensiblement jusqu'au septième, qui n'a plus que la moitié de la hauteur du troisième. Les autres rayons épineux sont roides et pointus.

Les nombres des rayons ne diffèrent pas de ceux de la précédente espèce.

Nous lui avons vu une très-grande vessie aérienne.

On compte au squelette dix vertèbres abdominales, et quatorze pour la queue. La crête mitoyenne du crâne est élevée, épaisse en arrière. Les latérales le sont très-peu.

Nous n'apercevons aucune différence entre les individus de Pondichéry et ceux de la mer Rouge. Suivant M. Leschenault, les pêcheurs indiens nomment cette espèce *ponan-taléa*. Au sortir de l'eau elle est d'une belle couleur rosée, plus foncée sur la tête. On la pêche pendant toute l'année sur la côte de Coromandel ; mais elle n'y est pas abondante. Sa chair est délicate et fort estimée. Elle atteint souvent deux pieds de long.

Forskal dit qu'à Djidda les Arabes lui ont nommé *naddjar* ce poisson, dont la couleur est rouge argentée. Le dos est un peu plus obscur, et il y a sur le corps des lignes plus foncées. Il habite les lieux vaseux et profonds ; il s'approche rarement du rivage : on le prend à l'hameçon, et on le recherche à cause de sa chair agréable au goût.

Il se nourrit de petits coquillages.

Le Pagre a un seul filament.

(*Pagrus filamentosus*, nob.)

MM. Quoy et Gaimard ont dernièrement rapporté de la rade de Saint-Denys, à l'île Bourbon, un pagre très-voisin du spinifère.

Il a le dos un peu plus arqué ; l'espace entre les yeux plus large et plus protubérant. Les deux premiers rayons de la dorsale sont plus courts que dans le pagre d'Ehrenberg, et plus longs que dans le spinifère. Le troisième rayon, seul prolongé en filament, atteint à la base du premier rayon mou de la nageoire, et est à un huitième près aussi haut que le corps. Le quatrième rayon, encore un peu flexible, n'a guère que la moitié du troisième. Les autres deviennent des épines fortes et pointues, qui n'ont, le cinquième, que le tiers, et le douzième, que le quart de la hauteur du filet. Les épines de l'anale sont très-fortes. Les nombres sont :

B. 6 ; D. 12/10 ; A. 3/8 ; C. 17 ; P. 15 ; V. 1/5.

Ce beau poisson est rouge, à reflets dorés sur le dos et argentés sur le ventre, qui est plus pâle. On compte dix-sept à dix-huit lignes longitudinales, plus brunes que le fond sur chaque côté. La membrane de la portion épineuse de la dorsale paraît avoir été violette, avec un liséré jaune brillant le long de chaque rayon. Les autres nageoires paraissent rougeâtres. L'individu est long de neuf pouces.

Nous avons trouvé un dessin fait à Malaca sous les yeux du major Farkhar, qui nous paraît représenter notre espèce. Il lui donne le nom malais d'*ikan-batoo,* ce qui veut dire *poisson de roche,* et s'applique à bien d'autres espèces. Sa couleur est un beau jaune doré. Le troisième rayon de la dorsale est seul prolongé en filament.

Le PAGRE A LONGS FILETS.

(*Pagrus longifilis,* nob.)

M. Raynaud a retrouvé sur la côte de Ceilan, dans la rade de Trinquemalé, le *kooroota,* dont Russel a donné une figure fort exacte (pl. 101 de ses Poissons de Vizagapatam); mais qu'il a cru mal à propos identique avec le *sparus spinifer* de Forskal. On distingue aisément ce pagre des précédens

par son corps plus court et plus arrondi, et parce que les rayons de sa dorsale, à compter du troi-

sième jusqu'au sixième, sont prolongés en filamens,
dont la longueur excède les derniers rayons mous
de la nageoire, et qui sont plus hauts d'un quart que
le corps. Le septième n'a pas la moitié de la hauteur
du précédent. Les trois autres rayons épineux ne sont
pas prolongés en filets, et n'atteignent guère qu'au
cinquième ou au sixième des rayons prolongés. Les
deux premiers épineux sont très-courts. Les autres
nageoires n'offrent aucunes particularités.

D. 12/10 ; A. 3/8, etc.

Le corps est lilas, traversé par des bandes pour-
prées. Le ventre a des reflets argentés. Les nageoires
sont rouges. L'iris est verdâtre.

L'individu est long de sept pouces et demi.

Le docteur Russel indique les couleurs
comme M. Raynaud les a vues à Ceilan.

Le PAGRE A GOUTTELETTES.

(*Pagrus guttulatus,* nob.)

Feu Péron avait recueilli sur les côtes de la
Nouvelle-Hollande un pagre que MM. Quoy
et Gaimard y ont retrouvé dans la rade du
port du Roi-Georges et dans celle de Jervis.
MM. Lesson et Garnot l'ont pris à l'embouchure d'une des rivières de la Nouvelle-Zélande.

La forme du corps est un peu plus raccourcie que
celle du pagre commun. Les dents de derrière les

canines sont fines et grenues, et les molaires très-
petites. Le bord du préopercule est finement strié et
comme dentelé vers l'angle, à peu près comme dans
le *chrysophrys bifasciata*.

La dorsale est assez haute, quoique aucun de ses
rayons ne soit prolongé en filet : c'est le quatrième
qui est le plus élevé. Sa hauteur égale le tiers de
celle du corps.

Les nombres sont :

D. 12/10 ; A. 3/8 , etc.

Le poisson paraît avoir été brun verdâtre, à reflets dorés au-dessus de la ligne latérale. Le ventre
rougeâtre argenté. Il y a quelques traits noirâtres
au-dessus de la ventrale. Le bas de l'opercule et tout
le dos sont couverts de taches blanc de lait et argentées. Le limbe du préopercule et les écailles du dessus
du surscapulaire sont glacées d'argent. Il y a quelques
teintes rougeâtres sur les nageoires. Nous en avons
des individus depuis la taille de cinq pouces jusqu'à neuf pouces.

L'estomac est médiocre, et contenait de petits coquillages. On compte cinq cœcums au pylore. L'intestin ne fait que deux plis ; il se dilate vers le rectum.
La vessie aérienne est très-grande, simple ; ses parois
sont minces. Le péritoine est d'un beau blanc de
nacre.

Le PAGRE UNICOLORE.

(*Pagrus unicolor*, nob.[1])

Une espèce voisine de la précédente a la nuque plus haute, le profil plus vertical. Les stries du préopercule très-fines et n'entamant plus le bord. Les molaires plus petites. La couleur est uniforme et sans taches, d'un rose tendre sur le dos, qui s'efface sur les flancs et passe au blanc sous le ventre. Tout le corps a des reflets argentés.

Cette espèce est aussi une des découvertes de Péron. On en ignorait la patrie lorsque les naturalistes de l'expédition de M. Freycinet nous ont fait connaître qu'elle vit en grande abondance sur les côtes occidentales de la Nouvelle-Hollande, dans la baie des Chiens-Marins. Ils en prirent un grand nombre à l'hameçon pendant leur relâche. Les plus grands individus avaient un pied.

Nous devons faire remarquer que MM. Quoy et Gaimard ont exagéré la bifurcation de la caudale (*pinna caudali valde bifurca*). Cette nageoire n'est pas plus fourchue que dans les autres espèces de ce genre.

---

1. *Chrysophrys unicolor*, Q. et G., Voyage de l'*Uranie*, p. 299.

Le PAGRE A DÉFENSES.

(*Pagrus laniarius,* nob.)

On trouve sur les côtes du cap de Bonne-Espérance une espèce très-voisine de notre *pagrus orphus.* Nous l'avons vue dans la collection du Musée royal des Pays-Bas, où elle a été envoyée par M. Van Horst.

Elle a le corps plus haut, le profil plus perpendiculaire, et l'espace entre le bout du museau et l'œil plus concave, ce qui fait paraître le front plus protubérant. Un caractère qui l'éloigne de l'orphe consiste dans la présence des écailles sur le limbe du préopercule. Les dents coniques de la mâchoire supérieure sont dirigées en avant et sortent de la bouche. Les deux externes sont plus longues que les autres. Celles de la mâchoire inférieure sont plus petites. Les dents coniques des côtés de la mâchoire sont aussi plus petites. La dorsale est plus haute. Les nombres des rayons sont les mêmes.

Ce poisson paraît avoir été d'une couleur rouge uniforme. Il est long d'un pied.

Le PAGRE MICROPTÈRE.

(*Pagrus micropterus,* nob.)

A ces pagres de la mer des Indes nous devons en ajouter un que nous n'avons pas vu, mais qui a été dessiné par MM. Quoy et Gaimard à l'embouchure de la rivière Tamise, dans la Nouvelle-Zélande.

Il est remarquable par le peu de hauteur de la portion épineuse de la dorsale. Le troisième rayon épineux est le plus long et ne dépasse pas les rayons mous, qui sont du double plus longs que les derniers épineux. Il n'y a que deux épines faibles et courtes à l'anale. Les nombres sont :

D. 12/10 ; A. 2/9, etc.

Ces voyageurs ont figuré quatre canines à la mâchoire supérieure, et six à l'inférieure. Ils n'ont vu que deux rangées de petites molaires.

La couleur du corps est un lilas rose, parsemé de points bleus. La dorsale, l'anale et les pectorales, sont roses. La caudale est de la même couleur, et ses points passent au rougeâtre. Les ventrales sont bleues. L'iris est orangé. Le dessin est long de sept pouces.

Le PAGRE ŒIL-D'ARGENT.

(*Pagrus argyrops*, nob.[1])

On trouve sur les côtes des États-Unis un pagre reconnaissable aux deux ou trois premiers rayons épineux de sa dorsale, qui se prolongent en un filet souvent assez long.

Le docteur Garden fit connaître ce poisson à Linnæus, qui l'introduisit dans le *Systema*

---

1. *Sparus argyrops*, Linn. ; *Labrus versicolor*, Mitch. ; *Spare zanture*, Lacépède, t. IV, p. 120.

sous le nom de *sparus argyrops*. On ne peut pas comprendre comment ce grand homme rapporta comme synonyme la figure de Willughby (appendice, tab. 3, fig. 1); elle nous paraît représenter bien plutôt un poisson qui constitue un genre particulier dans la famille des labroïdes, et que nous nommons *anampses*. Linnæus crut aussi retrouver dans ce poisson du docteur Garden celui que Brown a décrit dans son Histoire de la Jamaïque (p. 447); description si incomplète et si vague, qu'aucun auteur ne pourrait dire si c'est plutôt tel spare que tel autre. Ces synonymes ont été copiés par Gmelin; l'espèce se trouve reportée avec ces mêmes synonymes dans l'Encyclopédie et dans l'ouvrage de M. de Lacépède, sous le nom de *spare zanture*.

Le docteur Mitchill a décrit ensuite cette même espèce dans son Mémoire sur les poissons de New-York[1]; mais il l'a placée très-arbitrairement dans le genre des *labres,* dans lequel, comme nous l'avons déjà vu, il a réuni des poissons des genres les plus éloignés. C'est son *labrus versicolor.* Heureusement sa figure (pl. 3, fig. 7) est assez bonne et a seulement la pectorale un peu trop courte.

---

1. *Philosoph. trans. of New-York*, t. I, p. 404.

Ce pagre, que nous devons aux soins de M. Milbert, nous conduit aux pagels, à cause de la faiblesse des canines, qui sont rapprochées et placées à l'extrémité des mâchoires. Son corps est assez élevé. La hauteur est comprise deux fois et deux tiers dans la longueur. Le profil du dos est très-courbe, surtout antérieurement. Le museau est pointu, l'œil au haut de la tête; son sous-orbitaire est grand et de forme quadrilatère. La bouche est peu fendue. La mâchoire supérieure a six dents pointues, plus grosses que les autres, et comprimées d'arrière en avant. Il y en a dix de même forme à la mâchoire inférieure. Aux deux mâchoires il y a derrière elles un assez grand nombre de dents en velours. Les molaires sont fort petites et sur deux rangs en haut et en bas.

La partie épineuse de la dorsale est assez haute; mais ses épines sont faibles. Le second rayon se prolonge en un filet qui atteint, quand il est couché, le dernier rayon épineux. Le troisième se prolonge aussi, mais un peu moins que le second. Le premier est le plus court de tous. Ils peuvent, quand le poisson abaisse sa nageoire, être cachés dans une rainure longitudinale, formée par les écailles du dos, qui remontent de chaque côté le long de la base des rayons. Les rayons épineux de l'anale sont courts, mais forts. La caudale est fourchue. Les pectorales sont pointues; elles atteignent le tiers de l'anale. Les nombres des rayons sont:

D. 12/12; A. 3/11; C. 17; P. 16; V. 1/5.

Il y a environ cinquante écailles dans la longueur,

et à peu près vingt à vingt-trois dans la hauteur.
Chaque écaille, presque carrée, est un peu pointue
au milieu de son bord libre, qui est finement dentelé ; le bord radical l'est très-fortement.

La ligne latérale est fortement marquée, et elle
suit la courbure du dos. Dans la liqueur la couleur
de ce poisson paraît dorée, avec une tache noirâtre,
étroite, verticale, à peu près sur le milieu de chaque
flanc. Chaque écaille a d'ailleurs un point jaunâtre,
liséré de noirâtre, dont la réunion forme sur chaque
côté du poisson vingt-trois lignes longitudinales brunâtres. La dorsale, l'anale et les ventrales sont noirâtres ; les pectorales et la caudale jaunâtres. Le docteur Mitchill, qui a décrit ce poisson frais, dit qu'il
change de couleur suivant les angles sous lesquels
on fait tomber la lumière sur son corps, et qu'il
paraît tantôt brun pâle, tantôt jaune-vert ou rouge
jaunâtre, ou blanc rougeâtre, avec une teinte bleue,
mêlée çà et là.

Le nombre des rayons de la dorsale et de l'anale
ont été notés ainsi par M. Mitchill :

D. 26 et A. 15.

Ce que nous traduisons par :

D. 12/14 et A. 3/12.

Certains individus auraient donc un ou deux rayons
de plus que ceux que nous possédons, si le docteur
Mitchill n'a pas compté pour deux le dernier rayon,
qui est profondément divisé.

Nos individus ont plus de six pouces de longueur.

Je n'ai pu examiner tous les viscères de ce pagre; mais les restes de sa vessie aérienne que j'ai pu voir m'ont prouvé qu'elle est grande, simple et argentée. Son squelette n'offre rien de particulier.

Le docteur Mitchill ne parle pas des habitudes ni du goût de ce poisson, qui cependant se vend communément au marché de New-York; car M. Milbert nous en a envoyé plusieurs individus.

CHAPITRE IV.

Des Pagels (*Pagellus*, nob.).

Nous rassemblons, sous le nom de *pagels,* des spares à molaires arrondies, dont les dents antérieures sont toutes en cardes plus ou moins fines, et non pas fortes et coniques, comme celles des pagres et des daurades. Leurs molaires sont plus petites que celles des pagres, et par conséquent beaucoup plus que celles des daurades. Il y en a souvent plus de deux rangées; mais celles des deux rangs externes sont les plus grosses.

Nos mers possèdent au moins cinq espèces de ce genre, faciles à distinguer entre elles, et dont la synonymie est cependant difficile à établir et souvent incertaine, tant les poissons de nos côtes ont été décrits d'une manière vague et peu comparative.

Les espèces étrangères ne sont pas très-nombreuses, et quelques-unes ont même des particularités d'organisation assez notables pour qu'au besoin on pût en faire des genres séparés.

Les pagels vivent de poissons et de coquillages, vont par petites troupes, approchent

des côtes vers le printemps, et y restent jusqu'à l'hiver. Il en est même quelques espèces
qui séjournent toute l'année sur les côtes de
la mer de Nice.

Nous empruntons le nom de *pagel* ou de
pageau à nos marins de Provence et de Languedoc, qui s'en servent pour désigner notre
première espèce. En latin nous aurions volontiers donné à ce genre le nom d'*erythrinus*,
que l'on a affecté au pagel commun depuis le
seizième siècle ; mais Gronovius l'a transféré,
contre toute raison, à un genre de malacop-
térygien abdominal, dont les espèces vivent
dans les mers d'Amérique.

Le PAGEL COMMUN.

(*Pagellus erythrinus*, nob.; *Sparus erythrinus*, L.)

Le pagel vulgaire est très-multiplié dans
la Méditerranée et entre dans l'Océan, où il
s'avance assez loin vers le nord. Nous l'avons
vu en grand nombre à Marseille, et l'avons
reçu abondamment de Naples, de Nice, de
Gênes, de Sicile, par MM. Savigny, Bibron et
Delalande. Les individus que Duhamel avait
vus venaient du golfe de Lion. M. d'Orbigny
nous en a envoyé de la Rochelle, M. Garnot
de Brest, et même Gronovius en a pris un à

Schevelingen, comme nous le dirons bientôt.
Le pagel doit cependant être rare à cette lati-
tude, car Pennant et Donovan ne l'ont pas. On
trouve à la vérité dans la Faune danoise de
Muller (p. 45) un *sparus erythrinus;* mais sa
phrase caractéristique et sa citation d'Olafsen
se rapportent à la sébaste du nord. L'article
qu'il cite de Strœm [1] paraît indiquer la saupe.
Les autres auteurs de faunes septentrionales
n'en font aucune mention.

Rondelet (l. V, c. 16, p. 145) a très-bien
connu le pagel, et l'a bien distingué du pagre.
C'est, suivant lui, un poisson de couleur rougeâtre, à ventre blanc, semblable au pagre par
la forme du corps, la position et le nombre
des nageoires; mais qui a le museau plus aigu
et plus étroit, les dents petites et pointues. Sa
figure ajoute encore à la précision de ces caractères.

Salviani [2] a aussi bien vu le pagel que Rondelet, quoique sa figure ne soit pas aussi
bonne. Les dents y sont en effet représentées
presque aussi longues que celles d'une daurade.

Bélon [3] et Aldrovande [4] ne nous donnent

---

1. *Sondm.*, p. 270. — 2. *De aquat.*, fol. 239. — 3. *Aquat.*,
p. 185. — 4. *De pisc.*, l. II, p. 154.

rien de certain sur ce poisson, et Gesner[1], qui a fait dessiner un pagel à Venise, avoue lui-même que sa figure est incorrecte. Willughby (c. 10, p. 311) ne parle du pagel que d'après Rondelet. Ainsi ce sont les deux premiers ichtyologistes du seizième siècle qui seuls nous l'ont bien fait connaître.

Artedi, qui n'en parle que d'après Rondelet, l'avait bien caractérisé; mais Linnæus, ayant pris pour le pagel un poisson décrit par Lœffling[2], et qui paraît être un de nos méso-prions de couleur rouge, soit l'*aya,* soit le *buccanella,* s'est vu induit par cette erreur à attribuer à ce poisson une queue peu échancrée.

Gronovius, dans son *Museum ichthyologicum* (p. 38, n.° 90), a donné comme une daurade un poisson pris à Schevelingen, dont les nombres sont exactement les mêmes que ceux du pagel.

Gmelin, sans citer aucun garant, ajoute à l'article de Linnæus, que le pagel se trouve au Japon et dans la mer de Magellan, assertion que nous ne voudrions admettre que sur des témoignages plus graves que le sien. Il n'en

---

1. *De aquat.*, p. 365.
2. Voyage (traduction allemande), p. 149; édition suédoise, p. 103. PARGO, *Hisp. Labrus rufus (sparus erythrinus) totus ruber cauda subintegra.*

est point question dans nos livres japonais, et les voyageurs récens ne l'ont rapporté d'aucun parage de la mer Pacifique.

Nous avons déjà dit, en parlant du mésoprion buccanella, que Bloch avait altéré un dessin de ce mésoprion fait aux Antilles par le père Plumier, pour rendre les caractères propres au pagel. Ainsi la planche 274 de cet ouvrage ne peut être citée comme appartenant à cette espèce. Les dents même que Bloch a ajoutées sont celles du pagre. En revanche il ne serait pas impossible que celles qui sont représentées sur la planche 267 avec le centrodonte, sous le nom commun et faux de *sparus pagrus,* ne fussent celles d'un pagel; mais le dessin est si peu correct, qu'il est difficile de porter un jugement assuré sur ces figures.

Duhamel [1] entre dans très-peu de détails sur le pagel, et n'en donne pas de figure.

Le poisson auquel Cornide (p. 40) applique le nom de *sparus erythrinus* n'est pas le pagel commun, mais bien le rousseau ou *pagellus centrodontus,* et il n'est pas facile de déterminer s'il a connu le vrai pagel.

Brünnich est beaucoup plus clair. Son *spa-*

---

1. Pêches, sect. IV, c. II, p. 29.

rus erythrinus est bien certainement notre pagel; mais on voit qu'il a confondu avec cette espèce des individus de celle du *centrodontus*.

M. Risso (p. 240) donne dans sa première édition une courte description du pagel; mais il y copie sans aucune critique la phrase inexacte de Linnæus, et cite la figure mensongère de Bloch. Dans la seconde édition (p. 361) M. Risso caractérise mieux ce poisson; mais il cite, probablement par une faute d'impression, la planche 271, que Bloch donne pour le sparaillon, et qui n'y ressemble en rien, qui même, si l'on s'en rapportait aux dents figurées à côté, serait une daurade que nous ne connaissons pas (notre *chrysophrys annularis*; voyez ci-dessus page 139).

Le pagel a le corps ovale, alongé, assez comprimé, un peu rétréci vers la queue.

Dans un individu qui nous est venu de la Rochelle, la hauteur, au droit des pectorales, est égale au tiers de la longueur du corps. Ceux que nous avons reçus de la Méditerranée sont un peu moins élevés; mais nous croyons que cette légère différence tient à l'âge.

La nuque est haute. Le profil descend en ligne droite, un peu oblique, vers le museau, qui est pointu comparativement.

L'œil est grand, arrondi, au milieu de la distance entre le bout du museau et l'épaule. Le sous-orbi-

taire est grand. Son bord aminci cache le maxillaire quand la bouche est fermée. Au-devant de l'œil
on trouve les deux ouvertures de la narine, dont
l'antérieure est la plus petite.

Le préopercule est grand et couvre presque toute
la joue. Le bord montant est rectiligne et presque
vertical. L'autre bord s'incline un peu vers le bas de
l'angle de la mâchoire inférieure; de sorte que l'angle
formé par ces deux bords est un peu plus ouvert
qu'un angle droit. Le limbe est large, irrégulièrement strié, et la peau qui le recouvre est percée
d'une multitude de petits pores.

L'opercule est étroit, haut. Le bord membraneux
est peu large. Le sous-opercule est confondu dans
le frais avec l'opercule. L'interopercule est alongé et
arqué. Le tiers antérieur de cet os est recouvert par
une peau sans écaille, sillonnée de nombreuses stries.

La bouche n'est presque pas protractile. La mâchoire inférieure dépasse tant soit peu la supérieure.
Les lèvres sont charnues, assez épaisses.

Des dents en cardes très-fines garnissent l'extrémité des deux mâchoires. Celles du rang externe sont
un peu plus fortes. On en compte neuf ou dix de chaque côté. En arrière des dents en cardes on en voit
quelques-unes qui commencent à s'arrondir en petits
pavés, et elles sont suivies de deux rangées de dents
rondes, dont les internes sont les plus fortes. En
dedans de ces molaires il y a une bande assez large
de petites dents rondes et grenues, que l'on ne commence à bien voir que dans le pagel adulte.

Les pharyngiennes sont fortes et crochues; celles

qui garnissent les arcs branchiaux sont fines et disposées en groupes le long de chacun des arceaux.

Le surscapulaire forme une écaille faible, striée à sa surface, mais à bord non dentelé. L'ossature de l'épaule est large, composée d'os flexibles, et ne se distingue pas dans le frais, parce qu'elle est couverte d'écailles semblables à celles du corps.

La pectorale est étroite et en faux. Sa longueur n'est que trois fois et demie dans celle du corps.

La dorsale commence vers le tiers de la longueur totale. Le quatrième rayon épineux est le plus long, et à peu près du tiers de la hauteur du corps sous lui. Les autres s'abaissent progressivement jusqu'au dernier, dont la hauteur surpasse un peu la moitié de celle du quatrième.

Les rayons branchus sont un peu plus hauts que la dernière épine de la nageoire.

L'anale commence vis-à-vis du rayon mou de la dorsale. Ses épines sont plus fortes à proportion que celles de la dorsale.

La caudale est profondément fourchue. Ses deux lobes sont égaux, et leur moitié est couverte de petites écailles.

Les ventrales sont triangulaires, assez grandes et attachées un peu en arrière des pectorales. Elles ont dans leur aisselle une longue écaille très-étroite et très-pointue.

Les nombres des rayons sont :

D. 12/10 ; A. 3/8 ; C. 17 ; P. 15 ; V. 1/5.

La ligne latérale va droit du surscapulaire jusque

vis-à-vis la fin de la dorsale ; là elle s'infléchit, et se termine à la caudale, en passant un peu au-dessus du milieu de la queue : elle est fortement marquée par une suite de gros points alongés, ayant chacun, dessus et dessous, deux petits pores, ce qui la fait paraître comme rameuse.

On compte vingt et une rangées d'écailles sur chaque flanc. Celle qui va de l'ouïe à la queue en a près de soixante.

La portion libre de chaque écaille est un triangle à peu près isocèle, et dont les deux côtés sont finement ciliés.

La portion recouverte est rectangulaire, et du centre rayonnent des stries qui rendent le bord radical dentelé.

Ce poisson est pendant la vie du plus beau rouge carmin sur le dos, passant au rose sur les côtés, et prenant des reflets argentés sous le ventre.

Les nageoires sont roses comme le corps. L'anale et les ventrales sont plus pâles que les autres. Ces belles couleurs disparaissent bientôt après la mort, et alors il devient jaunâtre, et l'on voit quelques stries noirâtres sur le dos.

Les auteurs qui ont décrit le pagel ne parlent point de variétés de couleurs, et nous n'en avons pas observé non plus.

L'anatomie du pagel nous a offert les particularités suivantes.

Le foie est rougeâtre, divisé en deux gros lobes à peu près égaux. L'œsophage est court et dilaté

6.   12

en un médiocre estomac triangulaire, à parois épaisses, musculeuses.

Le pylore a quatre appendices cœcales, courtes
et peu grosses. Le canal intestinal fait deux replis
avant de se rendre à l'anus.

La vessie natatoire est simple, grande, à parois
minces, argentées.

Les reins sont gros et d'un rouge noirâtre très-
foncé.

Le crâne du pagel est relevé par trois crêtes longitudinales, dont la mitoyenne est grande et élevée;
elles ne dépassent pas l'œil, et le front devient dans
cette portion très-lisse et arrondi. La pointe supérieure
du maxillaire porte une apophyse obtuse, en forme
de bouton, qui fait une légère saillie de chaque côté
du museau. Les os du nez sont étroits, alongés. La
colonne vertébrale se compose de vingt-quatre vertèbres, dont dix portent des côtes.

Les deux premiers interépineux sont renflés en
massue à leur extrémité supérieure. Le premier de
ces renflemens est alongé et s'avance sur le crâne.

Le corps des autres interépineux est comprimé et
assez large pour qu'ils se touchent tous entre eux
et de manière à former une seule lame osseuse étendue
sous la dorsale.

Le pagel n'approche du rivage que vers le
printemps : on le trouve communément à cinquante et à soixante brasses d'eau, et Duhamel
dit que la femelle laisse échapper ses œufs par
cette grande profondeur. Suivant M. Risso, ce

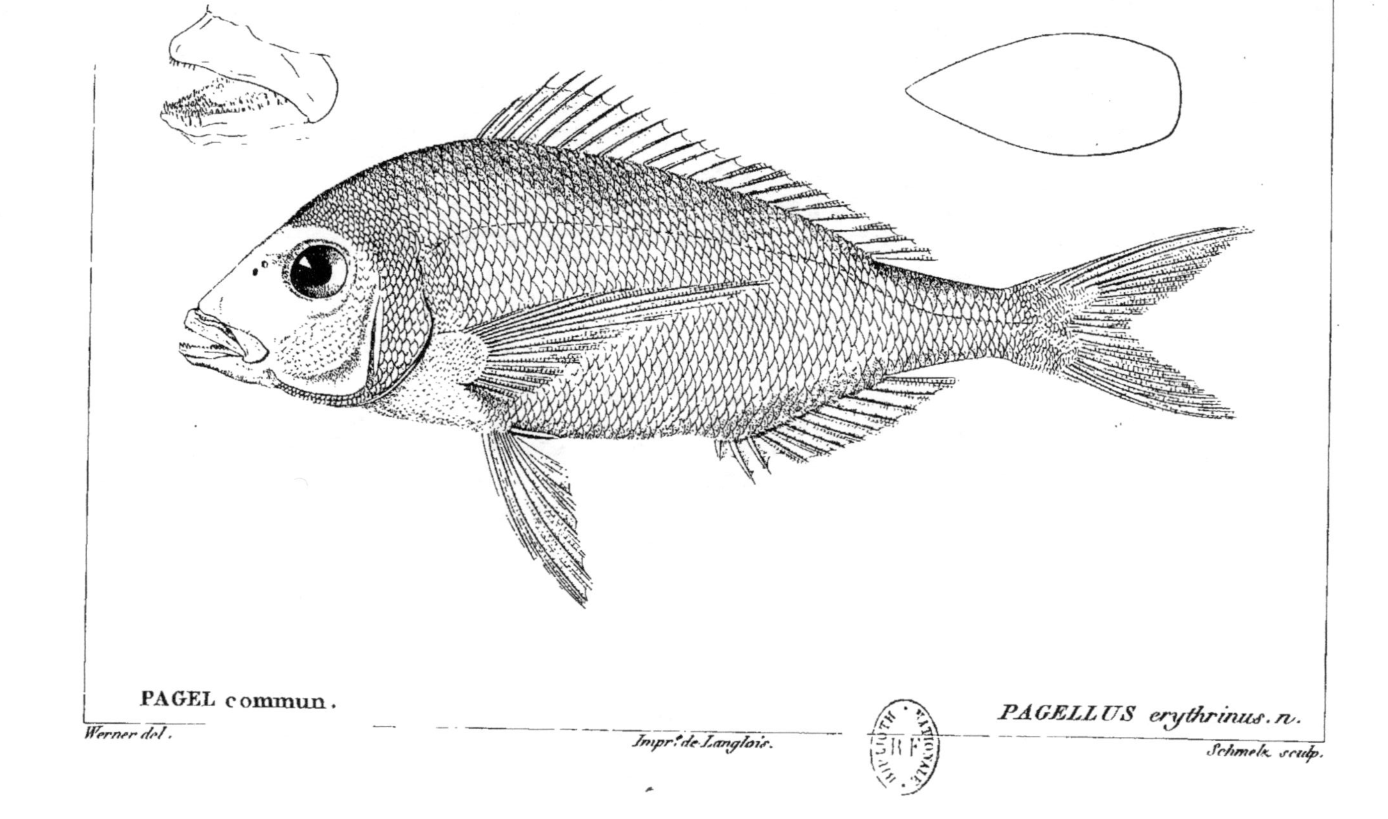

PAGEL commun.
PAGELLUS erythrinus. n.
Werner del.
Impr.r de Langlois.
Schmelk sculp.

poisson se trouve pendant toute l'année sur les rochers de la côte de Nice.

Les noms de *pagel* et de *pageau*, dérivés de *pagrus*, déjà donnés à ce poisson du temps de Rondelet, subsistent encore sur nos côtes de la Méditerranée. A Rome il s'appelle *fragolino*, ce qui est aussi une dérivation de *pagrus*; à Venise *arbore* selon Salviani, ou *alboro* selon MM. Naccari et Martens. Aldrovande y ajoute les noms de *sarofino* des Siciliens et de *rybon* des pêcheurs de la côte d'Istrie; mais, selon M. Rafinesque, c'est *luvaru* et *progagnanu* qu'on l'appelle en Sicile. Δετρινος, qui est son nom chez les Grecs modernes, paraît une corruption d'ἐρυθρῖνος.

Les auteurs du seizième siècle ont généralement rapporté au pagel l'*erythrinus* d'Aristote, dont le nom, qui indique une couleur rouge, a été rendu par *rubellio* dans la traduction de Gaza; mais cette synonymie est au moins fort douteuse.

Aristote[1], et Pline[2] d'après lui, ne parlent de l'*erythrinus* que pour l'associer au *channa*, comme espèce dont tous les individus sont femelles; et si le *channa*, comme on le croit, est le *serranus cabrilla*, tout porterait à pen-

---

1. *Hist. an.*, l. IV, c. 11. — 2. L. IX, c. 16 et 52.

ser que l'*erythrinus* serait le *serranus scriba.*

Rien de ce qu'en disent les autres auteurs ne contrarierait cette détermination. Oppien donne a l'*erythrinus* l'épithète de ξανϑός[1], que le traducteur rend par *ruber.* Dorion et Speusippe, dans Athénée, disent en termes généraux que l'hépate, le pagre et l'*erythrinus* se ressemblent.

Le Rousseau, *ou* Pagel a dents aigues.

(*Pagellus centrodontus,* nob.; *Sparus centrodontus,* Laroche.)

Ce pagel nous paraît avoir été indiqué aussi anciennement que l'ordinaire, quoique d'une manière moins précise, par Rondelet (l. V, c. 25, p. 157), sous le nom d'*orphus;* mais les auteurs qui l'ont suivi immédiatement ont méconnu l'objet de cette première description, de sorte qu'Aldrovande et Willughby se sont bornés à la copier, et qu'Artedi, réunissant tous ces articles sous un caractère[2] qui appartient à une autre espèce, en a fait un être imaginaire, reproduit ensuite aveuglément par ses successeurs.[3]

---

1. *Hal.,* l. I, v. 97.
2. *Sparus varius macula nigra ad caudam in extremo æqualem.* Artedi, *Syn.,* p. 63.
3. *Sparus orphus,* Linnæus, *et al.*

Aldrovande cependant, comme nous le verrons, connaissait aussi ce rousseau, et mieux que Rondelet lui-même; mais on ne s'est pas servi de sa description : c'est ce qui nous a décidés à présenter ce poisson avec la nouvelle épithète que M. de Laroche lui a donnée.

Il est assez commun dans la Méditerranée et dans l'Océan. Nous l'avons reçu de Naples et de Nice par les soins de MM. Risso et Savigny. M. de Laroche l'a envoyé d'Iviça; M. d'Orbigny l'a pris à la Rochelle; M. Garnot nous l'a procuré de Brest, et moi-même je l'ai vu à Boulogne et à Dieppe. Il se trouve aussi sur les côtes d'Angleterre, d'après le témoignage de Pennant et de Donovan; mais il ne nous paraît pas qu'il s'avance plus loin vers le nord. Muller n'en fait pas mention, et Linné et Fabricius gardent le même silence à son égard.

Cornide le met au nombre des poissons d'Espagne, et lui donne le nom de *bezugo de Laredo*. Suivant M. de Laroche, il s'appellerait en Catalogne *gorazo*, et à Iviça *gurazo*. M. Risso le nomme comme Cornide, mais sans épithète. Nous avons vu que Rondelet applique le nom de *besugo* au pagre commun. Duhamel prétend qu'à la côte de Biscaye ce poisson est connu sous le nom de *bezogo;* sur

celle de Biarritz, sous celui d'*arousseau*, et
de *rousseau* en français. Nous lui rapportons,
comme nous l'avons dit, l'*orphus* de Rondelet.
C'est, dit-il, un poisson de couleur rouge
mêlée de pourpre, à grands yeux et à dents
en scie. Sa figure est encore plus caractérisée.
Il n'y marque pas cependant la tache noire
de l'épaule.

Salviani, qui ne connaissait pas, à beaucoup
près, autant de poissons que Rondelet, ne
parle pas de cette espèce; mais nous en trouvons une figure originale, très-reconnaissable
et assez bonne pour une gravure en bois,
dans Aldrovande [1] : il l'appelle *pagrus* ou
phragrus, tout en le distinguant du *pagrus*
de Rondelet. Aldrovande n'a pas reconnu
dans ce poisson l'*orphus* de cet auteur, qu'il
cite un peu plus loin [2]. Il a été imité en cela
par Willughby, qui ne parle de l'*orphus* que
d'après Rondelet, et en avouant lui-même
que ce poisson lui est inconnu.

Bélon [3] a bien à la vérité un *orphus*, mais
qu'il est impossible de reconnaître. Comme il
parle de dents semblables à celles du scare, et
d'une tache noire à la queue, on peut croire
qu'il s'agit d'un de nos sargues.

---

1. *De pisc.*, p. 151. — 2. *Ibid.*, p. 158. — 3. *Aquat.*, p. 200.

C'est cependant d'après cette description si vague qu'Artedi a composé sa phrase caractéristique de *l'orphus,* et en citant comme synonyme celui de Rondelet, qui ne peut en aucune manière en être rapproché.

Linné a modifié la phrase d'Artedi sans y rien changer d'essentiel, d'où il résulte que le *sparus orphus* ne doit pas être conservé dans le catalogue systématique des poissons.

Cependant M. de Lacépède a un spare orphe, dont la synonymie est composée d'après Artedi, mais dont l'historique est extrait de Rondelet. M. Risso a donné dans les deux éditions de son Ichtyologie le nom de *sparus orphus* à un pagre que nous avons décrit précédemment, et qui n'a rien de commun ni avec celui de Linné, ni même avec celui de Rondelet, dont la citation lui est cependant annexée. Rien ne prouve au surplus que ce soit ici *l'orphus* dont les anciens parlent souvent, mais sans rien dire qui puisse le caractériser. Aujourd'hui c'est le mérou que les Grecs modernes, au moins ceux de Morée, nomment *orphos* et *rophos.* M. Bory de Saint-Vincent nous l'assure positivement.

Le premier auteur systématique qui parle d'une manière un peu reconnaissable du poisson dont nous traitons dans cet article est

Pennant[1]; mais il a cru que c'était le *sparus pagrus* d'Artedi et de Linnæus.

Il a été en cela imité par Bloch, qui a donné sous ce faux nom, à la planche 267, une figure reconnaissable, mais peu exacte, de notre poisson; elle est enluminée d'une manière fausse en rouge très-vif : on doit surtout remarquer que les dents, représentées à part sur cette planche, sont probablement celles d'un pagel ordinaire.

Plus tard M. Donovan[2] en a donné une bonne figure dans son Histoire des poissons d'Angleterre; mais il le prend pour le *sparus aurata* de Linnæus, et il cite la figure 266 de Bloch, qui ressemble bien moins à la sienne que celle de la planche 267.

M. Turton[3] a copié Pennant et Donovan, et c'est ainsi que l'on trouve dans sa Faune anglaise un *sparus aurata* et un *sparus pagrus*, qui ne font qu'une même espèce, laquelle n'est ni le pagre ni la daurade, mais notre rousseau ou centrodonte.

Duhamel[4] désigne aussi le rousseau d'une manière reconnaissable, d'après les notes que

---

1. *Brit. zool.*, 2.ᵉ édit., p. 212, n.° 113. — 2. *Brit. fish*, t. IV, pl. 89. — 3. *Brit. faun.*, p. 97. — 4. Pêches, 2.ᵉ part., sect. 4, c. 2, p. 30.

lui avait fournies M. de Borda. Il n'en donne pas de figure, et nous croyons que le poisson dont il parle dans le paragraphe suivant sous le nom de *calet* ou *gros-yeux*, en diffère très-peu : la couleur est la même; il le dit seulement plus alongé.

Malgré toutes ces indications incomplètes ou erronnées, M. de Laroche, qui a publié une bonne description du rousseau dans les Annales du Muséum (t. XIII, p. 345, pl. 23, fig. 2), l'a considéré comme une espèce nouvelle à laquelle il a donné le nom de *sparus centrodontus*. La figure qui y est jointe est fort exacte, et c'est la seule synonymie qui ne donne lieu à aucune incertitude.

M. Risso l'a aussi connu et décrit dans son Ichtyologie de Nice (1.re éd., p. 247, et 2.e éd., p. 357); mais tout en reconnaissant son affinité avec le poisson de M. de Laroche, il lui a donné le nom de *sparus massiliensis*, et il a cité Brünnich d'après M. de Lacépède. Cette citation est tout-à-fait fausse; car l'article de Brünnich se rapporte à un de nos picarels, ainsi que nous l'établirons dans un de nos chapitres suivans.

Le pagel rousseau ou centrodonte se distingue du pagel commun par son museau plus obtus, par son œil plus grand, et par des dents plus fines et moins nombreuses aux mâchoires. L'ovale du corps est plus régulier. Sa hauteur est vers le milieu de sa longueur, et n'en fait à peu près que le tiers. Le corps est aussi un peu plus épais que dans le pagre. La tête est plus courte. Sa longueur ne mesure que le quart de celle du corps. Le diamètre de l'œil fait le tiers de la longueur de la tête, et les deux yeux sont éloignés d'un de leurs diamètres; c'est ce qui rend le front plus large que celui du pagel. Cette partie de la tête est aussi plus bombée.

Le profil descend plus obliquement et plus rapidement de la nuque, et plus rapidement encore des narines au museau; ce qui le rend très-obtus. Le sous-orbitaire et le préopercule sont aussi très-étroits, à cause de la grandeur de l'œil. Le limbe du préopercule a peu de stries. L'opercule est élargi vers le haut, confondu avec le sous-opercule par les écailles qui recouvrent ces deux pièces. L'interopercule est entièrement écailleux.

Les deux mâchoires sont presque égales. La supérieure dépasse de très-peu l'inférieure. Les dents en cardes de l'extrémité sont plus fines que celles du pagel, et les molaires à proportion encore beaucoup plus petites; elles sont disposées sur cinq rangées, et celles du rang interne sont un peu plus grosses que les autres.

Les dents pharyngiennes sont au contraire plus grosses que celles du pagel.

La dorsale s'élève un peu plus en avant. Sa portion épineuse est plus haute, et sa portion molle plus basse qu'au pagel. La pectorale est plus courte, et la caudale moins fourchue.

B. 6; D. 12/13; A. 3/12; C. 17; P. 17; V. 1/5.

Le surscapulaire est petit et se distingue à peine d'une série d'écailles plus larges que celles du corps, et qui remontent sur la nuque, en y faisant un large croissant argenté. L'ossature de l'épaule est plus forte que celle du pagel; elle est de même recouverte par des écailles. Celles du corps sont un peu ciliées. On en compte près de quatre-vingts dans la longueur et plus de vingt dans la hauteur du corps.

La ligne latérale est fortement marquée et va parallèlement à la courbure du dos par le quart de la hauteur du poisson.

Conservé dans l'alcool, ce poisson paraît grisâtre sur le dos, et a toujours une large tache noire sur la naissance de la ligne latérale, vers le haut de l'épaule, et qui est traversée par la ligne latérale. Cette tache, découpée sur les bords, est formée par la réunion des taches noires qui sont à la base des écailles.

M. de Laroche, qui l'a vu vivant auprès d'Iviça, dit que le dos était d'un gris brunâtre, tirant sur le rouge, et plus foncé sur la tête que partout ailleurs. Les côtés sont gris argenté, la dorsale et l'anale brunâtres, les pectorales et la caudale rougeâtres, et les ventrales d'un gris très-clair.

M. Risso, dans son Ichtyologie de Nice (p. 247), lui donne des couleurs un peu différentes.

Le corps, selon lui, est argenté et couvert de petites taches noires, et auprès des opercules il y a une tache noire ramifiée, moins foncée chez la femelle.

Il nous en a donné des dessins coloriés qui se rapprochent bien plus de la description de M. de Laroche.

Le dos y paraît rose, avec des raies longitudinales bleuâtres. Les flancs et le ventre sont argentés, bleuâtres et un peu dorés vers la queue. La nuque est noirâtre. Le bout du museau et le dessous du tour de l'œil sont bleus. La grande tache noire est en arrière de l'opercule. La partie épineuse de la dorsale est jaune. La partie molle est teintée de rose. L'anale est bleuâtre, bordée de rose. La caudale est rose foncé; les pectorales roses, un peu teintées de jaune, et les ventrales roses, lavées de bleu.

Mais toutes ces couleurs sont très-différentes de celles que nous avons observées nous-mêmes sur un assez grand nombre d'individus de nos côtes de la Manche.

Tous étaient d'une belle teinte rose, à reflets argentés, et qui s'éteint sur le ventre, qui est presque blanc. La tache noire de l'épaule tranche vivement sur ce fond. Les nageoires impaires ont quelques teintes jaunes, et les nageoires paires sont rosées. Au-dessus du surscapulaire les écailles sont très-argentées. Malgré cette diversité de couleur, nous n'avons pu trouver aucune différence spécifique dans les formes.

Nous avons examiné les viscères d'un individu de la Rochelle.

Le foie est petit et ne consiste qu'en un seul lobe triangulaire, peu épais et placé dans l'hypocondre gauche de l'abdomen.

L'œsophage est court et peu large; il se dilate en un estomac médiocre, à parois minces, peu plissées en dedans. La branche montante en est courte, à parois épaisses et charnues.

L'ouverture du pylore est étroite. Je n'ai trouvé que quatre appendices cœcales; mais je craindrais qu'une cinquième n'ait été détachée par le mauvais état de l'intestin dans cet endroit.

Des quatre que j'ai vues, une passe sous l'œsophage en travers, et va ainsi dans le côté gauche; les trois autres sont parallèles à la direction de l'intestin; elles sont grosses et de moyenne longueur.

L'intestin est assez long; il se replie deux fois : la première, auprès de l'anus, et la seconde, sous le diaphragme. Le diamètre en est assez grand; il se renfle auprès du premier repli et dans toute l'étendue du rectum. La veloutée en est fine, à réseau très-ténu. Des papilles assez longues, mais très-fines, flottent dans la cavité du rectum, dont l'origine est marquée par une valvule assez large.

Les laitances sont courbes et lobées; elles s'étendent depuis la pointe de l'estomac jusqu'auprès de la crosse du second repli, qu'elles n'atteignent pas cependant. Elles débouchent dans un large sac cylindrique, à parois minces et blanchâtres, lequel s'ouvre derrière le rectum.

La vessie aérienne est très-grande, simple, étendue sur presque toute la longueur de l'abdomen. Ses parois sont minces, recouvertes d'une lame argentée, dont l'argent se délaie facilement dans l'alcool.

Les reins sont gros; mais ils ne se portent pas autant en arrière que la vessie aérienne. Les urctères sont longs et viennent déboucher auprès de l'anus dans une vessie à parois minces et blanches de forme conique, dont la pointe répond à la fin du sac des laitances. La vessie s'ouvre par un orifice particulier derrière celui des organes de la génération.

Le péritoine est brun rougeâtre, tacheté d'un grand nombre de points noirs.

Le crâne est surmonté de trois arêtes longitudinales, dont les deux latérales sont à proportion plus hautes que celles du pagel; d'où il résulte que les fosses latérales sont plus profondes. L'arête mitoyenne est moins haute et surtout beaucoup moins longue; elle atteint à peine à la moitié de l'œil.

La colonne vertébrale n'a que vingt-trois vertèbres, dont onze portent des côtes; c'est ce qui rend la queue du poisson plus courte que celle du pagel. Les interosseux sont plus petits et moins hauts.

Nous avons des individus de ce rousseau de plus de dix-huit pouces, et M. Risso dit qu'il dépasse souvent deux pieds.

Cette espèce habite pendant toute l'année les côtes de la mer de Nice par des moyennes profondeurs; elle approche du rivage pour frayer, depuis le mois de Mai jusqu'au mois de Juillet. La femelle paraît avant le mâle.

Je l'ai observée sur les côtes de Boulogne pendant les mois d'Août et de Septembre. On la prend au large. Sa chair est fort bonne; mais on n'en fait pas des pêches assez abondantes pour l'envoyer à Paris.

Suivant M. de Laroche, ce poisson est rare à Iviça : on ne l'y prend qu'à de grandes profondeurs ; mais il est beaucoup plus commun sur les côtes d'Espagne. C'est ce qu'en rapporte aussi Cornide. On en fait des pêches abondantes sur la côte de Biscaye et des Asturies, où il se tient par petites bandes, à quatre ou six lieues en mer, depuis le mois de Janvier jusqu'en Avril. Il est beaucoup plus rare sur les côtes de Galice, et on ne l'y trouve pas aussi grand. Son apparition a lieu sur cette côte depuis le mois de Septembre jusqu'en Décembre. Cornide dit que sa nourriture se compose de petits poissons et de plantes marines. Sa chair est médiocre.

Le PAGEL ACARNE.

(*Pagellus acarne*, nob.)

Nous appelons ainsi, pour ne pas nous écarter de la nomenclature de Rondelet, un troisième pagel de la Méditerranée, que nous avons reçu de Marseille, de Naples, de Malte, et qui paraît vivre avec le pagel ordinaire ; car on le vend pêle-mêle avec lui sur les marchés de Rome, et sous le même nom de *fragolino*.

Cependant ce poisson n'a été bien connu que de Rondelet[1]. Il en parle sous le nom d'*acarne*, et en fixe bien les caractères ; car la figure qu'il en donne a le trait exact, et il ajoute dans le texte que c'est un poisson qui ressemble au pagre, et dont la couleur est argentée, avec une tache rouge foncé dans l'aisselle de la pectorale. Ce nom d'*acarne* est tiré de Pline, et c'est assez arbitrairement que Rondelet l'a appliqué à notre poisson, car Pline ne fait que le nommer une seule fois (l. XXXII, c. 11). Il l'a tiré probablement de l'ἀχάρνας des Grecs, qui ne pouvait guère être le poisson actuel, puisque, selon Aristote (l. VIII, c. 2), il dévore le *cephalus*, c'est-à-dire le muge, et cela lorsque celui-ci est devenu adulte. Le reste de ce qui en est rapporté n'a rien de bien décisif. Il souffre et maigrit pendant l'été[2]. Athénée (l. VIII, c. 13), qui le nomme ἀκαρνὰν, le dit, d'après Diphilus, doux, un peu astringent, nourrissant et facile à

---

1. *De pisc.*, l. XV, c. 20, p. 151. — 2. Aristote, l. VIII, c. 18.

digérer. Dans un autre endroit (l. VII, p. 327) il le nomme, d'après Hicesius, avec les phagres, les chromis, les anthias, les orphes, les synodontes et les synagrides ; mais cette réunion n'a rapport qu'au goût et aux qualités comme aliment. Dans un troisième passage, tiré de Callias (l. VII, p. 286), il l'appelle ἄχαρνος (si toutefois il s'y agit du même poisson), et le fait venir d'Ænos, ville de Thrace. Selon Hésychius, ἄκαρνα est un nom de laurier et ἀκάρναξ un synonyme de λάβραξ, c'est-à-dire du bar ou du loup (*labrax lupus*, nob.).

Salviani n'a pas connu ce pagel, et on ne trouve le nom d'*acarne* cité que dans son article de la *vive commune*. Willughby ne parle de l'acarne que pour critiquer Rondelet d'avoir multiplié souvent les espèces, et il paraît qu'Artedi et Linnæus l'ont suivi en cela ; car ils ne font aucune mention de ce poisson.

Duhamel lui-même n'a composé son article de l'*acarne* ou du *pagre blanc* que sur celui de Rondelet, et il paraît qu'il n'a pas vu le poisson.

M. Risso l'a décrit dans sa première édition sous le nom de *sparus berda*. Quoiqu'il ait oublié de parler de la tache de l'aisselle qui est si caractéristique, nous avons pour garant de cette détermination son autorité même ; car c'est ainsi qu'il a nommé les acarnes que M. Savigny a pris à Nice. Ayant reconnu par les étiquettes du Cabinet du Roi que le *sparus berda* de Forskal est une espèce de *chrysophrys*, M. Risso, dans sa seconde édition, a changé ce nom de *berda* en celui d'*acarne*, pris de nous; mais il n'a pas mieux caractérisé son espèce.

M. de Laroche n'a pas décrit ce poisson, quoiqu'il l'ait rapporté d'Iviça sous le nom de *bogueravel*.

C'est l'espèce que l'on trouve dans Cornide[1] sous le nom de *besugo*, sans épithète, par opposition au *besugo de Laredo*, qui est le rousseau.

La description que nous allons en donner est faite sur un bel individu long de huit pouces.

L'acarne a le museau plus obtus que celui du pagel ordinaire, mais moins que celui du rousseau.

Des molaires disposées sur deux rangs seulement le distinguent facilement des deux espèces précédentes. Ses dents en carde sont fines et grêles; mais celles de la rangée externe sont du double plus longues que les autres.

Le corps est plus alongé; car sa hauteur est comprise trois fois et trois quarts dans la longueur totale.

---

1. *Pesc. galleg.*, p. 42.

Il est aussi un peu plus arrondi, puisque son épaisseur n'a guère moins de la moitié de sa hauteur.

L'œil est rond, assez grand et placé tout-à-fait dans le haut de la joue. Le sous-orbitaire forme au-dessous de l'œil une belle ceinture argentée, qui s'élargit en avant, et couvre tout le bout du museau.

Les nageoires dorsale et anale ont, comme dans le pagre et le rousseau, les derniers rayons mous recouverts par de petites écailles.

Les nombres sont :

D. 12/11 ; A. 3/10 ; C. 17 ; P. 16 ; V. 1/5.

Les écailles sont plus petites que celles du rousseau. La ligne latérale est droite, assez large et plus foncée que le corps.

Tout le corps est rougeâtre argenté. Dans l'aisselle de la pectorale il y a une tache d'un rouge-brun très-foncé.

Nous n'avons pu examiner des viscères bien conservés de ce poisson; mais son squelette nous a montré des différences spécifiques aussi importantes que l'extérieur du corps.

La colonne vertébrale n'a que vingt-deux vertèbres, dont neuf seulement portent des côtes.

Il n'y a plus sur le crâne qu'une seule crête mitoyenne un peu élevée; elle est reculée sur l'occiput; ce qui donne plus d'étendue au front, qui est uni et peu bombé. Les deux crêtes latérales sont si basses qu'il n'y a plus de fosses comme dans nos autres sparoïdes.

Suivant Cornide, la chair des acarnes est

aussi bonne que celle des rousseaux, et on la mange apprêtée de la même manière. Ils vivent par troupes : on les pêche plus près de la côte que les rousseaux, et la meilleure saison pour les prendre est le printemps.

Le PAGEL BOGUERAVEL, *ou* PILONNEAU.

(*Pagellus bogaraveo*, nob.; *Sparus bogaraveo*, Brünnich.)

Si nous avons pu déterminer avec certitude l'acarne de Rondelet, nous ne sommes pas aussi certains de sa nomenclature au sujet d'un quatrième pagel de la Méditerranée, très-voisin de cet acarne.

Il s'agit de savoir si ce quatrième pagel est le poisson que Rondelet a donné au chapitre 12 de son livre V comme une seconde espèce de bogue. Les pêcheurs de son temps l'appelaient *bogueravel* ou *ravaille,* voulant dire par cette épithète provençale qu'il était confondu et vendu pêle-mêle avec des poissons de bas prix, à cause de sa petitesse. La figure jointe à ce chapitre 12 peut à peine ajouter au petit nombre d'indices de la description; aussi Artedi a-t-il omis de parler de ce bogueravel, qui n'a point pris place dans le *Systema naturæ.*

Mais Brünnich donne sous le même nom, un poisson qui le porte, dit-il, à Marseille, et dont la description répond parfaitement à celui que nous avons sous les yeux. Nous le rapprochons de celui de Rondelet à cause de la ressemblance des noms.

Bonnaterre a introduit ce spare de Brünnich dans l'Encyclopédie méthodique, et c'est de là que M. de Lacépède a pris son *sparus bogaraveo*.

M. Risso (1.re édit., p. 249) a reconnu le *bogaraveo* de Brünnich parmi les poissons de Nice, et il en a donné une courte description faite d'après nature, qui ajoute quelque chose à celle du naturaliste danois. Dans sa seconde édition (p. 359) il n'a changé que le nom spécifique, et il en a fait le premier de ses pagres sous le nom de *pagrus bugaravella*.

Ce poisson est commun dans toute la Méditerranée. Nous en avons un assez bel individu, que M. Savigny a pris à Naples. Il se trouve aussi sur les côtes d'Espagne ; car M. Baillon nous en a donné un individu pris à Malaga. Nous ne voyons pas qu'il en soit fait mention dans Cornide; cependant on le trouve aussi sur nos côtes de l'Océan, et ce que nous n'aurions pas pu déterminer sans le secours de M. Garnot, c'est que le *pilonneau* ou le *lagadec* de Duhamel (sect. 4, pl. 1, fig. 1) n'est autre que le bogueravel. L'individu de Brest qui nous est venu sous le nom de *pilonneau,* ne diffère de ceux de Naples que par un seul rayon épineux de plus à la dorsale; mais comme il a un rayon mou de moins, nous avons vu assez souvent cette légère anomalie se répéter pour croire qu'elle ne peut faire un caractère spécifique.

Le bogueravel est plus court que l'acarne. Sa hauteur fait un peu moins du tiers de la longueur. La tête est plus courte. Le museau plus obtus; ce qui rend le sous-orbitaire plus étroit. La ligne latérale est brune et droite depuis le surscapulaire jusqu'à la queue.

D. 12/12; A. 3/11; C. 17; P. 17; V. 1/5.

Il n'y a pas de tache dans l'aisselle de la pectorale. La couleur paraît d'ailleurs un peu rougeâtre sur le dos, et la dorsale est finement lisérée de noir. Brünnich dit que la couleur de la tête est un bel argenté, devenant plus pâle sur le corps, qui est sans tache. Un dessin colorié, que nous a prêté M. Risso, le rend violâtre sur le dos et jaunâtre sous le ventre. Les nageoires impaires sont peintes en rose. La pectorale et les ventrales le sont en jaune.

Nous ne pouvons rien dire non plus des viscères de ce pagel. Son squelette nous offre vingt-deux vertèbres, dont dix portent des côtes.

Le crâne est plus étroit entre les yeux, et les

crètes sagittales sont plus reculées encore qu'à l'acarne. Les deux crêtes latérales sont plus relevées.

Nos individus sont longs de sept pouces.

Le PAGEL A MUSEAU COURT.

(*Pagellus breviceps*, nob.)

Nous avons un cinquième pagel de la Méditerranée, qui nous paraît différer des précédens

par le museau plus court, par le profil du dos plus arqué, et par la ligne latérale, qui n'est marquée que d'un simple trait.

Sa couleur paraît avoir été uniformément argentée, avec quelques lignes fines et brunes le long du dos.

Il n'y a point de taches, soit derrière l'ouïe, soit dans l'aisselle de la pectorale.

D. 12/12; A. 3/11, etc.

Ce sont les mêmes nombres qu'aux précédens.

Nos individus ne sont longs que de cinq pouces, et ils ont été pris à Marseille par M. Delalande.

C'est de tous nos sparoïdes celui qui répond le mieux à la figure que M. Risso a donnée de son *aurata bilunulata* (2.ᵉ édit., t. III, n.° 29); mais sa description laisse encore du doute sur l'identité des deux espèces. Il parle d'une ligne latérale marquée, ce qui paraît mieux convenir aux deux pagels précédens. Il donne à sa daurade-bilunulée une couleur argentée, rose sur le dos; le museau bleu, et deux croissans au-dessus des yeux.

Le PAGEL MORME, *ou* MORMYRE.

(*Pagellus mormyrus*, nob.; *Sparus mormyrus*, L.)

Le morme est un sixième pagel de la Méditerranée, qui se distingue aisément de ses congénères par les bandes noires qui tranchent sur le fond jaunâtre argenté de son corps, et son nom, aussi bien que cette variété dans ses couleurs, ne permettent guère de douter que ce ne soit le *mormylus* ou le *mormyrus* des anciens, qui est souvent présenté avec les épithètes de *peint* et de *varié*[1]. Bélon[2] croit que ce nom est dérivé de *marmor* (marbre), par opposition à la couleur assez uniforme des autres spares; mais c'est une conjecture assez difficile à prouver. Suivant Rondelet, les Romains nomment encore ce poisson *mormillo*, les Vénitiens *mormiro*, les Génois *mormo*, les Provençaux *morme* et les Espagnols *marmo*. Nous le trouvons dans un recueil gravé à Madrid sous les noms d'*herrera* et de *mabra*. En Sicile, selon M. Rafinesque, il s'appelle *ajula imperiali*.

---

1. Μορμύλος αἰολος, Oppien, *Hal.*, l. I, v. 100; *Pictæ mormyres*, Ovide, *Hal.*, v. 111. — 2. *Aquat.*, p. 183.

Rondelet[1] en a laissé une figure moins bonne que celle de Bélon, et où le poisson est représenté trop court. Il donne quelques détails sur ses traits caractéristiques; mais il ne le connaissait pas aussi bien que Salviani, dont la figure[2] ne laisserait rien à désirer, si les rayons mous de la dorsale et de l'anale y étaient distingués des rayons épineux.

C'est le seul pagel qui ait été représenté dans l'ouvrage d'Égypte. M. Geoffroy l'y a fait graver sous le nom de *pagrus mormyrus*.[3]

Le morme, selon Rondelet, est plus commun à Rome que sur nos côtes. Les naturalistes de l'expédition de Morée l'ont envoyé de l'Archipel. Nous l'avons aussi du lac de Biserte, où il est connu des Arabes sous le nom de *mencous*. Brünnich dit l'avoir trouvé dans la mer Adriatique; mais ni M. Naccari ni M. de Martens ne l'ont vu à Venise. On l'estime beaucoup moins que plusieurs de ses congénères.

Le morme se distingue des autres pagels de la Méditerranée par la longueur de son corps et surtout de sa tête; elle est égale à la hauteur du corps du poisson, tandis que dans tous les autres elle est plus courte. La tête est contenue trois fois et trois quarts dans la longueur totale. Le profil du

---

1. *De pisc.*, l. V, c. 22, p. 153. — 2. *Aquat.*, p. 184. —
3. Histoire naturelle de l'Égypte, zoolog., poiss., pl. 18, fig. 3.

dos et celui du ventre se réunissent au museau, en suivant des courbes à peu près semblables ; ce qui donne au poisson la figure d'une ellipse régulière très-alongée.

L'œil est petit, placé fort en arrière. Il a au-devant un très-grand sous-orbitaire en carré long, dont le bord antérieur cache le maxillaire quand la bouche est fermée. Le limbe du préopercule est très-large, et sa partie écailleuse étroite.

La bouche est plus protractile que celle des autres pagels. Ses lèvres sont épaisses. Les dents en velours sont fines et égales aux deux mâchoires. Celles-ci portent en arrière quatre rangs de molaires, dont celles de la seconde rangée sont plus larges que longues. Les dents en carde des pharyngiens sont très-fines.

La dorsale est basse. Ses rayons épineux sont forts, et ceux de l'anale sont très-courts. Ces deux nageoires peuvent se cacher entièrement dans la rainure que les écailles font sur le dos. Les pectorales ne sont pas aussi longues que celles des autres pagels.

On compte aux nageoires :

D. 12/12 ; A. 3/10 ; C. 17 ; P. 16 ; V. 1/5.

Les écailles du morme ne sont pas très-petites : il y en a soixante environ dans la longueur sur dix-huit à vingt dans la hauteur ; elles sont faibles et semblables à celles des autres pagels pour leur forme. Leur bord libre n'est ni dentelé ni cilié.

La ligne latérale est fortement marquée ; elle suit la courbure du dos au quart de la hauteur.

La couleur du morme conservé dans la liqueur paraît argentée dorée. Le corps est traversé par sept bandes verticales brunes, longues et étroites, entre lesquelles il y en a de plus courtes et plus faiblement marquées. Frais il est plus argenté et ses bandes sont plus noirâtres.

Ce poisson atteint quinze pouces de longueur.

Son squelette ne nous offre aucunes particularités remarquables.

Des Pagels étrangers.

Le Pagel de Gorée.

(*Pagellus goreensis,* nob.)

Nous devons à M. Rang la connaissance d'un pagel de la rade de Gorée qui ressemble tellement au morme, qu'on le confondrait facilement avec lui.

Cette espèce nouvelle a cependant le museau plus court, le sous-orbitaire plus étroit, la première épine de la dorsale plus haute et plus grêle, et on y compte un rayon épineux de moins ; l'anale est plus haute.

D. 11/12 ; A. 3/10, etc.

Ce sont les dents de la troisième rangée qui sont plus grosses que les autres.

La couleur est argentée, légèrement verdâtre sur le dos. Huit à neuf bandes brunes traversent le corps sans atteindre le ventre. La dorsale est gris noirâtre, l'anale olivâtre, les ventrales orangées; la caudale et la pectorale sont grises.

Nos individus sont longs de huit pouces.

Le Pagel a maxillaire pierreux.

(*Pagellus lithognathus*, nob.)

La mer du cap de Bonne-Espérance nourrit un pagel alongé comme le morme, mais qui se fait reconnaître par un caractère très-singulier, l'épaisseur et le renflement pierreux des maxillaires, ce qui lui a valu le nom que nous lui imposons; car nous ne l'avons trouvé dans aucun auteur. Le Cabinet du Roi le doit à M. Delalande : il fait aussi partie de la belle collection ichtyologique du Musée royal des Pays-Bas.

Comparé au morme, ce pagel a le corps un peu plus haut. Sa hauteur n'est contenue que trois fois et demie dans la longueur. D'ailleurs l'œil est à proportion aussi petit, le sous-orbitaire aussi alongé. La bouche est fendue à peu près autant que celle du morme. Les dents qui sont sur le bord de la mâchoire supérieure sont plus fortes et plus pointues que celles de derrière, qui sont en velours fin.

Les molaires de la mâchoire inférieure sont sur trois rangs; les internes sont plus grosses que les autres. A la mâchoire supérieure les molaires sont plus petites et beaucoup plus nombreuses; quoique

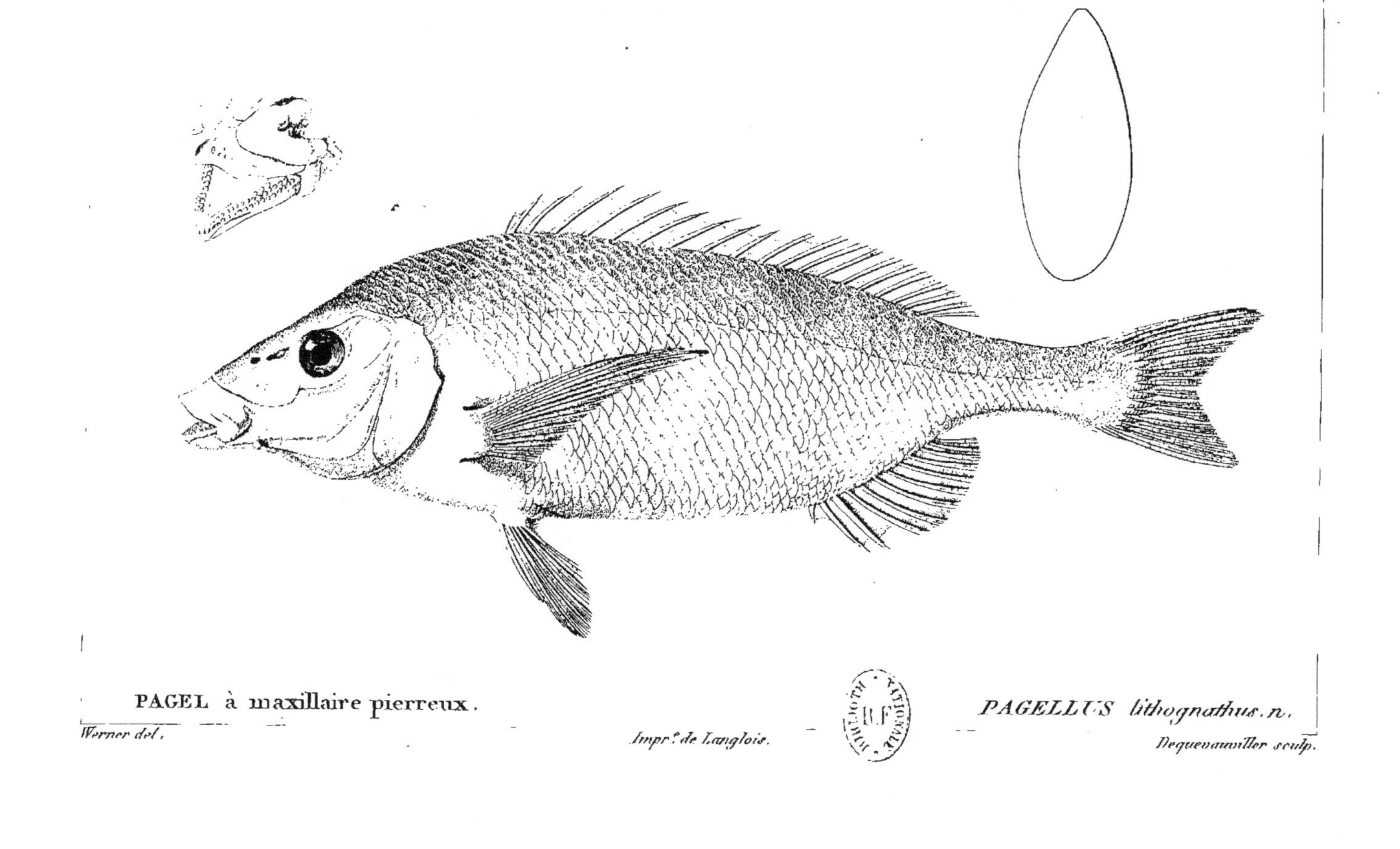

PAGEL à maxillaire pierreux.
Werner del.
Impr.e de Langlois.
PAGELLUS lithognathus. n.
Dequevauviller sculp.

irrégulièrement disposées, on peut en compter au moins cinq rangées.

Le renflement des maxillaires fait paraître le museau comme tronqué. Ces os sont beaucoup plus gros dans les adultes que dans les jeunes individus. Nous en possédons un, d'un pied de long, dans lequel on voit à peine leur renflement, tandis qu'il est très-marqué chez un individu de près de trois pieds.

Les pectorales, longues et pointues, n'atteignent pas à beaucoup près l'anale.

Le nombre des rayons est de

D. 11/10 ; A. 3/8 ; P. 16 ; V. 1/5 ; C. 17.

Les écailles sont médiocres. Il y en a environ cinquante dans la longueur. La ligne latérale est droite et va par le tiers supérieur de la hauteur.

Ce poisson adulte paraît être d'un vert un peu noirâtre sur le dos, avec des reflets argentés sur les flancs. Le ventre est blanc.

Dans le jeune on voit les traces de cinq bandes verticales d'un brun verdâtre, déjà un peu effacées. On ne peut en rien voir sur l'adulte.

Je n'ai pu examiner les viscères de ce poisson.

On compte au squelette vingt-deux vertèbres, dont neuf portent des côtes aplaties et assez larges. De l'extrémité de l'apophyse transverse de la vertèbre qui porte la côte, il naît une longue apophyse, qui se dirige en arrière, et est presque aussi longue que la côte, mais ronde et grêle.

L'ostéologie de la tête ne nous offre de remarquable que le maxillaire. Le corps de cet os, au lieu d'être une simple lame à peu près en triangle isocèle étroit, comme dans la plupart des poissons, s'élargit beaucoup, en même temps qu'il prend une forme irrégulière, une épaisseur considérable et une dureté presque égale à celle d'une pierre. Une apophyse grêle et assez longue remonte le long des branches montantes des intermaxillaires sous les os du nez. Les bords de l'os sont arrondis, et sa partie postérieure est échancrée.

Le Pagel a plume.

(*Pagellus calamus*, nob.)

Nous avons reçu de la Martinique par M. Plée un pagel que les habitans de cette île nomment *sarde à plume*, à cause de la singularité que présente le premier interépineux de l'anale, qui est creusé en entonnoir, et dont le bord a une pointe qui le fait ressembler à un tuyau de plume à écrire déjà à moitié taillée.

Ce pagel est celui de tous qui a le front et la nuque le plus élevés. Sa hauteur n'est que deux fois et deux tiers dans la longueur. Le profil descend presque verticalement; ce qui rend le museau très-obtus.

L'œil est très-élevé, médiocre. Le sous-orbitaire est très-haut, mais fort étroit. Le préopercule couvre presque toute la joue; son bord postérieur descend verticalement. Il y a peu d'écailles sur la joue, et le limbe du préopercule n'est pas très-large. Les autres pièces operculaires sont écailleuses. La bouche est peu fendue. Il y a à la mâchoire supérieure deux dents droites, pointues, plus grosses que les autres; et sur le devant, des dents en velours, qui en font un véritable pagel, malgré la force de ces sortes de canines. Les molaires sont disposées sur trois rangs à la mâchoire supérieure, et sur deux à l'inférieure; celles qui garnissent le rang interne sont les plus grosses. La dorsale n'est pas très-haute, et les rayons épineux sont médiocres; ceux de l'anale sont assez gros, mais courts. La pectorale est pointue et n'atteint pas l'anale.

Les nombres des rayons sont :

D. 12/12; A. 3/11; C. 17; P. 14; V. 1/5.

La ligne latérale suit la courbure du dos un peu plus haut que le quart de la hauteur totale du corps; elle se courbe en arrière de la dorsale et passe par le milieu de la queue. Il y a environ vingt-deux rangées de soixante-cinq écailles sur chaque côté de ce poisson. Le bord libre de chaque écaille est triangulaire, lisse; le bord radical est droit et finement dentelé.

M. Plée ne nous dit rien sur sa couleur. Le corps paraît avoir été rougeâtre. Le museau, la joue et le limbe du préopercule offrent une teinte foncée qui contraste avec celle de la joue et du corps. Sous la poitrine, derrière les pectorales, il y a une teinte plus foncée, parce que chaque écaille est bordée de noirâtre. Il y a des points bleuâtres sur le sous-orbitaire.

Nous en avons de plus d'un pied de longueur.

Les viscères des deux individus que j'ai pu examiner étaient mal conservés. Je n'ai pu voir qu'un estomac en cul-de-sac très-petit, à parois minces ; un intestin assez gros, faisant deux replis sur lui-même. La vessie aérienne est grande, simple, argentée, et se termine en une pointe qui entre dans l'entonnoir que forme le premier interépineux de l'anale.

L'arête mitoyenne du crâne est fort élevée et avance jusqu'au-devant des yeux. Les latérales sont presque nulles. Le tubercule du maxillaire supérieur a une forte saillie de chaque côté du museau. Il en est de même de l'angle externe du frontal antérieur, qui s'écarte de chaque côté au-devant de l'œil ; ce qui contribue à rendre le front du poisson beaucoup plus large que dans les autres pagels.

L'épine a vingt-quatre vertèbres, dont dix sont abdominales. Le premier interépineux de l'anale a la forme d'un entonnoir dont le bord postérieur se trouve prolongé de manière que l'ouverture de cet entonnoir est comme coupée en bec de plume. Antérieurement il porte une arête longitudinale assez élevée.

C'est à la singularité de cet os que ce pagel doit son nom de *sarde à plume* ou celui de *poisson commis*, que les colons lui donnent également selon M. Plée. Ce voyageur nous apprend que l'espèce vit dans les bas-fonds, et qu'elle atteint huit à dix livres de poids. On la mange à la Martinique, où elle est fort estimée.

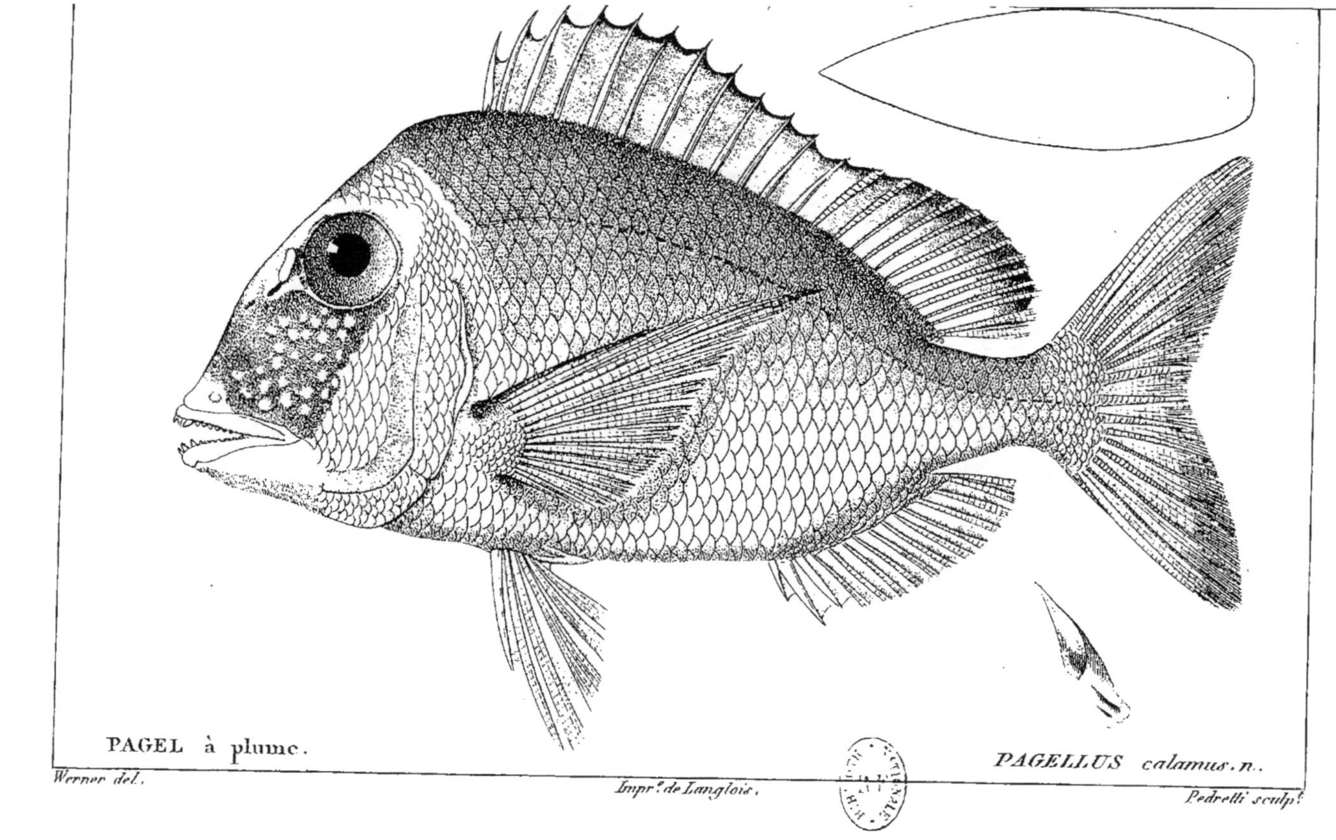

PAGEL à plume.

Werner del.

Impr.º de Langlois.

PAGELLUS calamus. n.

Pedretti sculp.ª

On la trouve aussi à Saint-Domingue, d'où
M. Ricord nous l'a apportée.

Le PAGEL A TUYAU.

(*Pagellus penna*, nob.)

Une seconde espèce de pagel à front large
vient se grouper auprès du pagel à plume,
auquel elle ressemble aussi par la forme du
premier interépineux de son anale. Le bec est
seulement un peu plus long, et sa corne antérieure plus élevée qu'à celui de notre *pagellus calamus*. Nous nommerons cette espèce,
que M. Delalande nous a rapportée des côtes
du Brésil, *pagellus penna,* pour rappeler son
affinité avec la précédente.

Elle a le corps moins élevé, et le museau ne descend pas aussi verticalement; sa hauteur est le tiers
de sa longueur.

L'œil est petit, situé au haut de la tête; ce qui
donne la place nécessaire pour loger le très-grand
sous-orbitaire de ce poisson. Le limbe du préopercule est étroit. Les épines de la dorsale ne sont pas
très-hautes; mais elles sont fortes. La pectorale atteint
l'anale.

Le nombre des rayons est de

D. 12/12; A. 3/9; C. 17; P. 15; V. 1/5.

La ligne latérale est parallèle au dos, au quart
de la hauteur; elle s'infléchit très-peu sur la queue,

6.   14

qu'elle traverse par le tiers de la hauteur. La couleur paraît avoir été dorée, plus foncée sur le dos. Il y a environ une vingtaine de lignes longitudinales de points noirâtres, qui deviennent de petites bandes brunes sur les nageoires impaires.

Le corps est en outre traversé par sept bandes brunes verticales, peu larges, dont la première descend à travers l'œil sur la joue.

Je n'ai pas pu voir les viscères de ce pagel. Ce qui restait de la vessie aérienne m'a prouvé qu'elle est grande, simple, à parois très-argentées, et que sa pointe entre dans le premier interépineux, comme cela a lieu dans l'espèce que nous avons précédemment décrite.

Les individus que nous possédons n'ont que six pouces environ de longueur.

Le Pagel de Fernambouc.

(*Pagellus pernambucensis*, nob.)

Nous avons trouvé dans la collection des poissons de Bloch un pagel que cet ichtyologiste avait reçu de Fernambouc, mais qu'il n'a point décrit dans ses ouvrages. Ce poisson portait l'étiquette de *sparus pernambucensis*.

Il ressemble assez au morme par l'alongement de son museau; mais son corps est un peu plus trapu. Ses dents antérieures sont fines; les molaires ne sont pas très-grosses. Le limbe du préopercule est large, finement strié le long du bord montant et pointillé sur la portion horizontale. Les nageoires verticales ont peu de hauteur, et leurs rayons épineux sont de grosseur médiocre.

D. 11/12; A. 3/10; C. 17; P. 16; V. 1/5.

La ligne latérale est marquée par une suite de petits traits doubles, l'un horizontal, et l'autre un peu courbe et dirigé vers le dos. La couleur de ce poisson est uniformément verdâtre, sans taches ni bandes; elle paraît plus foncée sur le sous-orbitaire.

Nous ne pouvons rien dire de l'anatomie ni des habitudes de cette espèce, dont le Musée de Berlin ne possède que ce seul individu, desséché, long d'un pied.

CHAPITRE V.

Des Dentés (Dentex, nob.).

Nous appelons *dentex* ou *dentés,* d'après le nom ancien d'une de leurs espèces, des poissons de la famille des spares, qui n'ont aux deux mâchoires que des dents coniques, d'ordinaire sur un seul rang, dont quelques-unes des antérieures s'alongent en grands crochets.

Comme les autres spares, ils tiennent d'assez près aux sciénoïdes à dorsale simple, tels que les *pristipomes,* et particulièrement les *gorettes,* qui ont à peu près la même tournure générale, mais dont on les distingue cependant aisément, parce que le préopercule des gorettes est dentelé en scie, et que celui des dentex a le bord entier et sans dentelure. Comme leur opercule se termine par une pointe plate et obtuse et par un feston, qui dans l'état frais disparaissent dans sa membrane, mais qui se montrent un peu dans les individus desséchés, il y en a quelques-uns que certains naturalistes ont rapportés au genre des bodians, tel que Bloch l'avait établi; genre que nous avons réuni à nos serrans : mais les dentés diffèrent de ces bodians, c'est-à-dire des serrans à préopercule sans dentelure sensible, par l'absence de toutes dents dans la région vomérienne et palatine, et parce qu'ils n'ont, comme le grand nombre des autres spares, que six rayons à la membrane des ouïes. Du reste, leur corps est comprimé, assez haut; leur tête assez grande; leur front, leur museau, leur sous-orbitaire, manquent d'écailles; leur sous-orbitaire n'a point de dentelure ; leurs pectorales sont longues et pointues; leur caudale est fourchue ; ils ont moins de rayons à la dorsale que la plupart des poissons que l'on pourrait leur comparer : ces rayons se cachent, comme dans les sciènes, entre les écailles du dos. Leur langue est libre, obtuse et lisse ; on ne voit pas de grands pores sous leur mâchoire inférieure; leurs ouïes sont bien fendues, et leurs arceaux garnis intérieurement de longues dents, elles-mêmes dentelées; ils ont d'ordinaire dix vertèbres abdominales et treize caudales ; leurs côtes ne portent qu'un appendice : leurs intestins sont courts; leurs cœcums peu nombreux; leur estomac charnu ; leur vessie natatoire simple et à parois épaisses et fibreuses : ils vivent de préférence parmi les rochers. Leur chair est généralement estimée.

La Méditerranée en possède deux espèces

qui seront les types de deux petites tribus : l'une, nommée *denté* en Provence, et *dentale* en Italie, est le *sparus dentex* de Linnæus; l'autre, moins répandue ou moins observée, s'appelle *bouco-rougo* à Nice, et est le *sparus macrophtalmus* de Bloch. La première a l'œil plus petit et le sous-orbitaire plus large, ce qui lui alonge le museau; ses teintes sont argentées et bleuâtres. La seconde a le sous-orbitaire plus étroit et l'œil d'une grandeur remarquable; tout son corps est rouge, avec des lignes dorées sur les flancs.

Ces deux poissons paraissent avoir été connus des anciens.

Il y a lieu de croire que le premier est le *dentex* des Latins.

Ce nom ne se trouve que dans Columelle et dans Apicius. Columelle n'en parle qu'une seule fois (l. VIII, c. 16). Il en associe l'espèce avec la daurade, et les range tous deux parmi les poissons de haute mer : *Arenosi gurgites planos quidem non pessime, sed pelagios melius pascunt, ut auratas ac dentices.*

Apicius, qui le nomme deux fois, l'associe aussi toujours à la daurade (l. IV, c. 2) : *Patina de piscibus dentice, aurata, et mugile;* et (l. X, c. 11) : *Jus in dentice assato;* après lequel vient : *Jus in pisce aurata.*

D'après ce rapprochement et l'étymologie que l'on doit supposer au nom de *dentex*, il était naturel que les ichtyologistes du seizième siècle considérassent notre première espèce comme répondant à ce dentex des Latins, puisqu'elle ressemble à la daurade, et s'en distingue par les grandes dents pointues qu'elle a au-devant des mâchoires. Aussi Rondelet et Salvien, qui n'ont connu que cette première espèce, n'ont-ils pas hésité à lui appliquer ce nom. Bélon a mieux aimé le donner à la seconde, à laquelle il applique aussi le nom grec de *synodos;* tandis qu'il ne désigne la première (le *sparus dentex*) que par le nom grec de *synagris.*[1]

Ces noms grecs du moins sont bien appliqués. En effet, *synagris* est encore aujourd'hui, d'après Gyllius[2] et Bélon lui-même[3], ainsi que d'après Salvien[4] et Rondelet[5], la dénomination usitée en Grèce pour le *dentale* des Italiens, pour le *sparus dentex;* et si l'on

---

1. Bloch (8.ᵉ part., p. 58) a déjà remarqué que c'est le *synagris* de Bélon qui est le *sparus dentex*, et non pas son *dentex* ou *synodos*. Cependant sa figure intitulée *synodos* est vraiment celle du *sparus dentex;* mais la description est celle du *sparus macrophtalmus*.

2. *De gallic. nomin. pisc.*, c. 111, *ad calc. hist. anim.*, p. 593. — 3. *De aquatil.*, p. 181. — 4. *Hist. aquat.*, p. 111. — 5. *De pisc.*, p. 150.

considère cet emploi comme une tradition continuée depuis le temps des anciens, il est facile de rendre très-vraisemblable que *synodos, sinodon* ou *synodon* est le nom ancien du *sparus macrophtalmus*.

A la vérité, Gaza, qui était Grec lui-même, traduit indistinctement, dans Aristote, *synodon* et *synagris* par *dentex;* mais il s'y est peut-être décidé parce qu'il ne trouvait pas en latin d'autre nom spécifique, et il n'en est pas moins certain que dans tous les auteurs grecs, et dans Aristote lui-même, ces noms désignent deux espèces différentes.

Elles sont énumérées séparément dans plusieurs passages cités par Athénée. Dans l'un, qui est d'Hicesius[1], le phagre, le chromis, l'anthias, l'acarnan, l'orphe, le synodonte et le synagris sont annoncés comme semblables par le genre; mais d'après l'explication qui vient immédiatement après, cette similitude ne se rapporte qu'aux qualités alimentaires, c'est-à-dire, qu'ils sont doux, un peu astringens, etc.

L'autre passage est un vers d'Épicharme[2] (Συναγρίδας μαζὺς τε συνόδονlας τὲ ἐρυθροποικίλυς), vers qui nous apprend en même temps que le synodon était varié de rouge. Il est vrai

---

1. Athénée, l. VII, p. 327. — 2. *Idem*, l. VII, p. 322.

que l'on voit aussi par un vers de Numenius[1]
que le synodon était blanc (Ἢ λευκὴν συνόδον]α);
mais quelques-uns pensent que *blanc* est mis
ici pour *brillant, éclatant*[2]. Il paraît par un
autre vers du même auteur qu'il devenait
grand (Ἢ μέγαν συνόδον]α), et Oppien[3] l'appelle
robuste (Αλκιϛαὶ συνόδον]ες). Mais Archestrate,
toujours dans le même chapitre d'Athénée,
nous apprend que sa grandeur n'était jamais
telle que sa tête seule fût un morceau présen-
table (Τίς δὲ ἐγχέλυον ἂν φάγοι ἢ κρανίον σύνοδον]ος[4]).

Aristote parle aussi de ces deux poissons
séparément. Le synodon, selon lui (l. VIII,
c. 13), est un poisson littoral, ce qu'Oppien
répète (l. I, v. 170). Aristote ajoute (l. IX,
c. 2) qu'il vit en troupes, comme les scombres,
les pélamides, les anthias, les mulles, etc.; et,
selon Oppien (l. III, v. 610), leurs troupes
s'assortissent d'après les âges. Ælien a donné
le même détail (l. I, c. 46); d'où l'on pourrait déjà conclure que le synodon n'est pas
le même que le dentex, dont Columelle assure qu'il est de haute mer.

Aristote, dans un autre endroit (l. VIII, c. 2),

---

1. Athénée, l. VII, p. 322. — 2. Villebrune, trad. d'Athénée,
t. III, p. 78. — 3. *Hal.*, l. I, v. 170.

4. Qui mangerait une petite anguille ou une tête de synodon?

dit que le synodon est un poisson carnassier, qui recherche les mollusques, et dont l'estomac tombe souvent lorsqu'il poursuit sa proie; accident qui arrive aussi au channa, et que le philosophe explique par la brièveté de leur œsophage. Nous savons au contraire aujourd'hui, que cet accident est causé par la vessie aérienne dans les espèces où elle n'a pas de conduit excréteur, lorsque, ayant pris l'hameçon à une grande profondeur, on les élève subitement, et que l'air, comprimé auparavant par la grande colonne d'eau qui pesait sur lui, se dilate, et, déchirant la vessie et même le mésentère, fait retourner et saillir les intestins dans la bouche.

Ainsi ce n'est pas là une circonstance dont on puisse déduire un caractère distinctif d'espèce.

On ne peut pas en tirer davantage de ce qu'Aristote dit du *synagris* dans un passage, en lui-même assez obscur (l. II, c. 13), où il le range parmi les poissons à quatre branchies simples de chaque côté, comme l'*ellops*, la *murène* et l'*anguille*.

Quant à l'épithète μαζὸς, donnée par Épicharme au synagris, on ne sait pas bien ce qu'elle signifie: les uns croient que c'est *tendre, délicat;* d'autres veulent y substituer μειζὸς (*grand*), qui conviendrait assez au *dentale,* puisqu'il atteint une longueur de trois pieds.

On voit donc que le meilleur appui de la synonymie de *synagris* avec *dentex* est dans l'usage actuel que font les Grecs du premier de ces mots; mais que cependant aucun passage des anciens ne la contredit formellement; que celle de *synodon* avec *synagris* ne repose que sur ce que Gaza traduit l'un et l'autre par *dentex,* mais qu'elle ne peut s'accorder avec la distinction clairement établie dans Athénée et dans Aristote : enfin que, d'après le rapprochement fait par Épicharme du synagris et du synodon, d'après la couleur rouge attribuée à ce dernier, si le synagris était le *sparus dentex,* le synodon pouvait très-bien être le *sparus macrophtalmus.*

Ce qui achèverait de le prouver, c'est que Bélon assure qu'il porte encore ce nom en Épire. Il est vrai que c'est la seule autorité que nous puissions citer sur ce point particulier; mais c'est aussi le seul des ichtyologistes de cette époque qui paraisse avoir parlé de cette espèce.

Deux auteurs latins ont aussi employé le nom de *synodon.* Ovide dit le synodon fauve, et, contre tout ce qu'en rapportent les Grecs, le place parmi les pélagiques, après le sargue, la daurade et le pagre, comme Columelle a depuis placé son dentex[1]; en sorte qu'on pourrait croire qu'Ovide entendait par ce nom le dentex des Latins.

Pline ne le cite que relativement aux pierres de son oreille (l. XXXVIII, c. 10)[2]. Mais c'est qu'il avait pris ce fait dans quelque auteur grec, et, comme à son ordinaire, sans s'inquiéter de la vraie espèce du poisson. D'ailleurs il n'emploie nulle part le nom de *dentex*.

Le Denté ordinaire.

(*Dentex vulgaris*, nob.; *Sparus dentex*, Linn. Bl., pl. 268.)

Le denté a le corps ovale, alongé, un peu plus courbe sur le dos que sur le ventre. Sa hauteur est trois fois et trois quarts dans la longueur, et l'épaisseur est deux fois et demie dans la hauteur.

La tête est grande; sa longueur égale la hauteur du corps, et fait les trois quarts de la longueur totale; le profil du front est convexe; le museau est cependant assez pointu.

L'œil est de grandeur moyenne; il est placé en haut près du front, à peu près à égale distance

---

1. *Hal.*, v. 95. *Nam gaudent pelago.........*
   Ib., v. 106. *Insignis sargusque notis, insignis et alis*
   Et super aurata sparulus cervice refulgens
   Et rutilus pagur, et fulvi synodontes, etc.
2. *Synodontites e cerebro piscium est qui synodontes vocantur.*

du bout du museau et de la pointe de l'opercule.

Le sous-orbitaire est très-grand; il occupe près de la moitié de la joue. Sa forme est celle d'un trapézoïde, dont les côtés sont lisses et sans dentelures, et dont la surface est couverte de rides à peu près verticales. L'angle supérieur et postérieur se prolonge en arrière en une lame courbe, étroite, qui complète le bord inférieur de l'orbite.

Le préopercule est assez grand; il occupe presque l'autre moitié de la joue. Son bord postérieur est lisse, sans dentelures, mais un peu ridé. Le limbe est large, marqué par une arête à peu près dans la même direction que le bord. Tout l'espace entre cette arête et le sous-orbitaire est caverneux, recouvert dans l'état frais par des écailles petites, lisses et sans dentelures. Ces écailles s'avancent jusque sur le bord antérieur du limbe; mais elles ne le recouvrent pas en entier.

L'opercule et le subopercule paraissent réunis dans l'état frais; leur surface est recouverte par des écailles un peu plus grandes que celles du préopercule. Ces deux pièces forment ensemble une plaque à peu près triangulaire, et dont la hauteur est environ le double de la longueur. L'angle de l'opercule est mousse, et le bord membraneux est étroit.

L'interopercule est assez large, très-séparé des autres pièces operculaires, écailleux sur sa surface, comme le préopercule; ses bords sont lisses, sans dentelures ni épines.

Des deux ouvertures de la narine, c'est la postérieure qui est la plus grande : elles sont rapprochées l'une de l'autre auprès de l'œil, au-dessus de l'angle antérieur du sous-orbitaire.

La fente de la bouche ne se prolonge pas au-delà de la première ouverture de la narine. Les mâchoires sont à peine protractiles. Le maxillaire est nu, et presque entièrement caché, quand la bouche est fermée, sous le bord du sous-orbitaire; quand elle est ouverte, cet os ne se découvre pas tout entier. Les intermaxillaires sont garnis de lèvres assez épaisses. Le dessous de la mâchoire inférieure est nu, sans écailles.

Il y a à chaque mâchoire quatre dents canines, fortes et crochues, derrière lesquelles en sont d'autres en velours, très-petites. Il y a ensuite de plus sur le bord des mâchoires une rangée de dents fortes, grosses, courtes et droites. Le palais est entièrement lisse, ainsi que la langue, qui est libre et arrondie.

L'ouverture des branchies est assez grande. Il n'y a que six rayons à la membrane branchiostège.

La distance de la dorsale au bout du museau est égale à peu près au tiers du corps, et l'espace qu'elle occupe sur le dos est un peu plus long que cette mesure; elle est basse : ses rayons épineux sont médiocres; la membrane qui les unit n'a aucunes écailles; repliés, ils peuvent se cacher dans un sillon formé par les écailles des côtés du dos, qui se relèvent un peu sur la base de la dorsale.

L'anus est presque au milieu du corps; un peu en arrière de lui, commence l'anale, nageoire courte, peu élevée, et dont les rayons épineux sont médiocres ; le premier est plus court que le second, et celui-ci plus que le troisième, qui est aussi haut que les rayons mous. La caudale est fourchue ; le lobe supérieur est un peu plus long que l'inférieur.

Le surscapulaire est faible, sans dentelures ni épines, et recouvert par la peau. La pectorale est éloignée du bout du museau d'une distance égale à la hauteur du corps. Cette nageoire est longue, pointue, mais étroite.

Les ventrales sont placées un peu en arrière des pectorales ; elles sont libres, c'est-à-dire que leur dernier rayon n'est pas réuni au corps par une membrane ; leur figure est triangulaire : il y a dans leur aisselle une écaille triangulaire et pointue, et entre elles une sorte de petite lame ou écusson triangulaire, couvert de petites écailles égales, et dont aucune ne se prolonge en pointe.

Voici les nombres des rayons :

B. 6 ; D. 11/11 ; A. 3/7 ; C. 17 ; P. 14 ; V. 1/5.

La ligne latérale suit la courbure du dos ; elle est tracée par le quart de la hauteur.

Les écailles sont médiocres. On en compte environ cinquante dans la longueur, et vingt-quatre dans la hauteur. Celles du dos et du ventre sont un peu plus petites que celles des flancs.

Une écaille séparée est elliptique ; le bord libre est finement cilié et sa surface lisse ; la portion recouverte est marquée de stries nombreuses, et rayonnant du centre vers le bord radical, qui est festonné.

M. Risso a bien décrit les couleurs du denté dans l'état de vie.

Son corps, dit-il, est d'une couleur argentine, se nuançant sur le dos en bleu céleste, et orné de points bleuâtres sur les côtés. L'or, l'argent et l'améthyste se réfléchissent par ondes sur le museau. Ses yeux, d'un bleu argenté, ont l'iris doré. La nageoire dorsale est d'un jaune bleuâtre; les pectorales sont rougeâtres; la caudale est d'un rouge pâle.

L'anatomie du denté nous a montré que le foie est situé en travers sous l'œsophage; il a peu de volume. Le lobe gauche est long, étroit; le lobe droit est court, mais un peu plus large.

L'œsophage est court, assez large, et garni de grosses rides longitudinales, qui se prolongent dans l'estomac, y devenant encore plus grosses. Ce viscère a peu de volume; ses parois sont charnues et épaisses. Auprès du cardia se trouve la branche montante de l'estomac; elle est un peu étranglée à l'endroit du pylore : cinq appendices cœcales l'entourent; elles sont grosses, à parois très-minces, et réticulées par des mailles très-serrées.

L'intestin, qui suit le pylore, a des parois plus épaisses que celles des cœcums : il fait sur lui-même deux replis très-courts, et, arrivé auprès de la pointe de l'estomac, il éprouve un petit étranglement répondant à la valvule qui sépare le rectum du reste de l'intestin. Cette portion du canal intestinal est assez longue, droite, à parois minces, et munie en dedans d'un velouté à papilles très-fines.

La rate est ovoïde, petite, et située sous la branche pylorique de l'estomac.

La vessie aérienne est très-grande, simple, sans aucune frange ni appendice ; ses parois brillent d'un vif éclat d'argent et sont assez épaisses. Les laitances étaient assez développées, et n'occupaient en longueur que la moitié de la cavité abdominale.

La colonne vertébrale est composée de vingt-quatre vertèbres, dont dix abdominales. Les côtes sont minces, élargies et aplaties d'avant en arrière sur près de la moitié supérieure de leur longueur.

La tête nous offre un front assez bombé, peu large, et creusé en arrière des yeux par six gouttières profondes : cinq crêtes osseuses les séparent ; celle du milieu est la plus haute, les deux externes sont un peu obliques.

Les branches des intermaxillaires sont longues, montent assez haut sur le front, ce qui doit rendre la bouche assez protractile.

M. Risso assure que ce poisson atteint trois pieds de longueur et pèse alors vingt livres. Salvien n'en a vu que de dix livres. Rondelet prétend que sur la côte de Languedoc il ne surpasse pas la daurade, mais que dans la mer Adriatique il devient très-grand.

Paul Jove, et d'après lui les autres ichtyologistes, vantent particulièrement ceux de Dalmatie, et surtout de Salone et de Trau, que les habitans de cette côte coupaient par morceaux, et mettaient à demi cuits dans leur gelée et avec beaucoup de safran dans des barils; moyen par lequel ils les conservaient encore très-frais, et les vendaient à Rome et dans toute l'Italie. [1]

Les correspondans de Duhamel [2] lui disent qu'en Provence et en Languedoc il n'est pas rare d'en prendre de huit ou dix livres; qu'il y en a quelquefois de vingt, et même de vingt-cinq à trente; enfin, qu'on en a vu un de soixante-seize.

Il approche de Nice, selon M. Risso (p. 253), en Juin et en Août. M. de Laroche, qui était à Iviça en hiver, n'y en a vu qu'un individu [3] Nous n'en avons pas trouvé à Gênes au mois de Novembre; et Brünnich dit qu'en général il est à Marseille du nombre des poissons rares. Il est beaucoup plus rare dans l'Océan que dans la Méditerranée. Cornide assure que sur les côtes de Galice on n'en prend que de temps à autre [4], et Borda, qui en décrit un dans Duhamel [5], dit qu'on ne lui avait pas donné de nom, parce que les pêcheurs ne le connaissaient point.

On nomme ce poisson à Marseille *denté*,

---

1. *Pesc. roman.*, c. 12. — 2. Pêches, 2.ᵉ part., sect. 4, c. 2, art. 3, p. 251. — 3. Annales du Muséum, t. XIII, p. 317. — 4. Cornide, *Ensayo de los peces, etc.*, p. 45. — 5. Duhamel, *loc. cit.*, p. 26.

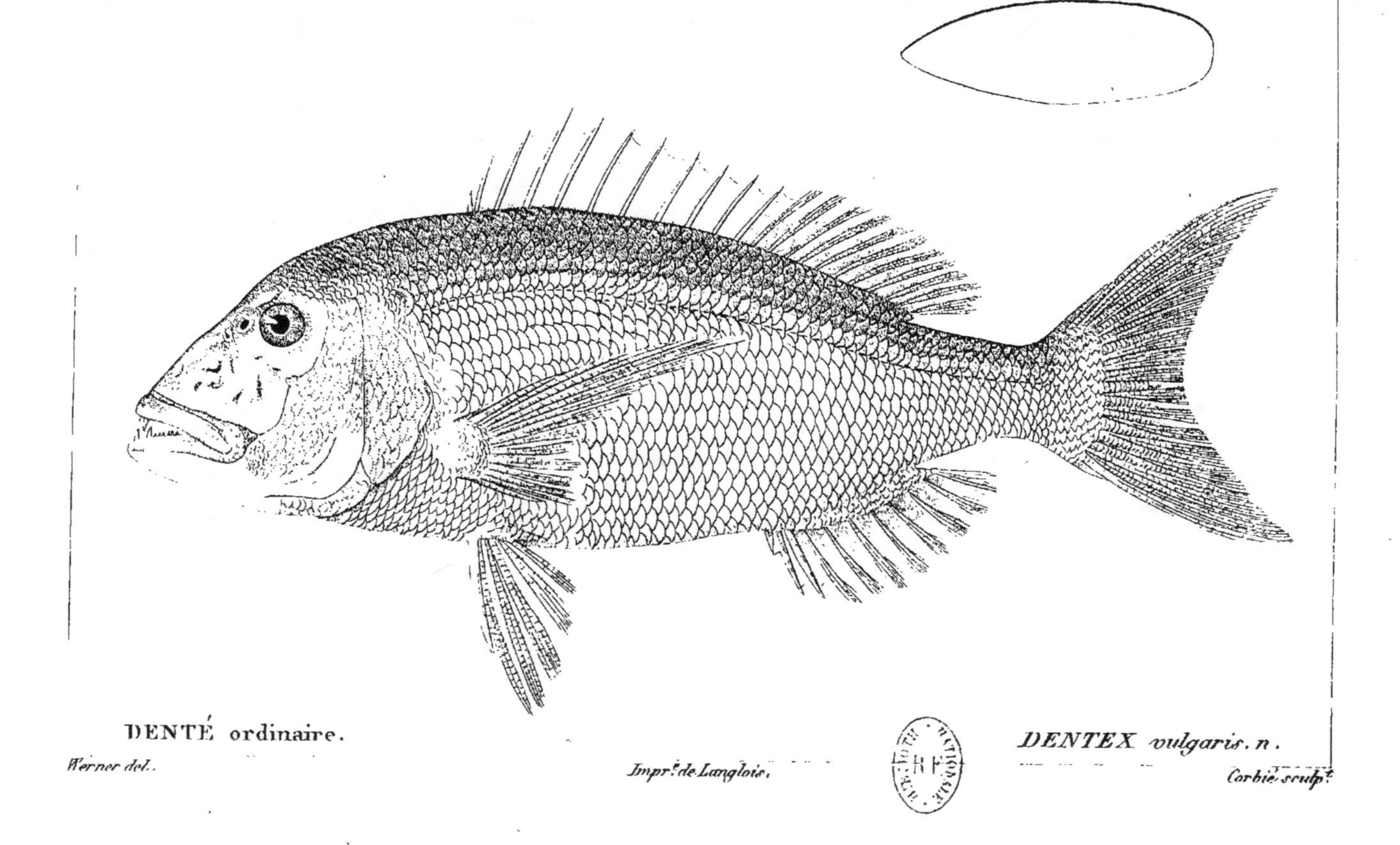

DENTÉ ordinaire.

DENTEX vulgaris. n.

Werner del.

Impr.ᵉ de Langlois.

Corbié sculp.ᵗ

à Narbonne *dentillac*, à Montpellier *marmo*, nom qui devrait plutôt appartenir au morme; à Nice *lente*, à Rome *dèntale*, à Venise *dental*, et les vieux *dentai*.

M. Risso fait mention, d'après Cetti, d'un denté qui différerait de l'ordinaire par une tache jaune sur le bas de l'opercule, étendue presque sur l'interopercule. Nous avons examiné avec le plus grand soin un poisson que M. Risso nous a donné sous le nom de *dentex Cetti*, et nous pouvons affirmer qu'il n'offre aucune différence de forme ou de nombre de rayons avec le denté ordinaire. M. Laurillard a vu pendant son séjour à Nice trois de ces dentés : l'un avait une tache jaune très-marquée ; l'autre, un peu moins grand, l'avait plus faible ; un troisième, de petite taille, n'avait plus de tache. Il croit que le *Cetti* n'est qu'une variété du denté ordinaire. Tous les deux portent à Nice le même nom vulgaire *lente*.

Le Denté aux gros yeux.

(*Dentex macrophtalmus*, nob.; *Sparus macrophtalmus*, Bl., pl. 272.)

La Méditerranée nourrit un second denté, beaucoup plus rare que le précédent, et qui est reconnaissable à la grandeur de ses yeux.

La hauteur de son corps n'est contenue que trois fois et demie dans la longueur totale ; l'épaisseur fait les quatre cinquièmes de cette hauteur : le profil est beaucoup moins bombé. L'espace entre les yeux est lisse et sans écailles ; elles avancent cependant plus sur le devant du front que sur celui du denté ordinaire. La longueur de la tête est un peu moindre que la hauteur du corps. L'œil est très-grand, car le diamètre fait plus du tiers de la longueur de la tête : l'espace qui sépare les deux yeux n'a que les trois quarts du diamètre de l'orbite.

Le sous-orbitaire est fort étroit ; sa hauteur n'est que le tiers environ de sa longueur ; il est placé obliquement sous l'œil le long des mâchoires ; il se rétrécit un peu en arrière.

Le préopercule est très-grand ; il couvre toute la joue : son angle est arrondi, son bord festonné par les rides qui en sillonnent le limbe, mais non dentelé : le limbe est écailleux, ainsi que toute la joue.

L'opercule et le subopercule forment ensemble un quadrilatère deux fois plus haut que large, dont l'angle postérieur est presque nul, le bord membraneux peu large, et la surface recouverte d'écailles fortes et âpres à leur bord.

L'interopercule est grand et recouvert d'écailles un peu plus petites que celles de la joue. Le maxillaire est tout-à-fait caché sous le bord du sous-orbitaire quand la bouche est fermée : il est assez protractile, et contribue par là à l'agrandissement de la bouche. Les mâchoires sont à peu près égales ; les

lèvres sont assez épaisses. Il y a quatre canines médiocres à la mâchoire supérieure; les autres dents
sont en cardes très-fines. A la mâchoire inférieure il
y a antérieurement une rangée de dix à douze petites dents crochues, et derrière, une bande étroite
de dents en fin velours. Le dessous de sa mâchoire
inférieure est nu, et la peau est ridée, ainsi que la
membrane branchiostège.

La dorsale commence presque au tiers du corps;
ses rayons épineux sont plus hauts et plus forts que
dans le denté ordinaire.

L'anale commence sous le premier rayon mou
de la dorsale. Son second rayon épineux est très-fort.

La caudale est médiocrement fourchue, ou plutôt
simplement échancrée. Les pectorales sont longues,
pointues, peu larges, et un peu écailleuses à leur base.
Les ventrales naissent sous les pectorales; elles sont
assez grandes, triangulaires; leur rayon épineux est
médiocre.

Voici les nombres que nous trouvons pour les
rayons :

B. 6; D. 12/10; A. 3/8; C. 17; P. 15; V. 1/5.

Les écailles sont plus petites et plus fortes que
celles du denté ordinaire; on en compte plus de
cinquante dans la longueur, et environ vingt rangées dans la hauteur; elles sont âpres à leur bord
libre. Le bord radical est coupé carrément, et dentelé par la saillie que font chacune des stries qui
rayonnent du centre de l'écaille vers le bord. Le
reste de l'écaille est marqué de fines stries concen-
triques.

La ligne latérale suit la courbure par un peu moins du tiers de la hauteur du corps.

La couleur paraît uniformément rouge; le sous-orbitaire et le dessous de la mâchoire inférieure sont argentés.

Je n'ai rien pu voir des viscères de cette espèce que les restes de la vessie natatoire, qui paraît être très-grande et avoir des parois assez épaisses et argentées.

Ce denté rouge à gros yeux, ou macrophtalme, est beaucoup moins répandu que le denté ordinaire dans la partie occidentale de la Méditerranée; on pourrait même dire, avec Bélon, qu'il y est inconnu (*nostro littori admodum rarus aut eo nomine ignotus*), si M. Risso ne l'avait observé et décrit de manière à lever tous les doutes. Bélon seul paraît l'avoir connu auparavant, et encore l'a-t-il en partie confondu avec le denté, car ce qu'il rapporte, d'après Paul Jove, de la manière dont les Illyriens le conservent, ne convient qu'au denté ordinaire.

Bloch, qui en a donné la première description méthodique, ne l'a faite que d'après un individu sec, acheté en Hollande, dont il ignorait l'origine, et tous les autres naturalistes se sont bornés à copier Bloch.

Selon M. Risso (1.re édit., p. 250), il demeure

toujours plus petit que le vrai denté, et n'atteint qu'une longueur de dix-huit pouces et un poids de deux livres ; Bélon dit qu'il y en a de six livres, et qu'il n'en a jamais vu de très-petits, ce qui ferait croire qu'il se propage principalement sur les côtes de Barbarie, et non sur les nôtres. Dans sa seconde édition, M. Risso change l'épithète de *macrophtalme* en celle d'*érythrostome*, qui n'est que la traduction du nom vulgaire qu'on lui donne à Nice, *bouco rougo ;* mais comme il ne cite plus le nom de *macrophtalme*, donné plus anciennement à ce poisson, on pourrait croire qu'il le regarde comme une espèce nouvelle. Il a donné une figure de cet érythrostome tome III, n.° 31.

Des Dentés étrangers.

Le DENTÉ DE ROCHE.

(*Dentex rupestris*, nob.)

On trouve au Cap un denté qui ressemble tellement au commun par ses formes,

que nous ne lui trouvons d'autres caractères distinctifs qu'un peu moins de grandeur dans les écailles. On en compte plus de soixante-dix depuis l'ouïe jusqu'à la caudale ; leurs rangées sont plus obliques.

Le limbe du préopercule est aussi recouvert d'un plus grand nombre d'écailles.

D. 10/11 ; A. 3/8, etc.

Ainsi il y a un rayon mou de plus à l'anale.

MM. Delalande et J. Verreaux nous en ont rapporté de très-grands individus. Un d'eux a plus de trois pieds et demi de long. Les Hollandais du Cap nomment ce poisson *roodsteen brasse* (perche de roche rouge); ce qui nous apprend que cette espèce vit parmi les rochers, et nous donne une idée de sa couleur.

Le Denté macrocéphale.

(*Dentex macrocephalus*, nob.; *Labre macrocéphale*, Lac., t. III, p. 480, pl. 26, fig. 1.)

C'est à côté de ce poisson du Cap que nous devons placer celui qui est représenté, par un dessin de Commerson, long de dix-huit pouces, que M. de Lacépède a fait copier, et qu'il a regardé comme un labre. Il ne s'en trouve aucune indication dans les manuscrits de Commerson, et nous ne balancerions même pas à rapporter ce dessin à ce denté de roche du Cap, si nous ne lui trouvions pas les écailles plus grandes, la dorsale molle et l'anale moins hautes. Il y a quatre taches noires sur cette dernière nageoire, qui manquent à tous les individus que nous avons reçus du Cap. Nous devons même faire remarquer qu'elles ont

été fort mal indiquées par le graveur de M. de Lacépède.

Les deux premiers rayons de la pectorale ne paraissent point branchus, et ils se prolongent en filets.
Le dessin, fait à la pierre noire, ne peut pas nous
apprendre quelle était la couleur générale de ce
poisson.

Les nombres sont, autant qu'on peut les compter :

D. 10/10 ; A. 3/9 ; C. 14 ; P. 8.

Mais nous croyons qu'il doit y en avoir davantage à la pectorale, qui est pâle, avec trois taches
noires à sa base.

Nous avons trouvé parmi les nombreux et
beaux dessins des naturalistes de la dernière
expédition russe, une figure qui nous paraît
être du même poisson ;

car nous comptons les mêmes nombres à la dorsale,
un seul rayon mou de plus à l'anale, et pour le reste
de l'ensemble ces deux figures concordent parfaitement. Les couleurs que nous offre cette figure sont
un violet assez foncé sur le dos, passant au bleu clair
sous le ventre. Les écailles sont bordées de vert, ce
qui donne au poisson un reflet verdâtre. La portion
antérieure de la dorsale est bleue, et la portion molle
violet très-foncé. L'anale est plus claire, et sur sa base
on voit quatre taches noires arrondies. Les deux nageoires sont lisérées d'un ruban carmin assez large.
La caudale est violette, la pectorale rougeâtre, les
ventrales bleues, et leur épine rouge. Le dessin n'a
que sept pouces.

Le Denté gobioïde.

(Dentex gobioides, nob.; *Perca gobioides,* Soland.)

Nous plaçons avec plus d'hésitation à la suite de ces dentés un poisson d'Otaïti, connu par le seul dessin de Parkinson.

Les nombres de la dorsale et de l'anale sont ceux de nos dentés.

D. 10/11 ; A. 3/9, etc.

Le corps est bleu; les opercules sont jaunes; la dorsale est noire, bordée de rouge; les pectorales sont rouges. Ce dessin est long de onze pouces.

Solander l'avait nommé *perca gobioides;* mais il n'y en a pas de description dans ses manuscrits.

Le Denté de Maroc.

(Dentex maroccanus, nob.)

Nous avons trouvé parmi les poissons du cabinet de Bloch une belle espèce de denté des côtes d'Afrique, près de Maroc, dont cet ichtyologiste n'a pas profité.

Ce denté ressemble davantage au macrophtalme qu'au vulgaire. Il a le corps raccourci, l'œil plus grand que celui du vulgaire, mais plus petit que celui du macrophtalme, ce qui a laissé plus de place pour le sous-orbitaire, qui est en effet plus haut que dans le macrophtalme. Les canines sont grandes.

La joue est recouverte en entier d'écailles; il y en a même sur le limbe du préopercule. Le sous-orbitaire et l'espace entre les yeux sont nus. Les épines de la dorsale sont hautes et fortes. La caudale est seulement échancrée.

D. 12/10 ou 12/11; A. 3/8; C. 17; P. 15; V. 1/5.

Ce poisson était d'une couleur uniforme; car on ne voit les traces d'aucunes bandes ni taches. L'individu que M. Lichtenstein a bien voulu nous prêter, a près de neuf pouces.

Le Denté aux raies d'argent.

(*Dentex argyrozona*, nob.)

Les mers du cap de Bonne-Espérance nourrissent un second denté, à sous-orbitaire alongé, comme le macrophtalme, qui en diffère cependant plus que le denté de roche ne s'éloigne de notre denté ordinaire. Nous en avons eu connaissance par les collections que feu M. Delalande a faites dans cette contrée; depuis, MM. Lesson, Garnot, Raynaud, Quoy et Gaimard nous en ont rapporté beaucoup d'individus.

Ce denté est reconnaissable à sa forme alongée, et à ses quatre canines fortes et crochues à chaque mâchoire : les côtés des mâchoires en portent d'autres, plus faibles et moins crochues, derrière lesquelles il y a une bande étroite de très-fines dents serrées en velours.

Le limbe entier du préopercule est couvert d'é-
cailles. Les rayons épineux de la dorsale et de l'anale
sont plus faibles que dans le macrophtalme. Les
écailles sont plus grandes, plus minces, et leur bord
est lisse. D'ailleurs la surface de chaque écaille est
striée comme dans le macrophtalme.

Les nombres des rayons sont :

D. 12/9 ; A. 3/8 ; C. 17 ; P. 13 ; V. 1/5.

Le corps est d'un beau rouge vif, qui passe au
blanc d'argent sur le ventre. On compte cinq à six
bandes longitudinales blanches, à reflets dorés et
argentés. La ligne latérale se détache en brun sur
ce fond brillant. La tête est plus pâle que le corps.
L'opercule, le limbe du préopercule et le sous-orbitaire reflètent l'éclat le plus vif d'argent poli. La
dorsale est rosée, bordée de noirâtre ; la portion
molle est plus vive. L'anale est rose, et ses rayons
sont orangés. La caudale est beaucoup plus colorée
que l'anale. Les pectorales sont rouges, et les ventrales orangées.

Nos plus grands individus sont longs de seize
pouces.

L'estomac est long, étroit, terminé en pointe ; ses
parois sont épaisses, et sillonnées à l'intérieur de
rides nombreuses, petites et dirigées dans tous les
sens. La branche montante naît peu en arrière du
diaphragme. Il y a quatre appendices cœcales : le
duodénum est très-large ; l'intestin se rétrécit ensuite, et se rend à l'anus après s'être replié deux fois.

La vessie aérienne est très-grande ; elle occupe
tout le haut de l'abdomen, depuis le crâne jus-

qu'au premier interépineux de l'anale, sur lequel elle s'appuie, et qu'elle dépasse après s'être divisée en deux longues cornes grêles, coniques, terminées par une pointe très-fine. Sa membrane fibreuse est blanche, sans reflets métalliques. Sa tunique membraneuse est très-fine, et les corps rouges forment de chaque côté une longue suite de petits arcs, qui paraissent sur le fond blanc de la membrane comme de simples traits de plume; quelques-uns sont dichotomes.

Le péritoine est blanc et argenté.

Son squelette diffère peu de celui du denté ordinaire. La crête sagittale est moins élevée, et avance un peu moins entre les yeux. Le front est moins bombé. Le subopercule est plus grand que celui de notre denté commun. Il y a neuf vertèbres abdominales, et treize pour la queue.

Ce denté se nourrit de petits crustacés et de petits poissons.

Le DENTÉ DE THUNBERG.

(*Dentex Thunbergii,* nob.; *Labre Thunberg,* Lacép., t. IV, p. 467.)

C'est une espèce au moins très-voisine de celle-ci que le *labre Thunberg,* décrit par M. de Lacépède d'après une note et un dessin que ce voyageur lui avait adressés sous le nom de *sciæna fusca.* Ce poisson ne peut appartenir ni aux sciènes ni aux labres; mais il est bien évidemment du genre des dentés, et de ceux qui ont le sous-orbitaire alongé et étroit.

Le corps est alongé, comprimé. La tête égale en longueur la hauteur du corps, qui est comprise près de quatre fois dans la longueur totale. Le corps est couvert d'écailles finement ciliées. Les dents sont très-petites; mais il y en quatre plus grandes à chaque mâchoire, courbes, éloignées l'une de l'autre, et qui en ont de plus petites dans l'intervalle qui les sépare. La queue est fourchue; la pectorale courte. Les nombres sont:

B. 6; D. 12/11; A. 3/8; C. 19; P. 15; V. 1/5.

La couleur, dit Thunberg, est brune, sans taches; le bord des écailles est blanchâtre.

Ce poisson vit dans les mers du Japon; sa longueur est d'un empan.

Le Denté multident.

(*Dentex multidens,* nob.)

Une autre espèce, qui est conservée depuis long-temps au Cabinet du Roi, se reconnaît aux dents canines nombreuses, fortes et crochues, qui hérissent le pourtour de ses deux mâchoires.

Il y en a huit à dix à chaque mâchoire, et derrière elles un rang très-étroit de très-petites dents, un peu obtuses. Les derniers rayons de la dorsale et de l'anale sont prolongés. La grandeur et la force du rayon épineux de la ventrale sont remarquables : il est presque aussi long que les rayons mous, aplati, mais très-large. Ce denté a d'ailleurs le sous-orbitaire étroit et alongé. La pectorale est très-longue. Les rayons épineux de la dorsale sont médiocres, et cette nageoire est peu élevée. Il en est de même pour l'anale. Les écailles sont lisses, et leur partie cachée n'a pas de stries.

Les rayons sont au nombre de

D. 10/11 ; A. 3/9 ; C. 17 ; P. 17 ; V. 1/5.

Nous en avons un individu desséché de plus de dix-huit pouces de longueur, et qui paraît uniformément brun.

Cette belle espèce s'est retrouvée parmi les collections que M. Ehrenberg a faites dans la mer Rouge ; c'est dans la rade de Lohaja qu'il l'a pêchée, et il l'avait nommée *dentex dispar.*

Sa couleur est un rouge pâle sur tout le corps, et les nageoires sont plus pâles.

Le Denté a dents de chien.

(*Dentex cynodon,* nob.; *Sparus cynodon;* Bloch, pl. 278.)

C'est auprès de cette espèce que vient se placer celle que Bloch a désignée sous le nom de *cynodon.*

Il ne lui donne en haut que quatre fortes et grandes canines, suivies de cinq à six dents poin-

tues ; à la mâchoire inférieure il y a une rangée de
dents très-fortes, comme dans le précédent. Les
portions molles de la dorsale et de l'anale sont arrondies ; le dernier rayon n'est pas prolongé. Une
autre différence consiste dans le rayon épineux de la
ventrale, qui est médiocre, au moins sur le dessin
que Bloch a laissé de son poisson.

Il dit l'avoir reçu du Japon sous le nom
d'*ikan-cacatoea-djus;* mais ce nom est malais, et il est probable que l'espèce, comme
tant d'autres qu'il fait venir du Japon, était
de Java ou des Moluques.

Il le représente d'un jaune olive avec les nageoires
rouges. Voici les nombres qu'il lui assigne :

D. 11/14 ; A. 3/11 ; C. 16 ; P. 15 ; V. 1/5.

Le Denté nufar.

(*Dentex nufar,* Ehr.)

M. Geoffroy a rapporté d'Égypte un denté
très-remarquable par l'alongement des rayons
épineux de sa dorsale, qui pourrait le faire
confondre avec notre *chrysophrys spinifer;*
mais l'examen des dents place chacun de ces
deux poissons dans leur genre respectif.

Celui dont nous nous occupons a quatre canines
longues et crochues à chaque mâchoire, et le long
des bords des dents pointues un peu plus petites
que celles du denté ordinaire. Le corps est aussi plus

court. Le troisième rayon de la dorsale a les trois quarts de la hauteur du corps; les quatrième et cinquième sont plus courts.

D. 12/10; A. 3/8; C. 17; P. 13; V. 1/5.

La couleur paraît avoir été d'un gris bleuâtre sur le dos, à reflets argentés ; le ventre blanc ; et on compte sur les flancs quinze à seize lignes longitudinales nacrées.

Nos individus sont longs de dix pouces.

M. Ehrenberg a retrouvé la même espèce à Massuah, où il l'a entendu nommer *nufar* par les pêcheurs.

Les individus qu'il a vus avaient le corps d'une belle couleur argentée.

L'estomac de l'individu que nous avons disséqué était assez ample, rempli de petits poissons, que nous croyons être des callionymes. Sa vessie aérienne est ample, et donne en arrière deux cornes, qui se prolongent au-delà de l'abdomen de chaque côté des interépineux de l'anale.

Le DENTÉ VARIABLE.

(*Dentex variabilis*, Ehr.)

M. Ehrenberg a découvert dans la mer Rouge deux autres dentés, assez voisins du nufar. Il a donné au premier l'épithète de *variabilis*.

C'est un poisson à corps alongé, dont les rayons

6.   16

dorsaux sont peu élevés, et qui, sur un fond argenté, a le dos et les flancs recouverts par un réseau brun. Une bande jaune s'étend de l'ouïe à la queue par le milieu du corps. Les nageoires sont jaunes, marbrées de brunâtre.

D. 10/9 ; A. 3/8 , etc.

Il est long de sept pouces.

Le DENTÉ A BANDELETTES.

(*Dentex fasciolatus*, Ehr.)

Le second denté, que l'on doit aux recherches du même savant voyageur, a le corps un peu plus court.

Sa couleur est argentée, à reflets bruns sur le dos, et jaunâtres en dessous. Le long du corps il y a six à sept bandes brunes, irrégulières, un peu effacées. Les nageoires paires sont jaunâtres ; la dorsale, l'anale et la caudale sont marbrées par de légères taches brunâtres.

Les nombres sont :

D. 10/9 ; A. 3/8.

L'individu est long de cinq pouces.

M. Ehrenberg, qui a vu ce poisson frais, et qui a pu le comparer au précédent, est porté à croire que ce n'en est peut-être qu'une variété.

Le Denté hexodonte.

(*Dentex hexodon*, Q. et G.[1])

Un denté que l'on doit aux recherches des
compagnons de M. Freycinet, est reconnaissable

aux six dents canines longues et crochues, placées
à l'extrémité des mâchoires : les autres dents sont
en cardes fines et serrées. Ce poisson a le corps
alongé, le sous-orbitaire assez élevé, les écailles
de la joue plus grandes que celles du corps ; on
en compte quarante-cinq depuis l'ouïe jusqu'à la
caudale. Leur bord est finement cilié. Les rayons
épineux de la dorsale sont faibles et plus bas que
ceux de la portion molle.

D. 10/9 ; A. 3/7 ; C. 17 ; P. 17 ; V. 1/5.

MM. Quoy et Gaimard ont trouvé ce poisson à Timor, et ils l'ont vu d'une couleur
rosée sur le dos et argentée sur le ventre. Notre individu est long de sept pouces et demi.
Nous devons croire qu'il a été pris à de grandes
profondeurs, car il avait la vessie aérienne déchirée, et l'estomac renversé et rejeté hors de
la bouche.

———

Les dentés dont il nous reste à parler n'ont
plus comme les espèces précédentes de lon-

---

1. Zoologie de l'*Uranie*, p. 3o1.

gues canines, ni de crochets saillans sur les côtés des mâchoires. Leurs canines, au nombre de six ou de huit, sont rapprochées à l'extrémité du museau, et les dents latérales sont petites, serrées, et décroissent insensiblement vers l'arrière. Cette disposition des dents n'a plus exigé que la bouche fût aussi fendue : le museau est plus obtus ; le corps est généralement moins haut, plus alongé et moins rond, ce qui donne à ces poissons quelque ressemblance avec des mulles, avec lesquels cependant on ne peut les confondre, à cause de l'absence des barbillons.

Le DENTÉ A FOURCHES ALONGÉES.

(*Dentex furcosus*, nob.)

M. Raynaud a pris dans la rade de Trinquemalé un de ces dentés

dont le corps, alongé et arrondi, a un peu l'apparence d'un petit mulle. Les canines, au nombre de six, sont assez fortes aux deux mâchoires : les autres dents sont fines et serrées, comme dans l'hexodon. Le sous-orbitaire est assez grand, à cause de l'éloignement de l'œil du bout du museau. Les rayons des nageoires sont faibles. Les lobes de sa caudale sont fort prolongés.

D. 10/9 ; A. 3/8 ; C. 17 ; P. 17 ; V. 1/5.

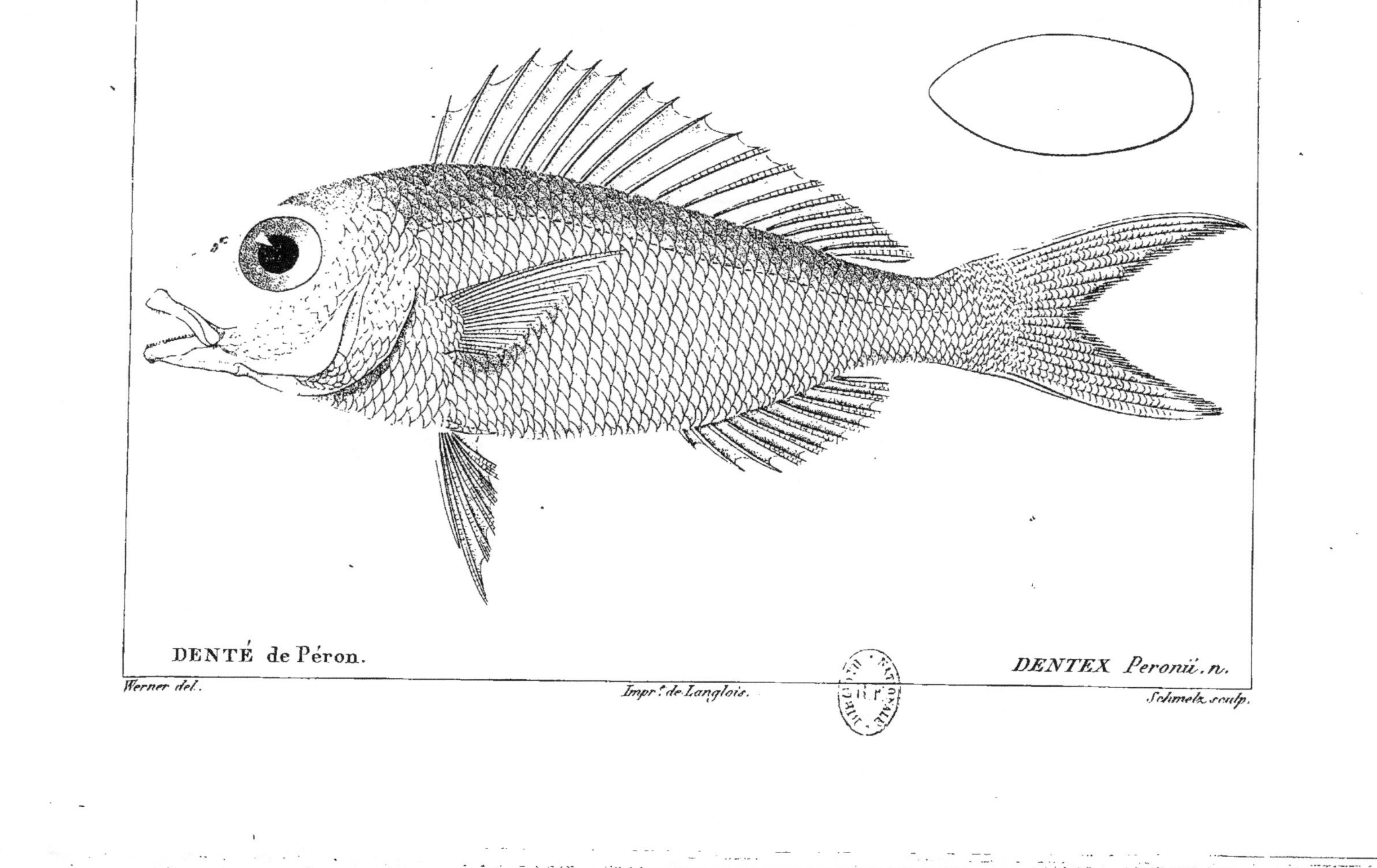

DENTÉ de Péron.

DENTEX Peronii. n.

Werner del.

Impr.e de Langlois.

Schmeltz sculp.

Le dos est rouge, à reflets dorés, et le ventre rosé, à reflets argentés. La caudale est rouge vif; son lobe inférieur est liséré d'orangé. La dorsale est rose, l'anale orangée. Les pectorales et les ventrales n'ont qu'une légère teinte rose.

Nos individus sont longs de six pouces.

Le DENTÉ DE PÉRON.

(*Dentex Peronii*, nob.)

Nous devons à Péron la connaissance d'un denté fort voisin du précédent, mais nous ignorons où il l'a pris.

Il a, comme le précédent, six petites canines. Il s'en distingue par son corps plus élevé, plus court, plus comprimé. Le sous-orbitaire est aussi haut, mais plus court. Les écailles sont petites ; on en compte plus de soixante dans la longueur. Les rayons épineux de la dorsale sont faibles. La caudale est presque aussi fourchue. Les nombres sont les mêmes. Il est probable que sa couleur était rouge. La longueur est de six pouces environ.

Le DENTÉ A CAUDALE BORDÉE.

(*Dentex marginatus,* nob.)

MM. Quoy et Gaimard ont rapporté de Vanicolo un denté très-voisin de celui de Péron, mais qui s'en distingue

par le corps plus alongé, moins haut de la nuque.
Les rayons épineux de la dorsale sont plus faibles.
Il a huit canines plus petites. Il paraît rouge sur le
dos, argenté sous le ventre. Les nageoires sont rouges, sans aucunes bandes ni taches. Le dedans des
fourches de la caudale a une large bordure noire.
L'individu est long de sept pouces.

Les mêmes naturalistes ont rapporté de Java un
très-petit individu, qui a de même la caudale bordée de noir. Il a les mêmes nombres de rayons, et
paraît seulement avoir le museau plus obtus : mais
nous croyons que c'est un effet de l'âge.

Le Denté aux nageoires rayées.

(*Dentex tæniopterus*, nob.)

Le Cabinet du Roi possède un denté d'origine inconnue, qui ressemble encore beaucoup au précédent.

Il a les mêmes dents aux deux mâchoires; mais
le corps moins arrondi, le sous-orbitaire moins
haut, la caudale moins fourchue. Le corps paraît
avoir été rouge, rayé de deux ou trois bandes
jaunes dorées. La dorsale et l'anale ont une bandelette jaune, étendue sur toute la longueur de la
nageoire, de la base du premier rayon à la pointe
du dernier mou. D'ailleurs les nombres et la taille
sont les mêmes.

Le DENTÉ BIPONCTUÉ.

(*Dentex bipunctatus*, Ehr.)

M. Ehrenberg a trouvé à Djidda un beau denté, qui paraît avoir échappé aux recherches de Forskal.

Ses formes sont semblables à celles du précédent : mais le prolongement de ses ventrales le fera aisément reconnaître ; elles ont près du quart de la longueur totale du corps. Le museau est obtus. Le sous-orbitaire est assez élevé. Les dents sont fines. Les nombres sont :

D. 10/9 ; A. 3/7, etc.

La caudale est médiocrement fourchue.

Le corps est rougeâtre sur le dos, et argenté sur le ventre. On compte autant de raies longitudinales violettes, à reflets nacrés, qu'il y a de séries d'écailles. La ligne latérale est tracée par une double série de points bleus. Il y a sur la tête au-devant des yeux des raies bleues.

La longueur de ce poisson est de sept pouces et demi.

Le DENTÉ ROUGE.

(*Dentex ruber*, nob.)

Il y a encore au Cabinet un petit denté, probablement de la mer des Indes, à six dents canines grêles et petites, et qui se distingue du précédent par son sous-orbitaire étroit et alongé. Les écailles sont lisses; les nombres des rayons les mêmes : la caudale est peu fourchue.

MM. Lesson et Garnot nous ont rapporté un individu de cette espèce, pris à Waigiou.

Il paraît avoir été rouge, sans aucune tache ni bandelette sur les nageoires.

La longueur est de six pouces environ.

Le Denté tolu.

(*Dentex tolu*, nob.)

M. Leschenault nous a envoyé de la rade de Pondichéry trois espèces, qu'il a regardées comme une seule, probablement parce que les pêcheurs ne les distinguent pas entre elles, et qu'ils les réunissent sous le nom de *toulou-kandé.*

La première, dont nous avons le plus d'individus, a huit dents antérieures, petites, rapprochées l'une de l'autre, et encore assez distinctes ; celles de la mâchoire inférieure sont plus petites, et se confondent avec celles qui suivent sur les côtés. Le sous-orbitaire est mince, étroit et alongé. Les écailles sont médiocres, finement ciliées sur leur bord; on en compte environ cinquante dans la longueur. Les rayons de la dorsale sont faibles et alongés; le huitième et le neuvième sont les plus hauts, et ils égalent les deux tiers de la hauteur du corps. Le lobe supérieur de la caudale est prolongé. Le nombre des rayons branchiostèges est de six, comme dans nos autres dentés ; mais il faut faire attention que dans toutes ces espèces à dents canines très-courtes le premier rayon est court et caché sous le second, de sorte qu'il est très-facile de n'en compter que cinq. Les nombres sont comme dans la plupart des autres, c'est-à-dire,

B. 6 ; D. 10/9 ; A. 3/7 ; C. 17 ; P. 15 ; V. 1/5.

M. Leschenault nous dit que la couleur est rouge sur le dos et blanche sous le ventre. Ce poisson se prend abondamment pendant toute l'année dans la rade de Pondichéry, et on l'y mange : sa chair est estimée. On en prend aussi dans les étangs salés.

MM. Quoy et Gaimard ont retrouvé cette espèce à la Nouvelle-Guinée pendant leur second voyage. Leurs individus ont dix pouces de long.

Le Denté tambuli.

(*Dentex tambulus*, nob.; *Sparus japonicus*, Bl., pl. 277, fig. 1.)

Le second *toulou-kandé*

a le corps plus haut, plus court, le museau obtus, le sous-orbitaire plus haut que celui du *tolu*, les rayons épineux de la dorsale et de l'anale plus rigides, plus acérés. Les dents sont fines et serrées.

La couleur paraît avoir été rouge sur le corps, et les nageoires ont quelques teintes de jaune.

C'est le même poisson que Bloch a fait figurer sous le nom de *sparus japonicus* (pl. 277, fig. 1); mais nous n'eussions jamais pu nous en convaincre, si M. Lichtenstein ne nous avait pas prêté l'original même de Bloch. La figure est très-fautive; car les dents sont trop fortes, le sous-orbitaire trop court et trop étroit; la caudale n'est pas fourchue; la dorsale et l'anale ne sont pas assez prolongées. Quant aux couleurs, ce qui serait plus excusable, elles sont très-arbitrairement distribuées.

Ce poisson ne vient pas du Japon; Bloch l'avait reçu de Tranquebar sous le nom tamoule de *tambuli-mine*. Nous avons déjà dit que *mine* en tamoule signifie *poisson*.

Le Denté jaune.

(*Dentex luteus*, nob.; *Coryphæna lutea*, Bl. Schn., pl. 58, p. 297?)

La troisième espèce de *toulou-kandé* des pêcheurs de Pondichéry

a le sous-orbitaire plus haut et plus alongé que le précédent, mais plus court que celui du tolu. Toutes les dents sont à peu près égales, et vont en décroissant vers le fond de la bouche, de sorte qu'on a de la peine à reconnaître les canines, qui sont au nombre de huit. Les écailles sont beaucoup plus grandes; on n'en compte que quarante sur la longueur. Il nous paraît que ce poisson avait le corps rouge et le ventre argenté. On voit encore sur le poisson desséché que la dorsale et l'anale étaient jaunes.

La longueur de l'individu que nous possédons est de sept pouces.

Nous avons retrouvé cette espèce dans le Musée de Berlin parmi les poissons de Bloch. Il l'avait d'abord confondue avec son *sparus japonicus;* car nous l'avons vu ainsi étiquetée de la main de Bloch lui-même. Il l'avait cependant reçue sous un nom tamoule différent; celui-ci s'appelle *kandei-min.*

Aussi croyons-nous que depuis il l'a distinguée, et il nous paraît que la figure donnée par Bloch tab. 58 de l'édition de Schneider, ainsi que la courte description[1] de la page 297, sous le nom de *coryphœna lutea,* ont été faites d'après ce même individu; on voit encore sur le poisson quelques traces de rouge que Bloch aura prises pour des bandes dont il a fait peindre sa figure.

---

1. Il faut lire *lobis,* et non *labiis.*

Son individu, beaucoup plus entier que le nôtre, montre que le troisième rayon de la caudale se prolonge en un long filament, comme dans quelques espèces qui vont suivre. Il a sept pouces de long depuis le bout du museau jusqu'à l'extrémité du lobe de la caudale, et le filet qui termine ce lobe a plus d'un pouce de longueur.

Le Denté strié.

(*Dentex striatus*, nob.; *Coryphœna striata*, Bl., Manuscr.)

Celui-ci a le sous-orbitaire plus haut, les écailles un peu plus grandes, ciliées; le limbe du préopercule fortement strié, mais ces stries ne font aucunes dentelures sur le bord. Ce poisson desséché montre que le corps avait des lignes longitudinales : il diffère cependant du suivant, à cause de la faiblesse de ses canines. Les lobes de la caudale ne sont pas entiers, de sorte que nous ne pouvons pas dire s'il y avait des filets.

Ce poisson vient de Tranquebar, comme les précédens; mais Bloch n'a pas reçu son nom malabare, du moins nous ne l'avons pas trouvé sur l'individu de son cabinet, qui nous a servi pour faire cette description, et qui est étiqueté *coryphœna striata*. Il est long de huit pouces.

Le Denté a queue en filet.

(*Dentex setigerus*, nob.; *Spare chinois*, Lacép.,
t. IV, p. 46.)

Un de ces dentés, dont les rayons supérieurs de la caudale se prolongent en filet, a été rapporté du Japon au Cabinet de Berlin par M. Langsdorff. Son nom japonais est *itoi-jori.*

Cette espèce a des canines un peu plus prononcées que les précédentes ; les autres dents sont aussi fines ; le sous-orbitaire est assez large ; les épines de la dorsale sont de force médiocre ; les derniers rayons mous des deux nageoires verticales sont un peu plus alongés que les autres ; le troisième rayon mou de la caudale se prolonge en un filet aussi long que le lobe auquel il appartient.

Les nombres des rayons sont, comme dans les précédens,

D. 10/9 ; A. 3/8.

Les épines de l'anale sont très-faibles.

Ce poisson paraît avoir été rouge, avec des bandes longitudinales jaunes sur le corps, sur la dorsale, sur l'anale, sur la ventrale. Le bord supérieur de la caudale, ainsi que le filet, sont jaunes ; un trait jaune va de l'œil à l'angle antérieur et supérieur du sous-orbitaire.

Il est très-bien figuré dans le recueil japonais que nous avons eu déjà occasion de citer plusieurs fois, et sous le même nom d'*itoi-jori*. Le poisson y est peint des couleurs que nous venons d'indiquer, quatre rubans longitudinaux jaunes sur un fond rouge. C'est sur cette figure que M. de Lacépède a établi son *spare chinois* (t. IV, p. 46). Une autre figure se trouve dans l'Encyclopédie japonaise, où il est dit que ce poisson ne dépasse pas un pied.

L'individu que nous décrivons a dix pouces de long, et le filet deux pouces.

Le Denté filamenteux.

(*Dentex filamentosus*, nob.)

Le Musée royal des Pays-Bas possède un de ces dentés,

dont le premier rayon de la dorsale s'alonge en un filament grêle et flexible, qui atteindrait jusqu'à la naissance de la caudale. Le lobe supérieur de la caudale s'alonge aussi en un filament plus long que le lobe lui-même. Les ventrales sont également prolongées, et atteignent au troisième rayon mou de l'anale. Les derniers rayons mous de la dorsale et de l'anale atteignent à la naissance de la caudale.

B. 6 ; D. 10/9 ; A. 3/7, etc.

Les huit canines sont médiocres ; les autres dents

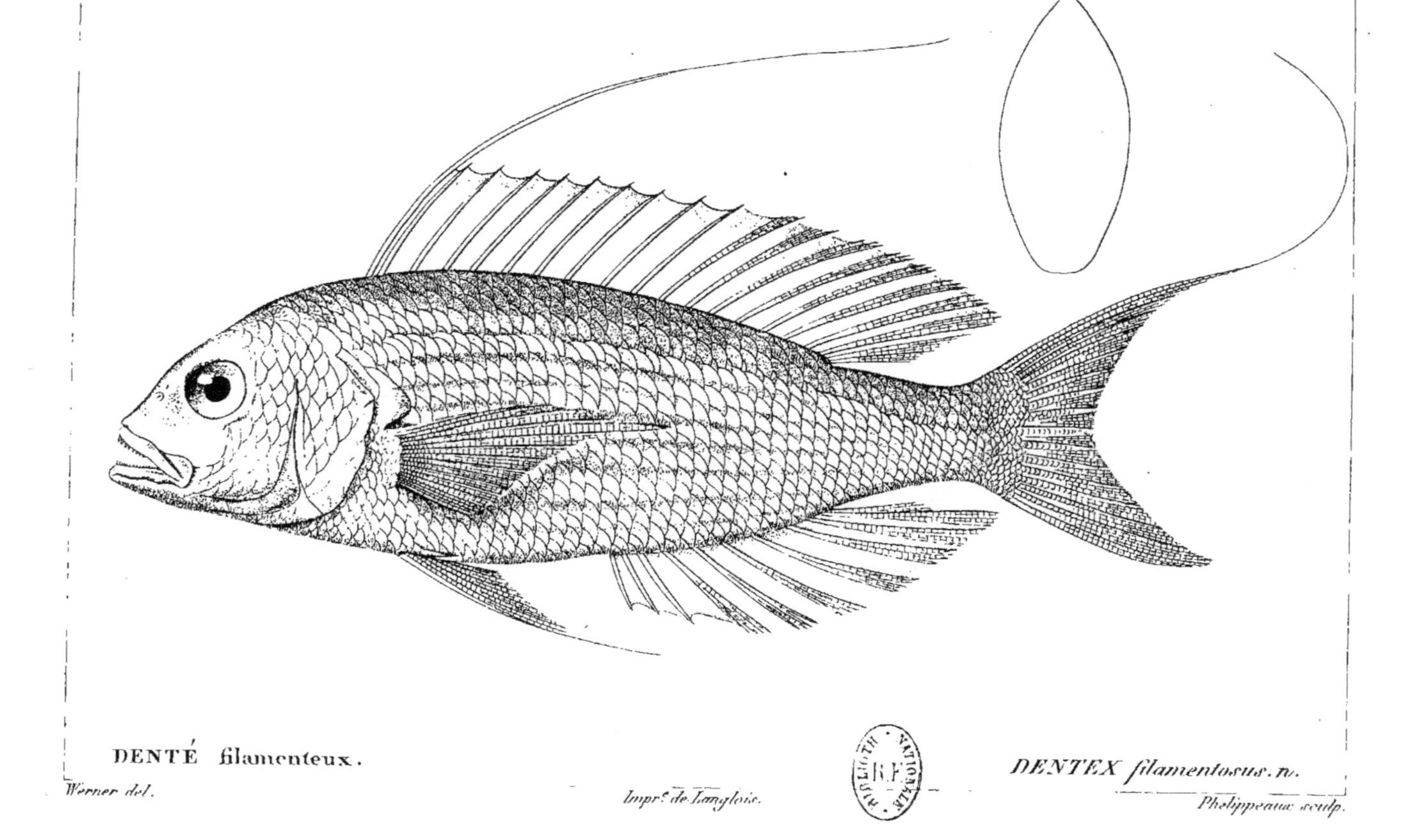

DENTÉ filamenteux.

Werner del.

Impr.e de Langlois.

DENTEX filamentosus. n.

Phelippeaux sculp.

sont très-petites et très-serrées. Le bord du préopercule est très-mince et très-finement cilié. Les écailles
sont grandes et ciliées. Le sous-orbitaire est festonné,
de hauteur médiocre. Ce poisson paraît avoir été
rouge, et les nageoires ont quelques teintes violettes.

Le seul individu que nous ayons vu vient
de Surinam, d'où M. Diepering l'a envoyé. Il
est long de neuf pouces, et le filet de la caudale en a près de trois.

———

Le Denté pique.

(*Dentex hasta*, nob.)

M. Bélenger a rapporté de la côte de Malabar un denté qui s'éloigne un peu de ceux
que nous venons de décrire. Son aspect a
quelque chose d'un labroïde ; mais derrière
les fortes dents de la première rangée il y a une
bande étroite de dents en velours ; et de plus
il a des cœcums. La force des rayons épineux
de la dorsale, et surtout de ceux de l'anale,
et les stries du limbe du préopercule, qui
entaillent un peu le bord de cet os, forment
une réunion de caractères qui conviennent
aux pristipomes ; mais ceux-ci n'ont que des
dents en velours, et dans tous les sciénoïdes
les dentelures du préopercule sont plus pro-

noncées. Nous croyons donc devoir placer à la suite de nos dentés ce sparoïde un peu anomal.

La hauteur du corps fait à peu près le tiers de la longueur totale. Le profil du dos descend par une ligne oblique vers l'extrémité du museau; celui du ventre est droit. La bouche est peu protractile. Il y a six grosses canines à l'extrémité des mâchoires, dont celles d'en bas sont plus faibles que les supérieures, et sur les côtés des mâchoires, une série de dents fortes, rapprochées, pointues, comprimées, triangulaires, et grossissant à mesure qu'elles sont plus près de la commissure. Derrière cette rangée de dents il y a une bande de dents en velours. Les dents pharyngiennes sont en cardes fines. L'œil est de grandeur médiocre, et près de l'extrémité du museau; aussi le sous-orbitaire est-il étroit et nu. Il y a des écailles sur la joue, sur l'opercule et sur le subopercule. Le limbe du préopercule est nu, et sous la peau on voit des stries fortes, principalement vers l'angle, qui entament un peu le bord montant, ainsi que nous en avons eu un exemple dans la daurade bifasciée.

B. 6; D. 11/11; A. 3/8; C. 17; P. 15; V. 1/5.

Ce poisson paraît avoir été brun verdâtre sur le dos, passant à l'argenté sur le ventre : on voit les traces de dix à douze lignes longitudinales violettes sur les côtés. Les nageoires sont d'un beau bleu foncé ou violettes.

Nous en avons des individus de huit pouces de

longueur : ils n'étaient pas assez bien conservés pour en donner une anatomie détaillée; mais nous nous sommes assurés qu'il y a au pylore des cœcums : nous n'en avons vu que trois.

L'épithète de *hasta,* que nous lui donnons, rappellera la force des rayons de l'anale.

———

CHAPITRE VI.

Des Pentapodes (Pentapus, nob.).

Les mers de l'Inde nourrissent des poissons assez voisins des dentés, et qui forment auprès d'eux un petit groupe, où l'extrémité des mâchoires ne porte plus que deux fortes canines, entre lesquelles s'en voient quelquefois deux ou quatre beaucoup plus petites. Les autres dents sont en velours ras et sur une bande fort étroite.

Nous tirons leur nom des trois écailles longues et pointues, placées l'une entre leurs ventrales et les deux autres dans les aisselles de ces nageoires ; ce qui a un peu l'air de leur former cinq ventrales, ou comme cinq pieds, à la différence de la plupart des autres sparoïdes, où l'écaille intermédiaire est plus courte à proportion. Il faut remarquer toutefois que ce caractère ne leur est pas absolument propre : on le retrouve dans d'autres poissons, notamment dans la plupart des ménides ; mais il nous a paru suffire pour en dériver leur nom générique.

Ils ont de plus la bouche peu fendue. Leur corps est arrondi et couvert d'écailles assez dures, qui avancent sur le front plus que dans la plupart des dentés.

Cet ensemble de caractères donne aux pentapodes une tournure particulière, qui tient un peu de celle des bogues. Les pores de leur mâchoire inférieure et l'espèce de pointe qui termine leur opercule pourraient aussi les faire rapprocher des sciénoïdes.

Linnæus n'a point connu de pentapodes. C'est Commerson qui le premier en a vu à l'Isle-de-France, en 1769, une espèce des plus brillantes, que M. de Lacépède a introduite dans ses spares sous le nom de *spare rayé d'or*, en abrégeant beaucoup trop la description de cet infatigable observateur.

Bloch a aussi un pentapode, qu'il a rangé également parmi ses spares, son *sparus vittatus* (pl. 275). Comme sa figure, sans être très-bonne, est la seule que nous trouvions dans un auteur systématique, nous commencerons par cette espèce la monographie de ce petit genre.

Le Pentapode rayé.

(Pentapus vittatus, nob.; *Sparus vittatus*,
Bl., pl. 275.[1])

Ce pentapode a le corps en ovale alongé, dont la
hauteur fait le quart de la longueur. L'épaisseur est
à peu près le tiers de la hauteur. La tête fait le quart
de la longueur totale. Les joues sont un peu renflées;
le front est large et convexe au-dessus des yeux, et
le museau pointu, un peu aplati en dessus. Le profil
descend en ligne droite à partir de l'œil, dont le
diamètre longitudinal ne fait pas tout-à-fait le tiers
de la longueur de la tête. La distance du bout du
museau du bord antérieur de l'orbite égale ce diamètre.

Le sous-orbitaire, beaucoup plus long que haut,
n'est pas recouvert d'écailles. Son bord inférieur a
une échancrure qui reçoit l'extrémité postérieure du
maxillaire quand la bouche est fermée. Le bord postérieur est arrondi et lisse; sa surface n'offre que
quelques petites rides.

Le préopercule est grand et couvre presque toute
la joue; il est entièrement recouvert d'écailles jusque
sur le limbe lui-même.

L'opercule, le subopercule et l'interopercule sont
également écailleux. L'angle postérieur de l'opercule
se termine en une pointe assez marquée. Il y a six
rayons à la membrane des branchies, quoique Bloch

---

1. *Bodian décacanthe?* Lacépède, t. IV, p. 281 et 293.

n'en compte que cinq. La bouche n'est pas fendue au-delà des yeux. Les mâchoires sont égales : la supérieure est un peu protractile; elle a quatre canines pointues, dont les latérales sont plus fortes : l'inférieure en a deux bien plus fortes que celles d'en haut, courbées en crochets, et dirigées hors de la bouche comme de petites défenses. Derrière elle, et le long des mâchoires, il y a une bande étroite de dents en velours ras. Le palais et la langue sont lisses.

Les narines sont percées auprès des yeux, et ont chacune, comme à l'ordinaire, deux ouvertures, quoique Bloch dise qu'il n'y en a qu'une seule. De petites écailles s'avancent sur le front jusqu'à la hauteur du bord antérieur de l'œil, de sorte qu'il n'y a que le bout du museau, la mâchoire inférieure et le sous-orbitaire qui soient nus. On voit trois pores à l'extrémité de la mâchoire inférieure, un sous la symphyse et un sous chaque branche.

La dorsale commence à la hauteur des pectorales; ses rayons sont médiocres et peuvent se cacher dans la rainure formée par les écailles du dos. La partie épineuse de la dorsale occupe les deux tiers de la longueur de cette nageoire. L'anale répond à la portion molle de la dorsale; elle est courte, arrondie en arrière. La caudale est fourchue; ses lobes sont arrondis. Les écailles s'avancent assez loin sur la membrane qui réunit les rayons. Les pectorales sont médiocres. Les ventrales, plus longues que les pectorales, ont dans leurs aisselles une écaille longue et pointue, et une autre écaille, également pointue, est entre les bases de ces deux nageoires.

Le nombres des rayons sont.

B. 6; D. 10/8; A. 3/7; C. 17; P. 17; V. 1/5.

Les écailles sont fortes et lisses; leur bord n'est point cilié : on en compte trente-deux dans la longueur sur quatorze ou quinze dans la hauteur. La ligne latérale est peu marquée, et tracée parallèlement au dos, à peu près par le cinquième de la hauteur.

Un des individus du Cabinet du Roi, d'après lequel nous avons fait cette description, est sec et un peu décoloré;

mais il laisse encore facilement voir sur un fond jaunâtre trois bandes longitudinales bleuâtres qui partent de l'œil; une se dirige le long de la dorsale, la seconde se continue au-dessous de la ligne latérale jusqu'à la queue, la troisième passe sur l'aisselle de la pectorale, et se termine presque à la fin de l'anale.

Ces couleurs diffèrent peu de celles que Bloch représente. Sur un fond jaune il donne à son poisson trois raies bleues, dont les deux inférieures vont à la queue : il peint en rouge les ventrales et les pectorales. Nous ne doutons donc pas de l'identité spécifique de notre poisson avec celui de Bloch; mais sa figure nous offre toutes les négligences que l'on rencontre si fréquemment chez cet auteur : les dents y sont surtout très-mal rendues.

Notre poisson n'a que sept pouces; celui de Bloch en avait neuf.

Il faut distinguer ce *sparus vittatus* d'un autre de même nom, que Bloch a peint (pl. 263, fig. 2) d'après les dessins du prince Maurice de Nassau, et qui n'est qu'une mauvaise représentation de notre *pristipoma virginicum*.

Nos individus desséchés viennent de la collection du Stadhouder, et paraissent originaires des Moluques. Nous croyons que ce doit être sur l'un d'eux que M. de Lacépède a établi son *bodian décacanthe;* mais comme il ne faisait qu'indiquer ses espèces par des caractères très-succincts, et qu'il n'a pas étiqueté les objets qu'il a décrits, il devient presque impossible de les retrouver, lorsque quelques indices étrangers ne nous font pas connaître l'individu même qu'il avait sous les yeux.

Bloch dit le sien du Japon, mais sans alléguer son autorité.

Le PENTAPODE UNICOLOR.

(*Pentapus unicolor,* nob.[1])

Nous ne possédons de cette espèce qu'un seul individu desséché, dont nous ignorons la patrie.

---

1. *Bodian fischer?* Lacépède, t. IV, p. 281.

Elle ressemble à la précédente par sa forme générale; mais ses écailles sont beaucoup plus petites: on en compte près de soixante dans la longueur, très-finement ciliées; le limbe du préopercule n'en a point. Les dents sont fines, même les latérales de la mâchoire inférieure. Les nombres des rayons sont les mêmes. On ne voit aucune trace de bandelette sur le corps.

L'individu a sept pouces et demi de long.

C'est de tous les poissons de l'ancienne collection du Stadhouder le plus ressemblant à celui que M. de Lacépède (t. IV, p. 293) a indiqué plutôt que décrit sous le nom de *bodian fischer*.

Le Pentapode a une seule bandelette.

(*Pentapus vitta*, nob.[1])

Les naturalistes de l'expédition commandée par M. le capitaine Freycinet, ont rapporté de la baie des Chiens-Marins deux espèces de pentapodes très-voisines l'une de l'autre, qu'ils nous paraissent même avoir confondues; car nous avons tout lieu de croire qu'ils ont décrit les formes sur l'une, et qu'ils lui ont appliqué les couleurs de l'autre. Celle des deux à laquelle nous conservons le nom

---

1. Quoy et Gaimard, Voyage de l'*Uranie*, pl. 44, fig. 4.

de *pentapode à bandelette,* et qui est représentée sur la planche 44 de l'atlas zoologique
de la Relation du voyage de M. Freycinet,
a le corps un peu plus haut que les précédentes ; le
front plus étroit, mais convexe ; le museau plus pointu ; l'œil plus petit ; le sous-orbitaire plus haut, plus
échancré, un peu plus ridé à la surface. Le limbe du
préopercule est assez fortement ridé et manque
d'écailles ; mais son bord n'a aucune dentelure. Les
mâchoires sont d'égale longueur. Il y a six dents
incisives médiocres à l'extrémité de la mâchoire
supérieure : les latérales sont plus fortes, et celles
de la mâchoire inférieure sont plus petites, excepté
les deux externes, qui sont au contraire plus grosses
et dirigées en dehors. Derrière les incisives est une
bande de dents en cardes fines, mais plus fortes
cependant que celles de l'espèce précédente. Les
dents du bord latéral de la mâchoire inférieure
sont dirigées en arrière et plus grosses, plus pointues que celles d'en haut. Par les nageoires ce pentapode ressemble aux précédens, et les nombres de
ses rayons sont les mêmes. Ses écailles sont plus
petites : il y en a au moins cinquante-six dans la
longueur, toutes finement dentelées. L'écaille pointue de l'aisselle des ventrales est dans cette espèce
plus petite que dans les autres. Le dos paraît gris,
rayé longitudinalement de lignes plus foncées. Les
flancs et le ventre sont blancs, nuagés de brun, et
ces deux couleurs sont séparées par la bandelette
noire qui part de l'extrémité du museau, traverse
l'œil, s'infléchit très-légèrement au-dessus de la pec-

torale, et traverse la ligne latérale pour se terminer sur le haut de la queue. Cette raie est bordée de deux traits argentés assez brillans, l'un au-dessus, l'autre au-dessous. Les nageoires nous paraissent grises ou blanchâtres; elles n'offrent le vestige d'aucunes taches.

L'individu est long de sept pouces.

Le Pentapode gris.

(*Pentapus iris*, nob.)

Cette espèce, que MM. Quoy et Gaimard paraissent avoir regardée comme une variété de la précédente, s'en distingue

par un plus grand aplatissement du front entre les yeux, de sorte que le bord de l'orbite entame presque le profil, ce qui est bien loin d'être ainsi dans les autres espèces. La ligne latérale est aussi beaucoup plus large et plus fortement marquée. Du reste, les formes des parties et les nombres des rayons sont exactement les mêmes dans les deux espèces.

Le dos paraît ardoisé, sans montrer de lignes au-dessus de la bandelette noire, qui ne paraît aller que du bord postérieur de l'orbite à l'extrémité de la queue : on n'en voit aucune trace entre le bout du museau et l'œil. Le ventre est d'un blanc d'argent pur. Les nageoires sont blanchâtres. Sur le haut des derniers rayons mous de la dorsale il y a une tache noire.

L'individu que nous avons décrit avait à peine six pouces de longueur.

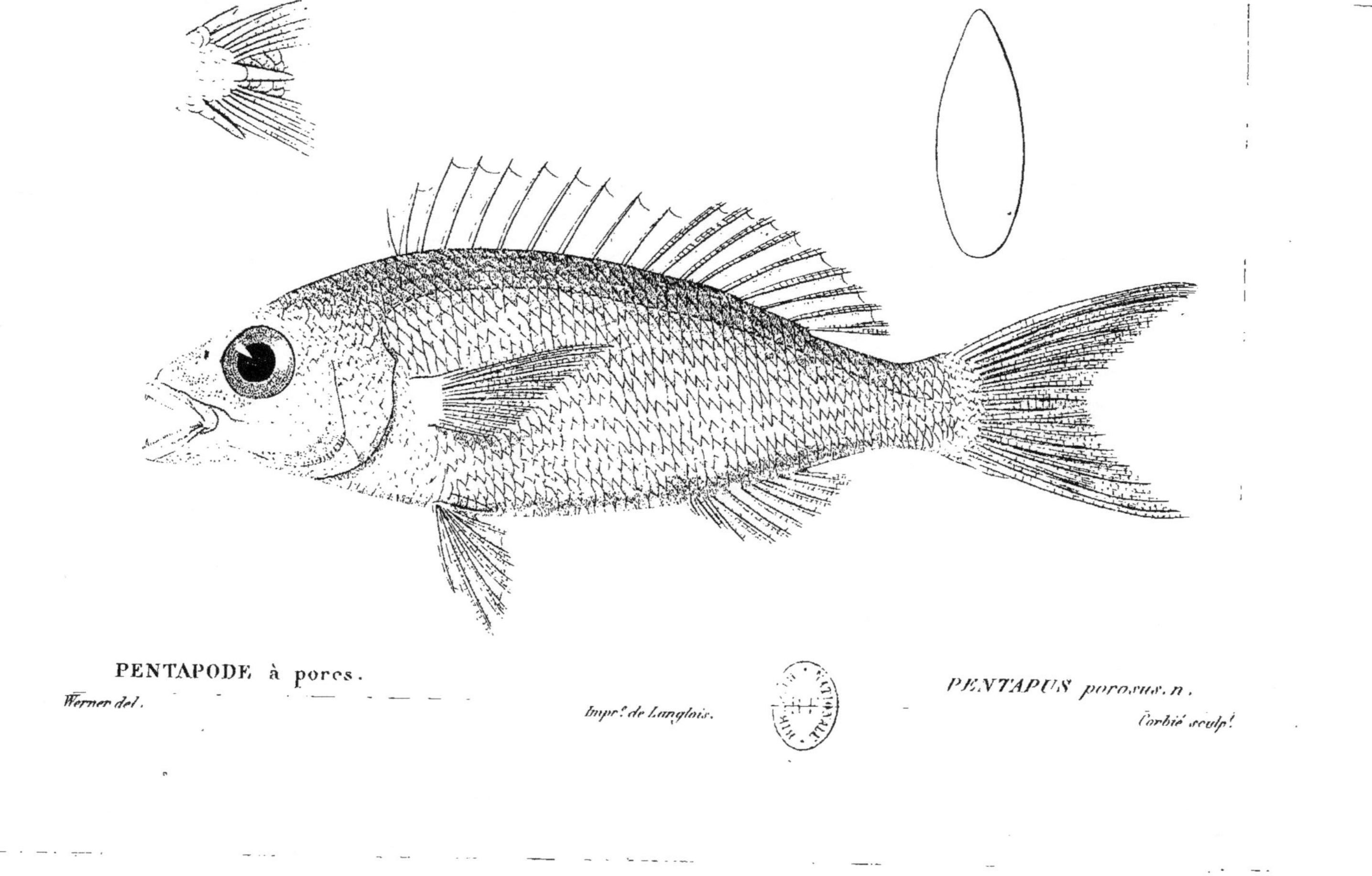

PENTAPODE à porcs.

Werner del.

Impr. de Langlois.

PENTAPUS porosus. n.

Corbié sculp.

Le PENTAPODE A PORES.

(*Pentapus porosus*, nob.)

C'est à feu Péron que nous devons la connaissance de cette espèce.

Elle a le museau plus gros et le front plus large qu'aucune autre. La partie nue du bout du museau est percée de pores nombreux assez visibles : il y en a trois plus gros sur le sous-orbitaire, et plusieurs autres sous les branches de la mâchoire inférieure et sur le limbe du préopercule, qui est nu; il n'y en a pas sous la symphyse du menton. Les écailles sont plus grandes que dans les trois espèces qui précèdent, mais plus petites que dans notre pentapode rayé : on en compte environ cinquante dans la longueur; leur bord est très-finement cilié. Les rayons des nageoires sont en mêmes nombres. L'œil est plus grand. Les dents canines de la mâchoire inférieure sont fortes; celles qui la bordent sont aussi assez grosses.

La couleur paraît jaunâtre. De l'angle supérieur du préopercule partent deux lignes longitudinales argentées, dont la supérieure s'efface lorsqu'elle est arrivée vis-à-vis l'extrémité de la pectorale : la seconde est parallèle à celle-ci; mais elle ne dépasse pas l'os de l'épaule. Au-dessus de la ligne latérale il y a deux raies longitudinales grisâtres, et sur les flancs on voit les restes d'un grand nombre de traits obliques d'avant en arrière et de bas en haut, et qui sont formés par une suite de points brunâtres. La dorsale paraît aussi avoir été tachetée.

Ce poisson est long de sept pouces et demi.

Le Pentapode de Péron.

(*Pentapus Peronii,* nob.)

Péron a encore découvert un pentapode qui se distingue de tous les autres
par son œil plus petit, par son museau plus obtus et plus haut à son extrémité, par la petitesse de ses dents, et par la brièveté de sa pectorale, qui est coupée presque carrément, tandis qu'elle est alongée et pointue dans tous les précédens.

Le bout du museau et le limbe du préopercule sont nus. Les écailles du corps sont petites et lisses; on en compte cinquante dans la longueur. Les lèvres sont très-épaisses; la joue est un peu renflée, et le sous-orbitaire peu échancré; sous son bord postérieur se voit un grand pore très-remarquable. Une bandelette noire, bordée de deux traits argentés, va de l'œil à l'extrémité de la queue. Deux raies brillantes sont sur le dos, qui paraît avoir été plombé. Le ventre est rayé obliquement, comme dans le précédent, par des chapelets de points argentés.

Notre individu a six pouces de long.

Nous en avons fait l'anatomie.

Son foie, réduit à un seul lobe, est trièdre, pointu et placé dans l'hypocondre gauche.

L'estomac forme un sac arrondi à son extrémité, presque de la longueur de l'abdomen. La branche montante est courte, et commence auprès du cardia, sous le diaphragme. Il y a six cœcums au pylore, divisés en deux groupes, de trois chacun; ceux de gauche sont plus courts. L'intestin est étroit et fait deux replis presque égaux entre eux, et de la longueur de la cavité abdominale.

La vessie aérienne est grande, oblongue, arrondie à ses deux extrémités. L'antérieure est plus grosse; ses parois sont fermes, fibreuses, et brillent d'un bel éclat d'argent mat.

Le Pentapode rayé d'or.

(Pentapus aurolineatus, nob.; *Sparus aurolineatus,* Lacép., t. IV, p. 131.)

Commerson a décrit à l'Isle-de-France, en 1769, un poisson qui y est commun pendant le mois de Septembre, et qui, d'après sa description, ne peut être qu'un pentapode.

M. de Lacépède en a fait son *spare rayé d'or.*

Il a, dit Commerson, la tournure d'une perche fluviatile. Tout le corps est recouvert, même sur les opercules, d'écailles fortement imbriquées. Les mandibules sont presque égales. Les dents sont petites : il y a quatre incisives en haut et deux en bas. Les yeux sont très-grands. La dorsale est unique, mais comme composée de deux réunies. Dans l'aisselle de la ventrale est une longue écaille pointue. La caudale est fourchue.

B. 6; D. 10/10; A. 3/9; C. 17; P. 15; V. 1/5.

Le dos et le dessus de la tête sont noirâtres; les joues et les flancs argentés, et sur ce fond brillent de chaque côté cinq ou six lignes longitudinales jaune verdâtre ou dorées. Sous la fin de la partie molle de la dorsale, et au-dessus de la ligne latérale, est une tache oblongue dorée, à reflets argentés, peu brillante. Toutes les nageoires sont rouges.

L'individu que Commerson a décrit avait près de huit pouces de longueur, et la hauteur de son corps était contenue trois fois et deux tiers dans sa longueur.

Cette description convient à tous égards à un pentapode que M. Dussumier a rapporté des Séchelles. MM. Quoy et Gaimard en ont pris un autre, tout semblable, à l'Isle-de-France lors de leur second voyage.

Le Pentapode a filet.

(*Pentapus setosus,* nob.)

Un beau pentapode, reconnaissable au filet dans lequel se prolonge le troisième rayon externe du lobe supérieur de sa caudale, a été découvert à Batavia par MM. Quoy et Gaimard. Ce filet, du double plus long que le lobe lui-même, pourrait le faire rapprocher de quelques-uns de nos derniers dentés, qui ont le même caractère; mais il offre d'ailleurs tous ceux des pentapodes,

et notamment leurs canines fortes et dirigées en avant, surtout à la mâchoire inférieure. Ses écailles sont

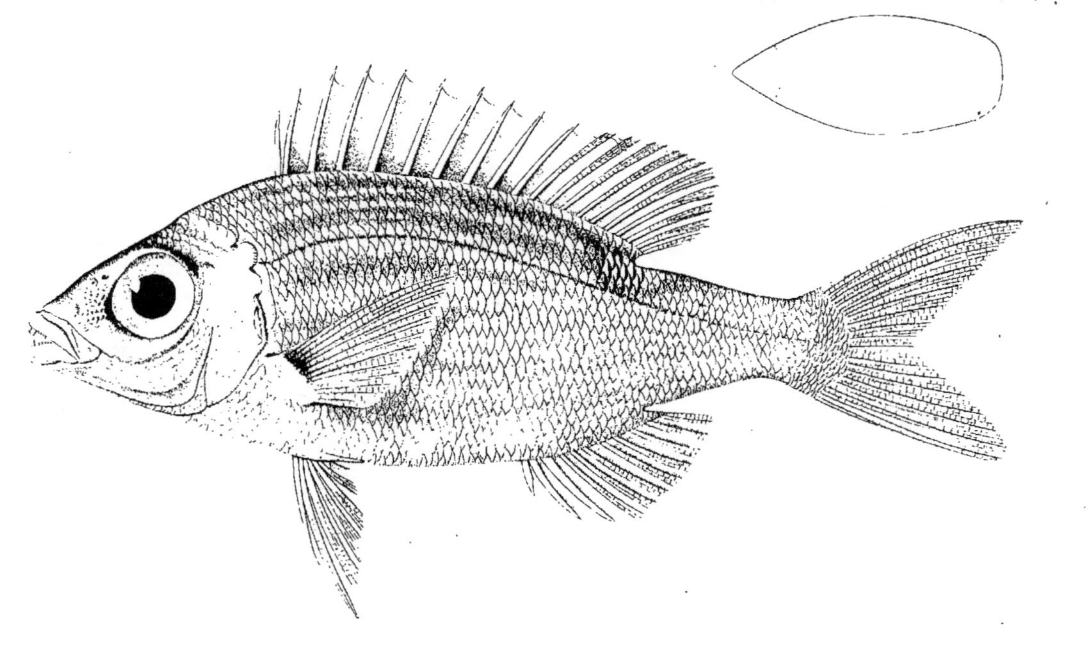

PENTAPODE rayé d'or.

PENTAPUS aurolineatus. n.

Werner del.

Impr.^e de Langlois.

Phelippeaux sculp.

rudes. Sa couleur paraît bleuâtre sur le dos, et blanche sur le ventre. Un trait blanchâtre ou bleuâtre va
du bout du museau à l'œil. Une bandelette argentée
traverse le haut de l'opercule, et s'efface sur l'épaule.
A l'extrémité de la queue, et près de la base de la
caudale, il y a un ocelle bleu dont le centre est noir.

L'anatomie de ce poisson nous a fourni les observations suivantes. Le foie est petit, l'estomac étroit ;
le canal intestinal fait deux plis. Il y a au pylore cinq
appendices cœcales très-longues et très-grêles, réunies en deux paquets : celui de gauche est composé
de trois cœcums. La vessie aérienne est simple et
grande.

Il y a vingt-trois vertèbres, dont dix seulement
portent des côtes.

Un des individus du Cabinet du Roi a huit pouces
de longueur, sans y comprendre le filet, qui est long
de deux pouces.

CHAPITRE VII.

Des Léthrinus (Lethrinus, nob.).

Nous avons formé un genre de certains sparoïdes qui ont un caractère facile à saisir dans le nu de la plus grande portion de leur tête. L'opercule et le sous-opercule seuls sont couverts d'écailles ; les autres parties de la face, depuis l'extrémité du museau jusqu'à la nuque, les joues, la mâchoire inférieure, n'ont qu'une peau sans écailles, épaisse et presque toujours criblée d'une infinité de pores. Ces poissons tiennent de près aux dentés ; mais outre le nu de la tête, la forme de leurs dents latérales les en distingue. Ils ont bien, comme les dentés, quatre ou six incisives pointues, souvent crochues, et derrière elles une bande étroite de dents en velours ras ; mais sur les côtés de la bouche, vers l'arrière, les dents sont le plus souvent tuberculeuses et arrondies, et comme ces dents sont toujours sur une seule rangée, on ne peut confondre les poissons de ce genre avec les autres sparoïdes à molaires rondes, qui ont d'ailleurs tout le préopercule écailleux. Nos léthrinus ont un estomac médiocre, à parois minces ; un canal intestinal peu alongé, plié deux fois sur lui-même, deux ou trois cœcums très-courts, une vessie aérienne ample, dont la membrane fibreuse donne des attaches aux côtes, ce qui ne la rend cependant pas lobée comme celle des sciénoïdes. Leurs lèvres sont épaisses, charnues, plissées et papilleuses comme celles des labres; mais la présence des cœcums au pylore les en distingue. On trouve même un assez grand nombre d'espèces dont la bouche et les pharyngiens ont en dedans de nombreuses papilles, comme un genre de labroïdes que nous avons nommé *lachnolaymes;* mais ceux-ci ont la joue écailleuse et une anatomie différente.

Tous les poissons du genre qui nous occupe se nourrissent de coquillages, qu'ils peuvent facilement briser avec leurs dents arrondies.

Aucun ichtyologiste n'avait encore fait attention à ce caractère de la joue nue, et le petit nombre d'espèces qui avaient été observées avant nous, avaient été placées assez arbitrairement dans divers genres. Forskal en observa deux sur les côtes de la mer Rouge, et les rangea parmi ses sciènes (*sciæna nebulosa; sciæna mahsena*); Forster en avait une dont il a fait un sparc (*sparus miniatus*); Bloch,

6.   18

qui en a publié la description dans son édition donnée par Schneider, l'a laissée parmi ses spares, et il a donné dans le même genre un autre léthrinus de sa collection (*sparus chœrorhynchus*). M. de Lacépède enfin, en trouvant un dans le Cabinet du Roi, l'a classé parmi ses bodians (*bodianus lutjan*). Nous avons réuni tous ces poissons, et nous en ajoutons beaucoup d'autres; de sorte que le nombre des léthrinus connus est maintenant très-considérable. Aucun d'eux n'habite nos mers européennes, et il ne s'en trouve qu'un seul dans l'Atlantique; tous les autres viennent des mers de l'Inde. Nous les ferons connaître après avoir décrit l'espèce de l'Atlantique, comme étant la plus proche de nous, et celle que l'on pourra se procurer plus facilement dans les traversées si fréquentes de nos côtes à celles de l'Amérique méridionale. C'est d'elle que nous avons les plus grands individus.

Le nom que nous avons cru pouvoir donner à ce genre est celui que le pagel porte en grec moderne.

Le Léthrinus de l'Atlantique.

(*Lethrinus atlanticus*, nob.)

C'est aux îles du cap Vert que l'on trouve
la seule espèce de léthrinus connue dans
l'Atlantique. M. Delalande en a rapporté plusieurs individus de San-Iago, et MM. Quoy
et Gaimard en ont pris d'autres à Porto-Praya,
pendant la relâche que fit dans ce port le capitaine d'Urville.

L'espèce était cependant depuis long-temps
dans différens cabinets, sans que l'on sût d'où
elle venait. Nous en avons vu un individu
parmi les poissons de la collection de Bloch,
qui y est nommé *sparus maculatus;* mais on
ne trouve dans ses ouvrages aucune description sous cette dénomination. Un individu sec
et plus grand que celui de Bloch était aussi
dans le Cabinet du Roi. Enfin, nous avons
tout lieu de penser que c'est de notre espèce
que Mme Bowdich a voulu parler sous le nom
de *dentex unispinosus,* dans l'appendice à
son ouvrage intitulé : Excursions aux îles de
Madère et de Porto-Santo (n.° 47), quoique
le nombre des rayons ne soit pas indiqué avec
exactitude dans la description. La figure est
celle d'un léthrinus; car elle ne représente

aucune écaille sur la joue : elle a été faite à
Porto-Praya.

Ce poisson ressemble au pagel. La figure du corps
est un ovale plus pointu du côté de la tête que de
celui de la queue. La hauteur est contenue quatre
fois et deux tiers dans la longueur. L'épaisseur n'est
que le tiers de la hauteur. La tête est à peu près
aussi longue que le corps est haut. La ligne oblique
du profil est un peu soutenue au-devant des yeux.
Entre eux le front est large et aplati. La nuque est
moins élevée que la base de la dorsale.

Le diamètre de l'orbite est contenu quatre fois dans
la longueur de la tête. L'œil est éloigné du bout du
museau de plus de deux fois son diamètre; il est placé
sur le haut de la joue, sans que le cercle de l'orbite
échancre la ligne du profil du front.

Les deux ouvertures de la narine sont placées au-
devant de l'œil, presque sur le bord du profil du
museau. L'antérieure est percée aux deux tiers de la
distance, entre le bout du museau et l'œil; elle est
petite, ronde, et porte un petit appendice tentacu-
laire : la seconde est grande, linéaire dans le sens
longitudinal.

Le sous-orbitaire est caché sous la peau épaisse
qui le recouvre et qui s'étend sur le préopercule
tout entier. Le limbe de cet os est large; son angle
est arrondi. L'opercule et le sous-opercule paraissent
réunis sous les petites écailles qui les protègent.
L'angle de l'opercule est nu, et se termine en une
pointe osseuse assez marquée. L'interopercule est
étroit, arqué, et couvert d'une peau épaisse comme

celle de la joue ; il se croise sous l'isthme du gosier avec celui du côté opposé quand la bouche est fermée.

La bouche est médiocrement fendue. Les deux mâchoires sont d'égale longueur : la supérieure est un peu protractile ; l'inférieure peut s'abaisser beaucoup, à cause de l'éloignement de son articulation, disposition semblable à celle que nous avons décrite dans les hémulons. Les lèvres sont charnues, épaisses, plissées le long du bord interne, et hérissées près des dents de longues papilles, qui pénètrent dans l'intervalle des dents et le remplissent. Les dents antérieures sont au nombre de quatre, et très-pointues. Les latérales sont coniques, pointues, d'inégale longueur, excepté les trois ou quatre dernières, qui sont plus émoussées : on en compte neuf en haut et dix ou onze en bas. Derrière ces crochets il y a une bande étroite de dents en fin velours. Les pharyngiennes sont assez grosses, crochues et sans aucunes papilles. L'intérieur de la bouche et le voile des mâchoires supérieure et inférieure ont de nombreuses rides longitudinales, mais aucunes papilles élevées.

La membrane des ouïes est étroite et n'a que six rayons.

La dorsale a dix épines faibles et médiocrement élevées : c'est la troisième qui est la plus longue. Les rayons mous dépassent un peu les épineux. Les épines de l'anale sont plus courtes et plus fortes que celles de la dorsale. Son premier rayon épineux répond au premier mou de la dorsale. La caudale est peu fourchue. La pectorale est large et peu pointue.

Voici les nombres des rayons, qui sont les mêmes dans toutes les autres espèces de ce genre.

B. 6; D. 10/9; A. 3/8; C. 17; P. 13; V. 1/5.

Le surscapulaire est peu large, finement dentelé, surmonté de quatre écailles semblables, placées en arc de cercle et dentelées. Entre elles et l'œil il y a sur la tempe un petit groupe d'écailles cornées, plus petites que celles du corps : on en compte quarante-cinq entre l'ouïe et la caudale, et dix-sept dans la hauteur du corps; elles sont minces, finement ciliées. Chaque écaille est pentagone; de sorte que la portion découverte paraît triangulaire. Le bord radical est droit et finement festonné par les extrémités des dix-huit rayons de l'éventail. Chaque écaille de la ligne latérale est percée d'un gros pore oblique.

Ce poisson, dans la liqueur, paraît verdâtre et couvert d'un réseau noirâtre, formé par le bord foncé de chaque écaille. Mme Bowdich dit que le sien était entièrement argenté, avec une teinte rosée.

L'anatomie de ce léthrinus nous a montré que le foie est peu volumineux, l'estomac très-petit et arrondi. Sa vessie aérienne est grande, arrondie en avant, et fourchue en arrière. Ses cornes sont petites, et pénètrent de chaque côté du premier interépineux de l'anale dans les muscles de la queue. La membrane fibreuse est blanche, épaisse, et donne de distance en distance des bandes étroites, qui vont s'attacher aux côtés, et qui font paraître à l'œil la vessie lobée à la manière des sciénoïdes; mais ces productions ne sont pas creuses, et ne communiquent pas avec l'intérieur.

Le plus grand individu du Cabinet du Roi a quatorze pouces de longueur.

Des Léthrinus des mers de l'Inde.

Le LÉTHRINUS BUNGUS.

(*Lethrinus bungus*, Ehrenb.)

Examinons maintenant les nombreuses espèces de léthrinus qui se trouvent dans presque tous les parages du grand Océan indien.

M. Geoffroy Saint-Hilaire en a rapporté de Suez, et M. Ehrenberg de Massuah, une grande, que nous ne trouvons pas dans Forskal, mais que nous prendrons pour terme de comparaison, à cause de la parfaite conservation des individus que M. Ehrenberg a donnés au Cabinet du Roi.

Ce poisson a la nuque un peu plus haute que le précédent; d'ailleurs il a comme lui la tournure du pagel. Sa plus grande hauteur en avant de la dorsale est contenue trois fois et demie dans la longueur totale. L'épaisseur fait presque la moitié de la hauteur. Le profil monte obliquement du bout du museau vers la nuque, en se creusant un peu au-devant des yeux. Les lignes du profil du dos et du ventre suivent une courbure à peu près égale, ce qui donne au poisson une forme ovale assez régulière et alongée.

L'œil est grand et placé vers le haut et l'arrière de la joue. Son diamètre fait le quart de la longueur de la tête, qui elle-même mesure le tiers de celle du corps sans y comprendre la caudale.

La peau de la joue est épaisse, et passe sur le sous-orbitaire et sur le préopercule, sans que l'on puisse distinguer ces os sur le frais. Le limbe du préopercule est large, et son angle est arrondi : il n'y a aucunes dentelures ni stries sur le bord montant. L'opercule et le sous-opercule paraissent réunis sous les écailles qui les recouvrent, et forment une pièce trois fois plus haute que large, terminée par une large pointe triangulaire, aplatie, osseuse, et qui n'est point garnie d'écailles. L'interopercule est nu comme le préopercule ; de sorte que la tête de ces poissons n'a que quelques écailles sur le vertex en arrière des yeux, sur l'opercule et le sous-opercule.

Le front, le sous-orbitaire, le préopercule, le sub-opercule et les deux mâchoires sont recouverts par une peau adipeuse, épaisse et criblée de pores.

La bouche est assez grande ; les deux mâchoires sont d'égale longueur. L'articulation de la mâchoire inférieure est reculée jusqu'à l'aplomb de l'angle antérieur de l'œil, ce qui lui permet de s'abaisser plus que dans la plupart des autres sparoïdes, et autant que dans bien des hémulons. Les lèvres sont très-épaisses, et garnies de papilles très-nombreuses et très-serrées comme un fin velours : elles remplissent l'intervalle qui sépare les dents. Le voile du palais et celui de la mâchoire inférieure sont chargés de papilles semblables, qui s'avancent près de celles des lèvres, de façon que les dents sont presque cachées. Il y a quatre fortes canines à l'extrémité de la mâchoire supérieure; puis quatre grosses dents coniques mousses sur le côté, lesquelles sont suivies de trois autres dents, aplaties, élargies, creusées dans le milieù d'un petit sillon. La bande des dents en velours ras est assez large derrière les canines; elle ne s'étend pas sur les côtés des mâchoires au-delà des dents coniques. Les dents de la mâchoire inférieure sont semblables. Les pharyngiennes sont en fortes cardes, presque cachées dans les nombreuses et épaisses villosités qui garnissent l'intérieur de la bouche. La langue est courte, triangulaire, hérissée de nombreuses et fines villosités: sa pointe est libre.

Les ouïes sont larges et fendues, comme c'est l'ordinaire des sparoïdes; leur membrane branchiostège ne porte que six rayons, et est entièrement cachée sous l'opercule et l'interopercule. Cette dernière pièce se croise sous la gorge avec celle du côté opposé, quand les ouïes sont fermées.

La dorsale est peu élevée, et ses rayons épineux sont de grosseur et de longueur médiocres. La seconde épine de l'anale est robuste, moins alongée que la troisième, qui est très-grêle.

La pectorale est longue, pointue, non échancrée en faux; le second rayon est le plus long. Les ventrales sont également alongées. Quand elles sont pliées et rapprochées du ventre, leur pointe atteint jusqu'à l'anus. La caudale est médiocrement fourchue, et a ses lobes arrondis.

B. 6; D. 10/9; A. 3,8; C. 17; P. 13: V. 1/5.

L'ossature de l'épaule est en partie cachée sous des écailles semblables à celles du corps. Le scapulaire se montre comme une pièce étroite et alongée, dont la portion supérieure dépasse à peine l'attache de l'opercule. Le surscapulaire est une large écaille recouverte d'une peau épaisse et criblée d'un grand nombre de très-petits pores. On voit au-dessus de cet os trois grandes écailles, un peu plus petites que lui, et sur lesquelles s'étend une peau de même nature. Entre l'œil et elles il y a un groupe d'écailles cornées, semblables à celles du corps. Celles-ci sont de grandeur médiocre : on en compte une cinquantaine depuis l'ouïe jusqu'à la caudale, et une vingtaine dans la hauteur. Le bord libre de chacune est finement dentelé; le bord radical l'est plus profondément par la terminaison des dix-huit rayons de l'éventail de la portion recouverte : il n'y en a point de remarquable dans l'aisselle de la pectorale; dans celle de la ventrale en est une triangulaire, assez large, creusée en une gouttière profonde sur la face externe. Entre les deux nageoires il n'y en a qu'une courte, de la forme d'un triangle équilatéral.

La ligne latérale est marquée par une suite de gros pores percés obliquement à travers chaque écaille. Elle suit une direction parallèle au dos, par le quart de la hauteur du corps.

Ce poisson paraît dans la liqueur d'une couleur verdâtre, et ayant sur chaque écaille un trait large jaune d'or. M. Ehrenberg, qui l'a vu frais, le représente brun-rouge sur le dos, et blanchâtre sur les côtés et le ventre.

Les Arabes de Massuah le nomment, d'après ce savant voyageur, *bungus*.

C'est probablement le même mot, mal écrit ou mal prononcé, *bonkose* (orge); que Forskal a cru appartenir à l'espèce nommée autrement *schaur*, qu'il a donnée sous le nom de *sciæna nebulosa*, et que nous décrirons dans l'article suivant.

Le foie du léthrinus bungus est médiocre. L'estomac est un long cul-de-sac, dont les parois ne commencent à s'épaissir que vers le fond et le long de la face inférieure, d'où sort la branche montante, qui est courte et beaucoup plus charnue que l'estomac. On voit au pylore trois cœcums gros et courts. L'intestin fait deux plis, et a, comme l'entrée de l'estomac, des parois très-minces, presque membraneuses : il n'y a point de papilles ou de villosités à l'intérieur, ce qui est remarquable, puisque nous avons vu que tout l'intérieur de la bouche en est tapissé. Aux deux tiers postérieurs du dernier pli, une valvule épaisse marque l'origine du rectum, dont les parois sont épaisses et charnues.

Les laitances pleines sont peu volumineuses, et n'occupent que la seconde moitié de la longueur de l'abdomen. La vessie aérienne est très-grande, simple et arrondie antérieurement; elle s'amincit, et finit par deux cornes droites, courtes, qui embrassent le premier interépineux de l'anale. Sa tunique fibreuse est très-épaisse, d'un beau blanc mat, composée de fibres droites, parallèles entre elles, et qui viennent obliquement des côtes se croiser et se confondre sur une ligne médiane de la face inférieure. Pour augmenter le nombre et la force de ses attaches, la vessie adhère à chaque côte par une lame fibreuse, assez large, qui peut au premier aspect faire croire que cette vessie est lobée comme celle des sciénoïdes. La tunique propre de la vessie est très-mince. Les reins sont volumineux, confondus en une seule masse dans la plus grande partie de leur longueur. Un peu avant la bifurcation de la vessie urinaire ils donnent naissance à deux uretères courts, qui passent entre les cornes de la vessie aérienne, et versent l'urine dans une grande vessie, placée comme à l'ordinaire sur les organes génitaux, et qui est divisée antérieurement en deux longues cornes assez grosses, appuyées chacune le long de la vessie aérienne.

Le Léthrinus nuageux.

(Lethrinus nebulosus, Ehr.; *Sciæna nebulosa,* Forsk.)

M. Ehrenberg a trouvé le *schaur* des Arabes de Massuah, que Forskal avait indiqué parmi ses sciènes sous le nom de *sciæna nebulosa.*

Le profil de ce poisson est rectiligne, et ne fait point au-devant des yeux de légère sinuosité rentrante. Sa nuque est peu élevée. L'espace entre les yeux est large et aplati. L'arrière du corps est un peu plus large, et le poisson est cependant moins raccourci. Les pores de la peau des joues sont visibles. La seconde ouverture de la narine est large et presque arrondie. Les lèvres sont moins épaisses. Il n'y a que quelques courtes papilles dans l'intérieur de la bouche.

Les nageoires ventrales sont un peu moins larges et un peu moins longues. Ce sont d'ailleurs les mêmes nombres de rayons.

M. Ehrenberg a décrit les couleurs sur le poisson frais, et il nous les indique de la manière suivante.

Sur un fond brun lavé de jaune on voit des taches bleues éparses, d'où naissent des traits interrompus de la même couleur, et assez régulièrement disposés. Le dessous de la tête et de la poitrine est blanc. On voit sur la caudale des traces de taches disposées par bandes transversales.

Les viscères de ce poisson étaient mal conservés, et nous n'avons pas pu en faire l'anatomie. Nous avons cependant vu la vessie aérienne en place, et elle est tout-à-fait semblable à celle de l'espèce précédente. Même direction des fibres de la membrane fibreuse, mêmes attaches aux côtés, et la bifurcation en arrière existe également.

Notre individu est long de huit pouces.

Ce poisson se nourrit de coquillages assez durs. Nous avons trouvé dans son estomac de nombreux débris de petits individus du *cardium hemicardium,* Brug.

La description des couleurs convient assez bien à ce que Forskal dit de son *sciæna nebulosa;* et comme le nom arabe du poisson que nous a donné M. Ehrenberg est le même que celui qu'en a rapporté Forskal, nous croyons pouvoir établir sans erreur cette synonymie. Ce nom signifie *cheveux.*

Le Léthrinus de Geoffroy.

(*Lethrinus Gothofredi,* nob.)

Nous avons trouvé parmi les espèces recueillies à Suez par M. Geoffroy Saint-Hilaire, un léthrinus voisin du nuageux.

Il a le museau plus pointu, la nuque plus élevée et plus tranchante, le dos plus courbe, le corps plus trapu. Les deux dents antérieures externes de la mâchoire d'en bas dépassent les autres; celles de l'arrière sont globuleuses.

L'individu est long de huit pouces. Ses formes diffèrent de celles de tous les autres; nous ne pouvons rien dire de ses couleurs.

Le Léthrinus mahsénoïde.

(*Lethrinus mahsenoides,* Ehrenb.)

M. Ehrenberg a comparé au mahsena de Forskal ce léthrinus

à corps raccourci, à front bombé, à profil plus droit qu'aucun des précédens, et dont la couleur est un vert-clair général, avec une tache blanche dans l'angle de chaque écaille. Sur la joue il y a de nombreux points blancs. Le bord membraneux de l'opercule est rouge vif. Les nageoires impaires sont rosées, les paires verdâtres. L'iris de l'œil est jaune.

L'estomac est petit et pointu. Le pylore a trois cœcums, dont les deux de gauche sont larges et courts. La vessie aérienne n'a que de très-faibles attaches aux côtes : ses cornes postérieures sont courtes; celles de la vessie urinaire sont longues et grêles. L'individu que M. Ehrenberg a donné au Cabinet du Roi est long de sept pouces.

Le Léthrinus varié.

(*Lethrinus variegatus*, Ehr.)

Cette espèce a été observée à Massuah par M. Ehrenberg. M. Geoffroy Saint-Hilaire l'avait rapportée de Suez.

Elle a le corps très-alongé et un peu arrondi. Sa hauteur n'est presque que le cinquième de la longueur totale. La tête est contenue trois fois et un tiers dans cette même longueur. Les dents canines latérales sont de vrais crochets longs et pointus à la manière des dentés; toutes les autres sont pointues : il n'y en a aucune qui soit globuleuse. Les lèvres sont peu charnues et peu garnies de papilles. La peau de la joue est criblée de petits pores. Les écailles sont petites et âpres au toucher.

Ce poisson est bleuâtre sur le dos, argenté sur le ventre. Il a quelques taches noirâtres irrégulières sur les côtés; la plus grande est entre la pectorale et la ligne latérale. Les nageoires sont pâles. L'intérieur de la bouche est rougeâtre. On voit sur les joues, qui sont argentées, quelques marbrures brunâtres.

L'un des individus de M. Geoffroy est long de huit pouces.

Nous avons fait l'anatomie de ce poisson, qui a un estomac plus court que le bungus, sillonné en dedans de rides nombreuses, inégales; celles de la face inférieure sont beaucoup plus grosses. La branche montante est très-courte : il n'y a que deux cœcums très-courts auprès du pylore. L'intestin est grêle, fait deux plis. Le rectum est du double plus long que celui du précédent. La rate est petite, aplatie, noirâtre, sous l'estomac près de la naissance du duodénum. La vessie aérienne est grande, à peu près cylindrique, arrondie en avant, et donne en arrière deux cornes un peu plus longues et plus pointues que celles de l'espèce précédente. Sa tunique fibreuse est peu épaisse, et assez solide; elle ne prend pas d'attaches aux côtes. Les reins sont de grosseur médiocre, réunis en une seule masse. La vessie urinaire est petite, et donne de chaque côté deux cornes grêles, un peu ondulées et reployées sur elles-mêmes, de manière que l'extrémité est placée dans le fond de l'abdomen.

Le LÉTHRINUS ALONGÉ.

(*Lethrinus elongatus*, Ehr.)

Une espèce voisine de la même mer, et que M. Valenciennes a vue dans le Cabinet de Berlin, où M. Ehrenberg l'a déposée,

a le corps encore plus alongé, le museau plus pointu. Le corps est gris verdâtre sur le dos, blanc sur le ventre. Les nageoires sont rouges. La dorsale est ornée de taches bleues.

L'individu est long d'un pied.

Le LÉTHRINUS A TACHE OPERCULAIRE.

(*Lethrinus opercularis*, nob.)

M. Raynaud a pris à Trinquemalé de Ceilan une espèce qui tient de près au nuageux.

Elle a le profil rectiligne, plus oblique; le museau plus court, l'œil plus grand, l'espace entre les yeux plus bombé, la bouche plus fendue, la peau plus poreuse; de courtes villosités sur les lèvres, qui sont médiocrement épaisses. La seconde ouverture de la narine est grande, ovale, et le bord postérieur porte un appendice charnu, horizontal, qui en rétrécit l'entrée. Le dessus et les joues paraissent violets, sans taches; le dessous de la gorge est blanc. Le corps, sur un fond verdâtre, offre quelques lignes longitudinales au-dessus de la ligne latérale, et d'autres sur le ventre au-dessous de la pectorale : il y a aussi deux ou trois séries de points bleuâtres sur le dos. La dorsale est rougeâtre ; la pectorale et l'anale sont orangées ; la caudale est violette ; les ventrales sont jaunes. Les nombres des rayons sont les mêmes que ceux des espèces précédentes. Le haut du bord membraneux de l'opercule est teint d'une belle couleur rouge ; et quand la mâchoire inférieure est abaissée, on voit que les angles sont orangés, ce qui donne à cette espèce des rapports apparens avec les hémulons.

Nous n'avons vu de son anatomie que la vessie aérienne, laquelle a de faibles attaches aux côtés, fournies par la membrane fibreuse. En arrière elle donne deux petites cornes coniques très-pointues.

Nos individus sont longs de huit pouces.

Le LÉTHRINUS A BANDES.

(*Lethrinus fasciatus*, nob.)

Un autre léthrinus de Trinquemalé, et que l'on doit aux recherches du même voyageur, a le corps encore plus court, le dos plus arqué, le museau plus aigu. L'œil est petit ; l'occiput est bombé ; les lèvres sont épaisses, papilleuses, ainsi que l'intérieur de la bouche. La face est bleue ; les flancs sont rayés de bandes étroites, longitudinales, alternativement jaunes et bleues, au nombre de sept à huit. Le ventre est rosé et rayé par cinq à six traits noirâtres. La dorsale est violacée, la caudale violette, les pectorales orangées : on voit une tache violette dans leur aisselle. Les ventrales sont noirâtres. Il n'y a point de taches à l'opercule. L'intérieur de la bouche est d'une belle couleur orangée; celle de l'angle de la mâchoire inférieure est plus faible.

D. 10/9 ; A. 3/7 , etc.

Cet individu n'est long que de sept pouces.

Il a comme les précédens une vessie aérienne grande, fibreuse, adhérente aux côtés, et donnant en arrière deux petites cornes.

Le LÉTHRINUS BRIDÉ.

(*Lethrinus frænatus,* nob.)

On trouve encore à Ceilan un troisième léthrinus, voisin des précédens, et qui s'en distingue

par une tête plus alongée, sans être cependant aussi pointue que dans le léthrinus à bandes. Les dents sont plus petites. Le dos paraît verdâtre, et le ventre blanchâtre. Le long des flancs il y a dix-huit à vingt lignes longitudinales jaune olivâtre. Au-dessus de la ligne latérale le dos est tacheté de points bleuâtres. La tête est olivâtre. Au-devant des yeux on voit trois lignes bleuâtres ou violettes obliques sur les sous-orbitaires; une autre traverse le front, et une cinquième suit en dessous le contour de l'orbite. Le bord antérieur du limbe du préopercule est aussi coloré en violet. L'intérieur de la bouche est orangé. La dorsale est mêlée de violet et d'orangé. Cette couleur domine sur le bord et sur la portion molle de la nageoire. L'anale est rougeâtre, la caudale violette. Sa vessie aérienne est semblable à celles des précédens; ses cornes sont plus courtes et plus pointues.

Il a près de neuf pouces.

On le doit à M. Raynaud.

Le LÉTHRINUS KORELY.

(*Lethrinus korely*, nob.)

M. Leschenault a envoyé de la rade de Pondichéry deux espèces très-voisines l'une de l'autre, et toutes deux très-semblables à la précédente. Les pêcheurs les confondent sous le nom de *korely*.

L'une a les dents un peu plus grosses et plus arrondies; elle n'a que deux traits mal arrêtés entre le bout du museau et l'œil. M. Leschenault dit que le poisson frais a le dos brun vineux, le ventre blanc et la dorsale tachetée de roux.

C'est un bon manger. On pêche ce poisson pendant toute l'année à Pondichéry, et on en prend des individus qui ont plus de deux pieds. Le nôtre n'a que dix pouces.

Le LÉTHRINUS TACHETÉ.

(*Lethrinus maculatus*, nob.)

La seconde espèce a le corps plus ovale, le museau un peu plus court, les dents plus petites et plus pointues. L'angle supérieur de l'opercule donne une petite pointe, mais peu prononcée. Le dessus de la

tête et le dos sont roussâtres ou brun vineux; le bas
des joues et le dessous de la gorge argentés. Il y a
sous l'œil deux rangées de points bruns. Sur les
flancs, au-dessous de la ligne latérale, il y a une
tache noirâtre, et cinq à six bandes nuageuses, brunâtres, peu apparentes. On ne voit pas de taches à
l'opercule; il n'y en a pas non plus dans l'aisselle de
la pectorale. Les nageoires sont pâles.

L'individu est long de sept pouces.

Le LÉTHRINUS A QUEUE ROUGE.

(*Lethrinus erythrurus*, nob.)

Une quatrième espèce de Ceilan a, comme ce tacheté de Pondichéry, une tache noire sur les côtés;
mais elle n'a pas de points sur les sous-orbitaires.
Son corps, verdâtre, est rayé longitudinalement par
de petits traits fins et noirâtres. La tête est roux vineux. Le dessous de la gorge est blanc. Les nageoires
sont blanchâtres, excepté la caudale, qui est d'un
rouge mêlé de violet. Le bord membraneux de l'o-
percule a du jaune. Le corps est un ovale alongé.

Nos individus ont de six à huit pouces de long.

Ils proviennent du voyage de M. Raynaud.

Le LÉTHRINUS CENDRÉ.

(*Lethrinus cinereus*, nob.)

Ce léthrinus habite encore les côtes de Ceilan, où il est le cinquième. Il a été pris dans
la rade de Kaitz par M. Raynaud.

Son corps est plus élevé que celui du précédent; le museau est plus court; les dents sont plus rondes. Il est roussâtre sur le dos, et grisâtre sur les flancs, sur le ventre et sur la plus grande portion des joues. Les nageoires sont grises; la caudale a quelques traces de bandes verticales noirâtres; les pectorales ont une légère teinte jaunâtre. La vessie aérienne n'a pas d'adhérences particulières aux côtes; ses cornes sont très-courtes.

L'individu est long de six pouces.

Le Léthrinus a demi-ceinture.

(*Lethrinus semicinctus*, nob.)

MM. Quoy et Gaimard ont pris à Bourou, pendant leur voyage avec M. d'Urville, une espèce

à corps alongé, à front plat et large, à caudale plus fourchue qu'aux précédens. Les dents sont plus longues et plus pointues qu'à aucune autre. La face est rougeâtre; le dos est brun, le ventre blanc. Dix ou douze lignes longitudinales, formées par une série de points noirs, ornent les flancs; celles qui sont au-dessous de la ligne latérale, sont plus visibles que celles qui sont au-dessus. Sous les trois premiers rayons mous de la dorsale on voit sur le milieu des côtés une large tache noirâtre. Le dos est traversé par six bandes noirâtres, étroites, qui s'effacent un peu au-dessous de la ligne latérale, et forment des demi-ceintures noires. Les nageoires sont rougeâtres. La vessie aérienne n'a plus qu'un rudiment de cornes à sa partie postérieure.

L'individu est long de huit pouces.

Le LÉTHRINUS A PETITES DENTS.

(*Lethrinus microdon*, nob.)

Les mêmes naturalistes ont trouvé dans le même endroit une grande espèce

dont les dents sont remarquablement petites et toutes pointues. Le corps est très-alongé; la tête l'est aussi beaucoup; le museau est pointu, et l'espace entre les yeux légèrement bombé.

Ce poisson paraît avoir été d'une couleur uniforme et verdâtre. On ne voit d'apparence de nuages ou de taches que sur les joues et sur le bout du museau. Au-devant de l'œil il y a quelques vestiges de traits bleuâtres. La vessie aérienne, dans cette espèce, a deux petites cornes, mais point de productions fibreuses pour augmenter ses attaches aux côtes.

L'individu a plus d'un pied de long.

Le LÉTHRINUS OLIVE.

(*Lethrinus olivaceus*, nob.)

Les compagnons de M. d'Urville ont pris encore dans les mêmes mers un léthrinus

à museau pointu et alongé, à dents petites et aiguës, dont le dos est assez courbe. Sa caudale est fourchue. Le corps est vert olivâtre sur le dos, la tête et la queue; le ventre est plus jaune; les lèvres sont rougeâtres, ainsi que le bas du préopercule. La joue est rayée par cinq bandes obliques vertes, dont les trois supérieures vont de l'œil à la lèvre; les deux autres sont interrompues et onduleuses.

La portion épineuse de la dorsale est jaunâtre, bordée d'orangé, et tachetée de flammes aurore et de gros points olive, placés sur la base de chaque épine. La membrane de la portion molle est aurore, ainsi que la pectorale et la caudale. Les rayons de ces nageoires sont jaunes. L'anale et les ventrales sont jaunâtres.

Le foie se compose de deux lobes triangulaires très-longs et très-pointus; celui de gauche occupe toute la longueur de la cavité abdominale.

L'estomac est court et cylindrique; sa branche montante est très-courte : il n'y a que trois cœcums fort petits.

La vessie aérienne est grande et simple; elle ne donne pas de corne en arrière.

L'individu du Cabinet du Roi a huit pouces de longueur; il a été pris dans le détroit de la Sonde, près le village d'Antjer, sur l'île de Java.

Le LÉTHRINUS LONG-MUSEAU.

(*Lethrinus rostratus*, K. et V. H.)

Nous avons vu dans le Musée royal des Pays-Bas une espèce voisine de la précédente.

Elle a le corps alongé, le museau prolongé et pointu, les dents médiocres et pointues. On ne voit aucunes bandes sur la joue, qui est violacée. Les lèvres sont violettes : on ne voit pas de rouge à l'angle des mâchoires. Le corps est gris, nuancé de violet. La dorsale est bordée de rouge, et il y a entre les rayons mous une tache rouge alongée. La caudale est violette.

M. Valenciennes a fait cette description à Leyde sur un individu long de neuf pouces, envoyé de Batavia par MM. Kuhl et Van Hasselt.

Le LÉTHRINUS DE WAIGIOU.

(*Lethrinus waigiensis*, nob.)

MM. Quoy et Gaimard, lors de leur premier voyage avec M. Freycinet, ont découvert à Waigiou une espèce

qui a le museau encore plus alongé, les rayons de la dorsale plus élevés et plus grêles. Les nombres sont :

D. 10/9; A. 3/8; C. 17; P. 15; V. 1/5.

La couleur paraît brune sur le dos, argentée sur le ventre, le museau noirâtre, et le corps nuagé de grandes marbrures noirâtres. Il y a quelques traces de bandes brunes sur les joues.

La longueur de nos individus est de sept pouces.

Pendant leur second voyage, les mêmes naturalistes ont retrouvé cette espèce à la Nouvelle-Guinée.

Le Léthrinus a réseau.

(*Lethrinus reticulatus*, nob.)

Une autre espèce, des côtes de la Nouvelle-Guinée, et que l'on doit aux recherches des mêmes voyageurs,

a le museau un peu plus court, le front plus large, les rayons de la dorsale plus bas. La tête est roussâtre, avec deux ou trois bandes brunes au-dessous de l'œil; le bord membraneux de l'opercule jaune. Le corps, plus pâle que la tête, est irrégulièrement tacheté de noirâtre. Les rayons mous de la dorsale, de la caudale et de l'anale sont très-finement rayés de traits noirs, ce qui les fait paraître comme enveloppés d'un réseau délié.

Ce petit poisson n'a pas quatre pouces de longueur.

Le Léthrinus sale.

(*Lethrinus sordidus*, nob.)

Un autre petit léthrinus des mêmes parages

a le museau encore plus court, les yeux plus petits, l'espace qui les sépare plus étroit, les rayures de la caudale moins fines. La tête est rousse, sans traces de bandes. Le corps est roussâtre, avec huit bandes verticales, étroites, noirâtres, mal arrêtées, qui croisent les dix-huit à vingt traits longitudinaux noirâtres que l'on voit sur les flancs plus ou moins nettement, suivant les diverses incidences de la lumière. Il y a en outre deux taches nuageuses sur chaque côté, une au-dessus de la pectorale, et la seconde, plus large, sous le dernier rayon mou de la dorsale.

Cet individu, qui provient aussi des recherches de MM. Quoy et Gaimard, n'est long que de trois pouces et demi.

Le LÉTHRINUS JAUNATRE.

(*Lethrinus flavescens*, nob.)

Cette espèce a le museau de longueur médiocre, rectiligne; le front un peu convexe et élargi entre les yeux; les dents petites et arrondies vers l'arrière de la bouche; la tête roussâtre, sans tache; le corps à reflets jaunâtres, un peu verdâtre sur le dos, sans aucun mélange d'autres couleurs. La dorsale est grise, avec deux séries de taches brunes mal terminées; la caudale jaune. Les articulations des rayons des trois nageoires impaires sont noires, les pectorales jaunes; les ventrales ont quelques taches brun pâle.

La vessie aérienne de ce poisson donne en arrière deux petites cornes, et elle a de chaque côté trois ou quatre attaches fibreuses aux côtes.

C'est encore à MM. Quoy et Gaimard que nous devons la connaissance de ce léthrynus, originaire de Tongatabou. L'individu rapporté au Cabinet du Roi est long de huit pouces.

Le Léthrinus azuré.

(*Lethrinus azureus*, nob.)

Cette espèce est voisine de la précédente.

Elle s'en distingue par un museau plus court, un front plus large, bombé au-devant des yeux, et aplati sur la nuque. Les rayons de la dorsale sont grêles.

MM. Quoy et Gaimard ont pris ce poisson à la Nouvelle-Irlande, dans le Havre-Carteret. Ils nous apprennent que pendant la vie

le corps est bleu d'azur ou de ciel, sans aucune tache; que les nageoires sont bordées de rougeâtre, et que l'intérieur de la bouche est également rougeâtre.

L'individu que ces voyageurs ont rapporté, est long d'un pied; mais il y en a de beaucoup plus grands, qui atteignent à deux pieds.

L'anatomie de ce poisson nous a montré un foie médiocre, un petit estomac, trois cœcums courts et gros au pylore, un intestin plié sur lui-même, de peu de longueur, mais d'un diamètre au moins égal à celui de l'estomac. La vessie donne de nombreuses attaches aux côtes; elle se bifurque en arrière en deux cornes grosses, obtuses et très-courtes.

Le Léthrinus bleu.

(*Lethrinus cœruleus,* nob.)

M. Dussumier a rapporté des Séchelles plusieurs espèces nouvelles de léthrynus, qu'il a bien voulu donner au Cabinet du Roi.

L'une a le corps très-élevé, le dos courbé, le museau obtus, les dents postérieures grosses et arrondies, les lèvres épaisses, les écailles médiocres, les épines de la dorsale très-fortes. M. Dussumier indique les couleurs sur le frais, bleu clair, à reflets argentés. Il y a sur la tempe une tache noire, qui disparaît presque entièrement après la mort. La lèvre supérieure est jaune, l'extrémité des nageoires aurore. Les cornes de la vessie aérienne sont petites. Je n'ai pu rien voir des autres viscères.

Nos individus ont près d'un pied.

M. Dussumier dit que la chair en est dure et d'assez mauvais goût.

Le Léthrinus capitaine.

(*Lethrinus centurio,* nob.)

Une autre espèce, aussi des Séchelles, a le museau aigu, le profil de la tête creux, la nuque élevée, le dos presque rectiligne, les dents plus petites, les épines de la dorsale longues et grêles.

La tête et le dos sont, d'après les observations de M. Dussumier, nuancés et rayés de bleu de ciel et de jaune doré; le ventre est blanc; l'intérieur de la bouche mordoré. Les nageoires sont aurores; les pectorales et les ventrales sont plus pâles. Il y a sur la joue des deux individus de la collection des points bruns, dont M. Dussumier ne parle pas dans la note qu'il nous a communiquée. L'estomac est grand, à parois très-minces; il n'y a que trois cœcums au pylore. La vessie aérienne est très-grande, à parois lisses, argentées, sans attaches latérales aux côtes, et divisée en arrière en deux cornes très-courtes, grosses et arrondies.

Ce poisson porte aux Séchelles le nom de *capitaine,* que les pêcheurs appliquent encore à beaucoup d'autres espèces. Sa chair est de très-bon goût. Il atteint à deux pieds de longueur. Nos individus n'ont que la moitié de cette taille.

Le Léthrinus aux nageoires aurores.

(*Lethrinus croceopterus,* nob.)

Cette petite espèce a le corps ovale, le museau médiocre, les dents petites et rondes, le corps verdâtre, le bord membraneux de l'opercule orangé, les pectorales et les ventrales aurores; la dorsale et l'anale grisâtres; la caudale verte, assez foncée. Il n'y a point de taches sur les joues.

Ce poisson est long de cinq pouces.

Il se trouve aux Séchelles. M. Dussumier ne nous a donné aucune observation particulière

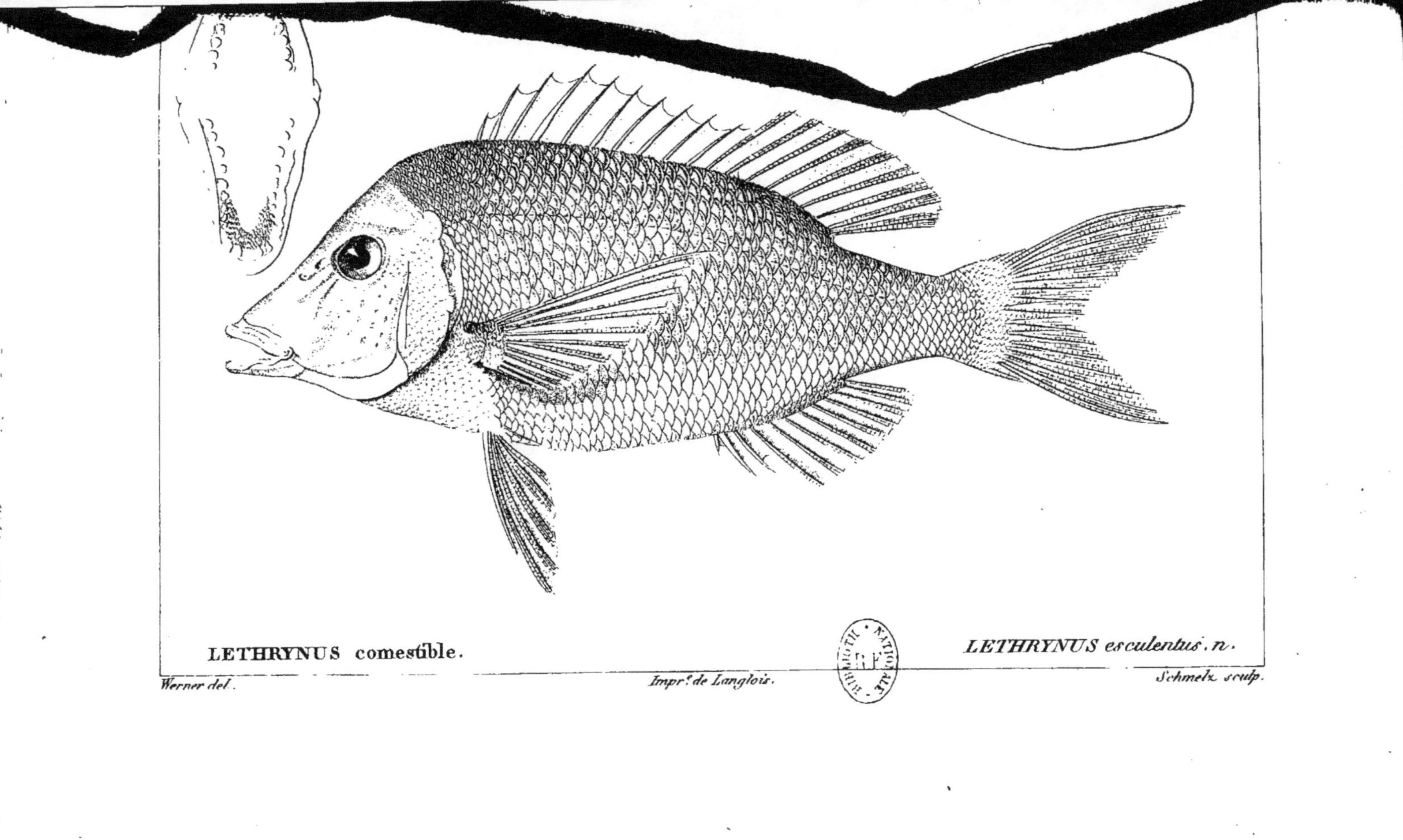

LETHRYNUS comestible.
LETHRYNUS esculentus. n.
Werner del.
Impr.e de Langlois.
Schmelz sculp.

sur ses habitudes ni sur le goût de sa chair.

Nous avons vu parmi les poissons du Musée de Berlin un petit léthrinus, sur lequel Bloch n'a donné aucune notice, et dont on ignore la patrie, qui nous a paru être de cette espèce.

Le Léthrinus argenté.

(*Lethrinus argenteus,* nob.)

Celui-ci ressemble un peu au jaunâtre;

mais il a le museau un peu plus court, la nuque plus élevée et plus tranchante, l'œil plus petit; il n'a point de taches sur la dorsale. Sa couleur est argentée, à reflets nacrés. Toutes les nageoires sont roses, à l'exception des pectorales, dont le jaune est la couleur.

Nos individus sont longs de sept pouces.

C'est M. Dussumier qui les a recueillis aux Séchelles.

Le Léthrinus de Bourbon.

(*Lethrinus borbonicus,* nob.)

M. Gaimard a pris dans la rade de Saint-Denis de Bourbon une espèce

à museau court, à front large et bombé, à dos peu courbé, à dents petites et grenues, dont la couleur paraît avoir été jaunâtre, à reflets argentés, brune sur la tête, et rougeâtre sous la gorge. Toutes les nageoires sont rougeâtres.

Les individus du Cabinet du Roi ont sept pouces de long.

Le Léthrinus a joues tachetées.

(*Léthrinus geniguttatus*, nob.)

Feu Péron avait rapporté de la mer des Indes deux léthrinus qui n'ont point encore été retrouvés par les voyageurs récens.

Le premier a le corps ovale, peu alongé : la hauteur fait le tiers de la longueur ; le dos et le ventre sont légèrement courbés.

L'œil est médiocre, assez éloigné du bout du museau ; aussi le sous-orbitaire est-il étroit et alongé.

Le préopercule n'est pas très-grand ; son bord montant est lisse et oblique en arrière ; le bord inférieur est un peu arqué.

L'opercule est étroit, son angle postérieur terminé en une pointe assez aiguë.

La bouche n'est pas très-fendue.

Il y a à l'extrémité de chaque mâchoire, dont la longueur est la même, quatre dents canines, courtes, crochues et pointues, suivies sur le bord des mâchoires de dents médiocres, coniques, pointues ; et dans le fond de la bouche on en voit deux ou trois plus grosses que les autres, et tuberculeuses, égales entre elles.

La langue est très-courte et reculée dans le fond de la bouche. Le voile membraneux qui est au-devant de la langue et celui du palais sont couverts de papilles élevées et charnues, presque aussi fortes que les dents en velours. Une bande de ces papilles, qui s'avance sur le milieu du voile du palais, pourrait faire croire au premier examen que ce poisson a des dents vomériennes : ce qui n'est pas.

La dorsale et l'anale ont des rayons épineux médiocres; et ces deux nageoires s'élèvent à peu près comme c'est l'ordinaire aux spares.

La caudale est fourchue; les pectorales, pointues, atteignent au troisième rayon épineux de l'anale.

Les nombres sont :

D. 10/9 ; A. 3/8 ; C. 17 ; P. 13 ; V. 1/5.

L'os surscapulaire se montre comme une écaille un peu plus forte que celles du corps, à l'angle supérieur de l'opercule : il est fortement dentelé à son bord, et surmonté d'une rangée d'écailles plus fortes que celles du corps, dentelées sur leur bord, de forme oblongue, et qui remontent sur le crâne vers le front. Celles du corps sont finement ciliées sur leur bord, qui est membraneux. Le bord radical est dentelé. Chaque écaille est d'une forme à peu près carrée, un peu plus haute que large : il y en a environ quarante-cinq dans la longueur, et vingt et une dans la hauteur; dans l'aisselle des ventrales il y en a une pointue, mais peu longue.

La ligne latérale est fortement marquée, parallèle au dos et un peu plus haute au tiers de la hauteur du corps.

La couleur paraît avoir été rougeâtre sur le dos, et argentée sur les flancs et sur le ventre. Sous certains reflets on voit des taches nacrées le long du dos. La joue est rougeâtre, tachetée de nombreux

6. 20

points blanc de lait. Sur la dorsale il y a des taches rousses assez foncées, plus visibles sur la partie molle.

Ce poisson est long de sept pouces.

Le Léthrinus a joues rayées.

(*Lethrinus genivittatus*, nob.)

Une seconde et très-belle espèce, découverte par Péron,

a le corps d'une forme ovale, régulière, moins haut que dans la précédente. Sa hauteur est trois fois et un tiers dans sa longueur.

L'œil est grand, assez rejeté en arrière; les narines sont percées auprès de son bord antérieur: l'ouverture postérieure est la plus grande.

L'angle de l'opercule est terminé en pointe assez aiguë.

Les mâchoires sont égales. Les lèvres sont assez épaisses, et cachent toutes les dents, excepté les deux latérales de la mâchoire inférieure, qui se dirigent en dehors, à la manière des dents de nos sangliers. Entre elles sont quatre petites dents coniques et pointues. A la mâchoire supérieure il n'y a que quatre canines coniques, pointues, dont les latérales sont aussi dirigées en dehors ; mais elles ne sortent pas de dessous les lèvres. Ces lèvres sont garnies de papilles épaisses et pointues, qui entrent dans l'intervalle des dents. Les dents latérales sont fortes et crochues, et les dents en velours sont fines, comme à l'ordinaire.

La caudale est plutôt échancrée que fourchue.

LETHRYNUS à joues rayées.

LETHRYNUS genivittatus. n.

Les nombres sont :

B. 6 ; D. 10/10 ; A. 3/8 ; C. 15 ; P. 13 ; V. 1/5.

Les écailles sont médiocres et leur bord est âpre. L'écaille qui est dans l'aisselle des ventrales, est courte ; mais entre ces deux nageoires il y en a une triangulaire et pointue, et plus longue que dans aucun de nos pentapodes.

Le bord des écailles de ce poisson est noirâtre, ce qui dessine un réseau de cette couleur sur le corps. La joue est rougeâtre, avec quatre larges bandelettes brun-rougeâtre assez foncé ; l'antérieure part de l'œil, et va à la partie supérieure du museau ; la dernière descend du bord postérieur de l'orbite, le long du bord postérieur du préopercule, se courbe un peu à son angle pour se terminer sur l'interopercule, le long de son bord postérieur. Sur le front, entre les yeux, il y a trois à quatre traits transverses violâtres.

Les pectorales et la caudale sont blanchâtres ; la dorsale, l'anale et les ventrales sont tachetées de gros points violets.

Je n'ai pu examiner que sa vessie natatoire ; les autres viscères étaient tout-à-fait gâtés. Cette vessie est grande, arrondie antérieurement, et va depuis le diaphragme jusqu'auprès de l'intérépineux de l'anale, où elle se bifurque en deux cornes longues comme la moitié du corps de la vessie. Ces cornes, très-pointues, pénètrent dans l'épaisseur des muscles de chaque côté des interépineux de l'anale. La vessie est blanche et fibreuse. Le péritoine est également blanc, mais plus brillant.

Le Léthrinus a museau de porc.

(*Lethrinus chœrorhynchus*, nob.; *Sparus chœrorhynchus*, Bl. Schn., p. 278.)

C'est auprès de cette espèce que nous devons placer le *sparus chœrorhynchus* de Bloch, que nous avons retrouvé parmi ses poissons conservés dans le Musée de Berlin.

Il a le corps plus haut, le museau plus aigu, le profil de la tête un peu concave au-devant des yeux, les épines de l'anale fortes ; on ne voit aucune apparence de bande sur la joue, ni des taches sur le corps. Bloch dit qu'il est nuageux. Son individu est long de huit pouces.

Il indique le Japon comme la patrie de ce poisson.

Le Léthrinus verdatre.

(*Lethrinus virescens*, nob.)

Nous trouvons encore parmi les poissons desséchés du Cabinet du Roi, un léthrinus qui diffère de tous ceux que nous possédons.

Le corps n'est pas en ovale régulier, parce que l'occiput est beaucoup plus élevé que celui des autres espèces. La hauteur du corps n'est que trois fois dans la longueur, ce qui le fait paraître plus court et plus ramassé. Le profil monte obliquement, à peu près sous un angle de quarante-cinq degrés.

L'œil est grand ; son diamètre fait près de la moitié de la longueur de la tête. Le bord du préopercule est presque vertical. L'opercule est petit, écailleux, et son angle se termine en une large pointe mousse. Les deux mâchoires sont presque égales. Il y a quatre incisives en haut et six en bas, dont les deux externes sont plus grosses que les autres. Les lèvres sont assez épaisses. Les écailles sont petites ; il y en a environ cinquante dans la longueur : celle qui est dans l'aisselle des ventrales est médiocre. La caudale est fourchue, à lobes arrondis. Les nombres sont :

D. 10?/9 ; A. 3/8 ; C. 17 ; P. 13 ; V. 1/5.

La couleur paraît avoir été verdâtre sur le corps, et rougeâtre sur les joues. Il y a deux taches brunes sur le bas du préopercule, et une plus grosse sur l'extrémité du maxillaire.

Longueur, six pouces.

Le Léthrinus leutjan.

(Lethrinus leutjanus, nob. ; *Bodian lentjean,*
Lacép., t. IV, p. 294.)

Un autre léthrinus, d'origine non marquée, mais probablement de Java, est conservé depuis long-temps au Cabinet du Roi.

Il est facile à distinguer aux deux pointes que donne en arrière son opercule. L'échantillon est décoloré ; mais il offre d'ailleurs tous les autres caractères du genre. Ses dents sont petites et pointues.

M. de Lacépède a examiné ce poisson, et comme il a vu un préopercule sans dentelure et un opercule épineux, il l'a rangé parmi les bodians; mais l'absence de dents au vomer suffit pour l'éloigner de ce genre. D'ailleurs les pointes qui terminent ici l'angle de l'opercule, ne sont pas semblables aux épines fortes qui naissent sur l'os, et souvent même assez loin du bord, dans nos percoïdes.

L'épithète de *leutjean* paraît être un nom malais, sous lequel ce poisson avait été envoyé en Hollande. C'est probablement le même mot qui, ortographié *lutjang,* avait donné naissance au nom de *lutjanus,* employé par Bloch pour un genre que nous avons été obligés de supprimer.

Le Léthrinus orné.

(*Lethrinus ornatus,* nob.)

M. Valenciennes a décrit dans le Musée royal des Pays-Bas, une belle espèce que MM. Kuhl et Van Hasselt ont envoyée de Java.

Elle a le corps élevé, le dos courbe, le museau peu pointu, les dents grosses. La couleur de la tête est un brun roussâtre, mêlé de verdâtre sur les joues. Du rouge carmin très-vif borde le préopercule et l'opercule. L'angle de la bouche est rouge de minium, ainsi que l'intérieur de la bouche et la peau qui unit le maxillaire à la face; celle qui unit les os à l'intermaxillaire est grise. Une grande tache violette colore la tempe, et l'opercule est mêlé de jaune et de violet. Le corps est gris argenté, rayé longitudinalement sur le dos d'une large bande jaune, au-dessous de laquelle il y en a une bleue. Au-dessous de la ligne latérale est une bande verte, et sur le bas des flancs sont trois larges raies bleu de ciel. Le ventre est bleuâtre. La dorsale a sur un fond bleu une bordure rose vif, deux bandes de la même couleur, interrompues par les épines, et la base jaune; les rayons mous sont également rose. L'anale est grisâtre, à rayons jaunâtres; la caudale est violette; la pectorale est bleue, à rayons jaunes; la ventrale est plus pâle.

Cette espèce atteint un pied de longueur.

Le Léthrinus karwa.

(*Lethrinus karwa*, nob.; *Karwa*, Russel,
n.° 89.)

Le *karwa* de Russel est un léthrinus assez voisin du précédent.

Le bord montant du préopercule est plus oblique, ce qui rend la partie nue de la joue plus étroite et l'opercule plus large. Les écailles sont ciliées; les pectorales sont plus longues. Les couleurs sont aussi différentes : il y a quelques raies pâles sur la tête; le dos est gris bleuâtre, le ventre argenté; la dorsale, la caudale et la pectorale ont du jaunâtre ; l'anale et les ventrales sont bleu foncé ; le dedans de la bouche est orangé.

Le docteur Russel en a vu des individus qui avaient un pied de long. Il croit que les jeunes ont la dorsale et l'anale bordées d'orangé, et la caudale et les nageoires paires d'un rouge très-foncé.

Le Léthrinus d'Ehrenberg.

(*Lethrinus Ehrenbergii,* nob.)

M. Ehrenberg a observé à Massuah un léthrinus

à corps alongé, mais plus court que le précédent, dont la couleur est verdâtre, à reflets argentés et où les bords des écailles forment un réseau brun. Les nageoires sont rougeâtres, excepté les ventrales, qui sont violettes. Il est long de dix pouces.

Le Léthrinus raccourci.

(*Lethrinus abbreviatus,* Ehrenb.)

Le même voyageur a encore observé dans la mer Rouge un autre léthrinus,

dont le corps est élevé et trapu. Sa hauteur ne fait que le tiers de la longueur. Il est bleu verdâtre, et traversé par dix à douze bandes régulières brunâtres.

Le dessin a été fait d'après un individu de sept pouces et demi.

Le LÉTHRINUS MAHSENA.

(*Lethrinus mahsena*, nob.; *Sciæna mahsena*, Forsk.)

C'est auprès de cette espèce que nous plaçons le *sciæna mahsena* de Forskal. La description de ce voyageur ne laisse aucun doute que le poisson qu'elle fait connaître ne soit un léthrinus,

dont la couleur est brune, avec des bandes argentées. Les nageoires sont violettes. Le second rayon de la pectorale se prolonge en fil.

Forskal prit cette espèce au cap Djimîn, et les Arabes lui ont donné différens noms; les uns *sjour* ou *mohseni*, d'autres *soobi* ou *hœsni* ou *mahseni*. L'estomac de ces poissons était rempli de débris d'oursins, d'haliotides et de petits poissons.

Le LÉTHRINUS AUX NAGEOIRES ROUGES.

(*Lethrinus erythropterus*, nob.)

Les riches collections de dessins que MM. de Mertens et Ketlitz ont bien voulu nous communiquer à leur retour du dernier voyage des Russes autour du monde, nous ont fait connaître quatre espèces nouvelles de léthrinus.

La première a le corps totalement brun; les lèvres sont rouge de minium; le limbe inférieur du préopercule est rougeâtre. Toutes les nageoires sont rouge de minium plus vif que la couleur des lèvres. La caudale a les bords supérieur et inférieur bruns; quelques taches brunâtres colorent la membrane de la portion épineuse de la dorsale.

Ce dessin a été fait à Uléa. Il est long de six pouces et demi.

Le LÉTHRINUS AUX RAYONS ROUGES.

(*Lethrinus erythracanthus*, nob.)

La seconde espèce vient de Luganor.

Elle a la face brun rougeâtre, marbré de bistre; le dos violet foncé, parsemé de taches bleues; le ventre violet pâle. Les lèvres sont rougeâtres; les nageoires ont leur membrane violette, et les rayons d'un beau rouge.

Ce poisson a huit pouces de longueur.

Le LÉTHRINUS A POINTS BLANCS.

(*Lethrinus alboguttatus*, nob.)

La troisième a été prise à Bonin.

La tête est brun rougeâtre; au-devant de l'œil on voit trois traits verts. Le corps est brun foncé, et sur chaque écaille il y a un point blanc. Les nageoires sont brunes. La caudale est bordée en haut et en bas de rougeâtre, et tachetée de violet.

L'individu est long de huit pouces.

Le LÉTHRINUS AUX NAGEOIRES JAUNES.

(*Lethrinus xanthopterus,* nob.)

Une quatrième, plus petite que les précédentes, originaire d'Uléa,

a le dos rouge orangé, la face brune, vermiculée de traits olivâtres. Sur le ventre il y a quelques traits irréguliers jaunâtres. La portion épineuse de la dorsale est rose; la partie molle, ainsi que les pectorales et l'anale, sont jaunes; la caudale est d'un beau rose vif, bordée de jaune dans l'intérieur du croissant.

Le LÉTHRINUS CARMINÉ.

(*Lethrinus miniatus,* nob.; *Sparus miniatus,*
Forster, Bl. Schn., p. 281.)

Forster prit dans l'océan Pacifique un léthrinus dont Bloch a publié la description dans l'édition de Schneider.

Il a le corps ovale, comprimé, alongé; le museau pointu, la mâchoire supérieure plus alongée que l'inférieure. Le dos est jaunâtre ou verdâtre; chaque écaille est bordée de cendré, ce qui forme un réseau sur tout le corps. Le dessus de la tête est verdâtre, et le dessous jaunâtre. La dorsale épineuse est jaunâtre, bordée de rouge carmin; la portion molle et les autres nageoires sont d'un beau rouge écarlate.

Sa chair est de bon goût.

On doit remarquer que Bloch a donné à tort vingt-six rayons mous à l'anale, ou qu'il y a quelques fautes d'impression. La figure de Forster, que nous avons sous les yeux, n'indique pas une anale plus longue que celle des autres espèces de ce genre.

Le LÉTHRINUS A LARGES MOLAIRES.

(*Lethrinus latidens*, nob.)

MM. Quoy et Gaimard ont dessiné à la Nouvelle-Guinée un sparoïde qui nous paraît un grand léthrinus, mais, à quelques égards, rapproché des daurades.

Il a le museau court, les dents antérieures fortes et coniques, au nombre de six en haut et de quatre en bas. Les dents en cardes sont sur une bande très-étroite et très-courte. La première molaire est petite et ronde; la suivante est du double plus large que longue : viennent ensuite trois dents molaires plus grosses et plus larges que dans aucun autre léthrinus. La mâchoire inférieure n'a que deux grosses dents : la dernière est petite et ronde; mais elle l'est moins que les trois antérieures ; ce qui fait en tout six molaires à cette mâchoire. Les écailles sont grandes. Le corps est bleuâtre, avec des teintes argentées sur les joues et sur le bord de chaque écaille. La dorsale est bordée de rouge de cire très-brillant, et derrière chaque épine il y a un lambeau charnu noirâtre. Les autres nageoires sont rougeâtres. Il a sur la portion molle de l'anale trois taches noires, plus foncées que les cinq de la dorsale. Le dedans de l'aisselle de la pectorale est noir. L'intérieur de la bouche est coloré en rouge de cire. La partie supérieure de la cornée transparente de l'œil a une tache noire trèsfoncée. D. 10/10 ; A. 3/9, etc.

Les nombres sont les mêmes que dans tous les autres léthrinus.

L'individu que MM. Quoy et Gaimard ont dessiné était long d'un pied. Ils n'en ont rapporté que les mâchoires.

CHAPITRE VIII.

Des Canthères.

Les canthères composent à eux seuls une tribu dans la famille des sparoïdes, caractérisée par des dents toutes en cardes, serrées, dont celles du rang antérieur, également très-serrées, sont seulement un peu plus grosses et un peu plus crochues. Il est donc facile de les distinguer des sparoïdes de la première tribu, qui ont des molaires rondes, et de ceux de la seconde, dont les mâchoires sont armées de dents en crochets plus ou moins proéminens. Peut-être cependant pourrait-on hésiter relativement aux dentés de la seconde division, dont les dents antérieures ne sont pas très-saillantes; mais ces dents sont toujours plus séparées et moins égales, et d'ailleurs les nombres des rayons de ces derniers dentés sont les mêmes que ceux des espèces à grands crochets, ce qui prouve l'affinité de ces deux divisions, tandis que les canthères ont les rayons plus nombreux à la dorsale et à l'anale. La bouche des canthères est peu fendue, nullement protractile, ce qui les distingue de la famille des ménides.

Nous connaissons maintenant quatre espèces de canthères dans nos mers. Trois d'entre elles ont été décrites, mais assez mal, par quelques naturalistes, et une seule sur ces trois avait pris place dans le catalogue du *Systema naturæ*. La quatrième paraît aujourd'hui pour la première fois.

Les mers du Cap nourrissent deux espèces analogues au canthère et à la brême de la Méditerranée, et nous en avons reçu d'autres des mers de l'Inde; mais il ne nous en est venu aucune des côtes de l'Amérique, ni des îles de l'Atlantique.

L'anatomie des canthères ressemble à celle des autres sparoïdes. Ils ont un estomac médiocre, quatre appendices au pylore, et leur intestin ne fait que deux plis. La vessie aérienne est grande et simple. Leur nóurriture est généralement animale. Nous avons cependant trouvé dans l'estomac d'un canthère de la Méditerranée des débris de fucus.

On prend les canthères sur les côtes vaseuses : ils sont voraces et faciles à pêcher à la ligne.

Le CANTHÈRE COMMUN.

(*Cantharus vulgaris,* nob.; *Sparus cantharus,* L.)

Rondelet (p. 120) est le seul des auteurs de la renaissance des lettres qui ait bien connu le

canthère : sa figure est très-bonne pour l'ensemble et pour les proportions relatives du
corps et des nageoires. Bélon (p. 145) parle
bien du canthère, mais il l'a confondu avec
la brême de mer, et sa figure est même si
vague, qu'elle peut tout aussi bien être prise
pour celle de ce dernier poisson que pour celle
d'un canthère commun. Il en est de même de
la première figure de Gesner (p. 178); tout
originale qu'elle soit, elle est beaucoup moins
reconnaissable que celle de Rondelet. Quant
à la seconde figure de Gesner[1], elle est au-
dessous de toute critique, et ne peut être
rapportée à l'espèce qui fait le sujet de cet
article. Aldrovande[2] la reproduit cependant,
et avec une autre figure originale, qui, d'après
la hauteur de la nageoire dorsale, pourrait
être rapportée plutôt à notre troisième espèce.

Willughby a composé son article du canthère sur celui de Rondelet, et n'ajoute aucune observation qui lui soit propre.

C'est sur ces données qu'Artedi[3] a établi son
troisième spare, ainsi caractérisé : SPARUS *lineis
utrinque luteis longitudinalibus parallelis,
iride argentea,* qui a servi de base au *sparus
cantharus* de Linnæus.

---

1. *Paralip. C,* p. 13. — 2. *De pisc.,* p. 186. — 3. *Syn.,* p. 58.

Ainsi l'on voit qu'à l'époque de la publication du *Systema naturæ* les ichtyologistes ne comptaient qu'une seule espèce de canthère, et encore n'était-elle pas bien caractérisée. Les auteurs postérieurs l'ont négligée, ou ceux qui en ont parlé ne l'ont pas fait connaître mieux. Ainsi on trouve le canthère cité dans Brünnich[1] parmi les poissons de la mer Adriatique, et dans Rafinesque[2] parmi ceux de Sicile; mais il n'est pas même certain que Brünnich ait eu le véritable sous les yeux; car il dit : *Maxillæ inferioris* DENTES LANIARII *quatuor validi*. Duhamel a composé son article sur celui de Rondelet. Bloch n'en parle pas dans sa grande Ichtyologie; et s'il le place dans son Système posthume, c'est pour en faire un être imaginaire; car il copie la fin de la phrase de Linnæus, en y ajoutant ces mots pris de Brünnich : *Dentibus laniariis*.

M. Risso ne connaît aussi qu'une seule espèce de canthère, qu'il caractérise par les couleurs; mais comme elles sont à peu près les mêmes dans toutes les quatre, des caractères tirés uniquement de leur distribution sont insuffisans.

M. de Lacépède s'est borné à copier Artedi.

---

1. *Spol. mar. adr.*, p. 95. — 2. *Caratt. sicil.*, p. 24.

Le corps du canthère est ovalaire. Son museau est assez aigu. La ligne du profil monte obliquement en ligne droite jusqu'à la nuque, et puis en ligne courbe assez régulière, de manière à ce que la plus grande hauteur du corps se mesure sous le troisième ou le quatrième rayon épineux de la dorsale; elle fait le tiers de la longueur totale. L'épaisseur du corps est contenue trois fois et demie dans cette hauteur. La ligne du ventre est à peu près droite ou très-légèrement courbe jusqu'à l'anus, d'où elle remonte obliquement et en ligne droite jusqu'à la queue, dont la hauteur n'est guère que le quart de celle du corps. La longueur de la tête est comprise quatre fois dans la distance du bout du museau à l'extrémité du rayon mitoyen de la caudale. L'œil est grand, arrondi; son diamètre fait plus du quart et moins du tiers de la longueur de la tête. La distance du bout du museau au bord antérieur de l'orbite est égale à celle du bord supérieur de l'œil au sommet de la nuque, et ces mesures équivalent à la longueur du diamètre de l'œil. Le sous-orbitaire n'est pas très-haut; la première pièce est plus élevée que la seconde : elles sont séparées l'une de l'autre par une très-légère échancrure dans le bord inférieur, un peu en avant de l'extrémité postérieure du maxillaire. Les autres pièces du sous-orbitaire sont étroites. Le préopercule est assez large; son limbe est étroit, l'angle large et arrondi, et le bord inférieur horizontal. Il y a sept rangées d'écailles sur la joue. L'angle de l'opercule se termine en une pointe osseuse, peu prolongée.

Le sous-opercule ne se distingue pas de l'opercule, à cause des écailles qui recouvrent ces deux
pièces osseuses. L'interopercule forme un arc de
cercle dont la partie antérieure est à peine plus élargie que celle qui s'articule avec le sous-opercule.
Les narines sont petites; l'antérieure n'est qu'un trou
rond, à peine visible; la postérieure est une fente
ovale-oblique, percée près de l'œil sur le haut de
la ligne du profil. Les deux mâchoires sont d'égale
longueur. Le maxillaire ne commence à paraître que
dans l'échancrure du sous-orbitaire; il porte le long
de sa face externe une carène osseuse. L'intermaxillaire est moins alongé que le maxillaire; il porte à
son extrémité antérieure cinq dents coniques crochues, acérées, un peu plus longues et plus grosses
que celles de la rangée postérieure, dont la réunion
forme une bande étroite de dents en carde assez
fortes sur le devant. La mâchoire inférieure a des
dents semblables à celles de la supérieure. Les pharyngiennes sont également en fortes cardes. Les lèvres
sont peu épaisses. Le dessus de la tête est couvert
d'une peau épaisse et lisse. La peau du sous-orbitaire et de la mâchoire inférieure est criblée de petits
pores. La dorsale commence un peu en arrière de
l'aplomb de l'angle de l'opercule. Le quatrième
rayon est le plus long; sa hauteur égale le tiers de
celle du corps: le premier a presque la moitié de la
hauteur du quatrième, à partir duquel les autres
diminuent insensiblement jusqu'au dernier rayon
mou de la nageoire. L'anale est moins haute que la
dorsale; ses épines sont plus fortes que celles de la

dorsale. La caudale est un peu fourchue. Les pectorales sont de longueur médiocre. Les ventrales sont attachées un peu plus en arrière que celles des autres sparoïdes; leur épine est longue et grêle.

B. 6; D. 11/12; A. 3/10; C. 17; P. 15; V. 1/5.

Le surscapulaire est marqué comme une écaille un peu plus grande que celles du corps, dont la surface est finement striée près du bord, qui n'est pas dentelé. Au-dessus de lui on compte treize écailles plus grandes, plus brunes que celles du corps, qui forment un grand arc de cercle derrière la nuque, dont la corde est composée de la réunion de huit écailles semblables, et qui comprend quatre rangs d'écailles cornées, semblables à celles des côtés. L'épaule est écailleuse. Les écailles sont médiocres; celles que l'on voit au-dessus de la pectorale sont très-faiblement ciliées, les autres sont lisses : on en compte environ soixante-dix entre l'ouïe et la caudale, et vingt-cinq dans la hauteur. Chacune de celles dont la série trace la ligne latérale est percée d'un gros pore oblique, et relevée en bosse sur l'écaille; c'est ce qui forme cette large ligne latérale brune qui va du surscapulaire à la caudale par le tiers de la hauteur du corps : elle commence par suivre une direction un peu concave, puis elle se relève et en prend une parallèle au dos.

Les couleurs du canthère sont un gris argenté très-brillant, avec quinze à seize lignes longitudinales brunes, dorées, très-vives, qui sont plus visibles au-dessous de la ligne latérale que sur le dos

ou sur le ventre. La dorsale et l'anale sont violacées; les pectorales sont pâles, les ventrales brunâtres.

M. Risso décrit de même les couleurs du
canthère au sortir de l'eau. Il ajoute qu'après
le temps du frai ce poisson devient moins
brillant, et que la femelle est toujours plus
pâle que le mâle.

Nos plus grands individus n'ont guère que huit
pouces de longueur ; mais, suivant M. Risso, ce
poisson atteint à quatorze ou quinze.

Le foie du canthère est médiocre ; son lobe
gauche est alongé en pointe. L'œsophage est long,
assez large, et suivi d'un estomac triangulaire, à
parois minces, un peu charnues vers le pylore, et
garnies en dedans d'une veloutée très-ridée. Il y a
au pylore quatre appendices cœcales, longues et
grosses.

L'intestin fait deux replis avant de se rendre à
l'anus. Son diamètre est à peu près le même dans
toute sa longueur, excepté au rectum, qui est un
peu plus large.

La rate est petite, ovoïde, alongée, noire et cachée sous l'estomac, entre le duodénum et son premier repli.

Les laitances sont médiocres, alongées, et situées
dans la moitié postérieure de l'abdomen. Elles versent la laitance derrière le rectum.

La vessie aérienne est grande, arrondie et grosse
du côté de la tête : elle occupe toute la longueur de
l'abdomen, et se porte en arrière de chaque côté

des interépineux de l'anale, sous la forme de deux cornes coniques un peu comprimées et grosses à leur base. La première tunique de la vessie est fibreuse, épaisse, et brille d'un bel éclat d'argent poli ; dessous est une membrane très-mince. Les corps rouges sont assez développés dans la partie antérieure, et ils s'étendent ensuite le long de la face inférieure sous la forme de deux rubans étroits, onduleux, et d'une belle couleur dorée.

Les reins sont gros, alongés depuis la tête jusqu'au premier interépineux de l'anale. Alors on voit l'uretère, qui est gros et qui se porte entre les deux fourches de la vessie aérienne, pour se dilater un peu et déboucher dans la vessie urinaire, qui est placée sur les deux laitances. Elle a la forme d'un triangle, dont le sommet est libre et dirigé vers le diaphragme ; et la base, assez large, reçoit dans l'angle supérieur l'uretère, et débouche par l'autre angle dans le cloaque derrière l'orifice des organes de la génération.

Ce poisson se nourrit, au moins en partie, de végétaux. Nous avons trouvé dans son estomac des débris de fucus.

Outre les particularités que les différentes pièces du squelette nous ont offertes à l'extérieur, nous avons encore à ajouter que le crâne du canthère est légèrement relevé et bombé au-dessus des yeux. La surface est percée de gros trous, et les deux trous percés au-dessus des yeux sont égaux et rapprochés entre eux. La crête mitoyenne est triangulaire et très-élevée. Les deux latérales sont basses, surtout

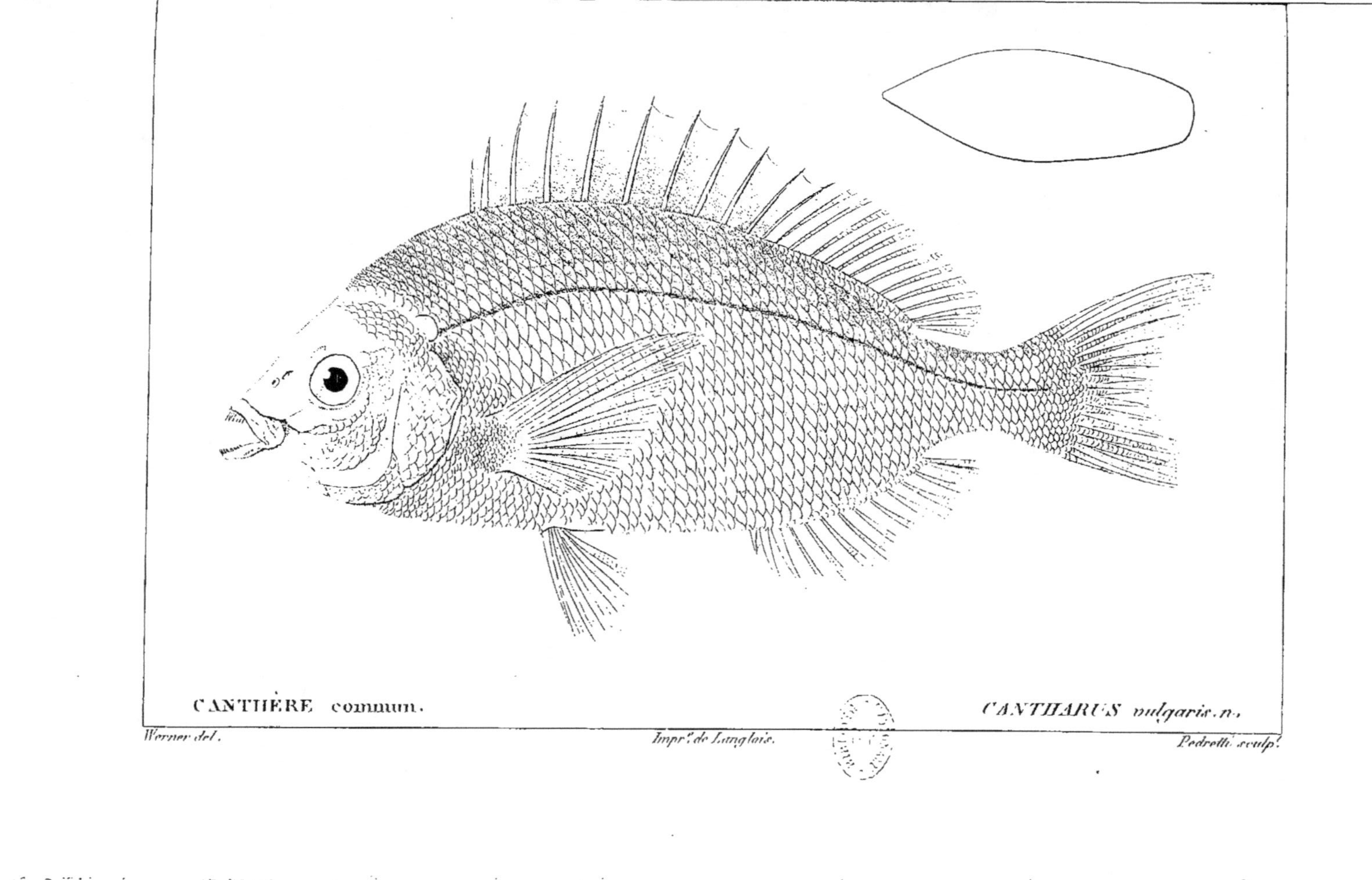

CANTHÈRE commun.

CANTHARUS vulgaris. n.

à leur partie antérieure, ce qui rend les fosses du crâne peu profondes. La colonne vertébrale est composée de vingt-quatre vertèbres, dont dix sont abdominales; la première est petite, et les neuf suivantes portent des côtes : au-devant des interépineux de la dorsale il y en a trois sur lesquels aucun rayon n'est articulé.

Le canthère est fort commun dans la Méditerranée. Nous l'avons reçu de presque tous les parages de cette mer. On en prend beaucoup sur nos côtes de Provence; M. Savigny l'a trouvé à Naples et à Rome; le docteur Leach en a donné au Cabinet du Roi un individu pêché à l'île de Malte, et M. de Laroche l'a apporté d'Iviça. Mais il ne nous est jamais venu des côtes de l'Océan, et nous ne le trouvons dans aucun des auteurs qui ont décrit les poissons de cette mer. Pennant, Donovan, Turton, le passent sous silence; Duhamel ne dit pas l'avoir vu dans l'Océan, et aucun auteur des faunes boréales n'en fait mention.

Les auteurs indiquent différens noms, qui sont tous des altérations plus ou moins fortes de celui que nous appliquons à ce poisson. Suivant Bélon, les Marseillais le nomment *cantena*, et nos Provençaux, d'après Rondelet, *cantheno*. Ces deux auteurs disent que les Génois l'appellent *tanna,* ce qui veut dire *enfumé,* à cause de la couleur brune du dos. Brünnich et Rafinesque lui donnent, comme nom vulgaire, celui de *cantaro.* M. de Laroche l'a entendu nommer à Iviça *cantara.*

M. Risso croit que les pêcheurs de Nice appellent les jeunes canthères *canthena,* et les adultes *tanuda;* mais il se pourrait bien que les pêcheurs eussent mieux distingué les espèces que l'ichtyologiste, ainsi que cela n'est arrivé que trop souvent.

Suivant lui, le canthère vit isolé, et sa chair est molle et peu estimée : il s'accorde en ce dernier point avec Rondelet; mais quant au premier, Rondelet dit, au contraire, que les canthères vont par bandes, qu'ils cherchent les endroits où les eaux sont vives, et que, quand on les prend dans ces lieux, leur chair a meilleur goût, s'ils y ont séjourné pendant quelque temps.

Le Canthère brême.

(*Cantharus brama,* nob.)

Cette seconde espèce ne se trouve dans aucun des auteurs qui ont précédé Duhamel. Rondelet, Salviani, Willughby n'en font pas mention. Aussi Artedi ne la compte point parmi ses spares, et elle n'a point pris place

dans le grand catalogue du *Systema naturæ.*
On trouve bien dans Bélon le nom de *brême
de mer,* mais seulement comme un synonyme
du canthère.

Duhamel est donc le premier qui en parle. Il
se rappelle, dit-il, avoir mangé sur les côtes de
la Haute-Normandie un poisson qu'il nomme
brême de mer, et dont il a conservé un dessin
gravé dans son Traité des pêches (2.ᵉ partie,
sect. 4, pl. 4, fig. 1); dessin qui ressemble parfaitement à l'espèce que nous allons décrire,
mais dont nous n'avons reçu d'individus que
de Sicile par M. Bibron, et de Corse par M.
Payraudeau. Il y en a cependant au Cabinet
du Roi deux autres dont on ne connaît pas
la patrie.

Bloch est le seul auteur systématique qui
ait un *sparus brama.* Il est évident que son
article est composé sur celui de Duhamel.
Quant au poisson qu'il a fait graver planche
269, c'est une autre espèce, qui vient du cap
de Bonne-Espérance, dont nous donnerons
plus loin la description. On doit remarquer
aussi que Bloch, qui ne parle point du *sparus
cantharus* dans sa grande Ichtyologie, et qui
l'introduit dans son Système posthume, omet
son *sparus brama* dans ce dernier ouvrage.

La brême de mer ressemble beaucoup au canthère; mais il est facile de l'en distinguer, parce que le bord inférieur du sous-orbitaire n'a point d'échancrure. Outre ce caractère, elle présente encore plusieurs autres différences sensibles dans les formes.

Son corps a moins de hauteur. La nuque est plus déprimée, de sorte que la ligne du profil de la tête n'est plus continue avec celle du dos; mais elle est brisée et un peu concave sur le haut de la tête. Le front est aplati. L'œil est plus grand. Les dents sont plus fines et plus égales.

Les nombres des rayons sont les mêmes.

Les écailles sont plus âpres. La ligne latérale part du surscapulaire sans s'infléchir comme dans le canthère ordinaire; elle est marquée par une suite de petits pores.

L'arc que forment les écailles du surscapulaire est plus ouvert.

La couleur est un gris argenté, avec des lignes longitudinales dorées, et quelques nébulosités brunâtres sur les flancs. La dorsale est violacée et tachetée; la caudale a des marbrures violettes plus prononcées.

Le crâne de la brème est moins bombé, a des trous plus nombreux, plus petits; les côtes latérales sont encore plus basses. La colonne vertébrale a le même nombre de vertèbres.

Le plus grand individu conservé au Cabinet du Roi est long d'un pied.

Nous croyons avec Duhamel que le petit

dessin qu'on lui a envoyé de Cherbourg représente aussi une jeune brême de mer. Il est
gravé dans son ouvrage (pl. 4, fig. 2, 2.ᵉ part.,
sect. 4).

Le CANTHÈRE ORBICULAIRE.

(*Cantharus orbicularis,* nob.)

Le troisième canthère a été recueilli sur les
côtes de la Corse, près d'Ajaccio, par M. Payraudeau, à qui nous devons déjà plusieurs
poissons fort curieux de la Méditerranée, que
nous avons eu l'avantage de décrire les premiers. Nous trouvons cependant une figure
très-reconnaissable de cette espèce dans le recueil de poissons inédit, gravé en Espagne,
que nous avons déjà cité pour notre daurade
à museau renflé : il y est nommé *pañoso*.

Cette espèce a le museau plus court, le profil plus
vertical que le canthère commun. Ce n'est qu'auprès
de la dorsale que le dos commence à prendre de
la courbure. La ligne du profil du ventre est courbe;
ce qui donne au poisson une forme plus orbiculaire.
La plus grande hauteur du corps n'est contenue que
deux fois et demie dans la longueur totale.

La tête est moins longue. Le front est plus large
et plus bombé. L'œil est moins grand; la première
pièce du sous-orbitaire moins haute, et la seconde
au contraire l'est davantage. Le bord inférieur du
sous-orbitaire est festonné, mais n'a plus une échan-

crure comme dans le canthère ordinaire, parce que la pièce antérieure est convexe vers le bas. Le maxillaire est beaucoup plus libre, et moins caché sous le sous-orbitaire; sa carène est plus forte.

Le préopercule est plus grand, parce que le bord inférieur est incliné vers le bas, ce qui donne plus de surface vers l'angle, qui est grand et arrondi; c'est ce qui rend aussi les écailles de la joue beaucoup plus larges; car il n'y en a que six rangées pour couvrir une surface plus considérable.

L'opercule est aussi un peu plus large; l'angle est plus mousse; l'interopercule a plus de largeur vers la partie articulée avec la mâchoire inférieure. Cette mâchoire est plus renflée.

Les dents me paraissent en cardes plus fortes.

La dorsale est un peu plus haute, et c'est le sixième rayon qui se trouve être le plus élevé. Les rayons articulés sont aussi hauts que les épineux. L'anale est presque aussi haute que la dorsale; la caudale est moins fourchue; la pectorale est large. Les écailles sont plus hautes sans être plus larges; car il n'y en a pas plus que dans le canthère ordinaire, dont la hauteur relative est moindre. Il n'y a que dix écailles au-dessus du surscapulaire. La ligne latérale est marquée par une double série de pores percés un peu en avant du pore oblique et relevé, qui la rend si marquée sur le côté du corps. Le gros pore est dans cette espèce moins prononcé que dans le canthère ordinaire.

Ce poisson paraît plus doré que les précédens, parce que chaque écaille porte un large trait verti-

cal jaune doré. Leur bord est gris argenté. La dorsale et l'anale sont bleu violacé très-foncé.

Nous n'avons vu qu'un seul individu de cette
espèce qui a plus d'un pied de long. C'est un mâle
dont les laitances sont pleines. Nous n'avons pas pu
faire la description de ses viscères, qui n'étaient pas
assez bien conservés. Sa vessie aérienne est simple
et très-grande. L'estomac ne paraît pas grand, et il
était rempli de bifores.

Le CANTHÈRE GRIS.

(*Cantharus griseus,* nob. [1])

C'est aussi dans Duhamel que nous trouvons la seule figure du canthère de nos côtes
de la Manche. Il le donne sous le nom de
sarde grise, et il en parle dans son texte
comme l'ayant reçu de Narbonne. Mais nous
ne voudrions pas assurer qu'il n'ait fait ici
quelque confusion, comme il lui est arrivé
plus d'une fois, et que cette figure ne lui ait
été envoyée de Normandie. Ce qui est certain, c'est qu'elle est fort exacte et représente
très-bien notre espèce actuelle, qui est commune sur les côtes de la Manche, et que nous
n'avons jamais reçue de la Méditerranée.

---

1. *Sarde grise,* Duhamel, Pêches, part. 2, sect. 4, pl. 7, fig. 1.

Sa hauteur proportionnelle est à peu près la même que celle du canthère ordinaire, et cependant le dos du poisson est plus arqué.

La tête est de grosseur médiocre. Sa longueur est contenue quatre fois et trois quarts dans celle du corps. Sa hauteur à la nuque est égale à sa longueur. Le front est légèrement convexe et un peu élargi au-dessus des yeux. Ceux-ci sont grands, arrondis, placés sur le haut de la joue à un diamètre et demi du bout du museau; leur diamètre est contenu quatre fois et demie dans la longueur de la tête.

Le sous-orbitaire est large, aminci, et fortement échancré dans la partie du bord qui répond à l'extrémité du maxillaire.

Le bord montant du préopercule descend dans une direction verticale, et se réunit au bord horizontal en faisant un angle arrondi.

Le limbe est grand et pointillé. Les écailles qui recouvrent la joue sont fortes et sur six rangées.

L'opercule et le sous-opercule, réunis ensemble, forment une plaque plus large que le préopercule; les écailles qui la recouvrent sont plus grandes.

Les deux ouvertures de la narine sont placées en avant de l'œil, presque sur le front, au-dessous de l'élargissement du frontal antérieur; la postérieure est une fente alongée, trois fois plus grande que l'antérieure.

La bouche a peu d'ouverture. Les deux mâchoires sont d'égale longueur; la supérieure n'est pas protractile. Quand la bouche est fermée, le maxillaire se retire sous le sous-orbitaire, et l'on ne voit que la portion postérieure, qui entre dans l'échancrure du bord du sous-orbitaire.

Les dents sont disposées en cardes sur une large bande sur chaque mâchoire; celles de l'extrémité du museau, surtout celles du rang externe, sont un peu crochues et plus grosses que les autres.

Le palais n'a ni dents ni papilles saillantes; mais il offre des plis longitudinaux.

La langue est petite, courte, pointue, peu libre, et reculée vers le fond de la bouche.

L'ouverture des ouïes est grande. La membrane branchiostège est peu dilatable.

Le surscapulaire se montre sous la forme d'une grande écaille osseuse, à surface et à bord lisses et recouverts par la peau. Il n'y a pas d'armure particulière à l'épaule, et ses os sont recouverts d'écailles.

La pectorale est attachée au-dessous de l'angle de l'opercule. Sa longueur égale celle de la tête; elle a seize rayons.

La distance du bout du museau à la dorsale égale la hauteur du corps. Les rayons épineux sont grêles; c'est le troisième qui est le plus long. La partie molle de la nageoire s'abaisse un peu; elle a douze rayons: il y en a onze épineux, qui peuvent s'abaisser et se cacher dans la rainure écailleuse du dos. Une semblable rainure, un peu plus profonde, reçoit l'anale, qui a trois rayons épineux et dix mous.

La caudale est échancrée, peu fourchue. Les ventrales sont médiocres; leur rayon épineux est faible et aussi alongé que les rayons branchus.

B. 6; D. 11/12; A. 3/10; C. 17: P. 16; V. 1/5.

Les écailles sont de grandeur médiocre, et elles diminuent à mesure qu'elles approchent de la queue : on en compte environ quatre-vingts dans la longueur sur vingt dans la hauteur. Elles sont finement ciliées ; leur surface libre est finement ponctuée : elles ont près de leur base deux à trois petites stries fines et longitudinales, disposées dans le sens des lignes brunes ou grises dont le corps est rayé. Les écailles qui recouvrent les pièces de l'épaule sont plus petites que celles du corps. Entre la base des ventrales et dans leur aisselle on voit les écailles alongées et pointues communes aux spares.

La ligne latérale est fortement marquée par un large ruban brun, à gros points argentés ; elle suit la courbure du dos par le tiers de la hauteur.

L'individu que nous décrivons a quinze pouces de long.

Sa couleur est argentée, grise sur le dos, avec des reflets bleu de ciel, et vingt-quatre à vingt-cinq lignes longitudinales d'un brun violâtre sur chaque flanc. Ces lignes sont plus étroites et moins fortement dessinées que la ligne latérale. Celles du milieu des côtés sont plus larges que celles qui sont sur les bords de l'ellipse.

Il y a une légère teinte jaunâtre ou rougeâtre sur le limbe du préopercule et sur le sous-orbitaire. La dorsale épineuse est bleu noirâtre, et la portion molle moins foncée. L'anale est grise, avec du brun-rouge à la base. La caudale et les pectorales sont grises. Les ventrales sont bleuâtres en dessous et blanches en dessus.

Nous avons reçu le canthère gris de Dieppe. C'est M. Fréderic Cuvier qui a donné au Cabinet du Roi le plus grand de nos individus ; il est long de vingt pouces. M. Baillon en a envoyé de plus petits d'Abbeville, et nous-même l'avons vu assez fréquemment au mois d'Août et de Septembre à Boulogne-sur-Mer et à Calais. Sa chair est ferme et d'assez bon goût.

Des Canthères étrangers.

Le CANTHÈRE DU SÉNÉGAL.

(Cantharus senegalensis, nob.)

M. Rang a envoyé au Cabinet du Roi, de la rade de Gorée, un canthère qui tient de près aux espèces d'Europe.

Son profil est moins oblique que celui du canthère vulgaire, mais le museau est plus aigu que dans l'orbiculaire.

La hauteur est moindre que celle de l'orbiculaire, mais supérieure à celle du vulgaire. Le front est bombé. Le sous-orbitaire est plus haut que dans le vulgaire ; son échancrure est plus profonde. Le maxillaire est plus court, et caché presque en entier sous le sous-orbitaire. Il n'y a que cinq rangs d'écailles sur la joue.

La dorsale naît plus en avant sur le dos. Sa hau-

6.

teur tient le milieu entre celle de notre premier
et celle de notre second canthère.

La ligne latérale est large, très-marquée, et sans
aucune inflexion à son commencement. Elle est
d'ailleurs moins courbe que dans les espèces précédentes.

Le surscapulaire est haut, peu large, et surmonté
de huit ou neuf larges écailles, qui montent vers la
nuque, en ne faisant qu'une bien légère courbure.

La couleur est un argenté brillant, à reflets dorés, avec vingt-quatre lignes brunes dorées le long
de chaque flanc. La ligne latérale est plus colorée
que les bandes. La dorsale est d'un gris violet, tachetée d'olivâtre ; la caudale a une large bordure violette.
Les rayons des ventrales et de l'anale sont olivâtres,
et la membrane est violacée. Les pectorales sont
rougeâtres.

Ce poisson a près de dix pouces de long.

Le CANTHÈRE A SOUS-ORBITAIRE ÉCHANCRÉ.

(*Cantharus emarginatus*, nob.)

On trouve au Cap un canthère dont l'échancrure du sous-orbitaire est plus profonde que
dans aucun autre.

Il a le corps étroit, le museau pointu, le front
large et arrondi, le maxillaire court, caché sous le
sous-orbitaire, les écailles du préopercule petites,
le surscapulaire petit, arrondi et surmonté de quatorze ou quinze écailles disposées en un arc de cercle

bombé. La dorsale est basse, principalement vers sa portion molle. La ligne latérale est étroite, bien marquée, et montant à partir du surscapulaire, de manière à faire un angle saillant sous le cinquième rayon épineux de la dorsale. Les écailles du corps sont lisses et petites. Les bandes brunes sont plus étroites et plus nombreuses. La couleur paraît plus dorée. La dorsale est olivâtre, et n'a que peu de taches à peine visibles. L'anale est un peu plus violacée.

C'est M. Raynaud qui a rapporté cette espèce en individus de huit pouces.

Le Canthère de Bloch.

(*Cantharus Blochii,* nob.; *Sparus brama,*
Bl., pl. 279.)

Une seconde espèce paraît être beaucoup plus commune dans la rade du Cap que la précédente. Le Cabinet du Roi en possède de nombreux individus, qui y ont été d'abord apportés par M. Delalande, et ensuite par MM. Raynaud et Quoy et Gaimard.

Ce canthère a le corps plus ovale, plus épais, plus court et plus trapu que les autres. Son sous-orbitaire est élevé, et le bord n'en est point échancré. Le maxillaire est presque entièrement libre, et ne peut se cacher sous le sous-orbitaire. Les dents sont plus fortes et plus séparées que dans aucun autre.

La dorsale est basse; ses épines sont fortes. La pectorale est large, arrondie en bas, et un peu alongée en pointe par le prolongement du quatrième et du cinquième rayon.

D. 10/11 ; A. 3/10 ; C. 17 ; P. 17 ; V. 1/5.

La ligne latérale est peu marquée. Le corps paraît avoir été brun roussâtre, sans taches ni raies. Le ventre est légèrement rougeâtre, à reflets argentés.

Nous possédons des individus qui ont plus de dix-huit pouces.

L'estomac est court et arrondi ; sa branche montante est longue. Il y a au pylore au moins trois appendices cœcales ; peut-être y en a-t-il une quatrième qui était déchirée. La vessie aérienne est grande et simple. Le péritoine est argenté. Nous avons trouvé dans l'estomac des débris de mollusques et de zoophytes, entre autres des corallines.

Nous voyons sur le squelette que le crâne est plus bombé au-dessus des yeux que celui du canthère commun. La crête mitoyenne est moins élevée sur la tête. Des vingt-quatre vertèbres qui composent la colonne vertébrale, onze sont abdominales. Les autres parties du squelette n'offrent rien de remarquable.

C'est précisément notre poisson que Bloch a figuré sous le nom de *sparus brama*. Il est impossible de ne le pas reconnaître dans l'ensemble et dans les détails : le sous-orbitaire haut et point échancré, la force des rayons épineux de la dorsale, la caudale plus fourchue que chez aucun autre canthère. Si l'on pouvait se fier aux couleurs dont Bloch peignait ses poissons, cette espèce

aurait le corps gris argenté, la dorsale rouge, bordée de noir. Les autres nageoires seraient de la même couleur, sans liséré.

Il a représenté la ligne latérale jaune avec une double série de points. Nous ne voyons cette disposition dans aucun des nombreux individus qui sont conservés dans le Cabinet du Roi, et elle pourrait rappeler ce que nous avons observé sur la ligne latérale de notre canthère orbiculaire, mais le reste des détails de cette figure s'éloigne trop des formes de notre orbiculaire pour que nous puissions y rapporter ce prétendu *sparus brama* de Bloch.

Le CANTHÈRE A GRANDS YEUX.

(*Cantharus grandoculis*, nob.)

Le Cabinet du Roi doit à M. Dussumier de posséder un canthère que cet ardent observateur a pris aux îles Séchelles, et qui a le sous-orbitaire haut et sans échancrure.

Le profil dans cette espèce s'élève du bout du museau vers la nuque, en faisant un méplat au-devant du front entre les yeux. A la nuque il y a une légère concavité ou dépression, et la courbure commence à devenir régulière sur le dos, et à s'élever en arc de cercle, de manière à ce que la plus grande hauteur du corps, sous les derniers rayons épineux de la dorsale, vers le milieu de la longueur du poisson, a le tiers de cette longueur.

L'œil est grand; son diamètre n'est que deux fois et demie dans la longueur de la tête. Le sous-orbitaire est grand, large, et couvre une grande portion de la joue. Sa surface est percée de petits pores. Il n'y a plus que quatre rangées d'écailles sur le préopercule. Sur la nuque, derrière l'œil, est un enfoncement qui marque davantage l'élévation de la crête du crâne. Les épines des nageoires sont fortes. La caudale est fourchue. Les ventrales sont grandes et attachées plus avant que dans les autres canthères.

D. 10/10; A. 3/10; C. 17; P. 14; V. 1/5.

Les écailles sont grandes et lisses. La ligne latérale n'est pas aussi bien marquée que dans les autres espèces.

La couleur est un gris-verdâtre argenté, avec douze à quinze lignes dorées le long des côtés. La dorsale est grise, tachetée d'olivâtre. La membrane de la caudale est violacée. Les ventrales sont noirâtres.

Nous n'avons vu qu'un seul individu de cette espèce, long de neuf pouces.

Le Canthère bleu.

(Cantharus cœruleus, nob.)

Les compagnons du capitaine Freycinet ont pris à Guam, l'une des Marianes, un petit canthère, que l'on confondrait facilement avec les petits pomacentres bleus que nous avons décrits dans le volume précédent, et qui viennent des mêmes parages.

Ce canthère a le corps ovalaire, arrondi, obtus en avant, le sous-orbitaire sans échancrure, la caudale fourchue, et est d'une belle couleur bleue, nacrée sur le dos, et argentée sous le ventre. Un petit trait bleuâtre va de l'extrémité du museau à l'orbite. Les nageoires sont blanchâtres. La portion molle de la dorsale et de l'anale est prolongée. Les nombres sont :

D. 12/10 ; A. 3/10, etc.

Les individus du Cabinet du Roi n'ont que deux pouces de longueur.

Le CANTHÈRE TACHETÉ.

(*Cantharus maculatus*, nob.)

Feu Péron a trouvé dans la mer de l'Inde deux autres petits canthères, qui diffèrent de tous ceux que nous connaissons.

L'un a le corps ovale, alongé; le museau obtus, le sous-orbitaire étroit, sans échancrure; l'œil assez grand, la portion molle de la dorsale et de l'anale haute, les épines de la nageoire du dos très-courtes, la caudale peu fourchue.

D. 10/11 ; A. 3/11, etc.

Ce poisson offre sur un fond roux trois séries longitudinales de grosses taches blanches irrégulières, arrondies. Ses nageoires sont brunes, excepté la caudale et le bord de la dorsale molle, qui sont jaunes.

L'individu n'a guère que deux pouces.

Le Canthère linéolé.

(*Cantharus lineolatus*, nob.)

L'autre a le corps plus haut, le front plus avancé, le sous-orbitaire encore plus étroit. La dorsale ne se prolonge pas, et la caudale est coupée carrément.

D. 10/13; A. 3/13, etc.

Sur un fond brun, le corps est linéolé de blanc; le brun du corps est disposé par petits traits longitudinaux interrompus, de manière à former sur le corps du poisson de nombreuses taches rondes, plus pâles que les traits. Les nageoires sont brunes, un peu tachetées de blanc.

Ce petit poisson est long de deux pouces.

Le Canthère guliminda.

(*Cantharus guliminda*, nob.; Russel, n.° 107.)

Nous croyons pouvoir placer à la suite des canthères un poisson que nous ne connaissons que par la description et la figure qu'en a données Russel.

Cette espèce a le corps alongé, couvert de grandes écailles; la bouche petite; les dents nombreuses, en carde à chaque mâchoire; la langue et le palais lisses;

le sous-orbitaire nu et assez grand; aucunes dentelures ni épines aux pièces operculaires. Les rayons des nageoires sont assez flexibles; la caudale est fourchue.

Voici les nombres tels qu'ils sont donnés par le docteur Russel.

B. 5; D. 10/9; A. 1/9; C. 21; P. 16; V. 1/5.

Le dos et la tête sont d'une couleur marron rougeâtre. Les côtés sont cendrés, rayés par huit bandes étroites longitudinales, alternativement jaunes et rouges. Le ventre est argenté. La dorsale et la caudale ont à peu près la teinte du dos. Les autres nageoires sont blanchâtres.

Ce poisson, qui n'atteint qu'une longueur de dix pouces, est connu des pêcheurs de Vizagapatam sous le nom de *guliminda*. Sa chair est ferme et de très-bon goût.

CHAPITRE IX.

Des Bogues (Box, nob.).

Une quatrième tribu de la famille des sparoïdes se compose des espèces qui ont sur le devant des mâchoires une rangée de dents aplaties, serrées l'une contre l'autre, et comprend quatre genres : les *bogues,* qui n'ont pas d'autres dents derrière celles qui bordent leurs mâchoires et qui sont échancrées : les *scatharus,* qui ont aussi des dents sur une seule rangée, mais aplaties, pointues et sans échancrure ; les *oblades,* qui ont derrière leurs incisives échancrées une bande de dents en velours ras ; et enfin les *crénidens,* qui ont les incisives dentelées et par derrière un groupe de petites dents tuberculeuses.

La petitesse de leur bouche, la faiblesse et la brièveté des rayons épineux des nageoires verticales donnent aux poissons de cette tribu un air de famille facile à saisir, et qui ne permet de les confondre ni avec les sargues ni avec les canthères : on peut encore moins les prendre pour des daurades, des pagres ou des dentés, qui ont des canines longues et pointues ; et comme leur bouche n'est pas protractile, on ne peut les réunir à aucun des genres de la famille suivante, celle des ménides.

Le nom de *bogue,* qui paraît une corruption du latin *box* ou *boops,* est celui d'une espèce très-abondante dans la Méditerranée, qui a en commun avec la saupe, autre espèce non moins commune dans la même mer, un caractère propre à les réunir en un petit genre, savoir, des dents aplaties, échancrées dans le milieu et serrées l'une contre l'autre tout autour de la bouche, dilatées chacune à leur base postérieure et sur un seul rang, en un talon alongé, qui augmente leur appui sur les mâchoires et leur donne plus de solidité. Les bogues vivent de plantes marines ; aussi leur canal intestinal est-il fort long : ils n'ont cependant que peu d'appendices autour du pylore. Nous ne possédons que deux espèces étrangères dans ce genre : les deux de nos mers sont bien connues et depuis long-temps célèbres, à cause de la beauté de leurs couleurs, et parce que l'une d'elles est un aliment sain et agréable.

Le BOGUE COMMUN.

(*Box vulgaris*, nob.; *Sparus boops*, Linn.)

Le bogue est un poisson commun dans toute la Méditerranée. Il en est parvenu au Cabinet du Roi de nombreux échantillons envoyés de Toulon par M. le duc de Rivoli, de Nice par M. Laurillard, de Naples et de Gênes par M. Savigny, de Sicile par M. Bibron, de Corse par M. Payraudeau, d'Iviça par M. de Laroche. Il habite aussi dans le lac de Biserte, et les individus qui y ont été pris par M. Marceschaux sont les plus grands que nous ayons examinés. On ne le trouve pas sur nos côtes septentrionales de l'Océan; mais nous le voyons s'avancer vers le Midi; ainsi M. d'Orbigny l'a pris à Ténériffe, et MM. Kuhl et Van Hasselt l'ont envoyé de Madère au Musée royal des Pays-Bas. Cornide le cite même parmi les poissons de la côte de Galice.

Comme le bogue est abondant, qu'il brille de couleurs très-vives, et que sa chair est saine et de bon goût, il a été remarqué de tout temps, et les auteurs qui ont parlé des poissons de la Méditerranée, Salviani excepté, en ont laissé de bonnes figures et des descriptions assez exactes. Le dessin de Bélon[1] est très-reconnaissable. Rondelet ajoute quelques détails à ceux que fournit Bélon ; sa figure est un peu plus correcte[2]. Nous en trouvons encore une autre, originale, plus grande, faite à Venise, dans l'ouvrage de Gesner (p. 127).

Willughby (p. 317) en donne une description faite d'après nature, dans laquelle il le peint des couleurs les plus brillantes. C'est sur l'article de cet auteur qu'Artedi a établi son *sparus lineis utrinque quatuor aureis ac argenteis, longitudinalibus, parallelis,* dont Linnæus a fait son *sparus boops.* Linnæus ne lui donne que la Méditerranée pour patrie, et c'est Gmelin qui y a ajouté fort arbitrairement le Japon ; en quoi il a été copié par M. de Lacépède.

Brünnich, qui cite le bogue parmi ses poissons de Marseille, a commis une erreur, en disant que tous les rayons de la dorsale sont mous.

Duhamel l'a aussi très-mal connu, et sa figure est des plus médiocres.

Enfin, il ne paraît point dans la grande Ichtyologie de Bloch, et n'est indiqué dans le Système posthume que d'après Gmelin et

____

1. *De aquat.*, p. 230. — 2. Rondelet, *Pisc.*, p. 136.

avec l'addition de nombres de rayons tout-à-fait fautifs.

Les noms vulgaires du bogue varient peu. C'est le *boga* des Provençaux, des pêcheurs des côtes de Galice et d'Iviça ; à Nice on le nomme *bugo*, et *boba* à Venise selon Rondelet, ou *bobba* selon M. de Martens. M. Rafinesque nous apprend qu'à Messine on l'appelle *vuoppa*, et à Catane *balajola*.

Aristote (l. IX, c. 3) a un βῶξ qu'il range parmi les poissons qui vivent en troupes, et ce nom se retrouve dans Oppien ; Numenius et Speusippe, dans Athénée, le changent en βόηξ et en βόαξ ; Pline conserve en latin le nom de *box* (l. XXXII, c. 11), et sa ressemblance avec celui de *bogue* peut d'autant plus aisément faire croire à l'identité d'espèce, que rien dans ce qui est rapporté du βῶξ ne la contrarie. Quant au nom de βοῶψ (*boops*), que lui affecte Rondelet et que Linnæus lui a conservé, on ne voit ni d'où il est tiré ni pourquoi il conviendrait à un poisson dont les yeux n'ont point une grandeur excessive.

Le corps du bogue est arrondi et alongé. Sa hauteur est quatre fois et deux tiers dans la longueur totale. Le dos est épais, et le ventre aminci ; l'épaisseur au-dessus des pectorales fait près de la moitié de la hauteur. Le profil du dos et celui du ventre suivent une courbure égale, peu sensible à partir du bout du museau, qui est gros et obtus, jusqu'à la queue, qui est étroite. La longueur de la tête est un peu moindre que la hauteur du corps. L'œil est rond, assez grand; son diamètre ne fait pas tout-à-fait le tiers de la longueur de la tête. Le premier sous-orbitaire est étroit, alongé et couché obliquement au-dessous de l'œil. Il recouvre, quand la bouche est fermée, non-seulement le maxillaire, mais encore presque tout l'intermaxillaire. Les autres pièces sous-orbitaires forment un large cercle autour de l'œil. La peau qui les revêt, ainsi que celle du front, n'a pas d'écailles; mais elle est criblée par un nombre considérable de petits pores. Le limbe du préoper-cule est aussi large que sa surface écailleuse, qui n'a que trois rangées de petites écailles. Son angle est grand et arrondi. L'opercule n'a de largeur que le quart de la longueur de la tête, et se termine par une pointe courte et assez forte. Le bord membraneux est peu étendu, et caché sous l'os lui-même. Le sous-opercule et l'interopercule sont étroits. Ces trois pièces sont recouvertes de fortes écailles. Les deux mâchoires sont d'égale longueur; et la supérieure ne peut presque pas se porter en avant : aussi l'ou-verture de la bouche est-elle très-petite. La lèvre supérieure n'est qu'un petit bourrelet charnu; l'infé-rieure est un peu plus large. La mâchoire supérieure est garnie de vingt-quatre dents, disposées sur une seule rangée, toutes étroites, comprimées d'avant en arrière; leur bord est tranchant, légèrement arrondi et crénelé. Les inférieures sont pointues en forme de triangle isocèle, ont le bord dentelé, et à leur base un denticule plus fort, qui forme une sorte de petit talon latéral. Chaque dent a en arrière un autre talon assez fort, par lequel elle s'enchâsse et s'appuie sur l'os de la mâchoire. Il n'y a aucune dent en arrière.

Le surscapulaire est étroit, très-aminci, et cilié sur tout le bord. Il est recouvert par la peau, et offre des ouvertures nombreuses de pores plus petits que ceux du front.

Les écailles surscapulaires sont grandes, au nombre de huit; elles s'avancent par une ligne oblique sur le front en formant une large bande adipeuse, dont la base s'étend en avant au-dessus de l'opercule, et cerne une plaque écailleuse composée de quatre rangées.

L'épaule n'a pas d'armure particulière. Les os en sont larges, un peu mobiles et garnis d'écailles semblables à celles du reste du corps.

La pectorale, attachée au-dessous, répond à l'angle de l'opercule; elle est étroite, alongée, et nous lui comptons dix-sept rayons.

La dorsale est plus élevée en avant qu'en arrière; ses épines sont grêles et faibles : on en compte quatorze, suivies de quinze rayons mous.

L'anale commence vis-à-vis du troisième rayon mou de la dorsale. Elle a trois épines plus courtes, mais plus fortes que celles de la dorsale. Le nombre de ses rayons mous est de seize.

La caudale est fourchue. Les ventrales, attachées très-peu en arrière des pectorales, sont de grandeur moyenne, et ont entre leurs bases une écaille large et pointue en fer de lance, et de chaque côté une autre plus grêle et plus aiguë dans leur aisselle.

B. 6 ; D. 14/15 ; A. 3/16 ; C. 17 ; P. 17 ; V. 1/5.

La ligne latérale est un large ruban brun, qui va du surscapulaire à la caudale par le quart de la hauteur.

Les écailles sont assez fortes ; leur bord libre est mince, sans cils ni dentelures ; près de leur portion radicale en haut et en bas elles ont une légère échancrure. Le bord radical est dentelé. Il y en a environ soixante-dix dans la longueur depuis l'ouïe jusqu'à la fin de la queue, et seize à dix-huit dans la hauteur.

Les bogues que nous avons reçus dans un grand état de fraîcheur, ont le dos jaune olivâtre, et le ventre argenté. Trois ou quatre lignes longitudinales dorées brillent sur les flancs au-dessous de la ligne latérale. Ces couleurs, à leur éclat près, sont les mêmes que celles que nous trouvons indiquées par les auteurs qui ont vu le bogue au sortir de l'eau. Il y a une tache brune dans l'aisselle de la pectorale.

Le foie du bogue est petit, et ne forme presque qu'un seul lobe, placé sous l'œsophage. La vésicule du fiel est petite, globuleuse et tout près du diaphragme.

L'œsophage est long, large, à parois épaisses et charnues. A l'intérieur sa veloutée porte plusieurs rangées longitudinales et parallèles de tubercules charnus, gros et arrondis, qui se réunissent vers la partie supérieure, avant le cardia, en deux arêtes saillantes.

L'estomac est fort petit, à parois minces et transparentes. Sa branche montante est longue, étroite à son origine, et devient ensuite du double plus large. Il y a cinq appendices au pylore ; quatre sur les côtés inférieurs du duodénum, et une par-dessus.

L'intestin fait plusieurs replis dans le côté droit de l'abdomen. Arrivé dans la partie moyenne du ventre, il se dilate subitement et donne même une sorte de petit cœcum très-court à l'origine du rectum, qui se rétrécit bientôt et se rend à l'anus.

La rate est petite, noirâtre et cachée près du foie entre l'œsophage et le duodénum.

Les laitances de l'individu que nous avons ouvert étaient pleines, fort grandes et composées de plusieurs petits lobules.

La vessie aérienne est grande, très-mince, argentée, et donne en arrière deux longues cornes, qui se prolongent dans les muscles de la queue de chaque côté des interépineux de l'anale. Le repli du péritoine qui l'enveloppe est beaucoup plus mince que celui qui entoure les reins. Dans cette partie cette membrane est blanche, un peu argentée, tandis que celle qui enveloppe les intestins et tapisse les parois de la cavité inférieure de l'abdomen est rougeâtre, pointillée de noir.

Les reins sont assez épais, et donnent un uretère qui descend entre les fourches de la vessie aérienne pour déboucher derrière l'anus.

La colonne vertébrale du bogue est composée, comme celle des picarels et des mendoles, de vingt-trois vertèbres, dont neuf portent des côtes, et quatorze appartiennent à la queue.

Le crâne est aplati en dessus; la crête moyenne est peu élevée, et son arête supérieure ne sort pas de la ligne du profil tirée du bout du museau à la nuque. Les deux crêtes latérales sont peu élevées; mais la fossette externe est assez profonde. Le bord interne des frontaux antérieurs se relève un peu, de manière à former une petite gouttière, dans laquelle s'engagent les branches courtes et fortes des inter-maxillaires, lesquelles ainsi ne font pas de saillie sous la peau.

Le préopercule est peu concave.

Ce poisson vit de végétaux. Nous avons trouvé son estomac rempli de débris d'algues et de fucus. Il n'y avait aucune substance animale.

A Nice il atteint, selon M. Risso, un pied de longueur; ceux que nous avons reçus du lac de Biserte ont près de quinze pouces.

Le bogue fraie deux fois l'année, et il s'approche par troupes du rivage. La bonté de sa chair, surtout au temps du frai, rend sa fécondité fort utile aux côtes de Provence et de Nice. Les pêcheurs emploient à cette pêche des filets particuliers, qu'ils nomment *bughiera*, et croient la rendre plus heureuse en suspendant à leur navire de petites figures de bogues, ciselées en argent.

Rondelet vante aussi la légèreté de la chair du bogue, et la recommande aux malades ; mais il ne paraît pas qu'il soit aussi bon sur les côtes de l'Espagne, car Cornide assure qu'il est de mauvais goût, et qu'on le recherche à cause de la variété de ses couleurs plutôt qu'à cause de sa chair. Il fait la nourriture de la classe peu aisée du peuple.

M. Rafinesque[1] décrit comme une espèce nouvelle, sous le nom de *sparus polynimus*, un sparoïde que nous n'avons point vu, et qui pourrait n'être qu'une variété du bogue. L'auteur dit que sa seule différence consiste dans le manque de lignes dorées le long des flancs

C'est un poisson à corps cylindrique, dont le dos est brunâtre et le ventre argenté. Sa tête est déprimée, sa ligne latérale droite, et la caudale fourchue

M. Rafinesque lui a donné l'épithète de *polynimus,* à cause des noms très-divers que les pêcheurs de Palerme lui imposent suivant sa taille. Les petits individus sont appelés *maccaruneddu ;* devenus plus grands, ils prennent le nom de *ritondu,* et quand ils ont atteint leur entier accroissement, celui *d'assinellu.* On trouve encore, selon le même auteur, à Trapani un poisson fort semblable au bogue,

---

1. *Caratt. nuov. sp.,* p. 49.

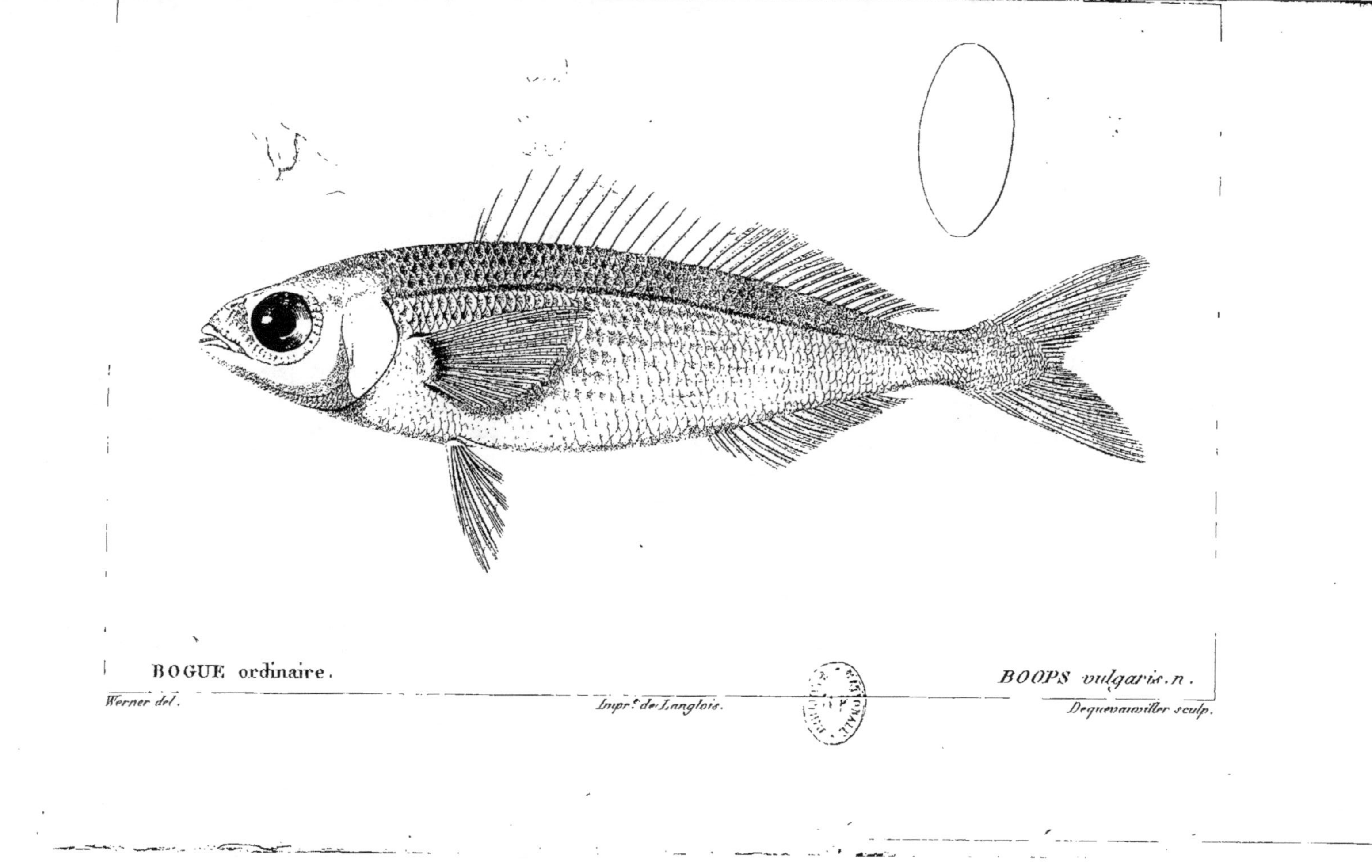

BOGUE ordinaire.

BOOPS vulgaris. n.

Werner del.

Impr.º de Langlois.

Dequevauviller sculp.

dont la chair est molle ; il s'y nomme *macchietto*.

Nous rappelons ces indications incomplètes, afin d'appeler l'attention des naturalistes sur les poissons qui y ont donné lieu.

La SAUPE.

(*Box salpa,* nob.; *Sparus salpa,* Linn. Bl., pl. 165.)

La saupe, plus brillante que le bogue, est comme lui un poisson commun dans toute la Méditerranée, et qui ne paraît aussi sortir du bassin de cette mer que pour s'avancer vers les côtes plus chaudes de l'Océan. Nous l'avons reçu des mêmes ports et par les soins des mêmes naturalistes. M. Geoffroy Saint-Hilaire l'a rapporté d'Alexandrie.

La figure de son corps, vu par le côté, est celle d'une ellipse alongée, assez régulière. Sa plus grande hauteur est contenue trois fois et demie dans la longueur totale ; l'épaisseur n'est que deux fois et demie dans la hauteur, mesurée en arrière des pectorales. Celle de la queue n'est que le quart de celle du corps.

La tête n'a pas en longueur le cinquième de la longueur totale. Sa hauteur à la nuque est égale à sa longueur.

Le front est arrondi et assez élevé, de manière que l'orbite est loin d'entamer le profil.

Le museau est gros, obtus et arrondi.

L'œil est rond, de moyenne grandeur. Son diamètre est quatre fois dans la longueur de la tête. Le sous-orbitaire est petit, et ne se porte pas en avant jusqu'au bout du museau. Il est tout pointillé par des pores petits et nombreux.

Le préopercule est grand et couvre presque toute la joue. Son limbe est large, nu, un peu pointillé sur sa partie antérieure; la joue a quatre rangées de petites écailles.

L'opercule est assez grand, écailleux, à bord postérieur arrondi, et ne se termine pas en pointe. Le bord membraneux est assez large. Au-dessus et un peu en arrière de l'œil est l'orifice d'un très-grand pore, dont le conduit se porte en arrière sur le crâne.

Les deux ouvertures de la narine sont très-petites, surtout l'antérieure, et placées au milieu de la distance de l'œil au bout du museau.

La bouche est petite, nullement protractile, et ne peut s'ouvrir que très-peu.

Le maxillaire est petit et tout-à-fait recouvert dans l'état de repos par le sous-orbitaire.

L'intermaxillaire, réuni en arc avec son congénère, forme un demi-cercle placé à l'extrémité du museau, dont il détermine la forme, qui ressemble beaucoup à celle des amphacanthes.

Les lèvres sont peu épaisses, et surtout peu étendues sur les côtés. La peau des mâchoires est nue, et l'inférieure a toute la longueur de ses branches couverte de petits pores.

Il y a, à la mâchoire supérieure d'un individu de dix-huit pouces de long, vingt dents larges, aplaties, disposées sur une seule rangée, comme les incisives des glyphysodons, et de même toutes échancrées. Les dents de la mâchoire inférieure sont plus petites, triangulaires et denticulées sur les côtés : on en compte vingt-deux. Les petits individus n'ont pas autant de dents aux deux mâchoires. Une petite saupe, longue de six pouces, n'en avait que seize à la mâchoire supérieure.

Les dents pharyngiennes sont, comme celles du bogue, en carde fine.

Le surscapulaire forme une petite plaque arrondie, recouverte par la peau.

Le scapulaire est alongé et écailleux comme les autres os de l'épaule, qui n'ont pas d'armures particulières.

La pectorale est médiocre, triangulaire, peu pointue.

La dorsale naît fort en arrière de l'aplomb de la pectorale, au tiers de la longueur du corps, en n'y comprenant pas la caudale; elle a peu de hauteur. Le premier rayon épineux fait les deux tiers du second; celui-ci les deux tiers du troisième, qui lui-même a les trois quarts du quatrième. C'est le plus long des onze que nous comptons à cette nageoire : il y a ensuite quatorze rayons mous. Quand la dorsale est abaissée, la partie épineuse peut se cacher entièrement dans une fossette creusée le long du dos, et dont les bords remontent un peu en arrière sur la partie molle, mais sans la couvrir entièrement. La même disposition a lieu pour l'anale, qui a trois épines faibles et courtes, et quinze rayons mous.

La caudale est fourchue.

Les ventrales sont peu larges, attachées un peu plus en arrière que les pectorales, et ont entre elles, à leur base, une large écaille triangulaire, et dans leur aisselle une autre écaille pointue, qui atteint le milieu du rayon épineux.

D. 11/14 ; A. 3/15 ; C. 17 ; P. 16 ; V. 1/5.

Les écailles sont faibles, petites ; leur bord libre est mince et lisse, leur bord radical fortement dentelé : on en compte près de quatre-vingts dans la longueur, et vingt-quatre dans la hauteur.

La ligne latérale est marquée par un trait brun large, moins foncé que dans le bogue, et qui va parallèlement au dos, un peu plus près que par le quart de la hauteur.

Dans l'alcool la couleur paraît plombée, à reflets dorés, avec onze à douze lignes longitudinales dorées. Une tache noire recouvre la moitié supérieure de la pectorale.

Le plus grand individu que nous ayons reçu de nos côtes de la Méditerranée, a neuf pouces de long ; mais nous en possédons un bien plus grand, que nous devons à l'obligeance de M. Mareschaux, consul de France à Tunis. Ce poisson, du lac Biserte, a dix-huit pouces.

Dans l'état de fraîcheur où nous l'avons reçu, les couleurs étaient encore très-brillantes. Il avait le dos gris, plombé, à reflets argentés et dorés, et le ventre d'un beau blanc d'argent poli. Les lignes longitudinales étaient d'un rouge doré, et brillantes comme du clinquant. Celles qui sont au-dessus de la pectorale avancent jusque sur l'opercule. La tache de la pectorale est noire et très-foncée. Les écailles du dos et celles de la nuque sont bordées de jaune doré.

Les viscères de la saupe diffèrent très-peu de ceux du bogue. Le foie est aussi petit, de même forme, et dans la même situation.

L'œsophage est très-long, garni à l'intérieur d'un plus grand nombre de plis longitudinaux, minces et élevés. L'estomac est très-grand. Il n'y a que quatre cœcums au pylore. L'intestin est très-large, et a plus de quatre fois la longueur du corps entier; il fait de nombreux replis avant de se rendre à l'anus. Le rectum est court, et plus étroit à son origine que le colon. Cet intestin s'élargit et se prolonge en deux petits cul-de-sacs courts, que l'on pourrait regarder comme de petits cœcums. La saupe vit, comme le bogue, de fucus et d'autres algues.

La rate est petite, et cachée sous l'estomac entre les replis de l'intestin.

La vessie aérienne est très-grande; elle occupe toute la partie supérieure de la cavité abdominale, et se prolonge en deux longues cornes, plus grandes encore que celles du bogue.

Le péritoine qui l'enveloppe est blanc; il est au contraire d'un noir très-foncé dans la cavité qu'il forme pour retenir le foie, l'intestin et les organes génitaux. Les reins sont comme ceux du bogue.

Le squelette de la saupe ressemble beaucoup aussi à celui du bogue. Le nombre des vertèbres abdominales et caudales est le même. Le dessus du crâne est semblable. Les arêtes des frontaux antérieurs sont un peu plus fortes.

L'huméral est grand, échancré auprès de l'aisselle de la pectorale. La portion antérieure, qui se porte vers l'os hyoïde, est large, forte et pliée sous un angle très-ouvert.

Le radial, large à sa base, se prolonge en une forte apophyse styloïde, élargie de chaque côté, et surtout du côté interne, par une arête osseuse, mince.

Le styléal est alongé, étroit, échancré supérieurement. Il se prolonge en une pointe longue, grêle, aiguë, qui va rejoindre les deux os du bassin près de leur attache derrière l'huméral.

Nous trouvons des figures de ce poisson plus ou moins bien faites, mais toutes reconnaissables, dans Bélon, Rondelet et Gesner. Celle de Salviani est grande, d'une gravure fine et d'un dessin assez correct. Willughby a une description de la saupe faite d'après nature et fort exacte. C'est sur ces données qu'Artedi et Linnæus ont classé la saupe dans le *Systema naturæ,* et que le naturaliste suédois a établi son espèce du *sparus salpa.*

Brünnich cite la saupe parmi les poissons

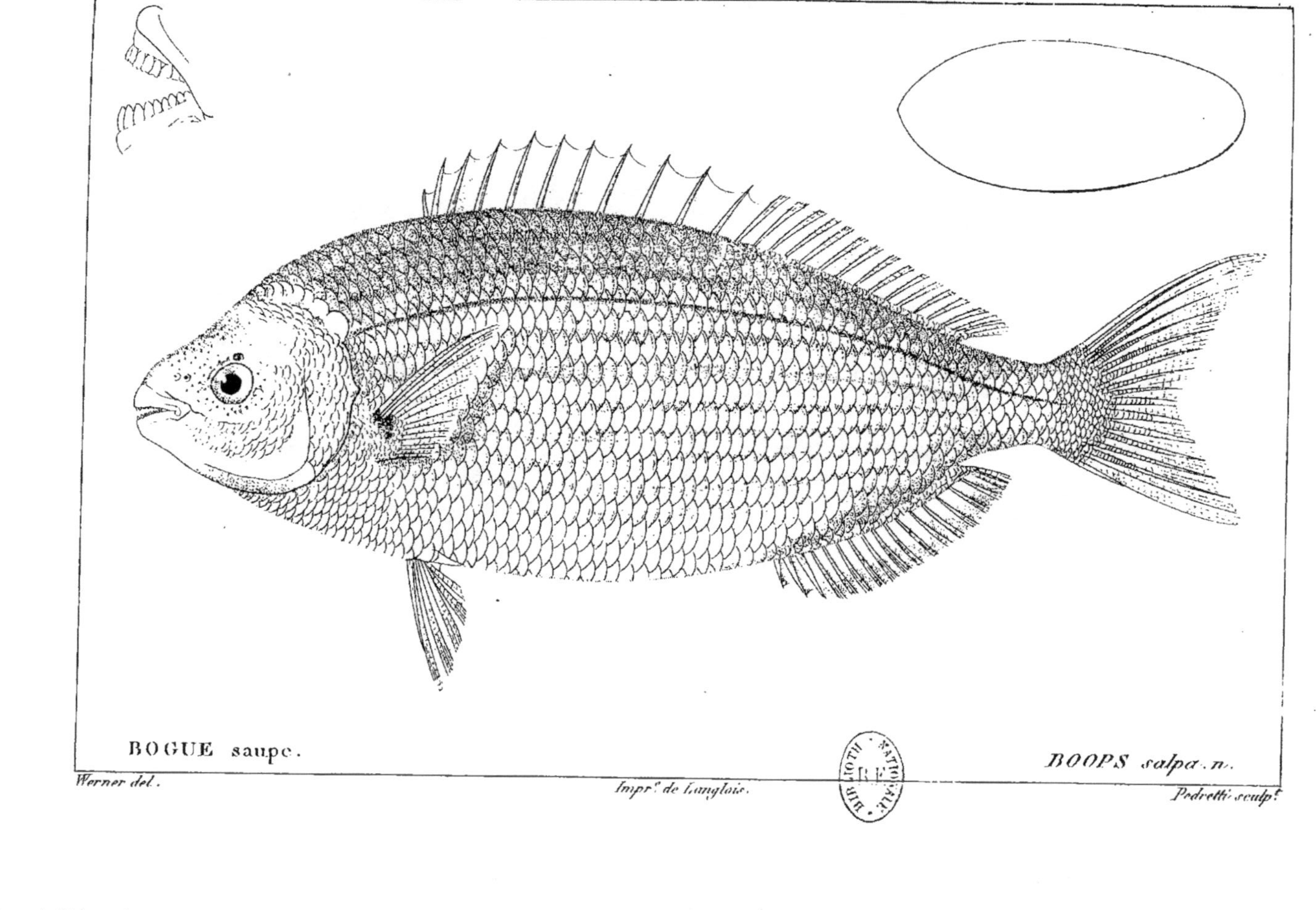

BOGUE saupe.
BOOPS salpa. n.
Werner del.
Impr.e de Langlois.
Pedretti sculp.t

de Marseille; Cornide parmi ceux de Galice. Duhamel ne l'a pas beaucoup mieux connue que le bogue, et sa figure n'est pas très-bonne.

Bloch avait une saupe dans sa collection ; mais la figure qu'il en donne (pl. 265 de sa grande Ichtyologie) n'est pas assez brillante : on voit qu'elle a été enluminée sur les descriptions des auteurs. Les épines de la dorsale sont aussi trop fortes. Mais Bloch remarque avec raison que la figure donnée par Bonnaterre pour celle de la saupe, et qui est copiée de Catesby, est celle d'un poisson tout différent. Nous l'avons rapportée à notre *mesoprion uninotatus.*

Bonnaterre toutefois a pris le texte de Brünnich pour faire son article de la saupe. M. de Lacépède n'en a pas moins cité Bonnaterre parmi ses nombreux synonymes de ce poisson.

Le nom de la saupe sur nos côtes varie très-peu, et dérive toujours de son nom grec σαλπῆ, sous lequel les pêcheurs du golfe de Coron la connaissent encore aujourd'hui. Nos Provençaux l'appellent *saoupi* ou *sopi.* Les jeunes, selon Rondelet, sont nommées *vergadelle,* à cause des rayures dont le corps est orné. En espagnol on la nomme *sopas, salpa* et *pampano.* Sur les côtes d'Italie on la connaît sous les noms de *salpa, sarba, sarpa* ou *saupa*. Les Arabes de Tunis la nomment *chélba*.

La saupe vit pendant toute l'année sur les plages vaseuses, et se nourrit de plantes marines; elle fraie au printemps. Sa chair n'est pas estimée.

Le Bogue de Gorée.

(*Box goreensis*, nob.)

La rade de Gorée nourrit un bogue très-semblable à la saupe,

mais qui a le corps plus long, la tête plus étroite, le museau moins arrondi, l'œil plus grand. Il n'y a point de grand pore au-dessus de l'œil, et ceux qui percent la peau du sous-orbitaire sont plus rares et à peine visibles. Les rayons épineux de la dorsale sont plus hauts et plus forts. Les nombres sont les mêmes.　　D. 11/15; A. 3/14, etc.

La ligne latérale est plus droite et moins visible. Les couleurs sont aussi brillantes que celles de notre saupe. Sur un fond argenté on compte six bandes longitudinales et dorées. Mais ce qui distingue aisément l'espèce, c'est qu'il n'y a point de tache dans l'aisselle de la pectorale.

La longueur des individus envoyés au Cabinet du Roi par M. Rang est de six pouces.

Le Bogue salpoïde.

(*Box salpoides*, nob.)

Feu Péron a rapporté des mers de l'Inde une autre saupe, très-semblable à celle de la Méditerranée, et encore plus à la précédente; car elle manque, comme elle, de tache noire dans l'aisselle de la pectorale.

Le corps de cette nouvelle espèce est plus alongé que celui de notre saupe; mais il l'est moins que celui de l'espèce de Gorée : elle diffère aussi de cette dernière, parce qu'elle a l'œil plus petit, le museau plus arrondi, et le chanfrein plus relevé. D'ailleurs, ce sont les mêmes dents, les mêmes nombres de rayons. Nos individus paraissent d'un jaune doré uniforme; mais cela tient peut-être à l'action de l'alcool. Ceux de Péron ont cinq pouces de long, et nous en avons un, un peu plus grand, que nous devons à M. le docteur Leach.

CHAPITRE X.

Des Oblades (Oblata, nob.), des Scathares (Scatharus, nob.) et des Crénidens (Crenidens, nob.).

DES OBLADES.

Nous avons formé un genre de l'oblade de la Méditerranée, parce qu'elle a une bande de dents en velours ras derrière les incisives aplaties et échancrées qui bordent ses mâchoires. Son canal intestinal est moins long que dans les bogues, et on lui compte deux cœcums de plus au pylore. Nous réunissons à ce genre une espèce des mers Australes, dont les incisives ont deux échancrures, ce qui fait que leur bord est divisé en trois pointes.

L'Oblade ordinaire.

(*Oblata melanura*, nob.; *Sparus melanurus*, L.[1])

L'oblade commune tient de près au bogue et à la saupe par l'ensemble de ses formes

---

1. Salviani, p. 181; Rondelet, p. 126.

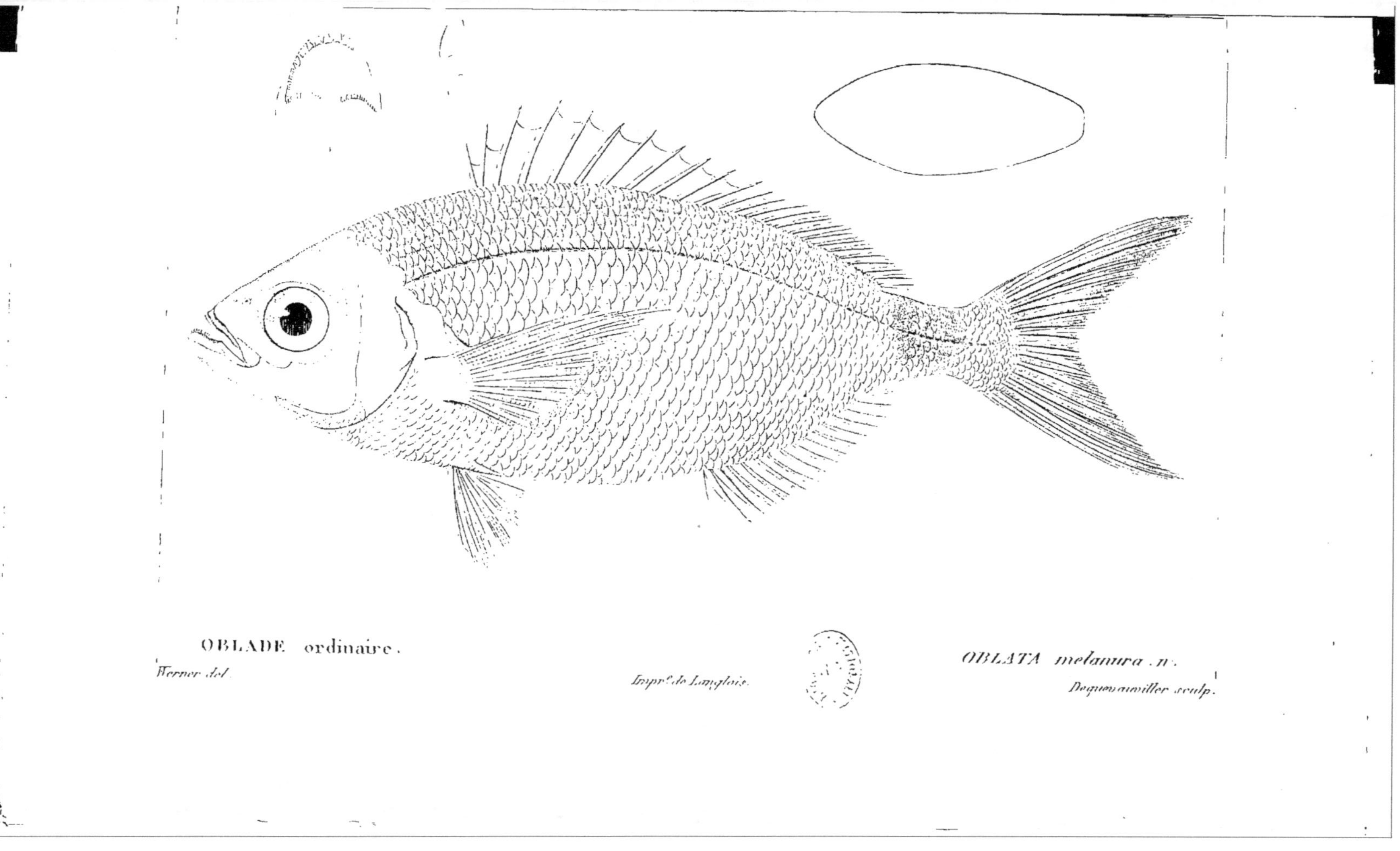

OBLADE ordinaire.
OBLATA melanura . n.
Werner del.
Impr.e de Langlois.
Dequevauviller sculp.

et par la disposition de ses couleurs, quoique beaucoup moins brillantes : elle est aussi commune dans la Méditerranée. Bélon est le seul auteur qui dise qu'on la trouve sur nos côtes de l'Océan, mais, ajoute-t-il, très-rarement (*in Oceano gallico perrarus*). Nous ne l'avons jamais reçue d'aucun point de ces côtes, quelques soins que nous ayons mis à en recueillir les poissons, et quelque nombreux qu'aient été les envois des correspondans du Cabinet du Roi.

On trouve dans les ouvrages de Rondelet et de Salviani, de bonnes figures de l'oblade, et toutes faciles à reconnaître, parce qu'aucun des dessinateurs n'a négligé la tache noire des côtés de la queue.

Willughby a décrit très-brièvement l'oblade qu'il a vue à Gênes, à Rome et à Naples, ajoutant qu'on ne la trouve pas dans l'Adriatique : mais il se trompe sur le nombre des appendices cœcales, qu'il ne porte qu'à quatre, tandis qu'il y en a six.

Artedi, opposant le caractère tiré des lignes longitudinales de l'oblade aux bandes transversales du sargue, a établi son *sparus lineis longitudinalibus varius, macula nigra utrinque ad caudam,* sur quoi Linnæus a caractérisé son *sparus melanurus.* Bloch n'a pas parlé de ce sparoïde dans sa grande Ichtyologie. Dans son édition posthume (p. 273), Schneider le rétablit, mais en copiant Brünnich, et croyant bien à tort que le *melanurus* de Brünnich diffère de celui de Salviani, et qu'il a été oublié par Linnæus.

Le corps de l'oblade est ovalaire; sa hauteur est contenue trois fois et trois quarts dans la longueur totale. L'épaisseur fait à peine le tiers de la hauteur.

La tête est aussi haute à la nuque qu'elle est longue. Sa longueur est contenue quatre fois et deux tiers dans celle du corps. L'œil est grand, arrondi, éloigné du bout du museau de la longueur du diamètre.

Le sous-orbitaire est alongé, placé obliquement au-devant et au-dessous de l'œil, et s'avançant presque jusqu'au bout du museau : il est sans écailles, et la peau qui le recouvre montre les orifices d'un assez grand nombre de petits pores.

Le préopercule est grand; son limbe est fort étroit et traversé par de nombreuses stries perpendiculaires à son bord. Il y a huit rangées d'écailles sur la joue.

L'opercule se termine par un angle très-ouvert; il est réuni à l'interopercule, et ces deux pièces sont couvertes d'écailles semblables, plus grandes que celles du préopercule.

Le sous-opercule est alongé en arc, et ses écailles sont petites.

Les deux ouvertures de la narine sont placées l'une près de l'autre, et plus rapprochées de l'œil que du bout du museau. L'antérieure est la plus petite et un peu tubuleuse.

Les deux mâchoires sont de longueur égale; mais quand la bouche est fermée, l'inférieure paraît dépasser la supérieure, à cause de l'avance de la symphyse, qui a quelque hauteur. Quand la bouche est fermée, le maxillaire est entièrement caché sous le bord aminci du sous-orbitaire. Bien que la bouche soit très-peu protractile, les branches montantes de l'intermaxillaire remontent sur le front, et par leur grosseur elles font une sorte de carène sur l'avant du museau.

Les lèvres ont peu d'épaisseur; celles de la mâchoire inférieure s'étendent sur les côtés; les branches de la mâchoire inférieure ne sont pas écailleuses.

On compte à la mâchoire supérieure de chaque côté sept incisives, et huit à l'inférieure, élargies, aplaties et légèrement échancrées. Elles sont suivies de chaque côté par une rangée de dents en crochets assez fortes; et derrière cette première rangée il y en a d'autres, grenues, serrées l'une contre l'autre.

Le surscapulaire et le scapulaire ne sont pas visibles à l'extérieur.

L'épaule n'a pas d'armure particulière, et les écailles qui la recouvrent se continuent avec celles du corps, sans qu'il y ait aucune différence entre elles.

La pectorale est longue, lancéolée, un peu en faux.

La dorsale est peu élevée, surtout vers l'arrière; ses rayons épineux sont peu forts. Nous lui comptons onze rayons épineux et quatorze mous. Elle peut se cacher en partie dans une fossette creusée le long du dos.

L'anale a trois épines et treize rayons mous, qui peuvent rentrer presque en entier dans une gouttière que lui forment deux rangées d'écailles petites, serrées, et séparées de celles du corps par un sillon assez profond. Les ventrales sont petites, et ont, comme dans tous les sparoïdes, une écaille pointue entre elles, et une autre plus étroite dans leur aisselle. La caudale est fourchue.

D. 11/14 ; A. 3/13 ; C. 17 ; P. 15 ; V. 1/5.

Les écailles sont peu épaisses ; leur bord libre est finement cilié ; leur bord radical est dentelé : on n'en compte que soixante environ depuis l'ouïe jusqu'à la caudale, et vingt à vingt-deux dans la hauteur. La ligne latérale est marquée par un ruban large et noirâtre sur chaque flanc ; elle va en ligne droite depuis le surscapulaire jusqu'à la caudale, à peu près par le quart de la hauteur.

La couleur de l'oblade est d'un gris plombé, agréablement glacé d'argent sur le dos ; les flancs sont plus clairs ; le ventre est blanc argenté. Sur les côtés il y a vingt à vingt-quatre lignes longitudinales, noires et parallèles, dont dix, au-dessus de la ligne latérale, sont déliées comme un trait de plume ; les premières au-dessous de la ligne latérale sont très-marquées et plus larges que les précédentes ; ensuite elles s'effacent sur le ventre, de manière à n'être presque plus visibles. Une large tache noire occupe le dos de la queue, descend sur ses côtés sans atteindre le dessous. Le bord membraneux de l'opercule est noir. La caudale est noirâtre; la dorsale grisâtre; les autres nageoires sont blanchâtres.

Le foie de l'oblade est petit et presque réduit à un seul lobe, situé à la gauche de l'œsophage.

L'estomac est petit, en cul-de-sac, cylindrique et arrondi en arrière. La branche montante naît peu en arrière du diaphragme. Il y a six appendices cœcales au pylore. Le duodénum se renfle à son origine, puis il se rétrécit, et le canal intestinal ne fait que deux plis avant de déboucher à l'anus. La rate est petite, cylindrique, d'un noir très-foncé.

La vessie natatoire est très-grande, à parois argentées, très-minces. Sa portion antérieure est arrondie, et elle se divise en arrière en deux grandes cornes, qui se prolongent fort en arrière de chaque côté des interépineux de l'anale. Entre les cornes passent les uretères, qui sont longs et assez gros. Les reins sont réunis en une seule masse. La vessie urinaire est petite et débouche dans le rectum tout près de l'anus.

Outre ce que l'on en peut déjà voir à l'extérieur, le squelette offre peu de choses remarquables. La crête mitoyenne du crâne est plus élevée que celle des bogues. Nous lui comptons onze vertèbres portant des côtes.

L'oblade séjourne, par de moyennes profondeurs, le long des côtes pendant toute l'année. La femelle, poursuivie par le mâle, nage avec une grande vitesse à la surface des eaux.

On nomme ce poisson à Marseille *blade,*
hiblado ou *oblado*, suivant Brünnich. A Nice
son nom est *blada*. Rondelet cite le nom de
nigr'œil, qu'il portait de son temps à Montpellier. Salviani nous apprend qu'à Rome on
le nommait *occhiata* ou *occhiatella*. Ces noms
sont les mêmes que ceux que M. Rafinesque
indique dans son Ichtyologie sicilienne. Les
pêcheurs de l'Archipel le nomment encore
aujourd'hui μελάνουϱος. Nous retrouvons ce nom
dans Forskal, qui ajoute comme noms arabes
ceux de *kahli* et de *schargusch*. Suivant Cornide, son nom chez les pêcheurs de Galice
est *chopa*.

Le plus grand des individus du Cabinet
du Roi a été rapporté de Messine par M. Bibron ; il a un pied de long.

L'Oblade a dents a trois pointes.

(*Oblata tricuspidata*, nob.; *Box tricuspidatus*,
Q. et G. [1])

MM. Quoy et Gaimard ont rapporté de la
baie des Chiens-Marins, à la Nouvelle-Hollande, un poisson qui a de grands rapports
avec les bogues, mais dont la forme est plus
haute, plus comprimée, et lui donne plutôt

1. Voyage de Freycinet, p. 296.

l'apparence d'un labre ; au total, c'est de l'oblade qu'il nous parait se rapprocher le plus.

Sa hauteur est trois fois dans sa longueur, et son épaisseur trois fois dans sa hauteur. Sa tête est quatre fois et demie dans sa longueur totale. La courbe de son dos et celle de son ventre sont à peu près pareilles et forment une ellipse. Son profil est presque rectiligne ; son front légèrement convexe en travers ; sa bouche petite et peu protractile. Son sous-orbitaire est haut et sans pores ; le préopercule aussi haut que long ; son opercule écailleux seulement dans le haut, et terminé à l'angle par une petite pointe, surmonté d'un arc rentrant. Les interopercu'es ne se rapprochent point comme dans le bogue. La membrane des ouïes, qui a six rayons, embrasse l'isthme vis-à-vis le milieu du préopercule. Le diamètre de l'œil n'est guère que du quart de la longueur de la tête, et il y a deux de ces diamètres d'un œil à l'autre. Ses dents sont petites, serrées, tranchantes, et terminées chacune par trois pointes, dont la mitoyenne est arrondie ; derrière il y en a en fin velours : il n'y en a point au palais. La langue est plate, presque fixée. Les pharyngiens n'ont que des dents en velours.

La pectorale est ovale, du sixième de la longueur totale, et a dix-sept rayons. Les ventrales, aussi longues que les pectorales, s'attachent sous le milieu de celles-ci. Leur épine est forte et de moitié de leur longueur. Il n'y a d'écailles particulières ni sur elles ni entre elles ; mais elles adhèrent à l'abdomen

par moitié de leur bord interne, et sur leur base
est un léger repli de la peau. La dorsale a quinze
épines assez fortes, d'un peu plus du quart de la
hauteur du corps, et douze rayons mous. Un sillon
parallèle à sa base distingue sur le dos les lames
écailleuses, entre lesquelles elle se couche en partie.
Quelques petites écailles montent en pointe dans les
intervalles des rayons mous. L'anale commence sous
le milieu de la dorsale, et a trois épines fortes, dont
la première est courte, et les deux suivantes n'égalent
que la moitié des rayons mous, qui sont au nombre
de onze, un peu plus longs que ceux du dos, et ont
les écailles de leur base disposées de même.

La queue a derrière ces nageoires un peu moins
du huitième de la longueur totale, et la caudale en
a presque le cinquième : son extrémité est légèrement arquée en croissant, et sa base a de petites
écailles dans les intervalles de ses rayons.

Les écailles du corps, au nombre d'environ cinquante-cinq, entre l'ouïe et les petites écailles de la
caudale, et de vingt-huit ou trente entre le sillon du
dos et le ventre, sont plus longues que larges, finement pointillées et ciliées à leur bord visible, coupées
carrément au bord caché, et ont dix-huit ou vingt
rayons à leur éventail. La ligne latérale se marque par
des traits relevés, simples et continus. Elle marche
à peu près parallèlement à la courbe du dos, et est
en avant au tiers supérieur de la hauteur.

Tout ce poisson est brun noirâtre : il devient vers
le ventre d'un gris-brun pâle. Notre plus grand individu n'a que sept pouces.

Les naturalistes à qui nous le devons, en ont donné une description dans le Voyage de Freycinet (partie zoologique, p. 296) sous le nom de *bogue tricuspide,* que nous lui avions imposé d'abord.

Nous n'avons vu que la vessie aérienne de ce poisson : elle est étroite, et donne en arrière deux pointes coniques, moins longues que celle de l'oblade de nos mers. Le péritoine est très-noir.

DES SCATHARES.

Les naturalistes de l'expédition de Morée ont trouvé dans la Méditerranée, cette mer si riche, et dont nous sommes si loin de connaître encore toutes les intéressantes productions, un sparoïde de cette quatrième tribu, qui devient le type d'un nouveau genre. Ses dents sont sur un seul rang aux deux mâchoires, et toutes sont pointues au lieu d'être coupées carrément et échancrées, comme celles des bogues ou des oblades. M. Bory de Saint-Vincent ayant bien voulu nous remettre les notes recueillies par M. Pector, nous y avons trouvé que les Grecs nomment ce poisson σκαθαροῦ. Forskal (p. xv) avait entendu appeler à Smyrne d'un nom très-semblable (ἀσκάθαρος) un poisson qu'il a cru être le *sparus sargus* de Linnæus;

et si la détermination est exacte, cela nóus
porterait à croire que ce nom grec est donné
collectivement à plusieurs espèces de l'Archipel. Néanmoins nous croyons pouvoir l'affecter
à ce genre ou sous-genre, à qui il demeurera
en propre dans la nomenclature méthodique.

Le SCATHARE GREC.

(*Scatharus græcus*, nob.)

Ce poisson a le corps d'une forme ovale régulière, dont la hauteur est à peine le tiers de la longueur totale. La tête est courte, à peine du quart de
la longueur du corps. Le museau est court et obtus.
L'œil est grand ; le sous-orbitaire échancré près de
l'extrémité du maxillaire. Le bord montant du préopercule est un peu oblique, l'angle est arrondi, le
limbe est nu et étroit. Il y a six à sept rangées d'écailles
sur la joue. L'opercule est assez large ; sa surface est
relevée par une arête osseuse qui se termine en une
pointe assez aiguë, ce qui pourrait faire rapprocher
l'espèce des sciénoïdes ; mais son crâne n'a aucun
renflement. L'interopercule est large et arqué.

La bouche est petite, peu fendue ; les deux mâchoires portent une simple rangée de petites dents
aplaties et pointues : les dents pharyngiennes sont
en velours. La membrane des ouïes a six rayons.
La dorsale n'a que des épines assez faibles. La pectorale est assez longue :

B. 6 ; D. 11/11 ; A. 3/10 ; C. 17 ; P. 15 ; V. 1/5.

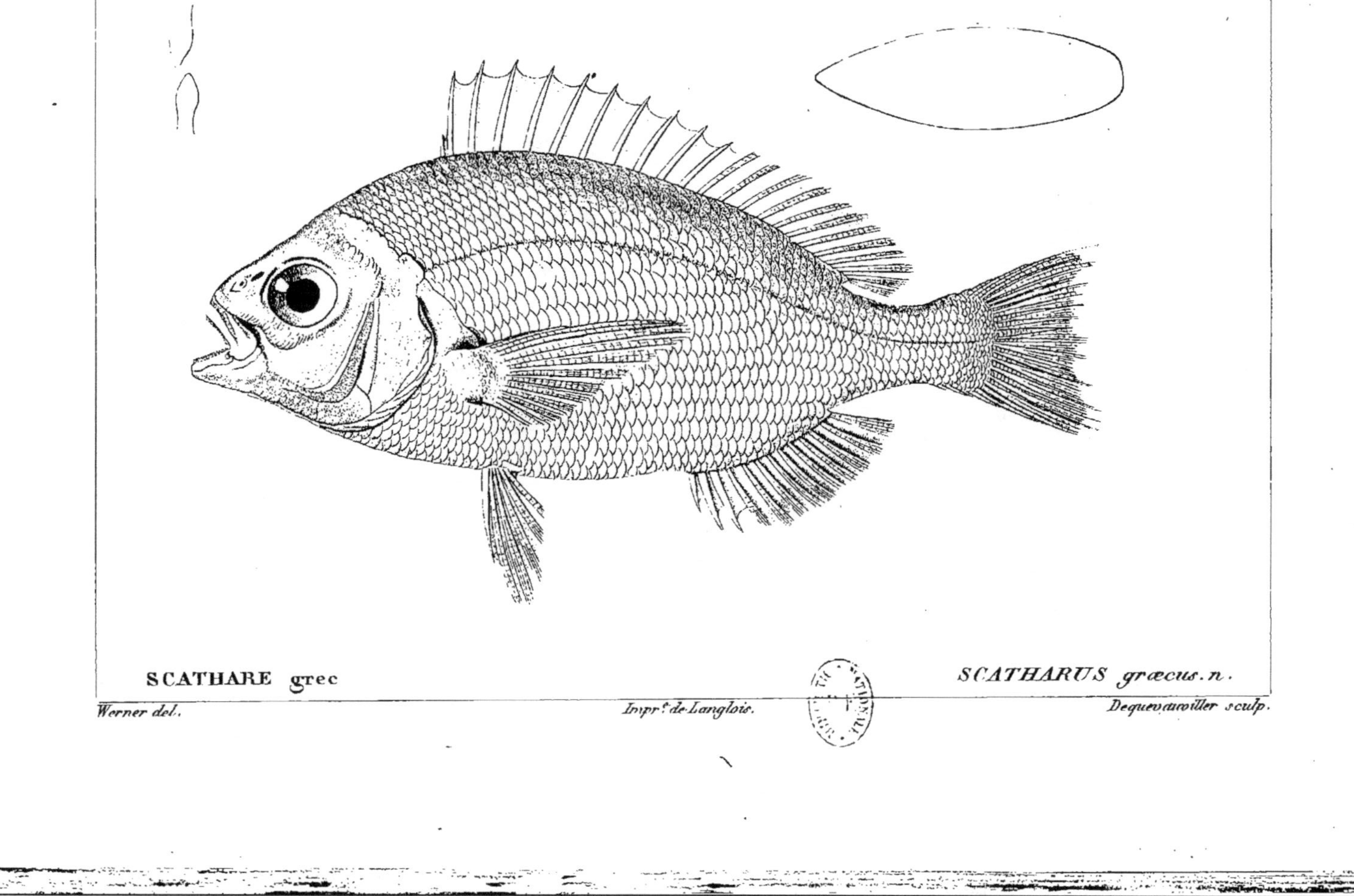

SCATHARE grec — *SCATHARUS græcus. n.*

Werner del. — Impr.ᵉ de Langlois. — Dequevauviller sculp.

Les écailles paraissent devoir être petites, et la ligne latérale est marquée par un large ruban foncé parallèle au dos. Il y a entre les ventrales et dans leur aisselle une écaille longue et pointue.

Ce poisson, tout décoloré que nous l'avons reçu, a encore des reflets argentés et des traces de lignes dorées le long des flancs.

Son anatomie nous montre un petit estomac conique, pointu, à branche montante très-courte, avec quatre appendices cœcales, longues et grosses au pylore. L'intestin est court, ne fait que deux plis; le rectum se termine par une dilatation remarquable. La vessie aérienne est simple, arrondie en avant, et terminée par deux petites cornes, qui se prolongent peu au-delà du premier interépineux de l'anale.

La longueur du seul individu, assez mal conservé, que possède le Cabinet du Roi, est de sept pouces.

DES CRÉNIDENS.

Forskal a laissé dans ses notes manuscrites, mises en ordre et publiées par Niebuhr (p. xv), une très-courte notice sur un poisson remarquable par ses dents crénelées, derrière lesquelles en sont d'autres, globuleuses. Il le nomma *sparus crenidens;* les Arabes de Djidda le lui avaient donné sous le nom de *rasan,* et ceux de Suez sous celui de *boteit* ou d'*ersan.*

M. Geoffroy a retrouvé ce même poisson,

qui paraît être fort commun dans la mer
Rouge, et nous avons pu en faire la description sur les individus qu'il a déposés dans le
Cabinet du Roi.

Le Crénidens de Forskal.

(*Crenidens Forskalii*, nob.)

Il est, comme la saupe, de forme ovalaire; sa
hauteur égale le tiers de sa longueur. La tête est
courte; le museau obtus; le front un peu aplati et
avancé au-dessus de l'œil, qui est placé assez haut
sur la joue : le diamètre de l'orbite fait un peu moins
du tiers de la longueur de la tête. Le sous-orbitaire
est large, un peu échancré au-dessus de l'extrémité
du maxillaire. Le limbe du préopercule est également
large; aussi n'y a-t-il que trois rangées d'écailles sur
la joue. L'opercule est terminé en pointe. La bouche
est très-petite. Les deux mâchoires sont d'égale longueur; l'inférieure est renflée et arrondie.

Il y a deux rangées de dents incisives à chaque
mâchoire, l'externe de dix dents, l'interne de vingt.
Ces dents sont larges, aplaties, insérées verticalement
sur la mâchoire; leur bord est festonné et dentelé par
cinq denticules, dont les trois du milieu dépassent
de beaucoup les latérales. Derrière ces incisives il y
a de petites dents grenues et arrondies sur plusieurs
rangs. Les pharyngiennes sont en cardes très-fines.

Il n'y a que cinq rayons à la membrane branchiostège. Le surscapulaire est petit, cilié, et surmonté de cinq grandes écailles, qui séparent au-

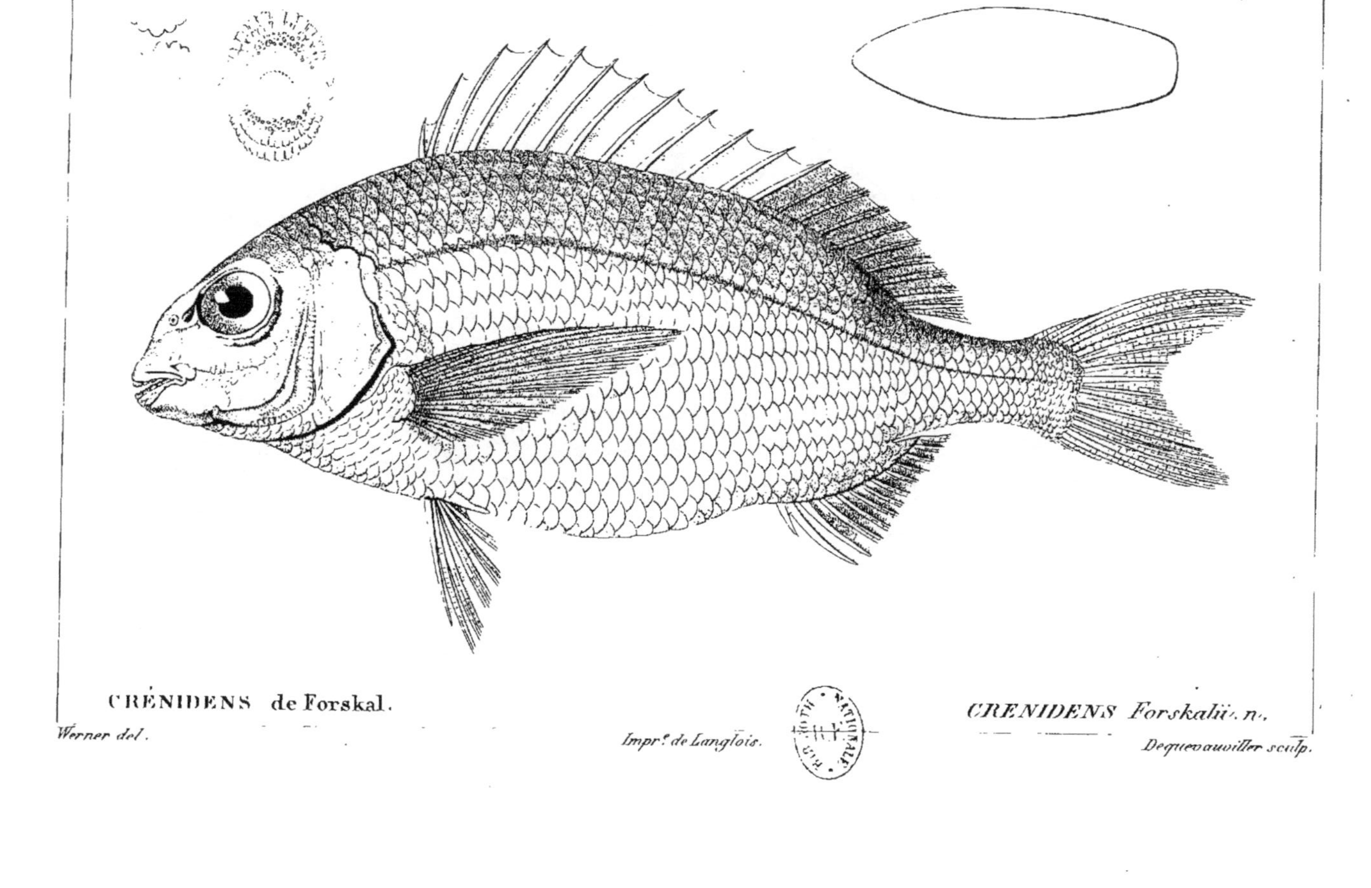

CRÉNIDENS de Forskal.

Werner del.

Impr.e de Langlois.

CRÉNIDENS Forskalii. n.

Dequevauviller sculp.

devant d'elles deux rangées d'écailles cornées, semblables à celles du corps. La pectorale est pointue; la dorsale est faite comme celle de la saupe; la caudale est un peu échancrée.

B. 6; D. 11/11; A. 3/9; C. 17; P. 15; V. 1/5.

Les écailles sont minces, lisses et assez grandes. La ligne latérale est marquée par un trait large et foncé parallèlement au dos par le quart de la hauteur du corps.

Son estomac est très-grand, à parois minces; la branche montante est courte. Il y a trois cœcums au pylore. L'intestin est long et fait trois plis. La vessie aérienne est simple. Le péritoine est noir, très-foncé. Le squelette a dix vertèbres abdominales et quinze caudales.

Ce poisson se nourrit de fucus, l'estomac en était rempli. Nos plus grands individus sont longs de six pouces.

M. Ehrenberg a vu ce *crenidens* frais à Massuah. Il a bien voulu nous communiquer le dessin qu'il en a fait faire sur les lieux, et par où nous apprenons

que le dos est vert bleuâtre, les côtés blancs argentés, rayés longitudinalement de gris-jaunâtre pâle; la dorsale est vert jaunâtre, la caudale vert bleuâtre, l'anale jaunâtre, la pectorale verte et la ventrale jaune.

Il a eu ce poisson sous le même nom arabe que Forskal, mais un peu autrement écrit (*raassan*).

EXPLICATION DE LA PLANCHE 163.

DENTS DE SPAROÏDES.

Fig. 1. Intermaxillaire supérieur gauche du sargue de Salviani, vu par sa face interne. *a*. Les incisives; *b*. le germe d'une incisive de remplacement, vu dans sa cellule, qui a été ouverte; *c*. les molaires.

Fig. 2. Maxillaire inférieur gauche du même, vu par sa face externe. *a*. Les incisives; *b*. les incisives de remplacement dans leurs cellules, qui ont été ouvertes pour les montrer.

Fig. 3. Intermaxillaire de daurade vulgaire adulte, dont le côté interne a été coupé verticalement. *a*. Les dents coniques antérieures; *b*. les petites molaires; *c*. la grande molaire ovale, coupée verticalement; *d*. germe d'une autre molaire ovale encore dans sa cellule, et prête à remplacer celle qui est en place; *e*. quelques germes de remplacement de petites molaires.

Fig. 4. Intermaxillaire de daurade à front bombé, vu par le côté externe. On l'a entamé le long du bord pour montrer les cellules et les germes de remplacement de toutes les dents. *a*. Les dents coniques antérieures; *b*. les premières molaires encore un peu coniques; *c*. les arrière-molaires, rondes.

Fig. 5. Fragment de l'intermaxillaire de la même, montrant les molaires en place.

Fig. 6. Le même fragment dont les molaires sont détachées, laissant voir la coupe de leurs racines demeurées dans l'os et les lames criblées qui les séparent des cellules où sont les germes de remplacement.

Fig. 7. La grande dent ovale détachée, et vue par la face qui adhérait à la mâchoire.

Fig. 8. La grande dent coupée verticalement.

Fig. 9. Trois molaires rondes détachées, et vues par la face par laquelle elles adhéraient.

Fig. 10. Intermaxillaire d'une grande daurade sans dent ovale, vu par sa face interne, et entamé de manière à montrer les germes de remplacement de plusieurs de ses dents dans leurs cellules.

Fig. 11. Une de ses dents coniques coupée verticalement.

Fig. 12. Une dent ronde détachée, et vue par la face par laquelle elle adhérait.

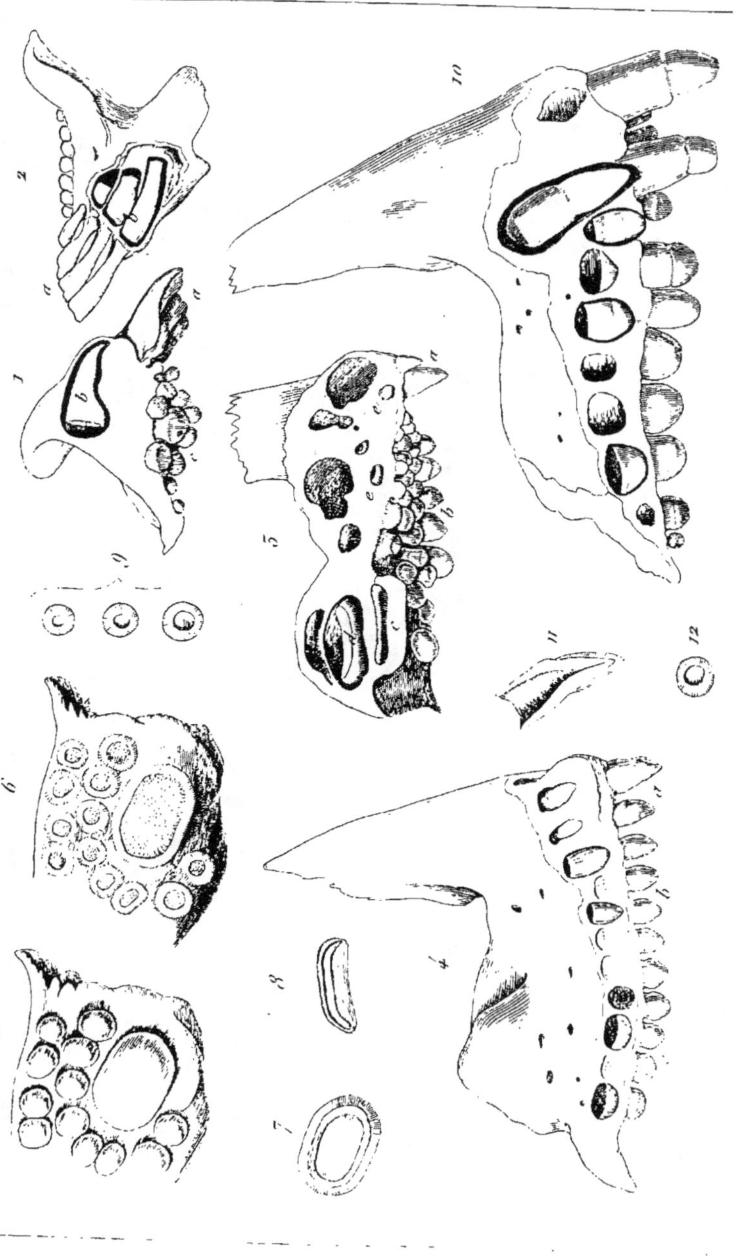

Laurillard del.
Imp.r de Langlois.
Smith sculp.
Machoires et dents de SARIGUES et de DAUBRIDESS

LIVRE SIXIÈME.

PARTIE II.

DES MÉNIDES.

Nous venons de donner l'histoire des quatre tribus qui forment la famille des sparoïdes. Ces groupes sont faciles à reconnaître, et la combinaison des formes de leurs dents nous a fourni des caractères aisés à exprimer, qui distinguent bien entre eux, soit ces tribus elles-mêmes, soit les différens genres dont la réunion les compose.

Il nous reste à parler de poissons qu'Artedi a réunis à ses *sparus,* et qui ont en effet avec ce genre assez de ressemblance, mais qui s'en distinguent par la protractilité de leur museau. Les disparates qu'offrent leurs dents et quelquefois leur préopercule, ne nous ayant laissé aucun moyen de les comprendre avec les autres spares sous un caractère commun, nous nous sommes vus obligés d'en former une famille à part, à laquelle nous avons donné le nom de *ménides,* tiré de celui de l'une des espèces les plus communes dans la Méditerranée, savoir, la mendole (*sparus mæna,* L.).

Les poissons de la famille des ménides ont les dents en velours plus ou moins ras aux mâchoires, et quelquefois deux ou quatre petites canines. Les pédicules ou les branches montantes de leurs intermaxillaires sont très-longues; le corps de l'os est réuni aux maxillaires par une peau lâche et élastique : ces derniers os eux-mêmes ont beaucoup de liberté, de façon que l'action des muscles qui abaissent la mâchoire inférieure projette en avant le museau, et que la bouche devient alors une sorte de tube plus ou moins long, dont l'extrémité a un contour arrondi, complété sur les côtés par les bords des lèvres, qui s'étendent lors de la protraction. Quand les branches de la mâchoire inférieure sont longues, et que le maxillaire a de la liberté dans ses mouvemens par la souplesse de la membrane qui l'attache à la face, ce tube de la bouche se projette horizontalement, ainsi que cela a lieu dans les mendoles et dans les picarels : si au contraire les branches de la mâchoire inférieure sont courtes, et que le maxillaire ne puisse que s'éloigner peu de la face, comme cela a lieu dans les gerres, le tube de la bouche s'abaisse et se dirige vers le bas. Nous retrouverons cette disposition très-protractile, cette facilité à faire saillir subitement leur bouche en forme de tube, dans plusieurs autres poissons de diverses familles, tels que les *equula* parmi les scombéroïdes, les *epibulus* parmi les labroïdes : on leur a appliqué l'épithète d'*insidiateurs*, parce qu'ils peuvent ainsi saisir de petits animaux qui nagent à leur portée sans se croire si près du danger.

Nous avons dit que les dents de ces poissons varient, et cela est vrai, surtout par rapport au palais. Les gerres et les picarels ont le palais lisse et sans dents ; les mendoles en ont de petites au vomer : et c'est ainsi que nous caractérisons nos trois premiers genres. Les *cæsio* composent un quatrième genre, dont la bouche est un peu moins protractile que celle des autres. Leur dorsale est attachée plus en arrière, et leur palais est lisse et sans dents. Tous ces poissons tiennent d'ailleurs de fort près aux sparoïdes par le reste de leur organisation. Leur corps est écailleux ; leurs ventrales sont sous les pectorales ; leur dorsale est garnie d'écailles, mais très-fines : leur anatomie est également fort semblable. Ils ont l'estomac médiocre, à parois peu épaisses ; le nombre de leurs cœcums varie de quatre à sept. Leur vessie aérienne est grande, simple et arrondie à sa partie antérieure ; le plus souvent divisée en arrière en deux longues cornes, qui pénètrent dans les muscles de la queue de chaque côté des interépineux de l'anale. Leur squelette n'a rien de très-remarquable, cependant on trouve dans quelques gerres un interépineux creusé en cornet, comme celui de certains pagels. La colonne vertébrale est en général composée de vingt-quatre vertèbres, dont neuf ou dix portent des côtes.

Les noms de *μαινίδα*, *menola*, *mendole*, de *marida* et *maridola*, de *garro*, *gerle* et *jarrel* ou *jarret*, que les espèces les plus répandues de ménides portent sur diverses côtes de la Méditerranée, ont dû rappeler aux ichtyologistes ceux de *μαινὶς*, de *mœna*, de *σμαρὶς* et de *gerres*, qui se trouvent dans plusieurs endroits des anciens, et tout semble prouver en effet que ces anciens noms appartenaient à cette famille, sans que pour cela il soit possible de les répartir avec certitude entre les espèces.

Le *μαινὶς*, selon Aristote (l. IX, c. 2), vit en troupes (l. VI, c. 17). Il fraie après l'equinoxe, et c'est le plus fécond de tous les poissons (l. VI, c. 15) : il est petit (l. VIII, c. 30). Plein, il est très-bon à manger. La femelle est plus ronde; le mâle plus alongé. Au temps du frai il prend une couleur plus noirâtre; sa chair devient très-mauvaise, et quelques-uns l'appellent *bouc.*

Le σμαρὶς change de couleur comme le μαινὶς; l'un et l'autre habitent les fonds couverts de varecs.[1]

Gaza traduit partout μαινὶς par *alec,* bien que Pline (l. IX., c. 25) l'ait rendu par *mœna,* et que ce nom de *mœna* se retrouve dans d'autres auteurs latins. Ils lui associent en général le gerres, et les représentent l'un et l'autre comme de petits poissons peu estimés, dont on faisait des salaisons.

> *Fuisse gerres aut inutiles mœnas*
> *Odor impudicus urcei fatebatur.*
>
> (Martial, l. XII, ép. 32.)

> *Teque juvant gerres et pelle melandria cana.*
>
> (*Id.*, l. III, ép. 77.)

On croit que c'est de là que Gaza a pris le mot de *cerrus,* qu'il met dans sa traduction pour σμαρὶς.

---

1. Oppien, l. I, v. 108.

CHAPITRE XI.

Des Mendoles (Mæna, nob.)

Ce qui distingue éminemment les mendoles des picarels, des cæsio et des gerres, et ce qui les éloigne de toutes les autres ménides, c'est la présence de dents implantées sur leur vomer. La forme de leur corps, si l'on ne fait point attention aux nageoires, est assez ressemblante à celle d'un hareng plein; leurs couleurs sont assez brillantes, et elles ont toutes sur les côtés une tache plus ou moins foncée. Il y a dans l'aisselle de leurs ventrales et entre ces deux nageoires une écaille longue et pointue, comme dans les pentapodes; mais la protractilité de leur museau les en distingue suffisamment.

Les poissons de ce genre vivent près des côtes, dans les endroits riches en algues et vaseux; leur nourriture consiste en petits poissons et quelques mollusques sans coquille, qu'ils trouvent dans les herbes.

Nous en connaissons quatre espèces, toutes les quatre de la Méditerranée; nous n'en avons jamais reçu de nos côtes de l'Océan, ni des mers étrangères. Cornide n'en place point sur les côtes de Galice, et nous ne trouvons pas qu'aucun auteur de faunes boréales en ait fait mention.

Il est même assez difficile d'en déterminer la synonymie dans les naturalistes qui ont traité des poissons de la Méditerranée, et de reconnaître dans leurs descriptions s'il s'agit d'espèces de ce genre ou du genre suivant.

Ainsi Bélon[1] ne paraît pas avoir distingué sa mendole de quelques picarels à corps élevé, et la figure qu'il en donne ressemble plutôt à notre *picarel chrysèle;* encore y a-t-il oublié la tache latérale. Rondelet semble au moins avoir confondu toutes les mendoles sous son *mæna* (l. V, c. 13, p. 138); et il est étonnant que cet ichtyologiste, qui connaissait si bien les poissons de la Méditerranée, n'ait pas même remarqué l'*osbeck,* dont les couleurs et les formes sont si frappantes.

On ne trouve le nom de *mæna* cité dans Salviani[2], qu'à l'article de la tanche d'eau douce; et c'est pour réfuter une erreur de Platina, qui avait cru retrouver la tanche dans le *mæna* des Latins. La figure de mendole que l'on voit dans Gesner, n'est pas plus précise que celles de Bélon et de Rondelet. Willughby paraît en avoir vu plusieurs de couleurs dif-

----

1. *Aquat.*, p. 226. — 2. *Aquat.*, p. 90, *A.*

férentes ; mais il les regarde comme de la même espèce, et se borne à faire remarquer que celles qu'il a observées pendant l'hiver à Venise étaient blanches, et que celles qu'il a trouvées à Naples pendant l'été étaient bleues et brillaient d'une belle couleur jaune.

Ces données étaient si vagues, qu'Artedi n'a pu lui-même composer qu'une phrase générale qui convient à toutes les espèces. Il a dit : *Sparus varius, macula nigricante in medio latere, dentibus quatuor majoribus.*

C'est sur ce caractère que Linnæus a établi son *sparus mœna,* mais en y changeant le mot de *macula* en celui d'*ocello,* ce qui est encore moins exact.

Les auteurs qui ont suivi Linnæus n'ont pas mieux distingué ces divers poissons.

Duhamel, qui aurait eu tant de facilité par ses nombreux correspondans pour faire une bonne ichtyologie des côtes de France, n'a parlé que d'une manière confuse de toute cette famille. Personne ne pourrait tirer rien de clair de ce qu'il dit de ses *mendoles, cagarelles, gerles, juscles, severeaux, jarets, pitres* et autres dénominations non moins vagues et jamais accompagnées de définitions. Tout ce que l'on peut supposer d'après ses figures, c'est que son *jaret brun* (sect. 4, pl. 8, fig. 2) est le picarel commun; son *grand pitre* (*ib.*, fig. 3), le picarel chrysèle; mais son autre *pitre* (fig. 4) et même sa *mendole* (pl. 6, fig. 3) nous paraissent indéterminables.

Cetti (t. III, p. 117) parle de la *menola* qui se pêche avec le *smaride*, mais en moindre abondance, et que l'on vend avec ce poisson, qui est fort estimé en Sardaigne; mais il n'en donne point les caractères.

Nous avons déjà vu que le smaris de Brünnich[1] est le sparaillon (*sargus annularis*). C'est au n.° 57 qu'il faut chercher le vrai picarel ou smaris de Linnæus. On ne voit pas même clairement si c'est une *mendole* qu'il donne comme *sparus mœna* (p. 42), quoique sa description ait guidé Bloch dans l'enluminure de sa planche 270, qui du reste, d'après la grandeur des écailles et les dents représentées à côté, est plutôt d'un canthère que d'une mendole.

M. de Lacépède n'a rien éclairci, et s'est borné à copier les articles de Gmelin.

Nous devons ajouter ici que le *sciæna unimaculata* de Linnæus, d'après les nombres de ses rayons et le peu qui est dit de ses caractères, ne peut être qu'un poisson de cette famille, soit une mendole, soit un smaris;

---

1. *Mass.*, p. 40.

mais ces caractères ne suffisent point pour en déterminer l'espèce.

La Mendole commune.

(*Mœna vulgaris,* nob.; *Sparus mœna,* Linn.?)

La mendole que nous plaçons la première, parce que c'est l'espèce la plus commune,

a le corps à peu près de la forme du hareng; mais le ventre est arrondi et non tranchant, et ses nageoires sont toutes différentes.

Sa hauteur est comprise trois fois et demie dans sa longueur. Son épaisseur fait un peu plus du tiers de la hauteur. Le profil du dos, depuis l'extrémité du museau jusqu'à la fin de la dorsale, suit une courbure peu arquée, et qui s'infléchit sur la nuque; celle du ventre lui est parfaitement semblable.

La tête est petite; sa longueur est contenue quatre fois et un quart dans celle du corps.

L'œil est médiocre, parfaitement rond; son diamètre n'a que le quart de la longueur de la tête. Le sous-orbitaire est placé obliquement au-devant de l'œil. La hauteur du bord antérieur est double de celle du bord postérieur; le bord inférieur est sinueux, et ne recouvre que la moitié antérieure du maxillaire. L'angle antérieur du sous-orbitaire est également échancré pour recevoir un tubercule pointu et saillant, qui est sur l'extrémité antérieure du maxillaire. Le préopercule est assez grand; son limbe est sans écailles et finement strié.

L'opercule et le subopercule sont réunis et forment une pièce triangulaire écailleuse, dont l'angle postérieur est assez ouvert. Le bord membraneux de l'opercule n'est pas très-grand.

L'ouverture de la bouche est médiocre; mais elle est très-protractile, à cause de l'extrême longueur des branches montantes de l'intermaxillaire. La portion angulaire de la branche montante de la mâchoire est haute, ce qui élargit beaucoup l'arrière de la mâchoire près de son articulation, laquelle est assez reculée; mais cette disposition, à peu près semblable à celle des hémulons ou des léthrinus, ne permet pas à la mâchoire de s'abaisser comme dans ces deux genres.

Les lèvres sont peu épaisses. Les dents sont fines et à peu près égales sur le premier rang de la mâchoire supérieure; derrière il y en a de fines en velours. Sur le devant de la mâchoire inférieure sont deux canines plus fortes que les autres dents. Les palatins sont lisses et sans dents; sur le vomer il y en a une rangée longitudinale en velours fin, sans que l'on en voie sur les deux renflemens antérieurs de cet os qui en forment le chevron.

La langue est libre, pointue, lisse; les osselets impairs qui sont à sa base sont couverts de scabrosités assez fortes. Les dents pharyngiennes sont en cardes assez fortes, disposées en groupes. Il y a quatre arceaux branchiaux, outre la demi-branchie operculaire : chaque arceau porte un double rang de lames, dont la division est presque aussi sensible que celle que l'on a remarquée dans l'espadon; et la première branchie a une rangée de dents longues, dirigées vers la bouche; les autres arceaux portent des groupes d'âpretés en cardes assez fortes.

L'ouverture des ouïes n'est pas très-grande. La membrane branchiostège a six rayons, comme dans la plupart de nos sparoïdes.

La distance du bout du museau à la naissance de la dorsale est égale à la hauteur du corps. Le plus long rayon épineux est contenu deux fois et demie dans cette même hauteur. La portion épineuse de la dorsale est plus longue des deux tiers que la portion molle. L'anale, aussi longue que la dorsale molle, commence sous le premier rayon de celle-ci. La caudale est fourchue; ses deux lobes sont égaux. La pectorale et la ventrale sont triangulaires; elles n'atteignent pas l'anale. Les nombres sont :

B. 6; D. 11/11; A. 3/9; C. 17; P. 14; V. 1/5.

Le surscapulaire est petit et peu distinct, si ce n'est par la nature de la peau qui le recouvre. Il y a huit écailles surscapulaires, dont la réunion forme un sillon creusé sur la nuque, et détache une plaque composée de trois rangées d'écailles. Celles du corps sont finement ciliées sur leur bord libre. Le bord radical est dentelé. Elles sont deux fois plus hautes que larges. On en compte environ soixante-quinze dans la longueur, et vingt dans la hauteur; il y en a une très-longue et très-pointue dans l'aisselle de la ventrale, et une autre plus courte, mais tout aussi pointue, entre les deux nageoires.

La ligne latérale est fortement marquée par un large ruban d'une couleur rougeâtre, et sur chaque écaille de cette ligne on voit deux petits pores percés l'un au-dessous de l'autre.

Le dos est gris plombé, et rayé de cinq à six lignes longitudinales brunes. Au-dessous de la ligne latérale les côtés sont jaunâtres, à reflets dorés et mêlés de taches bleues pâles, disposées par séries irrégulières. Le ventre est argenté. Vis-à-vis des dernières épines de la dorsale, au-dessous de la ligne latérale, il y a sur chaque côté une grande tache noirâtre. Le dessus de la tête et les joues ont quelques teintes bleuâtres à reflets argentés. Les lèvres sont couleur de chair. La dorsale est olive, avec quelques taches rougeâtres sur l'arrière. L'anale et la caudale sont orangées, tachetées de points bleus. Les pectorales et les ventrales sont rougeâtres; mais ces couleurs paraissent sujettes à des changemens, selon les saisons, le sexe et l'âge du poisson.

Le foie est petit, de couleur pâle. L'estomac est arrondi et dilaté en arrière comme une cornue. La branche montante est courte. Il y a quatre appendices longues et grêles au pylore.

L'intestin se plie deux fois; il a quelque longueur. La valvule qui ferme l'entrée du rectum est près de l'anus, ce qui rend cette dernière portion de l'intestin assez courte.

La vessie aérienne est simple, étroite, arrondie à sa partie antérieure. Elle se divise en arrière en deux cornes droites, longues et coniques, qui pénètrent de chaque côté des interépineux de l'anale dans les muscles de la queue.

Le squelette montre que la crête mitoyenne a peu d'élévation. On compte vingt-deux vertèbres à la colonne vertébrale; neuf sont abdominales, et treize caudales, qui ne portent pas de côtes.

Ce poisson ne dépasse guère sept pouces.

Nous avons reçu cette mendole de Toulon, de Naples, d'Iviça, et de quelques autres points de la Méditerranée. On la prend toute l'année sur les fonds couverts d'algues. La femelle est pleine d'œufs jaune-aurore en Juillet et en Août. Sa petite taille et le mauvais goût de sa chair en font partout un poisson méprisé; son nom sert même à Venise à désigner les gens de peu, et celui de *magna-menole* est une grande injure.[1]

On nomme ce poisson à Marseille *mendole*, selon Rondelet et Bélon; et *mundoure* selon Brünnich; mais c'est le premier nom qui est le vrai. En Italie en général on l'appelle *menola*; les Génois prononcent *menua*, selon M. Viviani, et les Siciliens *minola*, selon M. Rafinesque; les Niçards *amendolo*, selon M. Risso. M. de Laroche l'a entendu nommer à Iviça *madre-soldat*. Les naturalistes qui viennent de visiter le Péloponèse nous assurent que les Moréotes confondent la mendole avec le picarel sous le

---

1. Martens, Voyage à Venise, t. II, p. 424.

nom commun de μαινιδα. Forskal prétend que les Grecs de Smyrne et de Constantinople la nomment σερβλα. Rondelet lui attribue encore les noms de *juscle* et de *cagarel,* en usage à Montpellier, et de *sclave* dans l'Adriatique; mais peut-être désignent-ils quelqu'une des espèces voisines.

La Mendole juscle.

(*Mœna jusculum,* nob.)

Nous appliquons le nom de *juscle,* qui, selon Rondelet, est un de ceux que la mendole porte à Montpellier, à une seconde espèce de ce genre, qui n'a encore été distinguée à notre connaissance par aucun ichtyologiste.

Elle a le corps moins élevé que la précédente. Sa hauteur est quatre fois dans la longueur. Le profil du dos suit une ligne courbe, régulière, depuis le bout du museau jusqu'à la fin de la dorsale; celui du ventre est presque droit. La bouche est aussi un peu moins fendue, l'œil un peu plus grand. Les dents sont fines, et les canines presque nulles. Les dents du vomer sont fines et aussi sur une rangée longitudinale. La dorsale est beaucoup plus basse, ainsi que l'anale. Les nombres des rayons sont les mêmes.

Les écailles sont finement ciliées, plus hautes que longues; le bord radical est très-dentelé. Il y en a vingt rangées de soixante-dix à soixante-quinze dans la longueur. L'écaille des ventrales est longue et très-pointue. La ligne latérale est comme à l'ordinaire parallèle au dos, et marquée par un trait large, **plus** sinueux et plus courbe que dans la mendole vulgaire.

Sa couleur paraît être un gris plombé, plus uniforme sur le dos et sur les côtés, et argenté sous le ventre. Il y a quatorze ou quinze lignes longitudinales brunes le long des flancs. La tache des côtés est petite, au-dessous de la ligne latérale vis-à-vis le sixième et le septième rayon épineux. Les nageoires sont grises, sans aucune trace de taches ou de points colorés.

Nous lui trouvons un foie plus petit, un estomac moins arrondi et moins grand, l'intestin beaucoup plus court, le rectum trois fois plus long. Il y a le même nombre d'appendices cœcales; mais ces quatre cœcums sont plus grêles et plus courts.

La vessie aérienne a au contraire plus de capacité et des parois plus minces. Elle donne en arrière deux cornes plus courtes, mais beaucoup plus pointues que dans l'espèce précédente.

Cette seconde mendole paraît moins abondante dans la Méditerranée. Cependant nous l'avons reçue de nos côtes de Provence par M. Delalande, de Naples par M. Savigny et de Sicile par M. Bibron. Nous l'avons aussi trouvée parmi des poissons que M. Baillon nous a envoyés de Malaga. Elle ne paraît pas devenir plus grande que la mendole commune.

La Mendole d'Osbeck.

(*Mæna Osbeckii*, nob.; *Sparus tricuspidatus*, Spin.)

Osbeck avait décrit dans le tome IV des Nouveaux Mémoires des curieux de la nature (p. 100), d'une manière assez vague, un poisson qu'il a nommé *sparus radiatus*. Bonnaterre a extrait de l'article d'Osbeck une petite description qui a été reprise par M. de Lacépède, et qui est devenue dans l'ouvrage de ce naturaliste le *spare Osbeck,* et M. Risso a appliqué, un peu légèrement peut-être, ce synonyme à une mendole qu'il a vue à Nice, et qui est celle qui fait le sujet de cet article.

M. Risso[1] aurait eu un synonyme plus certain et une figure fort exacte à citer, s'il avait fait attention au *sparus tricuspidatus* de M. Spinola[2], qui est bien certainement l'espèce actuelle, quoique nous n'ayons pas cru pouvoir en conserver l'épithète, parce que la circonstance d'organisation sur laquelle elle repose, les trois écailles qui accompagnent les ventrales, est commune à toutes les ménides. Nous croyons aussi retrouver cette espèce dans une gravure de ce recueil de poissons

---

1. Ichtyologie de Nice, 1.ʳᵉ édit., p. 246.
2. Annales du Muséum, t. X, pl. 18.

espagnols que nous avons déjà cité. Elle y est nommée *iudio*. Dans la seconde édition [1], M. Risso a changé le nom d'*Osbeck* en celui de *gora*.

Il nous paraît que le *sparus zebra* de Brünnich [2], qu'il a entendu appeler *sucle* à Marseille, appartient encore à cette seconde mendole, autant du moins que l'on peut en juger par sa description. Bonnaterre (p. 101) en a fait son *spare sucle,* dont M. de Lacépède (t. IV, p. 107) a changé le nom en celui de *spare marseillais.*

Cette troisième mendole, l'osbeck, se reconnaît à sa plus grande hauteur et à sa nuque plus relevée. Elle a une dorsale beaucoup plus haute, et elle est peinte de couleurs beaucoup plus vives.

Le profil du dos est presque droit; celui du ventre est très-courbe. La hauteur n'est que le tiers de la longueur; l'épaisseur n'est pas le tiers de la hauteur. Le profil de la tête est presque vertical, depuis le bout du museau jusqu'à la hauteur des yeux; il remonte subitement et passe sur la nuque jusqu'à la dorsale en suivant une ligne courbe.

La tête est plus courte que celle de la mendole, et contenue quatre fois et demie dans la longueur totale. L'œil est rond, médiocre; le sous-orbitaire à peu près de même forme que celui de la mendole. Le préopercule est un peu plus large. L'opercule est

1. Ichtyologie de Nice, p. 357. — 2. *Pisc. mass.*, p. 47.

plus haut. Le surscapulaire est plus haut et plus étroit que celui du précédent, et la plaque d'écailles cornées, séparées par les écailles surscapulaires, n'a que deux rangées. La dorsale et l'anale sont plus hautes. Les nombres de rayons sont les mêmes.

D. 11/11; A. 3/9, etc.

Les écailles sont plus grandes, plus finement ci-liées; chacune est plus large, mais moins haute : on en compte soixante-dix dans la longueur, et vingt dans la hauteur. Les écailles qui sont à la base des ventrales sont très-longues et très-pointues. La ligne latérale est parallèle au dos, et en est plus rapprochée.

La couleur du corps est plombée, glacée de bleu, et à reflets argentés, ce qui fait paraître le poisson d'un beau bleu d'acier. Sur ce fond brillant on voit des taches bleu de ciel brillantes, dont quelques-unes s'avancent sur les joues, et y font trois ou quatre raies disposées en rayons. La dorsale est oli-vâtre, tachetée de bleu. Ces taches sont moins fon-cées et moins bien marquées que celles que l'on voit sur la caudale, et principalement sur l'anale, dont la membrane est beaucoup plus claire que ne l'est celle de la dorsale ou de la caudale. Les ven-trales sont d'un beau jaune olivâtre.

Les viscères de ce poisson diffèrent peu de ceux de la mendole commune. Il a l'estomac plus pointu, le canal intestinal un peu moins long, et le rectum un peu moins court. Les cornes de la vessie aérienne sont plus grosses, plus obtuses, et ne pénètrent pas aussi loin de chaque côté de l'anale dans les muscles de la queue. Le péritoine est argenté.

Le squelette de l'osbeck ne diffère pas sensiblement de celui de la mendole. La crête mitoyenne
du crâne est plus élevée, ce qui occasionne la plus
grande hauteur de la nuque de ce poisson. Le surscapulaire et le scapulaire sont plus étroits, et la base
de l'huméral et du radial est plus large. Le styléal
est court et plus large. Il y a vingt-trois vertèbres
à la colonne épinière, dont dix abdominales. La dernière se porte en arrière, et elle atteint le quatrième
interépineux de l'anale.

Cette espèce devient un peu plus grande que les
précédentes. Les individus du Cabinet du Roi ont
près de huit pouces.

Elle est commune dans toute la Méditerranée. Nos côtes de Provence, celles de Nice,
de Naples, de Sicile, de Corse, la nourrissent
en grandes troupes.

La MENDOLE VOMÉRINE.

(*Mæna vomerina*, nob.)

Enfin, nous en avons une quatrième espèce,
à tête beaucoup plus large et à museau beaucoup plus court, qui nous paraît entièrement
nouvelle. Elle se distingue des autres, parce
qu'elle a des dents sur le chevron du vomer.
C'est d'après cette disposition que nous avons
cru pouvoir lui donner l'épithète de *vomérine*.
Elle nous est venue de Marseille, où elle a été
prise par M. Delalande; le docteur Leach nous

en a donné un individu un peu plus petit,
qui lui avait été envoyé de Malte.

La forme du corps rappelle celle de notre première mendole. La hauteur est comprise de même
trois fois et trois quarts dans la longueur. La tête est
plus courte, et contenue un peu plus de quatre
fois dans la longueur totale. Le front est large et
rectiligne. L'œil est grand ; son diamètre fait le tiers
de la longueur de la tête. Le sous-orbitaire est plus
large en arrière ; son bord inférieur est plus échancré. Le bord montant du préopercule, au lieu de
descendre verticalement et en ligne droite, se porte
obliquement un peu en arrière, et est échancré vers
le milieu de sa hauteur. Les lèvres sont épaisses ; la
supérieure est large. Les dents de la mâchoire supérieure sont en fortes cardes ; et à la mâchoire inférieure il y a quatre ou six canines plus grosses que
les autres : et ce qui distingue surtout cette espèce
des précédentes, c'est qu'il n'y a plus sur le vomer
des dents en série longitudinale, mais un groupe
assez nombreux, placé à l'extrémité antérieure de
cette pièce, sur les renflemens qui en forment le
chevron. Ces dents sont fines et pointues.

La portion épineuse de la dorsale est plus haute
que dans notre seconde mendole ; mais la partie
molle l'est beaucoup moins. L'anale n'est pas à beaucoup près aussi haute. Le lobe supérieur de la caudale
est le plus long. La pectorale est un peu plus courte.
Les nombres de rayons sont les mêmes.

D. 11/11 ; A. 3/9, etc.

6.   26

Les écailles sont très-fortement ciliées et âpres sur le bord libre; elles sont plus adhérentes au corps. Leur forme est presque triangulaire. La base de ce triangle est le bord radical, qui est dentelé. L'écaille de l'aisselle de la ventrale est pointue; mais beaucoup plus large que celle de l'osbeck et du juscle.

Il y en a vingt rangées de soixante à soixante-cinq sur chaque flanc. La ligne latérale est parallèle au dos par le quart supérieur de la hauteur.

La couleur paraît plus jaune et plus uniforme. On ne voit que très-faiblement la marque d'une tache latérale. Les nageoires n'offrent pas de trace de points ou de lignes.

Le foie de cette mendole est très-petit; l'estomac est court, tronqué et de peu de capacité. Le canal intestinal est plus court que celui de la mendole commune; mais plus long que celui des deux autres espèces. Il y a quatre cœcums au pylore. Les ovaires d'une femelle prise au mois de Mars étaient très-volumineux et pleins d'œufs beaucoup plus petits que de la graine de pavot.

La vessie aérienne est grande, alongée, simple antérieurement; ses parois sont très-épaisses et fibreuses. Les cornes sont plus longues, plus grêles, plus pointues que dans aucune autre espèce.

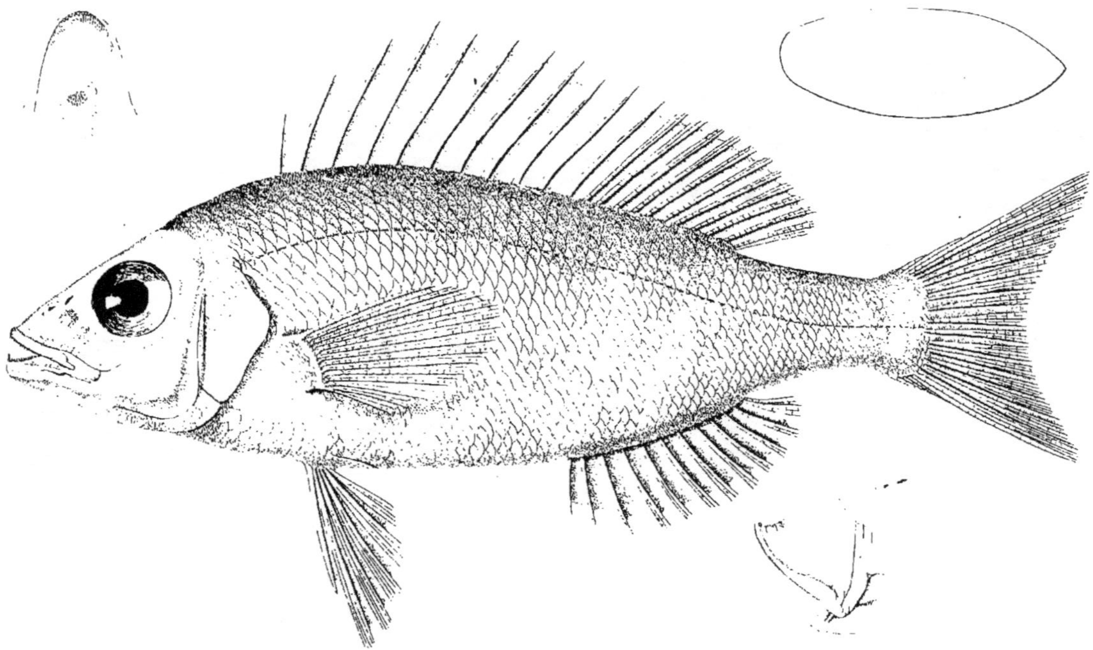

MENDOLE vomérine.

Werner del.

Impr.ᵉ de Langlois.

MÆNA vomerina. n.

Dequevauviller sculp.

CHAPITRE XII.

Des Picarels (*Smaris*, nob.).

Nous avons distingué les picarels des mendoles, parce que leur palais est lisse et n'a
point de dents. Ils ressemblent d'ailleurs aux
mendoles par tous les autres points de leur
organisation. Leurs couleurs sont distribuées
à peu près de même, et ils vivent comme les
mendoles sur les côtes vaseuses et herbagées
de la mer, s'y nourrissant de petits poissons
ou de mollusques. Nous connaissons maintenant plusieurs espèces de picarels, dont quelques-unes paraissent avoir été indiquées avant
nous, mais sans être décrites comparativement;
ce qui les rend très-difficiles à reconnaître dans
les auteurs qui peuvent en avoir parlé. Celles
d'Europe vivent toutes dans la Méditerranée,
et nous n'en avons pas reçu de nos côtes de
l'Océan, non plus que des mendoles; mais nous
voyons quelques-uns de ces picarels s'avancer
dans l'Atlantique, et on en trouve aux îles
Canaries, sur les côtes d'Afrique et dans la rade
de Gorée. Il y en a même jusqu'aux Antilles.
Bélon[1] n'a pas plus distingué les picarels

---

1. *De aquat.*, l. 1, p. 226.

entre eux que les mendoles. Le peu de mots qu'il dit pour caractériser son smaris, peut faire croire qu'il a vu le picarel vulgaire; mais dans cette hypothèse sa figure le représénte trop large, et elle se rapproche de la forme de notre alcyon.

Rondelet[1] a laissé une figure de smaris aussi peu déterminable que celle de Bélon. Nous croyons cependant qu'il a parlé de notre premier picarel, parce qu'il dit que le smaris diffère du *mæna* par l'absence de taches bleues sur le corps.

Smaris marinus est piscis, mænæ similis, sed minor. Est enim digiti tantum magnitudine, corpore strictiore, rostro acuto, maculamve utrinque nigram habet, notis cæruleis versicoloribusque caret.

Tout ce que cet auteur ajoute convient également aux autres espèces, et on voit qu'il les a confondues par la quantité de noms vulgaires qu'il accumule.

Les deux figures qu'Aldrovande[2] ajoute à celle de Rondelet, sont tout aussi incertaines, et l'on peut même douter que la troisième, son *smaris altera peregrina*, représente un poisson de ce genre. S'il ne le donnait pas

---

1. *De pisc.*, l. V, c. 14, p. 140. — 2. *De pisc.*, l. II, p. 227.

comme exotique, on pourrait croire que c'est plutôt une de nos mendoles.

Gesner n'a reproduit que la figure de Rondelet.

La description très-courte que l'on trouve dans Willughby nous paraît mieux convenir à notre *picarel alcyon* qu'à toute autre espèce; aussi nous en parlerons à son article.

C'est sur ces données qu'Artedi a établi son *sparus macula nigra in utroque latere medio, pinnis pectoralibus caudaque rubris,* qui est devenu le *sparus smaris* dans la dixième et dans la douzième édition du *Systema naturæ,* nom qui ne peut par conséquent guère s'appliquer à une espèce plutôt qu'aux autres.

Les auteurs récens, postérieurs à Linnæus, n'ont rien ajouté qui ait mieux fait connaître ces poissons. Duhamel en avait reçu plusieurs, soit d'Antibes, soit de Toulon; mais il n'a eu en vue que de distinguer les picarels des mendoles.

Bloch ne donne point d'article sur le *sparus smaris* dans son grand ouvrage, et se borne dans son *Systema* à copier Linnæus.

Brünnich a donné le nom de *sparus smaris* au sparaillon (*sparus annularis,* Linn.), ainsi que nous l'avons déjà fait remarquer; mais il se pourrait que son n.° 57, auquel il ne donne point de nom, le regardant comme une variété de la mendole, fût le véritable picarel.

Bonnaterre, ne faisant aucune attention à cette erreur de Brünnich, l'a copiée toute entière, bien qu'il ait pris dans Willughby la figure de Rondelet, qui est en tous points contradictoire avec la description qu'il y rapporte.

M. de Lacépède, après avoir parlé du picarel d'après Rondelet et Willughby, n'en a pas moins cité le *sparus smaris* de Brünnich et de son copiste Bonnaterre parmi ses synonymes du picarel.

C'est M. de Laroche qui, après avoir fait remarquer le manque de précision des différentes descriptions et figures d'un poisson aussi commun sur toutes les côtes de la Méditerranée, a donné le premier une description fort exacte du picarel commun dans le tome XIII des Annales du Muséum, et il y a joint un dessin qui ne laisse rien à désirer, en sorte qu'il nous fournit un point de départ pour la fixation des caractères de nos espèces.

M. Risso, sans profiter du travail de M. de Laroche, avait assez bien indiqué le picarel dans sa première édition (p. 258); mais dans la seconde il a fait des changemens qui ne sont pas heureux, et qui ont de nouveau tout brouillé. Il a donné le nom de *sparus smaris* au *sparus alcedo* de sa première édition, citant néanmoins Rondelet et M. de Laroche, quoi-qu'il soit bien évident que les descriptions de ces deux auteurs, qui ne parlent ni de taches bleues ni de raies, ne peuvent convenir à ce prétendu *sparus smaris;* au contraire, il est presque impossible de ne pas reconnaître notre picarel dans la description qu'il donne maintenant sous le nom de *sparus alcedo.*

Le PICAREL ORDINAIRE.

(*Smaris vulgaris*, nob.)

Nous appliquons le nom de *vulgaire* au pi-carel que nous avons reçu en plus grande abondance de divers points de la Méditer-ranée; et sans nous arrêter à sa synonymie, qui, d'après ce que l'on vient de voir, serait assez difficile à établir, nous allons en donner une description détaillée, que nous ferons suivre de la description comparative des au-tres espèces.

Le corps de ce poisson est arrondi, alongé, fusi-forme, aminci aux deux extrémités. Sa hauteur, double de l'épaisseur du corps, est le cinquième de sa lon-gueur totale. La tête est un peu plus courte que la hauteur du corps; elle est pointue, et sa hau-teur à la nuque fait les deux tiers de sa longueur

L'œil est grand; son diamètre égale le tiers de la longueur de la tête, et la distance du bord antérieur de l'œil au bout du museau est égale au diamètre. Le sous-orbitaire est alongé, élargi en avant; son bord inférieur est un peu échancré, et il recouvre, quand la bouche est fermée, presque tout le maxillaire.

Le préopercule est assez grand; son bord vertical se réunit au bord horizontal par un angle très-arrondi. L'arête qui en dessine le limbe est très-élevée, ce qui fait que le plan du limbe est très-incliné sur celui de la joue. Tout le limbe est nu, sans écailles, et chargé de stries parallèles et perpendiculaires à l'arête du limbe.

L'opercule est de grandeur moyenne, et réuni assez intimement avec le sous-opercule. L'interopercule est étroit et peu distinct de ces deux pièces, quoique bien séparé. Ces trois pièces sont couvertes d'écailles, ainsi que les joues. Le sous-orbitaire et le front sont nus.

La bouche n'est pas très-grande quand elle est fermée. Les deux mâchoires sont d'égale longueur. Les branches montantes de l'intermaxillaire sont deux fois plus longues que les branches horizontales de cet os; aussi la bouche est très-protractile quand l'animal tire en avant ces longues branches : elles remontent sur le front au-delà des yeux, lors du retrait de la bouche.

Le maxillaire est à peine plus alongé que la branche dentaire de l'intermaxillaire. Sa moitié inférieure est du double plus large que la supérieure.

Il y a un tubercule saillant à son extrémité antérieure, qui dépasse le bord du sous-orbitaire, et forme une petite pointe à l'extrémité latérale du museau.

La mâchoire inférieure est mince à son extrémité; mais bientôt elle s'élargit, et elle prend une hauteur au moins triple de celle qu'elle a près de la symphyse. Elle peut s'abaisser un peu plus que celle des mendoles. La lèvre inférieure s'attache sur le bord de ce talon si élevé, ce qui laisse la partie postérieure des maxillaires tout-à-fait libre, et leur permet de se porter en avant, si l'animal veut y projeter sa bouche. Quand la bouche est fermée, cette portion élevée de la mâchoire inférieure se cache sous le sous-orbitaire avec le maxillaire et l'intermaxillaire. Auprès de son articulation la branche de la mâchoire diminue un peu de hauteur. La lèvre supérieure s'élargit un peu vers l'angle de la commissure, et elle complète par sa réunion avec l'inférieure l'orifice arrondi du tube que forme la bouche lorsque le poisson l'a lancée vers quelque objet.

Les deux mâchoires sont pourvues d'une bande étroite de dents en velours très-fin; l'inférieure porte deux très-petites canines à son extrémité.

Le vomer est tout-à-fait lisse et sans dents. La peau du palais est chargée de petites rides longitudinales, qui portent sur leurs arêtes des papilles assez élevées, et qu'il faut examiner avec soin si on ne veut pas les confondre avec les dents. Les dents pharyngiennes sont en velours ras.

Les ouïes sont fendues comme dans la plupart de

nos sparoïdes. La membrane branchiostège est étroite, et il y a six rayons.

La première arcade branchiale a une rangée de peignes, dont les dents, assez longues, sont dirigées en avant. Les autres n'ont que des petits groupes d'âpretés fines.

La dorsale commence au tiers antérieur de la longueur du corps. La membrane qui soutient ses rayons est très-fine et se détruit facilement.

La plus grande hauteur de cette nageoire surpasse à peine la moitié de la hauteur du corps; elle est égale dans toute son étendue. Le dernier rayon épineux est à peine plus petit que le plus grand : ils sont au nombre de onze, et on en compte autant de ramifiés.

Le premier rayon de l'anale correspond au troisième rayon mou de la dorsale; elle ne s'étend pas en arrière plus loin que la dorsale. Ses nombres sont trois épineux et neuf mous.

La caudale est un peu fourchue. Les pectorales sont étroites et alongées ; leur longueur égale la hauteur du corps. Les nombres sont :

B. 6 ; D. 11/11 ; A. 3/9 ; C. 17 ; P. 17 ; V. 1/5.

Les écailles sont fortes, un peu âpres au toucher, parce qu'elles sont ciliées : il y a dix-huit à vingt rangées, dont celle qui va de l'épaule à la caudale en a quatre-vingt-dix.

La ligne latérale est large, et va près du dos par le cinquième de la hauteur.

La couleur dans la liqueur paraît d'un gris argenté,

avec quelques reflets dorés assez vifs, et nuancé de
taches brunes nuageuses, irrégulières. On voit quelques lignes longitudinales bleuâtres pâles le long
des flancs au-dessous de la ligne latérale. Il y a sur
les côtés une tache brune assez grande. La dorsale est légèrement olivâtre, l'anale jaune pâle, la
caudale rougeâtre; les pectorales orangées. Il y a
du jaune sur les ventrales. Ces couleurs diffèrent
peu de celles qu'indique M. de Laroche, qui l'a
observé frais à Iviça : il dit que le corps est gris argenté, foncé sur le dos et clair sur le ventre. La
dorsale est grise comme le dos; la caudale est grise,
bordée de rougeâtre; les autres nageoires sont jaune
rougeâtre.

Le foie est très-petit, et ne forme presque qu'un
seul lobe situé sous l'œsophage. La vésicule du fiel
est petite, pointue en arrière, et cachée entre le foie
et le côté droit de l'œsophage.

L'œsophage est long, et se termine par un petit
cul-de-sac. Au-dessus est la branche montante de
l'estomac, qui est renflée, globuleuse, à parois minces et transparentes. Il y a quatre appendices cœcales
au pylore. Le canal intestinal fait deux replis à peu
de distance l'un de l'autre. Le rectum est long.

La rate est petite, alongée, de couleur noire. Elle
est située sur le duodénum à droite de l'estomac.

La vessie aérienne est grande; ses parois sont minces et brillantes. Elle donne en arrière deux pointes
longues, aiguës, qui pénètrent de chaque côté des
interosseux de l'anale dans les muscles de la queue.
Le péritoine est argenté.

Le crâne du picarel est aplati, et n'a que la seule crête mitoyenne élevée en une lame triangulaire mince et courte. Il part de sa base antérieure deux arêtes qui s'étendent sur le front jusqu'au-delà des yeux, et qui servent à limiter la rainure dans laquelle marchent les branches montantes de l'inter-maxillaire.

Le surscapulaire est petit, étroit, échancré en avant.

Le scapulaire ne forme qu'une lame assez mince, qui paraît sur le poisson entier comme une simple écaille.

L'huméral et le radial sont réunis vers le haut en une grande et large plaque mince, qui forme la plus grande partie de la ceinture de la poitrine. Le radial se termine en une pointe aiguë assez fine.

Le coracoïdien supérieur est triangulaire, alongé, très-mince par son bord postérieur. Le styléal ou la portion inférieure du coracoïdien se prolonge en une pointe longue et très-aiguë. Sa face externe est lisse et un peu concave; sa face interne est relevée dans le milieu par une arête assez forte.

Il y a vingt-trois vertèbres, dont dix sont abdominales.

Les côtes sont grêles, assez longues. La dernière est courte, recourbée et rejetée en arrière; elle s'articule par sa pointe avec le troisième interépineux de l'anale, et ouvre ainsi le canal aux cornes de la vessie aérienne.

Cette espèce, répandue dans toute la Méditerranée, est suivant Bélon le *marida* des Grecs modernes. Les naturalistes de l'expédition de Morée l'ont entendu appeler μαινίδα par les pêcheurs du golfe de Modon. Ce serait au rapport de Bélon le *giarret* des Marseillais, ou suivant Rondelet le *cerres* ou *gerres* du même endroit, et le nom de *picarel* lui serait donné sur d'autres côtes de Provence et sur celles d'Espagne. On le nomme, suivant M. de Laroche, *jarret* à Iviça, et *caramel* sur une grande partie des côtes d'Espagne. A Venise on le nomme *giroli* ou *geruli* selon Rondelet; mais M. de Martens ne lui donne que les noms de *menola bianca*, d'*agon*, d'*ishia* et de *maridola*. Ce dernier rappelle le *marida* de Bélon.

Le picarel vit près du rivage, se nourrit de petits crustacés. Il est si abondant à Iviça qu'il forme à lui seul, selon M. de Laroche, plus de la moitié du produit total de la pêche de cette île. Rondelet assure que l'on expose le picarel à l'air après l'avoir salé, pour en faire une sorte de garum. Il paraîtrait même que le nom de *picarel* viendrait du goût piquant que prend le poisson ainsi préparé. Mais Duhamel nous paraît avoir redressé cette erreur d'après les observations de son correspondant d'Antibes, au rapport duquel on aurait confondu avec le picarel ou le pitre d'Antibes un poisson du genre des harengs, probablement la melette, que l'on nomme dans ce port *py-raie*. C'est ce pyraie, et non pas le pitre ou picarel, que l'on sale et dont on fait ces sortes de sauces.

Le PICAREL INSIDIATEUR.

(*Smaris insidiator,* nob.)

Nous avons reçu de Sicile une espèce de picarel dont le museau s'alonge encore beaucoup plus que celui de l'espèce ordinaire, ce qui nous a suggéré l'épithète que nous lui imposons.

Le corps est plus arrondi, plus alongé, et beaucoup moins haut. La tête, plus longue, a un œil beaucoup plus grand ; le sous-orbitaire est plus haut, et le bord inférieur n'a point d'arc rentrant. Le front est plus large. Les écailles sont plus petites, et celles qui sont placées au-dessus du surscapulaire moins distinctes. La ligne latérale est plus droite. Les derniers rayons épineux de la dorsale sont quatre fois plus bas que le troisième, de sorte que l'on pourrait presque regarder la dorsale comme double. Les épines de l'anale sont faibles et courtes. La caudale est fourchue.

B. 6 ; D. 13/9 ; A. 3/10 ; C. 17 ; P. 15 ; V. 1/5.

Ce poisson est brun rougeâtre sur le dos, argenté

sur le ventre. Il n'a point la tache noire latérale
que presque tous les smaris portent sur les côtés. Sa
caudale est rouge; les autres nageoires sont rougeâtres, mêlées de jaune. L'œil est rouge, à reflets dorés
et argentés.

L'anatomie nous montre un estomac plus alongé
et plus cylindrique. Je ne vois que trois cœcums
au pylore. La vessie aérienne, simple, n'est pas
fourchue à sa partie postérieure.

Il devient plus grand que le picarel commun.
Nos individus ont plus de six pouces.

Cette espèce faisait partie des collections
ichtyologiques que M. Bibron a rassemblées à
Messine. Nous ne la voyons nettement décrite
dans aucun des auteurs qui ont traité des poissons de la Méditerranée.

Cependant M. Rafinesque a figuré sous le
nom de *centracanthus cirrus* un poisson qui
offre assez de rapports avec le nôtre pour
croire qu'il en est fort voisin, s'il n'est pas
identique. Mais le dessin de M. Rafinesque a
l'œil trop petit, la partie épineuse de la dorsale trop basse, avec seulement neuf rayons
épineux réunis par une membrane; puis trois
petits, grêles et séparés l'un de l'autre, et aussi
de la partie molle, qui formerait ainsi une
seconde dorsale.

Dans le texte il est dit que le poisson est
roussâtre. Ses nombres (D. 9/15; A. 3/15) sont

différens de ceux de notre picarel et de ceux de la figure. Comme cette dernière différence prouve qu'il y a dans cet article de la négligence, aussi bien que dans la plupart des autres déterminations de M. Rafinesque, qui, en général, par l'insuffisance de ses caractères, ne permet guère à son lecteur de se former une idée précise des espèces qu'il a établies, nous sommes très-portés à croire que ce prétendu genre nouveau pourrait bien n'être que notre picarel mal décrit. C'est aux ichtyologistes qui iront en Sicile à éclaircir ce doute, et ils auront à déterminer positivement le poisson auquel les habitans donnent ce nom de *cirrus,* dont M. Rafinesque a fait son nom spécifique.

Le PICAREL MARTIN-PÊCHEUR.

(*Smaris alcedo,* nob.)

Une troisième espèce de la Méditerranée, parée des couleurs les plus brillantes, a été nommée par les pêcheurs de Nice *martin-pêcheur de mer,* à cause des taches ou des lignes bleues d'outre-mer dont son corps est orné.

Il est plus élevé que le picarel ordinaire. Sa hauteur n'est comprise que quatre fois et demie dans sa longueur totale. L'épaisseur n'est pas tout-à-fait la moitié de la hauteur. L'œil est un peu plus petit que celui du picarel. La dorsale et l'anale sont plus hautes, surtout par la partie molle.

Nous en avons des individus assez bien conservés, qui paraissent dans la liqueur d'un gris argenté, quelquefois jaunâtre, avec deux à trois raies bleues sur l'opercule, dont la supérieure monte sur le sourcil et s'avance jusqu'au bout du museau ; une autre va aussi de dessous l'œil jusqu'au bout du museau. Sur le corps il y a des traces de raies et de points bleus disposés par séries longitudinales. La dorsale, l'anale et la caudale sont tachetées de gros points bleus. Les pectorales sont rougeâtres. Une tache brune, assez grande, se remarque sur la membrane de la dorsale, entre le premier et le second rayon épineux. Il y a une tache ovale, large et brune sur les côtés.

Ces couleurs sont conformes à ce que nous pouvons observer sur un beau dessin de cette espèce que M. Roux nous a adressé de Marseille, et qu'il avait intitulé *smaris ornatus.*

Le dos y est gris, à reflets dorés; les côtés sont argentés; le ventre a une légère teinte jaune verdâtre. Sur la tête il y a un trait bleu qui va du bout du museau au-dessous de l'œil; d'autres traits bleus sont sur le sommet de la tête, et trois lignes bleues sur l'opercule. Une rangée au-dessus de la ligne latérale, et trois rangées au-dessous de cette même ligne, composées de gros points bleu vif, ornent les côtés de ce poisson. Sur le ventre il y a six rangées de points bleus plus pâles. La dorsale, l'anale et la caudale sont d'un beau jaune tacheté de bleu; et entre le premier et le second rayon de la dorsale il y a une tache brune. La pectorale est rougeâtre; les ventrales sont bleuâtres, mêlées de rougeâtre à leur base, et bordées de jaune.

M. Laurillard a rapporté de Nice des individus qui ont sept pouces.

L'anatomie de ce poisson ressemble beaucoup à celle du picarel vulgaire. Les cornes de la vessie aérienne sont plus grosses et plus courtes.

Suivant M. Risso, cette espèce se nomme à Nice *gerle blavié,* et M. Roux l'a envoyée de Marseille sous le nom de *varlet de ville.*

Il se pourrait que ce fût un individu de cette espèce que Willughby a observé, car il dit : *Pinna dorsi maculis cœruleis inficitur.* C'est la seule indication que nous trouvions dans les auteurs antérieurs à Artedi et à Linnæus.

Il est bien certain que M. Risso a décrit ce picarel dans sa première édition sous le nom de *spare alcyon;* et nous en avons pour garant les individus qu'il a remis lui-même au Cabinet du Roi sous ce nom; mais nous ne pouvons deviner par quel motif il a cru devoir, dans sa seconde édition, retrouver dans ce spare alcyon, caractérisé d'une manière si reconnaissable, le picarel ordinaire ou le *sparus smaris* de Linné; car ni ce grand naturaliste ni

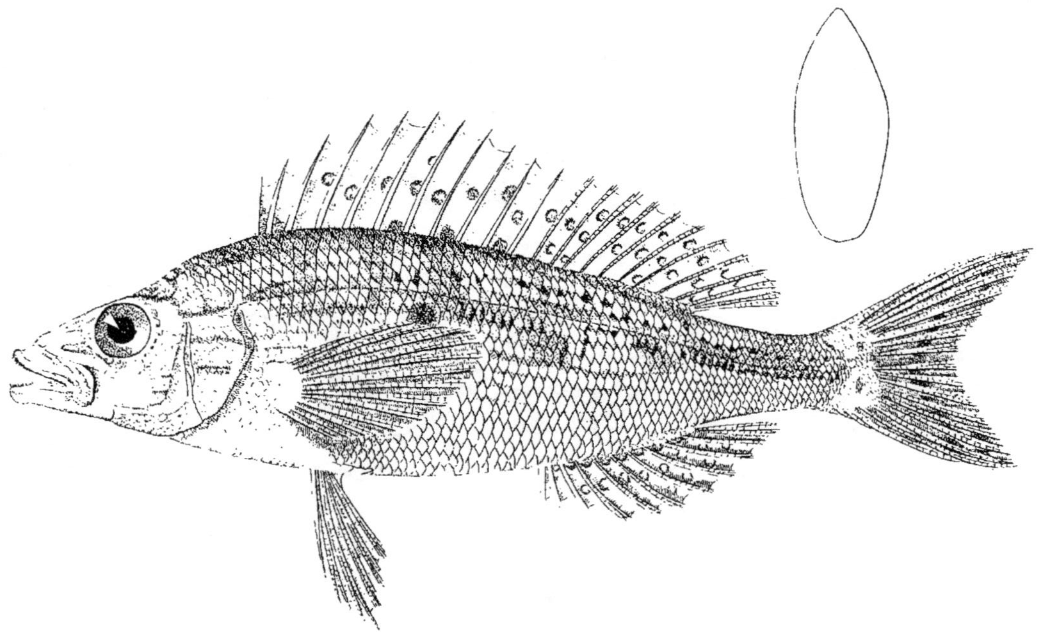

PICAREL chrysèle.

Werner del.

Impr.^e de Langlois.

SMARIS chryselis. n.

Corbié sculp.

Artedi ne parlent de taches bleues sur le corps de leur picarel. M. Risso a d'ailleurs laissé dans cette seconde édition la faute qu'il avait déjà commise dans la première, où il a dit par inadvertance que les bandes bleues sont en travers sur le corps (*transversis*), tandis qu'elles sont longitudinales.

Le PICAREL CHRYSÈLE.

(*Smaris chryselis*, nob.)

Une quatrième espèce existe dans la Méditerranée.

Elle a le corps plus trapu, plus large; la dorsale épineuse plus haute, la portion molle et l'anale plus basse.   D. 11/11; A. 3/9; C. 17; P. 14; V. 1/5.

La couleur est jaune sur le dos, argentée sous le ventre; une large tache noirâtre sur les flancs. D'autres individus l'ont plus effacée, et ont des traces de points bleus. Ainsi cette espèce, dont les formes diffèrent beaucoup de la précédente, lui ressemble un peu par les couleurs. Elle n'atteint guère qu'à cinq ou six pouces. Son anatomie ne diffère pas de celle du picarel ordinaire.

Nous l'avons reçue de Naples, de Nice, de Corse, de Sicile et de Malaga.

C'est à cette espèce ou à la suivante que l'on doit peut-être rapporter la figure que Duhamel a donnée sous le nom de *picarelle blanche*.

Le Picarel gagarel.

(*Smaris gagarella*, nob.)

Nous avons encore une cinquième espèce, que M. Delalande nous a rapportée de Marseille.

C'est celle dont le corps est le plus élevé; il l'est autant que dans nos mendoles, dont ce poisson ne diffère que par son palais lisse et sans dents.

La hauteur n'est que le quart de la longueur; l'épaisseur est contenue deux fois et demie dans la hauteur.

La tête paraît un peu plus longue que dans la précédente. Elle nous paraît avoir été tachetée et rayée de lignes et de points bleus sur la tête, sur le corps, sur là dorsale et sur l'anale; mais la caudale n'offre aucune trace de points bleus. La tache brune de la partie antérieure est plus large; elle s'étend jusque sur le quatrième rayon.

Nous ne pouvons pas assurer cependant que ces différences ne tiennent pas au sexe, au temps où l'on a pris ces poissons; car les rapports de la hauteur à la longueur peuvent varier beaucoup, suivant l'état de plénitude de ces animaux.

Des Picarels étrangers.

Le Picarel étroit.

(*Smaris angustatus,* noh.; *Sciæna angustata,*
Soland. Park.)

Nous avons trouvé dans les dessins de Parkinson une figure faite à Madère, qui ressemble beaucoup à l'insidiateur.

Les nombres des rayons épineux y sont les mêmes;
mais il y en a trois de plus à la portion molle (D. 15/12;
A. 3/10, etc.), et c'est sa principale différence.

Le corps est rouge, et le bout du museau jaune.

Solander avait nommé cette espèce *sciæna
angustata.*

Le Picarel Royer.

(*Smaris Royeri,* Bowd.)

On trouve à Porto-Santo de Madère une
espèce très-voisine que Mme Bowdich y a
dessinée, mais que nous n'avons pas vue. Feu
M. Bowdich en avait fait une courte description, qui est publiée avec la figure dans sa
relation posthume (p. 123, n.° 26).

Le sous-orbitaire a le bord inférieur un peu sinueux, et les nombres sont un peu différens.

D. 11/10; A. 3/9; C. 24; P. 16; V. 1/5.

La couleur est un jaune rougeâtre et glacé d'argent brillant. Le dos est violet foncé. La figure montre trois rangées de points, dont la description ne fait pas mention.

Il atteint une longueur de sept pouces.

Le nom portugais de ce poisson est *boquiero*, ce qui indique, d'après M. Bowdich, qu'il vit dans de grandes profondeurs.

Le PICAREL A QUEUE NOIRE.

(*Smaris melanurus*, nob.)

M. Rang vient d'envoyer de Gorée au Cabinet du Roi un picarel qui ressemble, à s'y méprendre, à l'oblade commune de la Méditerranée.

La forme et les couleurs sont tellement semblables, qu'on ne peut reconnaître la place que cette nouvelle espèce doit prendre dans la méthode, qu'en ayant le soin de regarder à la bouche; elle est protractile, comme celle de nos autres picarels : des dents en velours très-ras garnissent le bord des mâchoires; le palais est lisse.

La portion épineuse de la dorsale est beaucoup plus haute que la portion molle. Le dernier rayon épineux est assez éloigné du premier rayon mou; mais les deux parties de la dorsale sont réunies sans interruption par la membrane. Il pourrait se faire qu'une dernière épine manquât à la nageoire, par quelque blessure faite au poisson.

D. 10/16; A. 3/16; C. 17; P. 17; V. 1/5.

La caudale est profondément fourchue. La pectorale est longue et pointue. Les écailles sont médiocres. La ligne latérale est très-marquée. Le dos est plombé, à reflets jaunâtres; le ventre argenté; les nageoires olivâtres. Il y a sur la queue, au-devant de la caudale, une large tache noire : on en voit une autre plus petite à la base de la pectorale.

Nous avons pu faire l'anatomie de cette belle espèce. Nous y avons trouvé un foie très-petit, composé d'un seul lobe, et placé à gauche de l'œsophage; il s'avance un peu au-dessous et à travers de l'œsophage; et donne attache à une très-longue vésicule du fiel. L'estomac est dilaté, assez grand, ovoïde. La branche montante est très-courte. On compte sept appendices cœcales au pylore. Le duodénum commence par être très-dilaté en arrière de la pointe de l'estomac. L'intestin est étroit, et il se rétrécit de plus en plus jusqu'à l'anus, où il se rend après s'être replié deux fois.

Les laitances sont assez remarquables. En avant elles sont minces et réniformes. Leur portion antérieure s'appuie sur l'estomac; après l'avoir dépassé, les deux laitances se réunissent dans un large conduit spermatique, mais rempli lui-même de follicules semblables à celles qui flottent dans l'intérieur des laitances, de sorte que ce canal est une véritable laitance unique, qui débouche derrière le rectum.

La vessie aérienne est grande, fourchue en arrière; ses cornes sont peu longues. Sa membrane est excessivement mince. Les reins sont très-noirs, réunis en un seul lobe; ils donnent par un long uretère, qui passe entre les fourches de la vessie aérienne dans une petite vessie urinaire triangulaire, dont l'orifice extérieur est placé derrière celui des laitances.

Le seul individu que nous possédions de cette espèce est long de huit pouces.

Nous lui avons trouvé l'estomac rempli de petites sardines.

Le PICAREL DE LA MARTINIQUE.

(*Smaris martinicus*, nob.)

M. Plée a envoyé de la Martinique un petit picarel

à corps arrondi, raccourci, et dont le sous-orbitaire est plus étroit et plus échancré que celui du picarel ordinaire. Le corps paraît avoir été roussâtre sur le dos, et argenté au ventre. Il y a une petite tache noire sur le flanc.

D. 11/11 ; A. 3/9, etc.

M. Plée ne nous a rien appris sur les mœurs de ce petit poisson. L'individu du Cabinet du Roi n'a que quatre pouces de long.

Le PICAREL A ÉTOLE.

(*Smaris balteatus*, nob.)

On doit à M. Raynaud la connaissance d'un fort joli picarel de Ceilan.

Son corps est arrondi et plus étroit que celui du picarel ordinaire, et plus encore que celui de notre insidiateur, avec lequel cette espèce a d'ailleurs une grande affinité. Le sous-orbitaire n'a pas de sinuosité rentrante. Le museau est protractile. Les dents sont très-fines. Les derniers rayons de la première dorsale sont tellement courts, que la distinction des deux nageoires est bien plus manifeste que dans l'insidiateur. Du reste, ce poisson a tous les caractères qui conviennent aux picarels.

D. 15/10; A. 3/10, etc.

La caudale est fourchue. La ligne latérale est marquée par un trait délié; elle s'infléchit un peu sous les derniers rayons mous de la dorsale.

Les couleurs de ce poisson sont très-belles. Sur un fond roussâtre le dos est parsemé de petites taches argentées brillantes. La partie colorée du dos tranche avec le brillant argenté des côtés et du ventre qui n'ont aucune tache. Le bas de la partie colorée du dos a une large bandelette argentée, qui part du sourcil, traverse l'opercule, et se termine à la queue. La tête est colorée comme le corps. Les yeux sont argentés. Les nageoires sont pâles.

Nos individus ne sont longs que de quatre pouces.

CHAPITRE XIII.

Des Cæsio (*Cæsio*, Commers.).

Les cæsio sont un petit genre, établi par Commerson d'après une espèce qu'il avait prise dans l'archipel des Moluques, et à laquelle M. de Lacépède a donné l'épithète d'*azuror,* à cause de ses couleurs; mais il s'en est trouvé quelques autres depuis, et même Bloch en a deux. Le *sparus cuning* et le *bodianus argenteus* de cet auteur sont manifestement des *cæsio.*

Ces poissons ont de grands rapports avec les mendoles et les picarels, et si l'idée était venue à Commerson de les comparer à ces derniers, il n'aurait peut-être pas jugé nécessaire d'en faire un genre particulier; mais il crut devoir les rapprocher de la famille des scombres; et, partant de cette hypothèse, il ne pouvait en effet les placer dans aucun des genres qui la composent. M. de Lacépède, qui n'en a parlé que d'après Commerson, leur a supposé les caractères alternatifs qu'il attribue à tous les genres démembrés des scombres, savoir, *les côtés de la queue relevés longitudinalement en carène,* ou *une petite nageoire*

*composée de deux aiguillons au-devant de la
nageoire de l'anus,* ou *la nageoire dorsale
très-prolongée vers celle de la queue;* suppo-
sition qui en donnerait des idées très-fausses
à ceux qui ne pourraient les observer par
eux-mêmes, car ils ne présentent aucune de
ces trois alternatives.

Toutefois les cæsio, bien que voisins des
smaris, ne leur ressemblent pas sur tous les
points. Leur dorsale commence un peu plus
en arrière, c'est-à-dire à peu près vis-à-vis le
milieu de leurs pectorales; ses premiers rayons
sont plus élevés, et les autres vont en s'abaissant; des écailles frêles et minces recouvrent
presque toute la hauteur de leur dorsale et
de leur anale, ce qui en fait une espèce de
lien entre les spares et les sciènes. Du reste,
ils ont la bouche des smaris, mais un peu
moins extensible; leurs dents aux mâchoires
seulement, et non pas au vomer comme y en
ont les mendoles. On leur trouve jusqu'aux
trois grandes écailles pointues qui sont aux
côtés et dans l'intervalle des ventrales, et
à l'espèce de chevron ou de demi-cercle
dirigé en avant, que des écailles autrement
striées forment sur la nuque. Ce chevron est
même plus marqué dans les cæsio, où les
écailles ordinaires se portent plus avant sur le

crâne. Quoique le nombre des rayons ne puisse être regardé par lui-même comme un caractère générique, on distinguera presque toujours par là les cæsio des smaris, et on les reconnaîtra même dans les descriptions des auteurs qui n'ont pas donné d'attention à leurs autres caractères; la première espèce exceptée, ils ont neuf ou dix aiguillons, et quatorze ou quinze rayons mous à la dorsale, tandis que les smaris ont généralement onze aiguillons et onze rayons mous.

Le Cæsio tilé.

(*Cæsio tile*, nob.)

Nous prendrons pour type du genre une espèce qui diffère un peu par ses couleurs de celle de Commerson, mais qui en a absolument la forme, et dont MM. Lesson et Garnot ont rapporté un individu bien conservé de l'archipel des Carolines. Les indigènes la nomment *tilé*.

Son corps en fuseau rappelle un peu les proportions d'un petit maquereau; seulement sa queue n'est pas si mince, et n'a aucune crête latérale; ses grandes écailles empêchent d'ailleurs que l'on ne songe à le placer dans la même famille.

Sa hauteur au milieu est cinq fois dans sa longueur totale, la caudale comprise, qui y est cinq fois et demie ; la tête y est quatre fois et demie. L'épaisseur du corps est des deux tiers de sa hauteur. La hauteur de la tête à la nuque est des trois quarts de sa longueur ; elle est transversalement arrondie en-dessus, et la ligne du profil se continue du dos au bout du museau presque sans s'infléchir. Celle de la gorge se courbe un peu plus pour aboutir au même point. L'œil occupe le second quart de la longueur de la tête, et est un peu au-dessus du milieu de la hauteur. Son diamètre est d'un peu plus du quart de la longueur de la tête ; l'orbite a un rebord membraneux, mais égal et circulaire, qui recouvre environ un cinquième de sa largeur. Il y a d'un œil à l'autre un diamètre et demi. Les orifices de la narine sont deux petits trous placés, le postérieur, au droit du bord antérieur de l'orbite, mais plus près du profil ; l'antérieur, sur la même ligne, au tiers de la distance entre le précédent et le bout du museau. La bouche est très-petite ; sa fente ne prend pas moitié de l'intervalle entre le bout du museau et l'œil. L'intermaxillaire est mince, et a une petite membrane qui, vers son extrémité latérale, s'élargit un peu et pose sur le bord antérieur du maxillaire ; celui-ci est plus long que l'intermaxillaire et va en s'élargissant : il s'arrondit au bout, lequel ne se porte pas jusque sous l'orbite. Le sous-orbitaire est triangulaire, sans dentelures, et trop étroit pour recouvrir le maxillaire. Lors de la rétraction, la mâchoire inférieure est parabolique, et a les branches peu élevées : il n'y a qu'une rangée de dents à chaque mâchoire; toutes très-petites ; les supérieures coniques, au nombre de douze ou quinze de chaque côté ; les inférieures à peine visibles, même à la loupe, tant elles sortent peu de la gencive. Le palais n'en a aucunes, non plus que la langue, qui est lisse, pointue, très-mince, à bords tranchans et assez libres. Les mâchoires, le sous-orbitaire, le tour et l'intervalle des yeux n'ont pas d'écailles ; mais la joue en est garnie. Le limbe du préopercule n'a point de rebord antérieur, et ne se distingue de la joue que parce qu'il n'a pas d'écailles. Les bords de cet os ont de petites stries très-courtes ; mais on ne peut pas dire qu'ils soient dentelés. L'angle qu'ils font ensemble est moindre qu'un droit ; mais la pointe en est arrondie. L'interopercule marche le long du bord inférieur, s'élargissant un peu en arrière. L'opercule a en hauteur le double de sa longueur, et se termine en angle obtus. Le sous-opercule est étroit et monte obliquement le long du bord inférieur de l'opercule. L'ouïe est fendue jusque sous l'œil. La membrane branchiostège est en partie découverte ; elle embrasse l'isthme en avant, et contient six rayons. Les branchies sont fendues, chacune en deux séries de lames, et il y a à l'opercule une demi-branchie. Les râtelures du premier arceau sont longues et serrées ; les suivantes n'en ont que de courtes. L'épaule n'a point d'armure particulière. La pectorale s'attache immédiatement au-dessous du milieu, et obliquement ; sa forme est taillée en faux, et sa longueur est du cinquième du total ; elle a vingt-trois rayons, dont le cinquième est le plus long. Les ventrales s'attachent un peu plus en arrière que les pectorales, et sont d'un quart plus courtes et assez pointues. Leur épine est grêle et seulement d'un quart plus courte que leurs rayons mous. Une écaille pointue, de moitié de leur longueur, est placée de chaque côté au-dessus de leur base, et il y en a une impaire semblable entre elles deux. La dorsale commence vis-à-vis le milieu des pectorales. Son premier rayon est très-petit; les deux suivans, qui sont les plus longs, ont moitié de la hauteur du corps sous eux, ils s'abaissent ensuite jusqu'à n'en avoir plus que le quart; le dernier se ralonge un peu; les onze premiers sont épineux, grêles et pointus; les dix-huit suivans sont mous, branchus, et leur base est enveloppée de petites écailles. Le nombre de vingt-neuf rayons à la dorsale est supérieur à ce qu'on observe dans le reste du genre, où l'on n'en compte généralement que vingt-quatre. L'anus est au milieu de la longueur totale, la caudale comprise. L'anale répond à la moitié postérieure de la caudale, et est de même hauteur et de même forme que cette dernière moitié : il y a trois épines, dont la première très-petite, et douze rayons mous. Le tronçon de queue entre les deux nageoires et la caudale est du dixième à peu près de la longueur totale, et a en hauteur les deux tiers de sa longueur, et en épaisseur la moitié. La caudale, fourchue aux deux tiers, a dix-sept rayons et quelques petits à ses bases supérieure et inférieure.

D. 11/18; A. 3/12; C. 17; P. 23; V. 1/5.

Ce poisson est couvert d'écailles presque carrées,

le bord externe en arc de cercle, la partie visible finement pointillée, l'éventail à neuf ou dix rayons. Leur
nombre est d'environ soixante-quinze de l'ouïe à la
caudale, et de dix-huit ou vingt de la dorsale aux
ventrales. Il y a des écailles sur la joue et sur l'opercule. Elles s'avancent sur le crâne dans un espace
en courbe parabolique jusque entre les milieux des
orbites. Sur la nuque est une impression parallèle à
ce bord, et formée par des écailles striées plus profondément que les autres, qui a l'air d'en séparer
ainsi une bande coupée en parabole du reste de
celle du dos. La ligne latérale est parallèle au dos,
et à peu près au tiers supérieur, sauf près de la
caudale, où elle est, comme d'ordinaire, au milieu de
la hauteur; elle se marque par un petit point sur
chaque écaille.

Le dos et les flancs de ce poisson paraissent d'un
bleu d'acier, plus rembruni du côté du dos, plus
clair sur les flancs. Les bords des écailles tirent à
l'argenté. Les joues et toute la partie inférieure sont
argentées. Une bande étroite noirâtre règne depuis
le haut de l'ouïe, en ligne droite, jusqu'au lobe supérieur de la caudale, sur le milieu duquel elle se
prolonge jusqu'à sa pointe; elle suit la ligne latérale
jusque vers le tiers postérieur du tronc, où cette ligne
quitte la bande et descend plus bas. Le brun du dos
fait qu'il semble y avoir une bande bleue au-dessus
et une en dessous de cette bande noirâtre. Le lobe
inférieur de la queue a aussi sur son milieu une
bande longitudinale noirâtre, mais qui ne s'étend
pas sur le corps. La caudale semble ainsi toute bor-

dée de blanchâtre. La pectorale paraît aussi blanchâtre, et a dans son aisselle une grande tache noire,
qui se recourbe sur le bord antérieur de sa base, et
y forme une petite tache triangulaire de même couleur. Les ventrales paraissent aussi blanchâtres.

Nous avons sous les yeux un dessin fait sur le
poisson frais par M. de Ketlitz, qui montre des teintes
plus pures; le dos y est bleu d'acier tirant au verdâtre, et devient plus clair au-dessus de la bande,
laquelle est verte, et ne prend une teinte noirâtre
que sur le lobe supérieur de la queue. Au-dessous de
la bande verte, tout le long du flanc, règne un beau
bleu d'outre-mer. Le ventre est d'un blanc verdâtre.
Toutes les nageoires sont plus ou moins rosées, sauf
les bandes noires sur les lobes de la queue, et la
tache de la base de la pectorale.

Notre individu est long de sept pouces.

Le foie du cæsio tilé est médiocre, et ne se compose presque que d'un seul lobe triangulaire et pointu, placé dans le côté gauche du ventre.

L'œsophage est assez long; et sa muqueuse, depuis le fond du gosier jusqu'au cardia, est hérissée
de papilles charnues, obtuses et pas très-grosses.

Les parois de l'estomac sont plus minces que celles
de l'œsophage, et ridées à la surface interne par des
plis longitudinaux.

L'estomac a la forme d'un petit sac pointu, conique, très-semblable à un des cœcums, avec lesquels
on pourrait aisément le confondre.

La branche montante naît auprès du cardia : elle
se renfle en une forte boule beaucoup plus grosse

en apparence que l'estomac; mais, comme les parois en sont très-épaisses, la cavité de la branche est plus petite que celle de l'estomac.

Le pylore est marqué par un étranglement très-fort, et muni de cinq cœcums courts et assez gros.

L'intestin, après avoir fait deux replis très-proches l'un de l'autre sur le côté droit de l'estomac, se rend à l'anus.

L'individu que nous avons décrit est un mâle dont les laitances n'étaient pas très-développées.

La vessie aérienne est grande, terminée en pointe à ses deux extrémités. Ses parois sont fibreuses et épaisses.

Le CÆSIO AZUROR.

(*Cæsio cærulaureus*, Lacép., t. III, p. 86.)

L'espèce décrite par Commerson, et d'après lui par Lacépède, se distingue de la précédente par le nombre des rayons de sa dorsale et par ses couleurs, qui sont très-belles et fort agréablement distribuées.

Son dos et ses flancs sont d'un beau bleu, coupé longitudinalement par une bande d'un jaune doré, placée au-dessus de la ligne latérale, et qui en suit à peu près la courbure. Tout le dessous du corps est argenté. La dorsale est brunâtre; les pectorales, rougeâtres, ont aussi une large tache noire sur leur base intérieure, qui se recourbe en pointe sur le bord antérieur de leur base externe. La caudale est bordée de rouge tout autour; mais le bleu du corps s'étend, en brunissant longitudinalement, sur le milieu de chacun de ses lobes. L'anale est rougeâtre; les ventrales blanchâtres; l'iris des yeux tantôt argenté, tantôt doré.

B. 6; D. 10/15[1]; A. 3/13; C. 17; P. 22; V. 1/5.

Un des individus secs de Commerson a jusqu'à onze pouces de longueur.

M. Ehrenberg a pris de ces poissons dans la mer Rouge, et les y a dessinés sur le frais. Ses figures répondent complétement à ce que Commerson en dit.

La bande jaune s'étend depuis l'œil jusqu'au milieu de la caudale, et même elle se continue au-devant de l'œil en y prenant une teinte un peu verte. On n'y voit pas de tache noire à la pectorale.

Ce cæsio est assez bien dessiné dans le recueil de Vlaming (n.º 54) sous le nom de *wackum-passir*, et les couleurs sont distribuées dans cette figure comme dans notre description; mais la copie que Renard en donne (1.re partie, pl. 27, fig. 146), sous le simple nom de *wackum*, est très-infidèle à cet égard; on ne peut douter cependant, d'après l'original, que ce ne soit notre espèce actuelle.

---

1. Commerson paraît ne pas avoir compté la première épine, qui est fort petite.

C'est aussi le *wackum* de Valentyn (n.° 132), qui en décrit fort bien les couleurs.

La même espèce nous est venue en plus petits échantillons de la rade de Trinquemalé, à Ceilan, par M. Raynaud, et de l'Isle-de-France par MM. Quoy et Gaimard.

Ce sont ces derniers individus qui ont servi à l'établissement du *picarel raillard*[1]; mais on a négligé dans la figure la bande du corps et celle de la queue, qui étaient un peu effacées dans les individus conservés dans la liqueur.

Ce *picarel raillard* doit donc être supprimé.

Plus récemment M. Bory de Saint-Vincent a reproduit encore ce cæsio dans la quatrième livraison du Dictionnaire des sciences naturelles, sous le nom de *canthère douteuse*; mais cette figure, gravée d'après un dessin que M. Mylius avait envoyé de Bourbon à ce zélé naturaliste, n'est pas très-exacte.

Nous rapportons à cette espèce comme variété un poisson que M. Ehrenberg a pris dans la mer Rouge, et auquel il donne

un dos brunâtre, un ventre rosé, avec deux bandes longitudinales bleues de chaque côté. Sa queue est

---

1. Quoy et Gaimard, zoologie du Voyage de Freycinet, pl. 44, fig. 3, p. 290.

rose, avec une bande longitudinale noirâtre sur chaque lobe. La dorsale est rose, et les autres nageoires blanchâtres. Il y a une tache noire dans l'aisselle de la pectorale.

D. 10/16 ; A. 3/12, etc.

L'individu est long de six pouces.

Ce poisson a été pris à Gomfod, sur la côte orientale de la mer Rouge.

M. Ehrenberg l'avait nommé *cœruleo-tœniatus*.

Il y a encore dans les dessins faits par M. Raynaud un petit poisson de Pondichéry, que nous croyons un jeune de l'espèce actuelle.

Il est représenté verdâtre, avec deux lignes longitudinales bleues. Les nageoires sont jaunâtres, et la caudale a les deux lignes noirâtres.

Les indigènes des Moluques apportaient de ces *cæsio* en quantité au vaisseau où Commerson se trouvait : le goût lui en parut assez agréable. Valentyn dit aussi qu'ils sont d'un goût délicat.

Le CÆSIO ARGENTÉ.

(*Cæsio argenteus,* nob.; *Bodianus argenteus,* Bl.)

Le Cabinet du Roi possède depuis longtemps un *cæsio*, qui est manifestement le même que le *bodianus argenteus* de Bloch (pl. 231, fig. 2).

Ses formes et tous ses caractères, ainsi que les nombres de ses rayons, sont comme dans l'*azuror,* mais il est entièrement argenté, avec une teinte violâtre à la partie supérieure. Ses nageoires sont jaunâtres. Il a dans l'aisselle et au rebord antérieur de sa pectorale la même tache noire que les autres espèces ; c'est la pointe un peu aiguë de son opercule qui aura déterminé Bloch à en faire un bodian.

B. 6 ; D. 10/14 ; A. 3/12 ; C. 17 ; P. 22 ; V. 1/5.

Notre individu n'a que quatre pouces.

Bloch, qui avait acheté le sien à un encan, le crut d'abord de la Méditerranée [1] ; mais il paraît avoir douté ensuite de ce fait, car dans son Système posthume (p. 332, n.° 8) il ne lui assigne plus d'origine.

Nous le croyons comme les autres de la mer des Indes.

Le Cæsio tricolor.

(*Cæsio tricolor,* nob.)

Nous trouvons parmi les dessins de Parkinson, qui sont conservés dans la bibliothèque de Banks, une figure intitulée *sciæna,* qui est un cæsio de la même forme que les précédens, mais qui en diffère beaucoup par les couleurs.

---

1. Grande Ichtyologie, 7.ᵉ part., p. 44.

Tout son dos est d'un vert-brunâtre foncé. La lunule de sa nuque paraît d'un vert plus clair. Les côtés de sa tête tirent au violet. Ses flancs sont blancs, tachetés de bleu et de vert. Toute sa partie inférieure et ses nageoires verticales sont rouges, et il y a sur le milieu de chaque lobe de sa caudale une bande longitudinale du même vert que le dos.

Cette belle espèce mérite d'être recherchée et décrite par les voyageurs plus exactement que nous n'avons pu le faire d'après une figure où les nombres même des rayons ne sont pas marqués. Cependant, comme pour tout le reste elle paraît fort précise, nous avons cru pouvoir en parler ici, ne fût-ce que comme indication.

Le CÆSIO TACHETÉ.

(*Cæsio maculatus*, nob.)

MM. Quoy et Gaimard ont encore rapporté de Vanicolo un de ces cæsio,

à caudale rouge, marquée d'une raie longitudinale noire sur chaque lobe, et avec une tache noire sur la base de la pectorale : il diffère cependant des précédens, en ce qu'il n'a point de bande longitudinale sur le corps, qui est d'un vert métallique mélangé de teintes jaunes et semé de taches bleu de ciel, dont quelques-unes passent au verdâtre. Le ventre est argenté. Toutes ses nageoires, la caudale exceptée, sont grises. L'iris est d'un beau jaune.

D. 10/15 ; A. 3/13, etc.

L'individu est long de onze pouces.

Ce poisson, nommé *bana* par les indigènes de Vanicolo, n'est pas très-commun dans cette île. Sa chair est molle.

Nous croyons le reconnaître dans un des individus envoyés en herbier par Commerson, mais sans note qui s'y rapporte.

Le Cæsio a ceinture d'or.

(*Cæsio chrysozona*, K. et V. H.)

Il y a dans l'archipel des Indes un cæsio semblable à *l'azuror* pour les formes, pour la taille et même pour la bande dorée des flancs,

mais dont la caudale, au lieu de bandes longitudinales obscures sur le milieu de ses lobes, en a le bout noir. Le dos de ce poisson est brun, tirant au violet. La bande qui règne depuis la tempe jusqu'à la base de la caudale est du plus beau jaune d'or; tout ce qui est au-dessous est argenté, glacé de rose. La dorsale et la caudale sont d'un gris tirant à l'orangé, les pectorales jaunâtres, les ventrales et l'anale blanches.

D. 10/15; A. 3/12.

L'individu est long de six pouces.

Cette description est prise d'un dessin envoyé par MM. Kuhl et Van Hasselt.

Le Cæsio a croissant.

(*Cæsio lunaris*, Ehr.)

La mer des Indes et la mer Rouge produisent un cæsio qui, avec tous les caractères des précédens,

mais un peu plus de hauteur proportionnelle (elle n'est dans la longueur que trois fois et deux tiers), avec la nuque un peu bombée et le museau plus court, n'a ni bande jaune ni bande noire. Il paraît entièrement bleu d'acier à la partie supérieure, et argenté à la partie inférieure. Sa caudale est bleue, et a les bords des lobes noirs. Ses pectorales et ses ventrales sont jaunâtres. Les premières ont la tache noire de l'aisselle et le petit point noir du bord antérieur comme dans les précédens.

B. 6; D. 10/14; A. 3/11; C. 17; P. 18; V. 1/5.

Les viscères du *cæsio lunaris* diffèrent peu de ceux du *cæsio tilé.*

Le foie se compose d'un seul lobe carré, situé dans l'hypocondre gauche. La vésicule du fiel est suspendue à un très-long canal cholédoque; elle est elle-même étroite et alongée.

L'œsophage est plus long et plus large; et sa muqueuse est hérissée de papilles plus fortes.

L'estomac est plus petit; sa branche montante naît aussi auprès du cardia; mais elle est cylindrique.

Les cinq cœcums qui garnissent le pylore, sont gros et très-longs.

L'intestin fait également deux replis ; mais de plus il fait plusieurs sinuosités dans chacun des replis.

La vessie natatoire est plus petite ; ses parois sont minces, argentées, transparentes et comme membraneuses.

Nous en avons un individu long de neuf pouces, apporté de la Nouvelle-Irlande par MM. Lesson et Garnot ; et il y en a un d'un pied au Cabinet de Berlin, recueilli dans la mer Rouge par M. Ehrenberg. Ce dernier a une teinte rougeâtre sur les parties inférieures et sur les nageoires paires. M. Ehrenberg l'avait nommé *cæsio lunaris,* sans doute à cause de la rangée d'écailles de sa nuque.

Il se trouve une assez bonne figure de ce poisson dans le recueil de Vlaming (n.º 38), sous le nom de *wackum-lauwd.* La figure 174 (pl. 32) de Renard, intitulée *wackum-mare,* en est une copie, mais infidèlement coloriée, et représentant plutôt, sous le rapport des couleurs, l'espèce qui va suivre.

Le CÆSIO A VENTRE ROUGE.

(*Cæsio erythrogaster,* K. et V. H.)

MM. Kuhl et Van Hasselt ont envoyé de Java un cæsio encore plus haut et plus comprimé que le précédent, qu'ils avaient nommé *cæsio erythrogaster.*

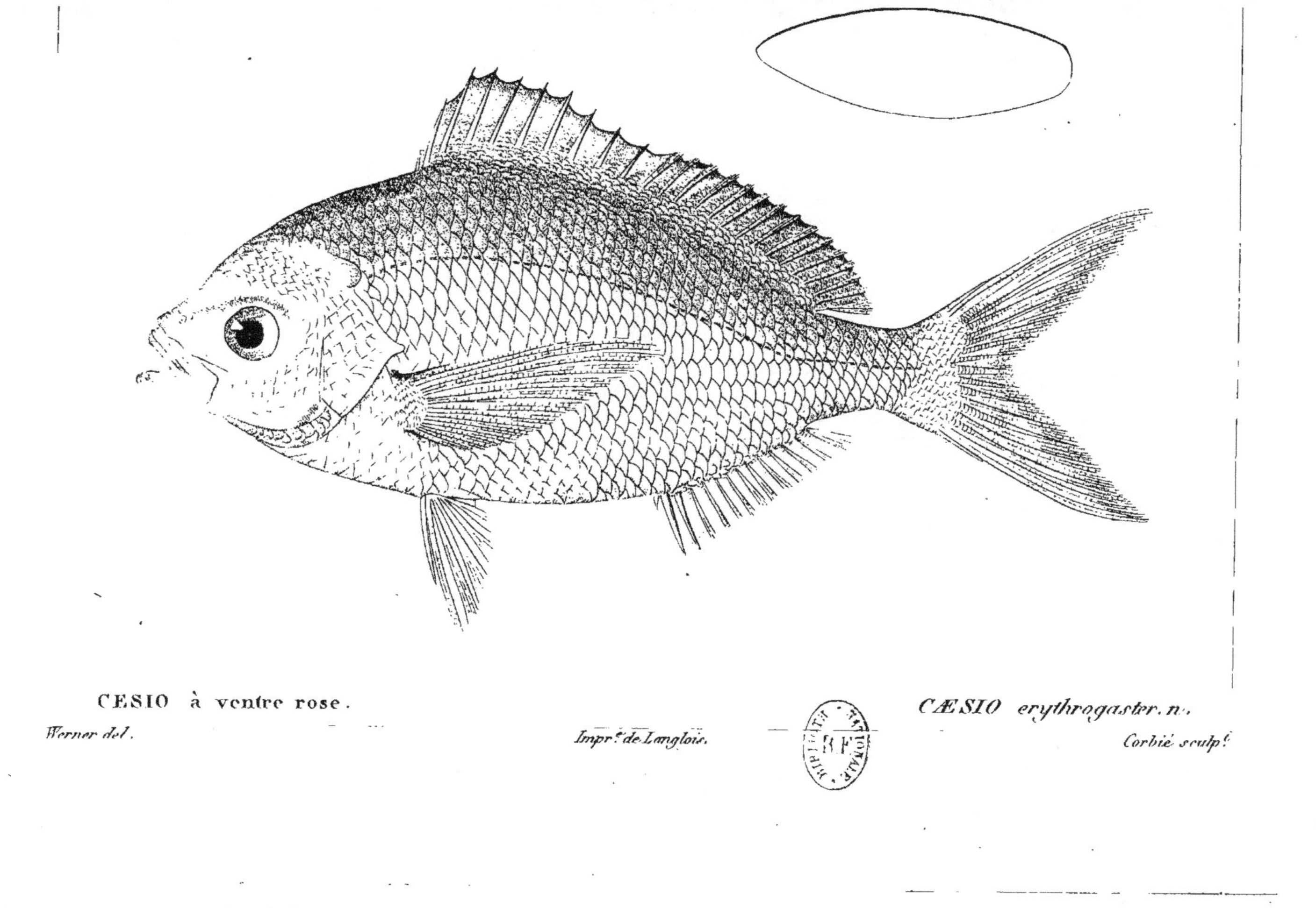

CESIO à ventre rose.
Werner del.
Impr.ᵉ de Langlois.
CÆSIO erythrogaster. n.
Corbié sculp.ᵗ

Sa hauteur n'est que trois fois et un quart dans sa longueur, et son épaisseur n'est que du tiers de sa hauteur. Du reste, il a tous les caractères de son genre. Toute sa partie supérieure tire au violet, et l'inférieure est argentée, teinte de rougeâtre. La pectorale paraît grise, et a dans son aisselle la tache noire ordinaire. La dorsale est de la couleur du dos. Les ventrales, l'anale et la caudale paraissent d'un jaune rougeâtre, et cette dernière a un léger liséré grisâtre.

D'après un dessin envoyé par les mêmes naturalistes, dans le frais, le dos a des reflets dorés et les bords des nageoires y sont d'un bleu d'acier; le ventre est d'un beau rose, et l'iris jaune doré.

D. 10/14; A. 3/11; C. 17; P. 18; V. 1/5.

L'individu que nous avons sous les yeux est long de six pouces.

Le Cabinet du Roi en a deux autres, desséchés, venus de la mer des Indes, avec l'étiquette *ekor-kœning,* qui en malais signifie *queue jaune.*

C'est à cette espèce que nous aurions rapporté la figure de Renard (1.ᵉ partie, pl. 32, fig. 174), nommée *wackum-mare;* mais, comme nous venons de le dire, elle est copiée d'un original autrement coloré, et qui est plutôt l'espèce précédente.

Il paraît, d'après les figures de cæsio de ces recueils faits aux Indes, que les impressions en croissant qui sont sur la nuque de ces poissons, y produisent des reflets très-marqués, que les peintres indiens ont cherché à exprimer par des couleurs différentes du fond, et que peut-être ils ont exagérées.

Le Cæsio cuning.

(*Cæsio cuning*, nob.; *Sparus cuning*, Bl.[1])

Le *sparus cuning* de Bloch (pl. 263), devenu dans le Système posthume (p. 336, n.° 2) *cychla cuning*, est encore évidemment un cæsio, et même, d'après l'examen et la comparaison que nous avons faite de l'individu employé par Bloch, nous ne trouvons pas qu'il diffère de l'*erythrogaster* par les formes.

La figure lui donne des lignes jaunâtres, qui parcourent longitudinalement son corps sur un fond argenté, et des nageoires jaunâtres sans tache noire aux pectorales.

Mais toute cette enluminure est l'ouvrage de l'imagination de l'auteur. Son sujet n'a plus conservé qu'une teinte jaunâtre, qui même est en grande partie l'effet du vernis dont on l'a enduit.

B. 6; D. 10/15, etc.

---

1. *Cychla cuning*, Bl. Schn.; *Spare cuning*, Lacép., t IV, p. 115.

Bloch avait reçu ce poisson des Indes avec l'étiquette en malais, *ikan-tembræ kuning,* qui signifie *poisson tembræ jaune, tembræ* étant apparemment le nom propre de l'espèce ou du genre.[1]

Dans la confusion perpétuelle que Bloch a faite du javanais avec le japonais, il nous dit[2] que c'est son nom japonais; et cette erreur pourrait en faire naître une autre sur la patrie de l'espèce. C'est pourquoi nous avons cru devoir la relever.

———

Nous devons faire remarquer, en terminant, que M. de Lacépède (t. III, p. 90) a fait sa seconde espèce de cæsio (son *cæsio poulain*) d'un poisson tout différent par le genre, et même par la famille, c'est-à-dire du *scomber equula* de Forskal, ou *centrogaster equula* de Gmelin, qui est notre *equula caballa*, et qui appartient à la division des zeus, dans la grande famille des scombéroïdes. On aurait pu le rapprocher des gerres à plus juste titre que des cæsio.

————————————

1. Dans le Système posthume il est changé en *œmbræ.* Je ne sais quelle est la vraie leçon. Ce mot ne se trouve pas dans Valentyn, ni dans mon Vocabulaire malais.

2. *Syst. posth., loc. cit.*

CHAPITRE XIV.

Des Gerres.

Nous employons ce nom, qui se trouve dans les auteurs latins[1], et que quelques-uns ont cru désigner un picarel, pour un genre de poissons que nous avons jugé nécessaire d'établir, et qui tient d'une part aux picarels et aux mendoles, de l'autre aux *equula;* il a, comme ces trois genres, la bouche très-protractile; mais elle l'est surtout à la manière des *equula,* dont les gerres se rapprochent aussi par les proportions générales plus que des picarels, tandis qu'ils se rapprochent davantage des picarels par leurs grandes écailles. Cette bouche, en se projetant en avant, s'abaisse, parce que le pédicule de l'intermaxillaire est plus long que la mâchoire inférieure.

La fente en est petite, transversale, déprimée; elle se retire dans l'état de repos sous une avance formée par les os propres du nez et la partie antérieure des sous-orbitaires;

---

1. Pline se borne à nommer le *gerres,* dans le chapitre 11 du livre XXXII. Martial (l. XII, ép. 32) l'associe aux mendoles :
Fuisse gerres aut inutiles mœnas
Odor impudicus urcei fatebatur.

mais la partie postérieure de ces derniers se
rétrécit par un arc rentrant de manière à ne
point couvrir le maxillaire, dont les deux tiers,
en forme de plaque oblongue, sont visibles et
placés obliquement à l'arrière de la commissure. Cet os prend, lors de la protraction, une
position verticale.

Les lèvres sont charnues et assez épaisses.

Il n'y a que de petites dents en velours aux
mâchoires; le palais ni la langue n'en ont aucunes; les pharyngiens les ont obtuses et serrées, mais petites; l'angle et le bord inférieur
du préopercule sont presque toujours très-
finement dentelés; l'opercule finit en angle
obtus. Le corps est comprimé et élevé; toutefois la poitrine n'est pas tranchante, mais coupée carrément en dessous; le crâne, la joue,
les pièces operculaires et tout le corps sont
couverts de grandes écailles qui tombent facilement. Les rayons antérieurs de la dorsale
et de l'anale forment des pointes plus élevées
que le reste de ces nageoires, dont la base est
garnie tout du long de chaque côté d'une
lame d'écailles, distinguée du reste du corps
par un sillon; la caudale est fourchue; les
pectorales sont longues et pointues; les ventrales sortent sous le tiers antérieur des pectorales, et sont munies au-dessus de leur base

d'un appendice pointu, membraneux et écailleux; la ligne latérale est parallèle au dos et
non interrompue.

On peut juger déjà, par ces nombreux caractères communs à tout le genre, à quel
point les espèces doivent se ressembler entre
elles, et combien elles doivent être difficiles
à caractériser; les couleurs même n'y aident
point, car elles sont toutes argentées, et presque toujours sans bandes ni taches, ni aucune
marque colorée, en sorte que l'on ne peut
guère les distinguer que par la proportion de
la hauteur de leur corps à sa longueur, et par
la longueur et la grosseur relative des aiguillons de leurs nageoires.

Catesby a représenté un de ces poissons[1],
qu'il nomme *turdus cinereus peltatus,* et auquel il assure que les colons de la Caroline
ont transporté le nom de *shad,* qui en anglais
est celui de l'alose; mais les auteurs métho-
diques n'ont point fait usage de cet article de
Catesby.

Plumier en avait observé en Amérique une
autre espèce. Il en a laissé une figure fort
exacte dans ses manuscrits de la Bibliothèque
du Roi, et je m'étonne que Bloch, qui avait

----

1. Catesby, *Carol.,* t. II, pl. 11, fig. 2.

en sa possession un double des dessins de Plumier, n'y ait pas pris ce poisson. Peut-être ne se trouvait-il pas dans son exemplaire.

Le *labrus oyena,* décrit par Forskal (p. 35), dans la mer Rouge, en est, comme nous le verrons, une troisième espèce, à laquelle il faut rapporter le *sparus erythrurus* de Bloch, et le poisson que Commerson a fait dessiner à l'Isle-de-France sous le nom de *breton,* que lui donnent les colons français de cette île. Ce dernier observateur en a laissé en même temps une très-bonne description; mais, quoique le rapport de ces deux documens fût clairement indiqué par la dénomination identique inscrite sur l'un et sur l'autre, et par la conformité de tous leurs détails, M. de Lacépède, qui semble toujours avoir pris plaisir à faire deux espèces avec une seule de Commerson, et souvent à les placer dans deux genres différens, a tiré de la description son article du *pare breton* (tom. IV, p. 134), et a établi sur la figure son *labre long-museau* (t. III, pl. 19, fig. 1, et p. 427 et 467). Quant au *labrus oyena,* il l'a laissé où l'avait mis Forskal, sans se douter de ses rapports avec le long-museau.

Russel (t. I, p. 67 et 68) a deux espèces différentes encore de toutes les précédentes, le *woodawahah* et le *woodan* des habitans de Vizagapatam. Il les place à la suite des équula, dans le genre des zeus, mais en témoignant quelque doute; et en effet les grandes écailles de ces poissons devaient déjà lui paraître une différence bien sensible entre ces espèces et le reste du genre auquel il les associait.

C'est encore un gerres que l'*ikan-poeti* de Renard (pl. 2, fig. 1), qui est aussi dans Valentyn (n.° 354), mais sous le nom d'*ikan-mata-bezar* (poisson gros-œil). L'original dans Vlaming (n.° 110) est intitulé *ikan-pouti*, ce qui revient au nom de Renard, et signifie *poisson blanc*.

Forster avait aussi observé un *gerres*, ainsi que nous nous en sommes assurés par le dessin qu'on en conserve dans la Bibliothèque de Banks; mais il l'avait pris pour une *sciène*, et Schneider, par un rapprochement encore plus arbitraire, en a fait une *cicle*; c'est son *cichla argyrea*.[1]

M. de Humboldt en a vu un dans un lac de la côte du Mexique sur la mer du Sud, et l'a décrit, dans ses Observations zoologiques, sous le nom de *smaris lineatus*. Enfin, le *sciæna lepisma* de Linnæus, d'après les nom-

---

1. Système posthume de Bloch, p. 344.

bres de ses rayons, doit encore appartenir à ce genre, comme l'a fait remarquer M. Kaup dans le Voyage de M. Ruppel[1]; mais il est impossible d'en déterminer l'espèce.

Il y a, comme on voit, de ces gerres dans les deux océans, et en effet nous en avons reçu du nord et du sud de l'Amérique, et de plusieurs parties de la mer des Indes et de l'océan Pacifique; nous en avons nommément du Brésil, de Saint-Domingue et de Cuba, et cependant il ne paraît pas que Margrave ni Parra en aient eu connaissance. Nous ne trouvons dans leurs ouvrages aucune figure qui puisse s'y rapporter.

Ce qui mérite d'être remarqué, c'est que les formes des espèces, leur plus ou moins de hauteur, le plus ou moins de force de leurs aiguillons, se répètent en proportions presque identiques dans les deux océans; en sorte que l'on pourrait en faire deux séries parallèles, dont chacune aurait des membres difficiles à distinguer de leurs correspondans de l'autre série. Nous les distribuerons dans chaque série, en commençant par celles dont les aiguillons sont les plus longs et les plus forts.

---

1. Voyage de Ruppel, atlas zoologique, poissons de la mer Rouge, p. 12, note.

Le GERRES DE PLUMIER.

(*Gerres Plumieri*, nob.)

Notre première espèce dans la série de l'Atlantique sera celle que le père Plumier a connue, et qui est plus facile à caractériser qu'aucune autre, par la grosseur et la longueur de ses aiguillons, par les lignes brunes de reflets qui parcourent la longueur de son corps, et par les fines dentelures du bord inférieur de son sous-orbitaire.

C'est un poisson de forme comprimée, dont la hauteur est trois fois dans sa longueur totale. L'épaisseur est trois fois et demie dans la hauteur. La courbe du dos est un peu plus convexe, et descend un peu plus rapidement à la partie antérieure. Arrivée au-dessus de l'œil, elle devient un peu concave; de la bouche elle descend jusque sous la gorge, puis demeure presque droite et horizontale jusqu'à l'anale, d'où elle remonte pour redevenir droite après cette nageoire.

La tête, dans l'état de rétraction de la bouche, est presque aussi haute que longue, et comprise quatre fois et demie dans la longueur totale. Son côté présente une figure rhomboïdale; et la bouche, placée au milieu de sa hauteur, en est l'angle antérieur correspondant au postérieur, qui est celui de l'opercule. L'œil est alors au-dessus de la diagonale horizontale du rhombe, et un peu en avant de la verti-

cale ; son diamètre est du tiers de la hauteur. La fente
de la bouche n'occupe que moitié de l'espace en
avant de l'œil ; mais le maxillaire se porte jusque
sous son milieu. Sa partie visible est oblongue,
d'égale largeur partout. Le sous-orbitaire, élargi en
avant, se rétrécit sous l'œil ; son bord inférieur est
en arc légèrement rentrant et finement dentelé. Les
deux orifices de la narine répondent au dessus de la
commissure, lorsque la bouche est retirée, mais
près de la ligne du profil ; elles sont rapprochées,
ovales toutes deux ; la postérieure est la plus grande.
Entre les yeux est un enfoncement triangulaire, dont
la pointe est dirigée vers le haut, et qui sert à rentrer les pédicules des intermaxillaires.

Telle est la forme de la tête, et surtout du museau, dans l'état de repos ; mais dans la protraction
la bouche s'abaisse et se porte en avant, la mâchoire
inférieure devient horizontale, le maxillaire vertical,
et la ligne du profil se prolonge de toute la longueur
de l'apophyse montante de l'intermaxillaire. La tête
se trouve alors alongée à peu près du tiers de ce
qu'elle avait auparavant.

L'espèce d'auvent sous lequel se retirent les intermaxillaires quand la bouche se ferme, est formé par
les sous-orbitaires, les naseaux et, au milieu, par la
partie supérieure des maxillaires.

Le préopercule a son bord postérieur vertical,
son angle arrondi et placé plus bas que la bouche ;
son bord inférieur assez court, de l'angle duquel la
mâchoire inférieure remonte : le limbe en est assez
large, et le bord très-finement dentelé. L'opercule

est en triangle, dont l'angle postérieur est obtus, l'inférieur aigu, le supérieur arrondi. Le subopercule, placé obliquement, est assez large : c'est à lui qu'appartient l'angle que l'ensemble operculaire forme en arrière.

Chaque mâchoire a une bande étroite de dents en velours, très-fines, et que Plumier n'a pas même aperçues; cependant celles de la mâchoire supérieure sont un peu plus longues et un peu en soie, comme dans les chétodons : il n'y en a pas au vomer, ni aux palatins, ni sur la langue, qui est oblongue, obtuse, charnue et assez libre.

La membrane branchiostège est cachée, fendue jusque sous l'œil, et contient six rayons de force médiocre.

L'épaule est lisse, mais sans épines et sans dentelure. La pectorale, attachée au tiers inférieur de la hauteur, a plus du quart de la longueur totale; elle est en forme de faux, pointue, et a quinze rayons : le cinquième et le sixième sont les plus longs. Les ventrales s'attachent un peu plus en arrière que les pectorales, et n'ont que les deux tiers de leur longueur. L'épine, presque aussi longue que la nageoire, est comprimée et très-forte. Sur la base de la ventrale en dehors est une lame membraneuse, pointue et écailleuse, qui a moitié à peu près de sa longueur. Entre les deux ventrales on ne voit que des écailles ordinaires. C'est la largeur du bassin qui forme l'aplatissement que le dessous du corps éprouve en cet endroit. La dorsale commence à peu près au-dessus de la naissance des ventrales. L'espace sur lequel elle

règne est de moitié de la longueur du corps, la caudale non comprise. Son premier aiguillon n'est qu'une
petite épine très-courte; le second, qui est comprimé
et très-fort, a les quatre cinquièmes de la hauteur et
le quart de la longueur du corps; son diamètre est
du septième et quelquefois du sixième de sa hauteur :
le troisième est beaucoup plus mince, mais à peu près
aussi long. A compter du quatrième, ils diminuent
régulièrement jusqu'au neuvième, qui est le dernier
rayon épineux; il est suivi de dix rayons mous, un
peu plus élevés, mais encore tous assez bas. Tous
ces rayons jouent entre deux lames verticales, écailleuses, qui embrassent leurs bases sans y adhérer.
L'anale est placée de même entre deux lames membraneuses et écailleuses; elle ne commence que sous
les premiers rayons mous de la dorsale. Son premier aiguillon est aussi très-court; le second est
presque aussi long et encore plus épais que le second
de la dorsale; son diamètre antéro-postérieur est
quelquefois du cinquième de sa hauteur : il y en a un
troisième, plus grêle, mais aussi long, suivi de neuf
rayons mous. La portion de queue derrière les deux
nageoires est du huitième de la longueur, la caudale
non comprise; et sa hauteur n'est qu'un peu moindre
de sa longueur. Chacun des lobes de la caudale est à
peu près du tiers de la longueur du reste du corps,
ou du quart de la longueur totale; elle a comme à
l'ordinaire dix-sept rayons entiers.

B. 6; D. 9/10; A. 3/9; C. 17; P. 15; V. 1/5.

Le dessus du museau, le sous-orbitaire, le maxillaire, les lèvres et la mâchoire inférieure n'ont pas d'écailles; mais il y en a à la joue, au crâne, à toutes les pièces operculaires et sur la totalité du corps, et elles sont assez grandes. Leur nombre est d'environ trente-six sur une ligne longitudinale, et dix-huit sur une verticale : elles sont un peu plus hautes que larges, demi-circulaires et entières à leur bord visible; arrondies, mais un peu moins convexes au bord radical, avec un nombre variable de rayons et de crénelures selon les places : quelques-unes n'en ont que trois, d'autres cinq ou six, mais toujours peu sensibles. La ligne latérale, courbée comme le dos, régnant d'abord au tiers de la hauteur, se forme d'une suite continue d'élevures étroites. Une ligne enfoncée distingue du corps les deux lames qui embrassent les bases de la dorsale et de l'anale; mais il n'y a point d'écailles sur les nageoires elles-mêmes, si ce n'est quelques petites entre les rayons des ventrales.

Tout ce poisson est argenté. Des lignes grises suivent longitudinalement les rangées des écailles : il y en a sept ou huit de distinctes; elles s'affaiblissent et disparaissent entièrement vers le ventre.

Nous en avons des individus de diverses longueurs, depuis six à sept pouces jusqu'à un pied.

Ils nous ont été envoyés des Antilles par M. Plée.

C'est cette espèce en particulier qui a été dessinée par le père Plumier; les proportions de sa figure sont exactement les mêmes, et il marque et mentionne expressément les raies grises qui en parcourent la longueur.

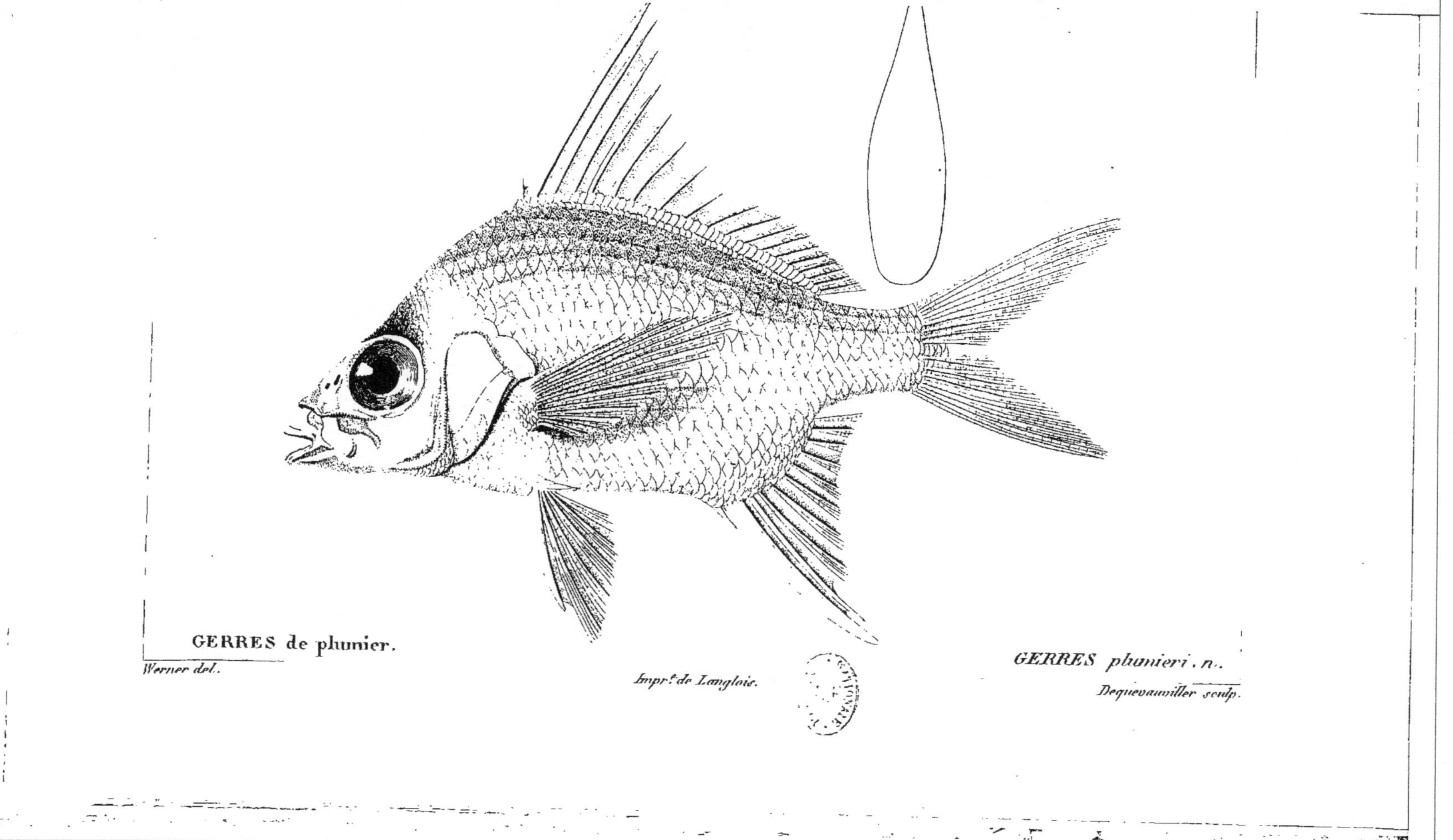

GERRES de plunier.

Werner del.

Impr.e de Langlois.

GERRES plumieri . n.

Dequevauviller sculp.

Il l'intitule *hepatus argenteus,* et dit que les Nègres de son temps l'appelaient *péche-peine;* c'était probablement *péche-penne,* ce qui se rapportait sans doute au tuyau formé par le premier interépineux de l'anale dans les espèces de ce genre; circonstance qui a fait nommer *plume* certains pagres où nous avons vu qu'elle se rencontre comme dans les gerres.

M. Plée, qui a recueilli la même espèce à Porto-Rico, nous apprend qu'on l'y nomme *el-moharra,* ce qu'il traduit par *fer de lance.* C'est en effet le sens de ce mot en espagnol; mais je ne sais si son emploi, pour désigner un poisson, ne tient pas plutôt au nom de *moucharra* que les Basques donnent au sargue. Quoi qu'il en soit, *moharra,* ou *mocharra,* ou *moxarra,* est aujourd'hui la dénomination générique des gerres chez les Espagnols d'Amérique, et nous verrons qu'on l'emploie pour leurs différentes espèces dans toutes les colonies de cette nation. Celle-ci est, selon M. Plée, le poisson le plus commun à Porto-Rico, et qui se gâte promptement. Sa chair devient molle très-peu de temps après qu'il a été pêché.

Le Gerres du Brésil.

(*Gerres brasilianus*, nob.)

MM. Delalande et Menestrier ont envoyé du Brésil un gerres tellement voisin du précédent, qu'il pourrait bien n'en être qu'une variété.

Sa principale différence consiste en ce que le second rayon épineux de la dorsale est plus court; car sa hauteur ne fait guère que la moitié de celle du corps, ou le cinquième de la longueur. Le corps est gris argenté, et on compte dix ou onze raies grises le long de chaque côté.

D. 9/10; A. 3/9; C. 17; P. 16; V. 1/5.

Les individus du Cabinet du Roi sont longs de huit à neuf pouces. M. Plée en a aussi envoyé de semblables de Porto-Rico, où on les confond avec l'espèce précédente, sous le nom de *moharra*. Il y en a un au Muséum britannique dans la collection de Sloane, qui vient probablement de la Jamaïque; mais à en juger par les raies et la proportion des épines, ce n'est pas l'espèce qui est représentée dans l'Histoire naturelle de cette île (pl. 253, fig. 7).

Le GERRES RHOMBOÏDE.

(*Gerres rhombeus*, nob.)

Un troisième gerres, qui vient encore de la Martinique et de Saint-Domingue,

est plus haut que les deux premiers. Sa hauteur n'est que deux fois dans sa longueur, en n'y comprenant pas la caudale, et deux fois et demie quand on l'y comprend. La courbe de son dos est en arc de cercle; mais un peu plus convexe en avant. La tête a le quart de la longueur totale, et est aussi haute que longue. Le diamètre de l'œil est d'un peu plus du quart de la hauteur; la partie de son maxillaire visible, lors de la rétraction, est plus large en avant, et trois fois aussi longue que haute. Le bord inférieur de son sous-orbitaire est en arc légèrement rentrant, et sans dentelure; il y en a une au contraire à l'interopercule, mais encore plus fine que celle du préopercule. Les dents sont si fines et si courtes, qu'on ne les aperçoit qu'à la loupe. La pectorale a presque le tiers de la longueur totale. Les ventrales sont moitié plus courtes; leur épine, arquée et comprimée, est des deux tiers de leur longueur. Le second et le troisième rayon de la dorsale ont à peine moitié de la hauteur du corps, et sont un peu arqués et comprimés, mais de force médiocre. Le second n'a en largeur que le dixième de sa hauteur. Le second de l'anale est d'un quart moins long, et du double plus fort que celui de la dorsale, et n'est pas suivi d'un troisième, comme dans les autres espèces. D. 9/10; A. 2/9; C. 17; P. 16; V. 1/5.

Tout ce poisson est argenté. La dorsale a sa membrane d'un jaune très-pâle; mais aux ventrales et à la partie antérieure de l'anale elle est (dans les jeunes individus) d'un beau jaune jonquille.

L'individu dont nous avons pris notre description des formes, est long de sept pouces; mais le plus grand nombre de ceux que nous avons reçus est beaucoup plus petit.

Parmi des poissons du Brésil, entièrement semblables, pour les formes, à ceux dont nous venons de parler, il s'en trouve de petits qui ne diffèrent des autres que parce qu'ils ont une troisième épine et seulement huit rayons mous à l'anale; tous les autres nombres sont les mêmes, et peut-être cette différence n'est-elle qu'une variété accidentelle.

M. L'Herminier nous a donné un dessin fait à la Guadeloupe et intitulé *le girard,* qui nous paraît être de cette espèce. Ce poisson, dit-il, est commun, et sert à la nourriture du peuple.

Le poisson représenté assez grossièrement par Sloane[1] sous les noms assez impropres de *pagrus totus argenteus* et de *stone-bass* (bars de roche), est incontestablement un gerres, et sans aucun doute de l'une des trois espèces

---

1. *Jam.,* t. II, pl. 253, fig. 1.

ou variétés que nous venons de décrire; mais il n'est pas facile de dire de laquelle des trois : l'absence de raies indiquerait la troisième, mais la force des aiguillons répondrait davantage à la première.

Sloane dit de ce bars de roche que c'est un des meilleurs poissons de la Jamaïque, qui, ainsi que les muges, avec lesquels on le prend, habite également la mer et les rivières.

M. Couch[1] rapporte sur cette espèce (si en effet il l'a bien déterminée) une chose assez remarquable : c'est que l'on en voit quelquefois arriver en assez grand nombre sur les côtes de Cornouailles, à la suite des pièces de bois couvertes d'anatifes qui sont entraînées par les courans. On aurait pu croire d'après cela que ces poissons se nourrissent d'anatifes ; mais nous n'avons trouvé dans leur estomac que des débris de poissons plus petits.

Le GERRES SANS SCIE.

(*Gerres aprion*, nob.)

La Martinique nous a envoyé une quatrième espèce, assez facile à distinguer des trois précédentes.

Son caractère le plus marqué, mais qui se

---

1. *Trans. linn.*, t. XIV, 1.re part., p. 81.

retrouve dans plusieurs espèces des Indes, est d'avoir le préopercule arrondi et sans aucune dentelure, et d'en manquer aussi à l'interopercule et au sous-orbitaire. C'est de là que nous avons tiré son nom spécifique *aprion* (qui n'a point de scie).

Sa forme est plus oblongue, et sa hauteur est de trois fois à trois fois et demie dans sa longueur totale, la caudale comprise. La courbe de son dos est par conséquent moins convexe. Sa tête, même dans l'état de rétraction de la bouche, est plus longue que haute. Le tour de chaque narine y est un peu renflé en segment de sphère, ce qui forme un léger ressaut dans la courbe du profil. Le bord inférieur de son sous-orbitaire est presque rectiligne et sans dentelures. La partie visible de son maxillaire est ovale et deux fois aussi longue que haute. Le deuxième aiguillon de sa dorsale est beaucoup plus faible, et n'a en largeur que le treizième ou le quatorzième de sa hauteur, qui est un peu plus du tiers de celle du corps. Cette faiblesse relative est encore bien plus marquée dans celui de l'anale, qui n'est guère plus fort que celui de la dorsale, et d'un tiers moins long. Le troisième est aussi long que le second, mais un peu plus grêle. Les dents, plus nombreuses, plus serrées, plus longues, ressemblent presque à celles des chétodons. La caudale est presque entièrement garnie de très-petites écailles.

B. 6; D. 9/10; A. 3/7, etc.

Tout ce poisson est argenté, avec des reflets

bleuâtres vers le dos, comme le plus beau hareng. La dorsale, dans le frais, est jaune très-pâle, finement pointillée de noirâtre.

L'individu que nous avons décrit est long de près de dix pouces; mais nous en avons de secs qui en ont quatorze et quinze : il y en a aussi un de six, et un petit venu de la Havane, qui n'en a que trois.

Les habitans de la Martinique nomment ce poisson *la petite-blanche* ou *petite-gueule;* ceux de Saint-Domingue *le haut-dos*. Il descend jusqu'à Montévidéo, d'où il vient de nous être envoyé par M. d'Orbigny.

Nous en avons trouvé un beau dessin dans la collection faite au Mexique par MM. de Sessé et Mocigno; il y est intitulé *sparus cœrulescens, vulgo mozarra.*

C'est aussi des espèces que nous avons sous les yeux celle qui nous paraît se rapprocher le plus de la figure de Catesby (pl. 11, fig. 2), ou du *shad* (alose) des habitans de la Caroline.

Nous en avons fait l'anatomie.

Son foie est grand et composé de deux lobes égaux, alongés et terminés en une pointe aiguë, qui atteint près de la moitié de la cavité abdominale.

L'œsophage est court et large, il se termine bientôt en un cul-de-sac un peu plus large, qui forme l'estomac. La branche montante est courte. Les parois de l'estomac ne sont pas très-épaisses. Il y a trois appendices cœcales courtes et grosses auprès du pylore, attachées sous l'intestin. Celui-ci ne fait que deux replis avant de se rendre à l'anus. Le duodénum a le diamètre assez grand, et il conserve sa grosseur jusqu'au rectum, dont le commencement est marqué par un rétrécissement subit, très-prononcé; le rectum demeure étroit jusqu'à l'anus.

La rate est assez grosse, peu alongée et placée sous la pointe de l'estomac.

Les sacs à ovaires sont cylindriques, et occupent la seconde moitié de l'abdomen. Les œufs sont nombreux et petits.

La vessie aérienne est très-grande; elle est arrondie en avant, et, après avoir occupé toute la région dorsale de l'abdomen, elle se bifurque en deux cornes alongées et pointues, qui se prolongent de chaque côté de la queue. La membrane externe de la vessie est épaisse, fibreuse et argentée; l'interne, plus brillante, est très-fine. Les corps rouges sont très-gros, et occupent la moitié antérieure de la face inférieure de la vessie.

Les reins sont gros et noirs.

Nous avons trouvé quelques débris de coquilles dans l'estomac, principalement des moules.

Le GERRES PETITE-GUEULE.

(*Gerres gula*, nob.)

Une cinquième espèce, venue également de la Martinique, mais qui a aussi été apportée du Brésil, paraît demeurer constamment dans de petites dimensions. M. Plée nous assure qu'on la nomme aussi à la Martinique *petite-gueule;* en sorte que ce nom paraît générique.

Ses proportions sont à peu près celles de l'aprion; mais le deuxième aiguillon de son anale est bien plus court à proportion, il ne fait que le cinquième de la plus grande hauteur du poisson. Dans l'aprion il en fait le tiers; aussi le troisième aiguillon est-il dans l'espèce actuelle un peu plus long que le deuxième. Son museau est un peu plus large, et son profil moins inégal. Ses nombres sont les mêmes, et ses couleurs paraissent très-semblables.

D. 9/10; A. 3/7, etc.

Aucun de nos individus n'a plus de cinq pouces.

Nous croyons en reconnaître l'espèce dans un dessin que nous a donné M. Poey, et qui représente un poisson de la Havane, nommé *mojarra-de-ley* ou *mojarrita-de-ley.* Il se prend en grand nombre dans le port, et n'y a jamais que de cinq à sept pouces de longueur.

Le squelette de ce gerres, et probablement celui de tous les autres, est remarquable par deux circonstances principales : 1.º la crête frontale, arrivée entre les yeux, s'y bifurque et laisse en avant un espace triangulaire, dans lequel les apophyses montantes de la mâchoire inférieure remontent quand la bouche se retire; 2.º le premier interépineux de la queue est grand et creusé comme un tuyau de plume, ainsi que nous l'avons déjà vu dans quelques pagres.

6. 3o

Il y a neuf vertèbres abdominales et treize caudales. Les côtes sont grêles, et n'ont chacune qu'un appendice.

Le Gerres a dorsale bilobée.

(*Gerres bilobus,* nob.)

M. Jubelin, gouverneur du Sénégal, et M. Rang, ont envoyé, le premier de Saint-Louis, et le second de la rade de Gorée, un gerres

dont les proportions sont à peu près celles du *gula*, et dont les aiguillons sont aussi à peu près semblables; mais les derniers rayons épineux de sa dorsale sont plus courts, ce qui fait paraître cette nageoire comme divisée. Il y a à l'interopercule une dentelure fine et très-sensible, qui manque à l'aprion et au *gula*. L'angle du préopercule est aussi moins arrondi, et le museau un peu plus pointu.

D. 9/10; A. 3/7, etc.

Le corps est argenté, avec quelques reflets bleuâtres au-dessus de la ligne latérale. Les lignes longitudinales grisâtres sont peu marquées.

Notre individu est long de sept pouces.

Ce poisson est bon à manger.

———

Les gerres de l'océan Pacifique et de la mer des Indes diffèrent les uns des autres comme ceux de l'océan Atlantique, par leur hauteur relative et la force de leurs aiguillons; mais aucun d'eux n'a les aiguillons aussi forts que les premières espèces de l'océan Atlantique.

Le GERRES DU PÉROU.

(*Gerres peruvianus,* nob.)

MM. Lesson et Garnot en ont rapporté un de Paita, dans le Pérou septentrional, fort semblable au *gerres Plumieri,*

mais d'un blanc d'argent très-brillant, teint vers le dos d'un léger violet. S'il y a des lignes longitudinales, elles sont des produits de reflets, plutôt que d'une teinte particulière. Ses aiguillons du dos sont plus arqués et plus courts qu'au *Plumieri;* le deuxième est moins fort à proportion, et surpasse peu le troisième en grosseur, son diamètre étant près d'onze fois dans sa longueur. Le deuxième aiguillon de son anale est moins long que dans le *lineatus,* quoique aussi fort. Son sous-orbitaire n'a aucune dentelure, et le bord inférieur est coupé en arc rentrant comme dans la plupart des autres. La dentelure de son préopercule est presque insensible. Les nombres sont les mêmes.   D. 9/10; A. 3/7, etc.

L'individu est long de cinq pouces.

Le Gerres poisson-blanc.

(*Gerres poeti,* nob.)

Nous avons une espèce de la mer des Indes, extrêmement semblable à celle de Paita

pour la forme, et comme elle d'une couleur argentée ; mais dont les aiguillons sont beaucoup plus forts, quoique moins longs ; en même temps ceux du dos sont arqués, et le troisième à peu près aussi fort que le deuxième. La hauteur de celui-ci est deux fois et demie dans celle du corps, et sa largeur est neuf fois dans sa hauteur. Le deuxième aiguillon de l'anale est extrêmement fort, droit et assez court, le troisième le dépassant même un peu : il n'a que le tiers de la hauteur du corps, et sa largeur est à peine cinq fois dans sa hauteur. C'est de toutes nos espèces celle qui a l'œil le plus grand ; son diamètre n'est que deux fois et demie dans la longueur de la tête.

Nous l'avons reçue de Mahé par M. Bélenger. Elle se trouve aussi desséchée parmi les collections de Commerson, et toutefois ce n'est pas l'espèce qu'il a décrite sous le nom de *breton,* et dont nous allons bientôt parler.

Elle se prend dans la rivière de Mahé, lorsque la marée est basse, et les habitans la nomment *poia-poieti,* ce qui rappelle le nom d'*ikan-poeti,* ou *poisson blanc,* donné par Renard au gerres qu'il représente planche 2, fig. 9, et qui, d'après sa figure, pourrait bien en effet être de la même espèce que celui-ci.

Valentyn (p. 458, n.° 354) donne à cet *ikan-poeti* un autre nom, celui d'*ikan-mata-bezár*, qu'il traduit par *poisson gros-œil*. Il le compare à la brème pour la forme, et le dit d'un goût très-délicat.

Le GERRES DE RICHE.

(*Gerres Richii*, nob.)

Il y a encore dans la mer des Indes ou dans la mer Pacifique une espèce excessivement ressemblante aux deux précédentes, qui en a été rapportée par feu M. Riche, l'un des naturalistes de l'expédition de d'Entrecasteaux, et qui a été donnée au Cabinet du Roi par M. Brongniart.

Nous lui conservons le nom de l'excellent observateur qui l'a recueilli le premier; heureux de concourir ainsi à conserver le souvenir d'un homme de mérite mort avant le temps, victime des fatigues et des chagrins auxquels il avait été en proie pendant un voyage entrepris par zèle pour la science.

Cette espèce ne diffère presque de celle que nous venons de décrire, que par un profil un peu concave, un œil moins large, un maxillaire plus long et plus étroit dans sa partie visible, et surtout parce que le troisième rayon dorsal et les suivans sont plus grêles, relativement au second. Le deuxième de l'anale est aussi fort et plus long; sa longueur n'est que deux fois et demie dans la hauteur du corps. Le troisième est un peu plus long que le deuxième.

L'individu est long de huit pouces.

Un individu de cette même espèce a été pris par M. Deppe dans le petit port de San-Matheo-al-Mar, près d'Acapulco.

Le GERRES RAYÉ.

(*Gerres lineatus*, nob.; *Smaris lineatus*, Humb.)

M. de Humboldt a vu à Acapulco un gerres dont il donne une figure et une description dans le deuxième volume de ses Observations zoologiques (p. 185 et pl. 46, fig. 2), sous les noms de *moxarra* et de *smaris lineatus*, et qui se rapproche beaucoup des trois dont nous venons de parler, qui eux-mêmes sont si voisins les uns des autres.

La proportion des rayons dorsaux y paraît la même que dans l'espèce de Paita; mais le deuxième de l'anale y est plus grand, et l'auteur donne neuf rayons mous à cette nageoire. On y voit aussi des lignes longitudinales grises, qui rappellent celles du *gerres Plumieri.*

Il est donc probable que c'est une espèce particulière. Malheureusement la description n'ajoute guère à ces traits que des caractères génériques; et M. de Humboldt n'ayant pas rapporté le poisson, il est impossible de vérifier jusqu'à quel point ces petites différences sont exactes. Ce n'est donc que provisoirement que nous laisserons ce gerres dans notre catalogue.

Il se pêche dans la lagune de Colluco, que l'on dit être d'eau douce; mais comme elle est peu éloignée de la côte, M. de Humboldt soupçonne qu'elle pourrait contenir de l'eau saumâtre.

Ce poisson est fort recherché à Acapulco, à cause du goût délicat de sa chair.

Nous avons déjà vu plus haut le nom de *mocharra* appliqué au Mexique à une autre espèce de ce genre.

Au reste, nous devons faire remarquer que ces premières espèces de l'océan Oriental se ressemblent tellement, qu'à moins de les voir ensemble, il serait difficile de reporter chaque individu à la sienne.

Le Gerres breton.

(Gerres oyena, nob.; *Labrus oyena,* Forsk.[1])

Nos trois premières espèces de l'océan Oriental ressemblent aux trois premières de l'océan Atlantique par la hauteur de leur corps, bien que leurs aiguillons soient plus faibles; celle dont nous allons parler, et que l'on connaît à l'Isle-de-France sous le nom de *breton,* est encore plus complétement semblable à l'aprion pour les formes,

ses proportions générales, celles de ses aiguillons sont les mêmes, et nous ne pouvons y remarquer d'autres différences que celles des couleurs, qui disparaissent même après la mort.

Sa hauteur est tout près de quatre fois dans sa longueur. Le deuxième aiguillon de sa dorsale a moitié de la hauteur du corps, et sa largeur est douze fois dans sa hauteur. Le deuxième aiguillon de l'anale est aussi gros, mais de moitié plus court, et ne dépasse pas le troisième. Le profil est légèrement concave. Le diamètre de l'œil est d'un peu moins du tiers de la longueur de la tête. Il n'y a de dentelure à aucun des os de la tête.

Tout le poisson est argenté, avec des bandes longitudinales interrompues, et qui forment ainsi des

---

1. *Spare breton,* Lacép.; *Labre long-museau, id.; Labre oyène, id.; Smaris oyena,* Rupp., pl. 5, fig. 2; *Sparus erythrurus,* Bl., pl. 261.

taches plutôt que des lignes. La dorsale est jaunâtre, un peu pointillée de noirâtre. Les autres nageoires participent plus ou moins de cette teinte. Le bord postérieur de la caudale est noirâtre.

D. 9/10 ; A. 3/7, etc.

Cette description est faite sur des individus de dix pouces, les uns envoyés de l'Isle-de-France par M. Julien Desjardins, les autres apportés de la mer Rouge par M. Geoffroy.

Elle répond très-bien à celle que Commerson avait faite à l'Isle-de-France en Décembre 1769, d'un individu de huit pouces ; description sur laquelle M. de Lacépède a établi son *spare breton* [1], et qui était accompagné d'une figure, également très-reconnaissable, devenue le *labre long-museau* [2]. La même espèce est une troisième fois dans M. de Lacépède, sous le nom de *labre oyène* [3]; car le *labrus oyena* de Forskal [4], qui est ce labre oyène, est bien certainement un gerres, et très-probablement celui qui nous occupe, puisqu'il habite la mer Rouge, et que sa description n'a rien qui ne s'accorde avec ce que nous venons de dire. Et même Forskal, après avoir décrit l'espèce comme ordinairement toute argentée, parle

1. Lacépède, t. IV, p. 151. — 2. *Idem*, t. III, p. 467, pl. 19, fig. 1. — 3. *Idem*, t. III, p. 463. — 4. *Anim.*, etc., p. 35, n.º 29.

d'une variété qui a des séries de taches rouges, et qui doit être précisément celle qu'a dessinée Commerson. On sait avec quelle facilité dans un poisson la même tache peut paraître rouge à un observateur et brune à un autre.

D'ailleurs M. Ehrenberg vient de rapporter aussi de la mer Rouge le poisson de Commerson, et l'y a entendu nommer *oyena*.

> Ses individus sont entièrement argentés; mais il nous assure que pendant la vie ils ont des séries de gouttes roussâtres, plus marquées sous la ligne latérale que sur le dos, et qui s'effacent après la mort. Ses ventrales sont jaunes, les autres nageoires transparentes.
>
> Les individus de M. Ehrenberg, comme ceux de M. Geoffroy, sont longs de dix pouces.

M. Ruppel (p. 11) a également observé ce *labrus oyena*, et l'a rapproché comme nous du spare breton de M. de Lacépède; mais il a été moins heureux quand il a cru que c'était le même poisson que l'*ikan-poeti* de Renard dont nous avons déjà parlé, ou que le *woda-wahah* de Russel, espèce remarquable par le prolongement du second rayon de sa dorsale, et dont nous parlerons plus loin. Cet observateur dit que le corps est argenté, et que les taches rougeâtres ne paraissent qu'après la mort du poisson.

Mais une synonymie que nous-mêmes n'aurions pu croire si nous n'avions en main l'individu même qui en fait le sujet, c'est que le *sparus erythrurus* de Bloch ou le *cychla erythrura* de son Système posthume (p. 336) est encore l'*oyena*. L'image qu'il en donne planche 26, est entièrement défigurée dans la partie du museau, et il a enluminé toutes ses nageoires et surtout sa caudale d'une couleur de vermillon totalement imaginaire; il nous a fallu l'objet même qu'il avait décrit pour en reconnaître le genre; mais une fois la découverte faite, nous nous sommes aperçus que nous aurions pu aussi la deviner d'après les termes de la description que Schneider ajoute à celle de Bloch : *Pinnam dorsalem et analem squamis longis, erectis cinctam et maxillam superiorem protractilem in tubum longum vidi.*

Bloch croyait avoir reçu cette espèce du Japon; mais il est probable que, comme tant d'autres qu'il dit japonaises, elle était venue de Java.

Commerson avait dit ce poisson rare à l'Isle-de-France, et d'un goût agréable; M. Desjardins nous assure au contraire qu'il y est assez commun, et qu'on l'y regarde comme un manger peu délicat.

Le GERRES BORDÉ.

(*Gerres limbatus*, nob.)

M. Dussumier a rapporté de la côte de Malabar un gerres, très-semblable au breton,

qui a le bord de la caudale noirâtre, et du noir le long du bord de sa dorsale, surtout de la partie épineuse et vers sa pointe; mais qui du reste est argenté, et a les nageoires jaunâtres. Sa hauteur est trois fois et un tiers dans sa longueur. Le deuxième et le troisième aiguillon de sa dorsale, à peu près d'égale force, ont leur hauteur deux fois et demie dans celle du corps; ils sont faiblement arqués. Leur largeur est sept fois dans leur hauteur. Le deuxième de l'anale est trois fois à peu près aussi long, mais trois fois plus fort. Le troisième égale le deuxième en longueur, mais non en grosseur.

D. 9/10; A. 3/7, etc.

Il n'y a de dentelure ni au préopercule ni au sousorbitaire. La partie visible de son maxillaire est un peu plus étroite à proportion; mais, au total, ces différences sont assez peu considérables pour qu'on puisse les regarder comme ne faisant peut-être qu'une variété.

Les individus sont longs de quatre pouces.

M. Bélenger a trouvé ce même gerres sur la côte de Coromandel dans la rade de Pondichéry, d'où il l'a envoyé au Cabinet du Roi.

Le GERRES BRILLANT.

(*Gerres lucidus*, nob.)

M. Raynaud a rapporté de Pondichéry une petite espèce encore extrêmement voisine des deux précédentes,

mais qui paraît avoir le corps plus court, la ligne du museau à la dorsale plus droite; les épines de la dorsale moins arquées. Le corps est tout argenté, très-brillant. Le dos est un peu rougeâtre. La caudale n'a point de bord noir, et la dorsale n'a qu'un très-fin liséré. Les ventrales sont jaunes.

D. 9/10; A. 3/7, etc.

Nos individus n'ont que trois pouces.

Le GERRES DEMI-RUBANNÉ.

(*Gerres subfasciatus*, nob.)

Parmi les gerres à aiguillons grêles nous en distinguons un qui a été rapporté du port Jackson par MM. Quoy et Gaimard,

et qui a le long des flancs six ou sept lignes ou bandes étroites, verticales, brunâtres, assez peu apparentes, du moins dans les individus conservés dans la liqueur.

Sa hauteur est trois fois dans sa longueur totale, son museau plus court à proportion qu'aux précédens, sa tête plus haute que longue, son profil plutôt rectiligne, ou même un peu convexe, que concave, sans enfoncement triangulaire entre les yeux ; son sous-orbitaire presque rectiligne, sans dentelure ; la partie visible de son maxillaire plus large en arrière ; son préopercule entier et sans dentelure. Il n'a à la dorsale que des rayons grêles ; car, bien que le troisième n'ait que moitié de la hauteur du corps, le diamètre de sa base est plus de douze fois dans sa longueur. Le deuxième aiguillon de l'anale n'a que le cinquième de la hauteur du corps ; mais il est assez gros. Le troisième est un peu plus long et plus grêle. Les nombres sont les mêmes.

D. 9/10 ; A. 3/7, etc.

L'argenté de son corps prend vers le dos, dans les individus dans la liqueur, une teinte violette et métallique. Sa dorsale est pointillée de brun, et devient noirâtre vers la pointe antérieure.

Nous en avons un individu long de six pouces, et un de trois.

Le GERRES ARGIRE.

(*Gerres argyreus*, nob. ; *Sciæna argyrea*, Forst. ; *Cychla argyrea*, Bl. Schn.)

MM. Quoy et Gaimard ont rapporté de l'île Waigiou, et MM. Garnot et Lesson de l'île Strong un gerres très-semblable au précédent, mais encore plus alongé.

Sa hauteur est près de quatre fois dans sa longueur. Sa tête est plus longue que haute. Ses rayons dorsaux sont un peu plus forts à proportion. Il est tout entier d'une belle couleur d'argent. Les points bruns qui colorent sa dorsale, en s'accumulant vers sa pointe, la font paraître noirâtre. Ses nombres sont les mêmes.

Nos individus sont longs de cinq et de six pouces.

Forster avait trouvé aussi ce poisson près de l'île de Tanna, et en a laissé un fort bon dessin, conservé à la bibliothèque de Banks, et intitulé *sciæna argyrea*. Les gerres ont en effet éminemment le caractère, considéré par Linnæus comme propre aux sciènes, de deux lames écailleuses, entre lesquelles la dorsale peut se retirer. La description que cet observateur en avait faite, a fourni l'article du *cychla argyrea* dans le Système posthume de Bloch (p. 344).

M. Ehrenberg vient de rapporter la même espèce de Suez et de Lohaia; elle est, ainsi que l'*oyena*, commune dans toute la mer Rouge.

Le GERRES ALONGÉ.

(*Gerres oblongus,* nob.)

M. Raynaud a rapporté de la rade de Trinquemalé de Ceilan un gerres distinct de tous les précédens par son alongement.

La hauteur du corps ne fait pas le quart de la longueur totale. Le museau est petit et pointu. Les rayons de la dorsale et de l'anale sont faibles et grêles. Tout le corps paraît argenté et traversé par cinq à six bandes brunes peu visibles. Les nageoires sont grises. D. 9/10 ; A. 3/7, etc.

La ligne latérale est presque droite.
Nos individus sont longs de cinq pouces.

Le GERRES PONCTUÉ.

(*Gerres punctatus*, nob.)

MM. Leschenault et Dussumier ont envoyé de Pondichéry un gerres oblong et à aiguillons de la dorsale grêles, qui se distingue de tous les précédens,

parce qu'il a un point ou une petite tache brune sur le milieu de chacun des rayons de sa dorsale, à l'endroit où ils sortent des lames écailleuses qui ceignent leurs bases. Sa hauteur est trois fois et demie dans sa longueur totale ; ses formes sont en général celles de l'argyre, et il en a aussi à peu près les nombres. D. 9/10 ; A. 3/8, etc.

Il n'y a point de dentelure à son préopercule ni à son sous-orbitaire. Son deuxième aiguillon dorsal se prolonge en un petit filament, et dans certains individus il acquiert ainsi les trois quarts de la hauteur du corps ; mais dans d'autres il se prolonge beaucoup moins. A l'état frais ce poisson est argenté, avec un peu de noirâtre le long du bord de sa dorsale. Les petits individus, de deux pouces à deux pouces et demi, ont le dos grisâtre, avec des bandes transversales brunes : à quatre et cinq pouces on n'en voit déjà presque plus de traces.

L'espèce, selon M. Leschenault, parvient à une longueur de neuf pouces.

On la pêche en abondance à l'embouchure de la rivière d'Arian-Coupang, et elle est très-bonne à manger. Les naturels de cette côte l'appellent *outan*, nom qui paraît plus ou moins générique, et revient probablement à celui de *woodan*, par lequel on désigne à Vizagapatam un gerres qui me paraît identique avec celui-ci, ou qui en approche du moins au plus haut degré.

Russel décrit en effet son *woodan* comme ayant le même petit filet et les mêmes points bruns ; sa figure ressemble aussi beaucoup, quoique ayant un peu plus de hauteur; mais il lui assigne des nombres de rayons que nous n'avons trouvés dans aucun autre gerres.

B. 5 ; D. 8/13 ; A. 1/10 ; C. 18 ; P. 5 ; V. 1/5.

Cependant sa description, à en juger par une note qui y est jointe, pourrait bien avoir été faite en Europe d'après la figure et non d'après le poisson lui-même.

Il dit que ce poisson ne passe pas quatre pouces.[1]

---

1. Russel, Poissons de Vizagapatam, t. I, p. 53, n.° 68.

Le Gerres filamenteux.

(*Gerres filamentosus*, nob.; *Woodawahah*, Russ.)

Le même auteur a un gerres dont les caractères sont plus assurés, car M. Valenciennes les a vérifiés sur un individu envoyé de Java au Cabinet des Pays-Bas par MM. Kuhl et Van Hasselt, et nous les avons confirmés plus récemment sur de beaux individus rapportés par MM. Quoy et Gaimard, les uns de Vanicolo, les autres de la Nouvelle-Guinée.

C'est le *woodawahah* de Russel (t. I, p. 52, n.° 68).

La marque la plus distinctive de ce poisson est dans son deuxième aiguillon dorsal, très-fort, arqué, et prolongé en un filament qui atteindrait la caudale. Les autres sont assez grêles. Sa hauteur est à peu près trois fois dans sa longueur, et tous ses nombres sont ceux du commun des gerres.

B. 6; D. 9/10; A. 3/7; C. 17; P. 15; V. 1/5.

Russel décrit le sien comme argenté au ventre, verdâtre sur le dos, et d'un jaune léger aux nageoires.

Les individus, dans la liqueur, montrent une teinte bleu d'acier sur le dos, et gris argenté aux flancs et au ventre. Sept lignes longitudinales d'un argenté plus brillant, suivant les rangées des écailles, se voient au-dessus de la ligne latérale; et il y en a d'autres au-dessous, mais qui s'effacent à mesure qu'elles approchent du ventre.

L'individu de Hollande était long de huit pouces;
ceux du Cabinet du Roi en ont sept; celui de Russel
n'en avait que six.

On prend ce poisson, on le prépare et on le
mange, selon Russel, comme les équula, à la
suite desquels cet auteur le range ; mais sans
laisser ignorer les différences qui l'en distinguent, et surtout la grandeur plus considérable de ses écailles.

APPENDICE AU LIVRE SIXIÈME.

DES APHAREUS.

Nous sommes obligés de placer ici un petit genre d'acanthoptérygiens que nous ne pouvons intercaler convenablement dans aucune de nos familles, mais qui nous paraît encore se rapprocher de celle des ménides plus que d'aucune autre. Il semble même qu'il tient de près aux cæsio, dont il diffère cependant par un opercule tout-à-fait obtus, par une bouche largement fendue, et parce que le dernier rayon de sa dorsale et de son anale prend une longueur double de ceux qui le précèdent. Malheureusement, n'en ayant vu que des échantillons secs, nous ne pouvons en constater toutes les affinités, et nous ne le présentons ici que comme une pierre d'attente.

Le premier naturaliste méthodique qui en ait parlé, est Commerson. Il en avait observé une espèce à l'Isle-de-France en 1770, et en avait laissé une description exacte et une bonne figure; dans l'un et l'autre de ces documens il lui donne le nom vulgaire de *sacres-in*, ou de *sacré-chien,* que le poisson porte l'Isle-de-France, ce qui n'a pas empêché

M. de Lacépède d'en faire, comme à son ordinaire, deux espèces, et de les placer dans deux genres fort éloignés. Son *labre fourche* (t. III, p. 424 et 477, et pl. 21, fig 1) est établi sur la figure de Commerson, et son *caranxomore sacrestin* (t. V, p. 682) sur sa description. S'il n'en a pas fait une troisième espèce sur le poisson même, c'est probablement parce qu'à l'époque où il a publié son livre, les poissons préparés par Commerson n'avaient pas encore été retirés des caisses où ce savant et malheureux voyageur les avait mis, et où M. Duméril les a retrouvés.

Après Commerson M. Ehrenberg est le premier qui ait rapporté une espèce de ce genre; mais ni celle-là ni celle de Commerson n'avaient échappé aux peintres indiens dont les recueils ont été publiés par Renard et Valentyn : on en voit une dans le premier de ces auteurs (pl. 30, p. 166), et l'autre dans le second (n.° 129).

Le nom malais de ces poissons est *foutac;* leur nom arabe *farès.* Nous leur avons appliqué le nom d'*aphareus,* qui se trouve dans un passage inintelligible et probablement corrompu d'Aristote[1], où il semble désigner une nageoire particulière à la femelle du thon.

---

1. *Hist. an.,* l. V, c. 9.

L'APHAREUS BLEUATRE.

(*Aphareus cœrulescens*, nob.; *Labre fourche*
et *Caranxomore sacrestin*, Lacép.)

Commerson a comparé le *sacrestin* pour
la forme à un maquereau; mais son museau
n'est pas si pointu ni sa queue si mince.

Sa hauteur aux pectorales, et, ce qui revient au
même, la longueur de sa tête, sont cinq fois et un
quart dans sa longueur totale, la caudale comprise.
Son épaisseur au même endroit est d'un peu moins des
deux tiers de sa hauteur. La distance du bout du museau à l'ouïe est d'un quart supérieure à la hauteur
de sa tête, prise au droit du bord montant du préopercule. Son profil descend lentement et par une
ligne peu arquée. Le diamètre de son œil est du
quart de la longueur de sa tête; il est placé au-dessus
du milieu de la hauteur, et sa distance au bout du
museau est d'un peu plus que son diamètre. Les orifices de la narine sont rapprochés, et plus voisins
de l'œil que du bout du museau; l'antérieur est très-
petit. La bouche est fendue jusque sous le tiers antérieur de l'œil. Le sous-orbitaire, trois fois plus long
que haut, a sa surface striée ou veinée, et ses bords
bien entiers. L'intermaxillaire est fort étroit, et le
maxillaire ne s'élargit pas beaucoup en arrière, où il
est tronqué obliquement. La mâchoire inférieure dépasse la supérieure, et est assez haute; toutes les deux
sont garnies d'une bande fort étroite de dents en fin

velours ras. Le palais est lisse; mais le vomer y forme
en avant deux proéminences arrondies. La langue est
fort libre, obtuse et lisse. Le limbe du préopercule
est large et strié en travers; son rebord antérieur est
peu saillant. Le bord de l'os est entier, et son angle
arrondi. L'opercule, deux fois plus haut que long,
n'a en arrière qu'un angle extrêmement obtus; il est
couvert d'écailles, ainsi que les deux autres pièces
operculaires et la joue; mais on n'en voit pas sur le
front, le museau et les mâchoires. Il y a sept rayons
aux ouïes. L'écaille surscapulaire est dentelée; mais
on ne voit pas d'autre armure à l'épaule. La pectorale, attachée vers le tiers inférieur, est en faux assez
pointue, et sa longueur est cinq fois et demie dans
celle du poisson; elle a seize rayons. Les ventrales
s'attachent un peu plus en arrière; mais leurs pointes
ne dépassent pas celles des pectorales. La dorsale
commence sur le tiers antérieur des pectorales : son
premier rayon est très-court; le second égale presque le troisième, qui est le plus long, et qui a plus
du tiers de la hauteur du corps sous lui. Les autres
décroissent jusqu'au dixième, qui est le dernier des
épineux ; et le décroissement continue, mais avec
lenteur, sur les rayons mous, dont le onzième, qui
est le dernier, forme subitement une pointe aiguë,
trois fois plus longue que l'avant-dernier. L'anale
commence sous le quatrième ou le cinquième rayon
mou de la dorsale, et finit vis-à-vis du dernier et
de même par un prolongement en pointe longue
et aiguë; elle a trois rayons épineux, dont le premier est très-court, et huit mous. La portion de

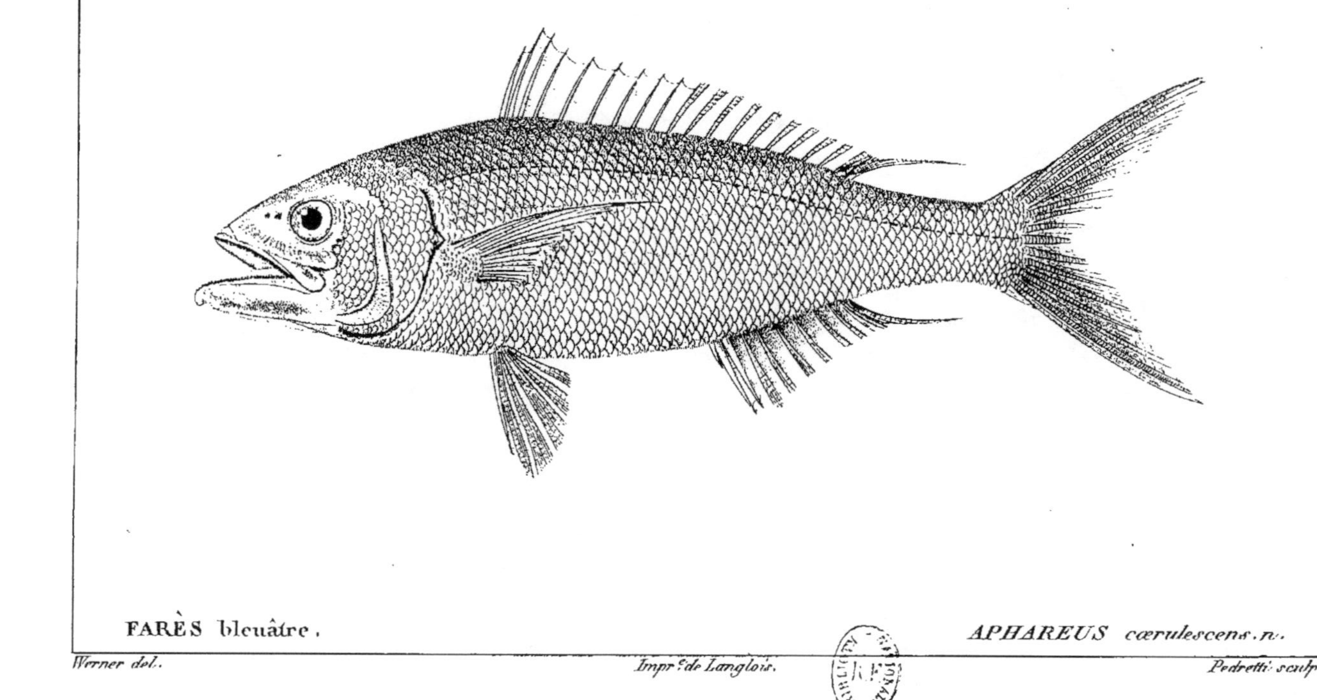

FARÈS bleuâtre.

APHAREUS cœrulescens. n.

Werner del.

Impr.ᵉ de Langlois.

Pedretti sculp.ᵗ

queue entre les deux nageoires et la caudale, est
du sixième à peu près de la longueur totale, et
moitié moins haute qu'elle n'est longue. La caudale
est fourchue sur ses deux derniers tiers, et ses lobes
ont le cinquième de la longueur du poisson : elle est
robuste comme dans les scombres ; mais ses petits
rayons ne sont pas aussi grands à proportion. Les
grands sont, comme d'ordinaire, au nombre de dix-
sept.

Je compte environ soixante-quinze écailles de
l'ouïe à la caudale, et vingt-quatre ou vingt-cinq
de là dorsale aux ventrales, toutes lisses et à bords
extérieurs entiers, mais dont le bord radical a six
crénelures. La ligne latérale occupe le tiers supérieur de la hauteur, et demeure à peu près parallèle
au dos ; les légères élevures linéaires qui la forment
sont presque continues. Il ne paraît pas qu'il y ait
d'écailles sur les nageoires, excepté de petites entre
les rayons de la caudale.

Selon Commerson, qui a décrit l'espèce sur le
frais, la couleur générale de la tête et du corps est
un brun bleuâtre ; chaque écaille étant bleuâtre et
ayant le bord brun. La dorsale et l'anale sont un
peu jaunâtres, les pectorales rougeâtres, les ventrales
jaunâtres au milieu et bleuâtres aux bords ; la caudale d'un bleu noirâtre, bordée d'un jaunâtre qui tire
au safran. L'iris est argenté et un peu doré vers le
haut. Dans le sec on voit un trait longitudinal, plus
clair sur le milieu de chaque écaille, ce qui forme
des lignes longitudinales sur le dos et sur les flancs.

Sa taille est de quinze pouces ou à peu près.

On le prend, mais rarement, entre les roches de l'entrée du Port-Louis à l'Isle-de-France, et il passe pour un des bons poissons de cette mer. L'individu observé par Commerson avait été pêché au mois de Janvier.

On trouve une figure passable de ce premier aphareus dans le recueil de Vlaming (n.° 136) sous les noms de *foutak* ou de *foor*. Valentyn l'a copiée, mais peu exactement (n.° 129), et l'a intitulée *ikan-foetac* ou *foetac-visch*. C'est, dit-il, un poisson ferme et de bon goût, et il le compare à la perche.

L'APHAREUS ROUGE.

(*Aphareus rutilans*, nob.)

L'aphareus de la mer Rouge ou le *fares* des Arabes offre les mêmes nombres de rayons et, à peu de chose près, les mêmes formes que celui de l'Isle-de-France.

Il paraît seulement que ce sont les quatrième, cinquième et sixième épines de la dorsale qui s'élèvent le plus. Il est plus élancé. Son sous-orbitaire est plus alongé et moins haut de l'arrière. Ses pectorales et les lobes de sa caudale sont plus alongés. La couleur de sa tête et de son dos est un rougeâtre à reflets brillans, et celle de son abdomen un bel argenté. Ses nageoires sont rosées.

L'individu rapporté par M. Ehrenberg est long de dix pouces.

M. Ruppel en a donné un de dix-neuf pouces au Cabinet du Roi ; il le nommait *cychla-fares*.

Le *toctase-moor* de Renard (pl. 3o, fig. 166) rend très-bien ses formes et ses couleurs, à l'exception de la dorsale, dont la partie molle se relève plus que les dernières épines, ce qui n'est pas dans le poisson tel que M. Ehrenberg l'a rapporté.

Nous avons lieu de croire que ce nom de *toctase-moor* n'est qu'un produit de l'ignorance du graveur, et qu'il avait sous les yeux ceux de *foetac of forr* (*foutac* ou *forr*), tels que nous les trouvons écrits dans Vlaming, et que le premier du moins est confirmé par Valentyn.

ADDITIONS ET CORRECTIONS

AUX TOMES II, III, IV ET V.

TOME SECOND.

Page 150. Addition à l'article de l'*apogon commun* :

M. d'Orbigny a envoyé au Cabinet du Roi un apogon pris à Ténériffe, et qui ne diffère en aucun point de l'apogon commun de la Méditerranée. Auparavant nous ne le connaissions pas de l'Atlantique. Ce qui nous fait croire cependant qu'il n'y est pas rare, au moins à Ténériffe, c'est que M. Galot en a envoyé plusieurs autres individus de cette même île.

Page 153, après l'article de l'*apogon à nageoires noires*, ajoutez :

L'APOGON MACULÉ.

(*Apogon maculosus.*)

M. de Ketlitz, l'un des naturalistes de la dernière expédition russe, nous a communiqué les dessins de deux apogons de la mer des Indes, à anale courte, et semblables à celui de nos côtes de la Méditerranée, que nous ne pouvons rapporter à aucune des espèces déjà décrites.

Le premier a sur un fond brun, très-foncé à la partie antérieure du dos, quatre séries de taches brunes de chaque côté. Les nageoires sont brunes, tachetées de gros points bruns plus ou moins effacés. La caudale et la pectorale sont plus foncées. Il n'y a point de taches sur la tête.

D. 7 — 1/8; A. 2/7, etc.

Ce petit poisson est long de trois pouces.

L'APOGON VINEUX.

(*Apogon vinosus.*)

La seconde espèce a la deuxième dorsale et l'anale plus hautes qu'aucune des autres, bien que cette dernière nageoire soit courte. Ses formes sont d'ailleurs semblables à celles de l'apogon ordinaire.

Le dos est brun noirâtre, le flanc lilas, et le ventre jaunâtre; la tête brune, lavée de lilas; la première dorsale noirâtre, la seconde d'un brun vineux; la caudale brune, plus foncée à la base. L'anale et les ventrales sont brunes. Cette espèce ressemble à notre apogon à nageoires noires de Pondichéry; mais les nombres de ses rayons ne sont pas tout-à-fait les mêmes.

D. 7 — 1/8; A. 2/9, etc.

Page 154. Addition à l'article de l'*apogon à neuf rubans:*

M. de Mertens vient de retrouver cet apogon à Guam. Il nous apprend

que le poisson frais a le corps argenté, rayé de lignes brunes. Toutes les nageoires sont orangées.

Page 156. Addition à l'article de *l'apogon orbiculaire* :

Ce poisson a été observé à Amboine. MM. Quoy et Gaimard l'ont peint d'après le frais, et des couleurs suivantes :

Sur un fond jaune, glacé de vert, on voit au milieu du corps une ceinture brune, tachetée de noir. Il y a aussi des points noirs sur le dos et le long de la ligne latérale. La tête, la première dorsale et la ventrale sont tachetées de rouge. La seconde dorsale est jaunâtre, bordée de rouge pâle; la caudale rougeâtre, l'anale bleuâtre, avec une large bordure rouge comme celle de la seconde dorsale. L'iris de l'œil est rougeâtre.

Page 174. Addition à l'article du *pomatome* :

Lorsque nous avons publié la description du pomatome, nous ne possédions de cette rare espèce qu'un seul individu empaillé et mal conservé, et nous engagions les naturalistes à faire des recherches sur ce singulier poisson. Parmi les nombreuses et belles collections que M. Laurillard vient de rassembler à Nice, et qui nous fourniront beaucoup d'autres poissons intéressans, dont plusieurs sont même entièrement nouveaux, nous avons été assez heureux pour trouver un pomatome d'une parfaite conservation, et nous nous empressons de compléter et de rectifier la description que nous en avons donnée, et d'y ajouter son anatomie.

Cette espèce est difficile à se procurer parce qu'elle ne paraît qu'à des époques éloignées. Pendant un séjour de cinq mois sur la côte de Nice, M. Laurillard n'en a vu qu'un seul individu. On les trouve aussi dans la mer de Sicile. Nous en avons pour garant les observations de M. le professeur Cocco, et probablement celles de M. Rafinesque, ainsi que nous le dirons à la fin de cet article.

Le pomatome est un assez grand poisson, qui ressemble un peu à un muge par sa forme arrondie, sa tête aplatie sur le crâne, et renflée sur les côtés, et par les écailles assez grandes qui recouvrent tout son corps. Sa hauteur aux pectorales est comprise quatre fois et demie dans sa longueur totale, et son épaisseur au même endroit est un peu plus que des deux tiers de la hauteur; ce n'est pas toutefois la partie la plus épaisse du poisson. La tête est renflée derrière les yeux, de manière que son épaisseur fait les trois quarts de la hauteur du corps. La longueur de la tête est trois fois et demie dans la longueur totale. Le front est large, aplati, et même un peu concave entre les yeux. La ligne du profil s'abaisse un peu au-devant de l'œil; elle se redresse au-dessus et en arrière, et se continue horizontalement avec celle du dos. L'œil est énorme; son diamètre surpasse le tiers de la longueur de la tête. La distance du bord antérieur de l'orbite, au bout

du museau, n'est pas tout-à-fait égale au diamètre
de l'œil. Le bord membraneux de l'orbite est très-
étroit, écailleux, et ne reste libre que dans la demi-
circonférence antérieure de l'œil. Il y a, comme dans
certains muges, deux replis de la peau qui couvrent
le devant et l'arrière du globe; ils sont garnis d'écailles:
l'antérieur a en avant un sillon profond; mais le postérieur s'unit à la peau qui recouvre la joue. Le premier sous-orbitaire a le bord antérieur sinueux; sa
partie antérieure, trois fois plus large que celle qui
est au-dessous de l'œil, s'avance jusque sur l'intermaxillaire. Le maxillaire se dégage du dessous du
sous-orbitaire à l'endroit de la sinuosité, et n'en est
plus recouvert. L'intermaxillaire est étroit et mince,
et la lèvre supérieure existe à peine : l'inférieure au
contraire est épaisse et large. Comme le bord du
préopercule est très-mince, et qu'il s'étend et se colle
sur les autres os qui composent l'appareil operculaire, et qui sont tous recouverts d'écailles larges et
semblables à celles du corps, il en résulte qu'on ne
peut distinguer les différentes pièces operculaires
qu'en s'aidant du scalpel. On voit alors que le préopercule occupe un assez grand espace, principalement à cause de la prolongation de son angle, élargi
et arrondi sur le bas de l'opercule et sur tout le sous-
opercule. Son limbe est strié et son bord finement
cilié. L'opercule se termine par deux très-faibles
pointes, qui dépassent à peine le bord. L'interopercule est alongé, étroit, et placé sous la gorge, de
manière à se rapprocher de celui du côté opposé,
et à cacher entièrement la membrane et les rayons

6.   32

branchiostèges. Les deux branches de la mâchoire inférieure sont elles-mêmes rapprochées sous l'isthme du gosier, de sorte qu'il n'y a qu'un espace fort étroit et libre derrière la symphyse. Cet espace, ainsi que les branches de la mâchoire, la partie libre du maxillaire, tout le crâne et les joues, sont recouverts d'écailles. Il y a des dents en velours ras aux deux mâchoires, au chevron du vomer, et sur une bande étroite de chaque palatin. La langue est longue, pointue, libre et entièrement lisse. Les dents pharyngiennes sont en fines cardes. Les différentes parties de l'épaule sont également écailleuses. Le surscapulaire me paraît fort petit; le scapulaire est plus large et plus long, et à l'endroit où il s'approche de la pectorale, sa surface n'est recouverte que par des écailles fort petites. Au-devant de la première dorsale le dos se relève un peu en carène. Les sept rayons de cette nageoire sont faibles, et sur la membrane qui unit les quatre premiers, il y a des écailles le long du bord interne des épines. La seconde dorsale commence peu en arrière de la dorsale épineuse, sur le milieu de la longueur du poisson : elle n'est pas plus haute que la première; son épine est faible, de moitié plus courte que le second rayon, qui est simple, mais articulé; les neuf autres sont branchus. La surface entière de la nageoire est couverte d'écailles nombreuses, solides et implantées sur une peau épaisse. L'anale est tout-à-fait semblable à la deuxième dorsale, elle a neuf rayons branchus; le premier l'est moins que les suivans. Ses deux épines sont très-faibles; la première n'a de longueur que le tiers de la seconde, qui n'a elle-même que la moitié du premier rayon mou. La queue est aplatie en dessus et en dessous, et arrondie sur les côtés. La caudale est grande, profondément fourchue, entièrement écailleuse; chaque lobe a près du cinquième de la longueur du corps. La pectorale est médiocre, et toute couverte de petites écailles : il n'y en a que sur les trois premiers rayons de la ventrale.

B. 7; D. 7 — 1/10; A. 2/9; C. 17; P. 23; V. 1/5.

Les écailles sont grandes, peu adhérentes à la peau, minces, un peu ciliées, et au nombre de cinquante depuis l'ouïe jusqu'à la caudale. Il y en a quinze rangées.

Notre individu paraît dans la liqueur gris brunâtre, à reflets violets. Du bleu d'indigo très-foncé colore l'intérieur de sa bouche, sa lèvre inférieure, sa membrane branchiostège, et la peau qui unit la dernière branchie à l'épaule. La peau qui recouvre le bord antérieur de l'orbite est noire. L'entrée de l'œsophage est d'un noir bleuâtre assez foncé. Le péritoine est d'un beau noir.

L'œsophage n'est pas très-long; il se dilate en un estomac conique, dont le diamètre transversal n'est pas tout-à-fait la moitié du longitudinal. La paroi supérieure est épaisse et musculeuse, l'inférieure est mince. La membrane muqueuse offre à l'intérieur des rides nombreuses très-serrées. La branche montante de l'estomac naît sous la face inférieure, à moitié de la longueur de l'estomac; elle remonte un peu au-dessus du cardia, et est très-étranglée à sa terminaison au pylore. Il y a vingt-deux appendices

cœcales longues et divisées en deux groupes, dix-
sept dans l'hypocondre droit, et cinq dans le gauche.
Les cœcums sont retenus par un tissu cellulaire très-
dense. Le duodénum est très-dilaté à son origine; il
se porte sous le lobe droit du foie, et descend jusqu'auprès de l'anus. L'intestin remonte ensuite dans
le côté droit, pour se porter sous l'œsophage jusqu'au côté gauche de l'estomac; il se courbe, repasse
sous l'œsophage, et va se rendre à l'anus en passant
dans le côté droit de l'abdomen. On voit donc par
ce trajet que l'intestin a une longueur considérable;
les membranes auxquelles il est suspendu sont noires.
La rate est petite et rejetée vers l'arrière de l'abdomen. Le foie est peu volumineux. Le lobe droit est
presque quadrilatère, le gauche se prolonge en une
pointe grêle. La portion moyenne qui réunit ces
deux lobes sous l'œsophage, est très-mince. La vésicule est cachée par le lobe droit du foie; elle est
assez grosse. Le canal cholédoque reçoit un très-
grand nombre de vaisseaux cystiques. Les laitances
de l'individu que nous avons disséqué étaient
pleines : elles ont une forme à peu près conique;
la pointe ne se porte en avant qu'un peu au-delà
de celle de l'estomac. La vessie aérienne est très-
grande, simple, sans aucune appendice. Ses tuniques
sont très-minces; l'externe est d'un blanc mat, l'interne brille d'un bel éclat d'argent bruni. Les corps
rouges forment un seul ruban de grains elliptiques,
de la grosseur de petites lentilles. On peut en compter plus d'une vingtaine.

Le pomatome se nourrit de petits poissons

et de crustacés. L'individu que M. Laurillard nous a rapporté de Nice, a été pêché dans le mois de Juin.

M. Anastase Cocco, professeur de matière médicale à l'Académie royale Caroline du royaume des Deux-Siciles, a bien voulu nous communiquer un mémoire manuscrit sur quelques poissons nouveaux de la mer de Messine. Parmi les espèces que ce savant a décrites, nous avons trouvé un pomatome qu'il croit différent de celui de M. Risso, et qu'il nomme *pomatomus Cuvierii;* mais une comparaison soignée que nous avons faite de sa description avec l'individu que M. Laurillard nous a rapporté de Nice, ne nous a offert que de légères différences, et qui ne nous paraissent pas suffisantes pour établir une espèce distincte. Selon ce savant, la forme elliptique de l'œil serait un des caractères principaux. Nous remarquerons à ce sujet que la figure de l'œil dépend beaucoup de la fraîcheur du poisson qu'on observe. Quand ils sont vivans, l'œil est presque toujours plus ou moins elliptique; mais après la mort il se flétrit, et quand l'ellipse n'est pas très-alongée, l'œil paraît rond. C'est ce qui a lieu dans ce pomatome. M. Cocco dit que le diamètre transversal de l'œil a un pouce et demi, et que le diamètre vertical a un pouce et quelques lignes. L'œil était donc presque rond. Les nombres des rayons ont été ainsi comptés :

B. 7; D. 7 — 1/11; A. 1/10, etc.

Ces légères différences dans les nombres sont des caractères peu importans dans des poissons dont les nageoires sont formées d'une peau épaisse, écailleuse, et chez lesquels il est très-facile de compter un rayon de plus ou de moins, ou de trouver le dernier plus ou moins libre, celui-ci étant toujours plus profondément divisé que les autres. M. Cocco dit que la couleur du pomatome était marron. Nous savons qu'elle varie d'une côte à une autre.

Nous avons bien plus de difficultés à placer l'*epigonus macrophthalmus* de M. Rafinesque[1], à cause de la brièveté de la description. Cependant nous croyons devoir le rapporter à notre pomatome. La grandeur de l'œil, la forme conique du corps, l'angle du préopercule, les deux petites épines de l'opercule, sont des caractères qui conviennent très-bien au pomatome. Mais il faut avouer que M. Rafinesque compte des nombres assez différens des nôtres ; il les donne de la manière suivante :

D. 7 — 1/7; A. 2/8; C. 20; P. 15; V. 1/5.

1. *Indice Ichth. Sic.*, p. 64.

Il restera donc encore des doutes sur ce poisson, qui est le *pesce luna* des Siciliens. Nous engageons les naturalistes de ce pays à vouloir bien nous éclairer à ce sujet.

Page 182. Addition à l'article de l'*ambasse de Dussumier :*

Cet ambasse se trouve aussi dans les Moluques. MM. Quoy et Gaimard en ont rapporté un grand nombre d'individus de leur second voyage, sous les ordres de M. le capitaine d'Urville ; les uns viennent d'Amboine, d'autres des Célèbes.

Page 187. Addition au chapitre VIII :

DES PRIOPIS (*Priopis*, K. et V. H.)

Nous ne devons pas négliger de parler ici d'un petit poisson voisin des ambasses, sur lequel nous ne pouvons pas entrer dans de grands détails, parce que nous ne le connaissons que par un simple dessin au trait, qui s'est retrouvé parmi les nombreux travaux des infortunés Kuhl et Van Hasselt.

Ces naturalistes avaient l'intention d'en faire un genre sous le nom de *priopis,* à cause des dentelures du frontal antérieur,

qui lui donnent un sourcil dentelé en scie. Ce poisson a d'ailleurs la figure des ambasses, leurs deux dorsales, leurs dents fines et égales aux mâchoires. Le dessin n'indique pas assez clairement si l'opercule a des épines et le préopercule des dentelures.

L'espèce dessinée a le corps alongé comme notre *ambassis oblonga*, et une bande argentée sur le corps; car Kuhl l'avait appelée *priopis argyrozona*. Ses nombres sont :

D. 7 — 1/7; A. 3/10, etc.

La ligne latérale est fortement arquée au-dessus de la pectorale. L'individu n'a que deux pouces de long.

Nous indiquons ce petit poisson, afin que les naturalistes voyageurs puissent nous le procurer et le faire connaître dans de plus grands détails.

Page 207, après l'article du *grammiste oriental*, ajoutez :

Le Grammiste ponctué.

(*Grammistes punctatus.*)

Nous avons trouvé parmi les beaux dessins que M. de Mertens nous a communiqués, la figure d'une espèce de grammiste, remarquable par sa taille et par la longueur du barbillon du menton.

Dans notre grammiste oriental ce barbillon n'est que rudimentaire, et ne paraît qu'un simple repli de la peau. Dans cette espèce nouvelle le barbillon a trois lignes de long. Il nous semble aussi que les épines de l'anale sont plus visibles que celles du grammiste ordinaire. C'est d'ailleurs un percoïde à deux dorsales, à trois épines au préopercule, et à deux à l'opercule, à écailles très-petites; dont le corps est gris-brun foncé, tout parsemé de points blancs, et quelquefois marbré de grandes taches noirâtres. Les points du dos sont plus petits que ceux des côtés et du ventre : il y en a aussi quelques-uns sur la dorsale. Les autres nageoires sont grises, un peu brunâtres. Le barbillon est finement ponctué de blanc. Les nombres des rayons sont indiqués sur le dessin de la manière suivante.

D. 7 — 1/9; A. 3/8; C. 15; P. 15; V. 1/5.

La longueur du poisson est de sept pouces.

Page 240. Addition à l'article du *serran à bandelette* :

Ce serran habite aussi la mer du Sud, près de Vanicolo.

L'individu que MM. Quoy et Gaimard y ont pris, est long de neuf pouces. C'est plus que le double de la longueur de ceux que nous avions vus. Les couleurs sont absolument les mêmes. La plupart des individus ont :

D. 10/13; A. 3/8, etc.

Nous en avons un de Batavia qui n'a que douze rayons mous à la dorsale.

Cette espèce tient de près aux mésoprions; car sur les grands individus l'échancrure du préopercule est très-prononcée, ainsi que cela a lieu dans beaucoup de nos mésoprions. Les épines de l'opercule y sont plates et peu sensibles, et la disposition des couleurs elles-mêmes est tout-à-fait celle des mésoprions.

Page 242, après l'article du *serran à deux rubans*, ajoutez :

Le Serran jaunatre.

(*Serranus flavescens*, nob.)

Parmi les collections que l'infortuné M. Choris a faites à la Martinique, se trouve une espèce nouvelle de serran, appartenant à notre première subdivision, celle qui comprend les espèces à mâchoires sans écailles. Suivant M. Choris, le poisson est appelé *jaunet* par les colons français. Il ressemble au *serranus cabrilla*,

et il a comme lui le corps alongé, le museau court et gros, le dessus de la tête aplati, le préopercule arrondi et finement dentelé, et trois épines à l'opercule. D. 9/12; A. 3/7; C. 17; P. 15; V. 1/5.

La couleur du corps est un brun jaunâtre sur le dos, orangée sur les côtés, et plus vive ou rouge sur le ventre, sans taches ni bandes. Le dessus de la tête est bleuâtre. Les nageoires sont grises. La caudale est bordée en haut et en bas de brun foncé.

L'individu a près de sept pouces de longueur.

Page 248, après l'article du *serran nouleny*, ajoutez :

Le Serran a deux gouttelettes.

(*Serranus biguttatus*, nob.)

M. Raynaud a pris dans la rade de Trinque-malé de Ceilan, et MM. Quoy et Gaimard dans celle d'Amboine, un serran qui a les mêmes nombres que le *nouleny*,

et où les derniers rayons épineux de la dorsale s'abaissent un peu; mais ces épines sont plus faibles, et le corps du poisson est plus alongé et plus arrondi. Les dents canines de la mâchoire supérieure sont beaucoup plus fortes et plus longues; elles descendent au-devant de la mâchoire inférieure comme de petites défenses. Frais, ce poisson paraît être brun verdâtre sur le dos, orangé sous le ventre. Une ligne brune va de l'œil à la queue par le milieu des côtés. Il y a une tache brune dans l'aisselle de la pectorale. La ligne latérale est fortement marquée, et suit la courbure du dos par le tiers de la hauteur du poisson. Il y a sur le dos, près de la base de la dorsale, deux taches nacrées brillantes; l'une sous le huitième rayon épineux, l'autre sous le cinquième rayon mou.

Cette espèce ne paraît pas dépasser cinq pouces.

Page 249, après l'article du *serran à joues nues*, ajoutez :

Le SERRAN FILAMENTEUX.

(*Serranus filamentosus*, nob.)

M. Gaimard a pris à Saint-Denis de l'île Bourbon un serran d'un aspect tout semblable à quelques-uns de nos sparoïdes, et principalement à nos aphareus ;

mais la présence des dents au palais et au vomer, les dents fortes et crochues des deux mâchoires, les dentelures du préopercule, les épines de l'opercule, et une dorsale unique, forment un ensemble de caractères qui placent ce poisson dans le genre si nombreux des serrans, et parmi eux il appartient à notre première division ; car il n'a pas, comme les barbiers ou les mérous, des écailles sur les mâchoires. Les mâchoires sont recouvertes d'une peau lisse, criblée de petits pores sous la mâchoire inférieure, ainsi que celle qui recouvre le front, le sous-orbitaire et le limbe du préopercule.

Le corps est alongé comme celui du *serranus cabrilla*. Le profil du dos et celui du ventre suivent deux courbes régulières et semblables. La hauteur du corps n'est pas tout-à-fait le quart de la longueur totale. L'épaisseur fait à peu près la moitié de la hauteur. L'œil est grand, le front large et aplati, un peu creux à l'occiput ; les dents, en velours très-fin aux mâchoires et au palais, avec les dentelures du bord montant du préopercule, sont très-fines ; celles de l'angle, qui est arrondi, sont plus fortes. Il y a deux épines plates à l'opercule. La dorsale est peu élevée, égale. Le dernier rayon mou, ainsi que celui de l'anale, se prolonge en filet du double plus long que le rayon précédent. La caudale est très-profondément fourchue.

D. 10/11 ; A. 3/8 ; C. 17 ; P. 16 ; V. 1/5.

Ces nombres sont plutôt ceux des mésoprions que ceux des serrans ; mais les épines de l'opercule sont trop marquées pour les placer parmi les premiers. Les écailles sont médiocres, âpres à leur bord. La ligne latérale est fortement marquée. Le dos est rouge de cuivre, avec des taches petites, triangulaires et purpurines dans l'angle de chaque écaille ; le rouge du dos descend, s'affaiblit sur les flancs, et se perd sur l'argenté du ventre, qui est pur et très-brillant. La dorsale était violette, avec des taches jaunes à la base de la membrane entre chaque rayon. L'anale paraît avoir été violette, et les autres nageoires rougeâtres.

Ce poisson a près d'onze pouces.

La même espèce se trouve sur les côtes de l'Isle-de-France.

Le Serran a bandes transverses.

(*Serranus zonatus*, nob.).

M. Théodore Delise a envoyé de l'Isle-de-France au Cabinet du Roi une nouvelle espèce de serran, non moins remarquable que la précédente, et qui a de même les mâchoires nues ; car il ne faut pas prendre pour des écailles les stries nombreuses et obliques qui sont tracées sur la mâchoire inférieure. Le corps de cette espèce est assez élevé. Sa hauteur est contenue trois fois et deux tiers dans la longueur totale. La bouche est assez fendue, et pourvue de dents fortes et crochues sur le premier rang ; par derrière il y a une rangée de dents fines, parmi lesquelles en sont d'assez fortes : les dents du vomer et des palatins sont fines, et sur une bande très-étroite. L'œil est grand, placé sur le haut de la joue, à une distance du bout du museau égale à son diamètre, qui est le tiers de la longueur de la tête. Les dentelures du bord vertical du préopercule sont très-fines ; celles de l'angle et du bord horizontal sont fortes et très-visibles. L'opercule se termine par une forte pointe ; le sous-opercule est étroit, et a une profonde échancrure vers le bas. Le surscapulaire est dentelé. La pectorale est longue et pointue ; le dernier rayon mou de la dorsale et de l'anale, prolongé en filet, du double plus long que le rayon précédent. Les ventrales sont très-grandes ; la caudale profondément fourchue. Les écailles sont de grandeur médiocre et légèrement âpres.

Ce poisson, peint des couleurs les plus brillantes, a le fond d'un rose vif sur le dos, qui s'affaiblit en descendant sur le ventre, qui est rosé. Quatre bandes orangées descendent du dos sur les flancs, où elles s'arrêtent à la moitié de la hauteur du corps. La dorsale est jaune, et les rayons sont légèrement teints de rosé. La caudale est roussâtre, bordée d'une belle bande jaune d'or dans sa fourche. Les autres nageoires sont plus ou moins rosées.

B. 7; D. 10/11; A. 3/8; C. 17; P. 15; V. 1/5.

La longueur de l'individu qui a servi à cette description, est de dix pouces.

Page 283, après l'article du *mérou d'Alexandrie*, ajoutez:

Le Mérou de Gorée.

(*Serranus goreensis*, nob.)

M. Rang vient d'envoyer de Gorée au Cabinet du Roi un mérou qui ressemble beaucoup au mérou vulgaire et à celui d'Alexandrie.

Cette nouvelle espèce a le corps plus alongé, et le maxillaire nu comme le mérou ordinaire; mais sa mâchoire inférieure a de petites écailles. Sa tête est plus longue, l'angle du bord membraneux de l'opercule plus aigu, l'œil plus petit; et ce qui le fait surtout reconnaître, c'est que la caudale est coupée carrément ou même un peu échancrée, tandis que les deux espèces que nous venons de nommer, ont cette nageoire arrondie. La forme des autres nageoires de ce mérou de Gorée est d'ailleurs semblable à celle du mérou vulgaire.

D. 11/15; A. 3/8, etc.

La membrane des nageoires verticales est presque entièrement recouverte de petites écailles. Celles du corps sont un peu plus grandes et plus âpres que celles du mérou. Il n'y en a pas de plus grande au-dessus de l'os de l'épaule.

Ce poisson est d'un brun uniforme sur tout le corps. Le bord de la dorsale et de l'anale est violet et foncé. Les ventrales sont noirâtres, et les pectorales olivâtres.

Un des individus est long de dix-huit pouces.

On voit que cette espèce nouvelle est moins semblable à l'*epinephelus afer* de Bloch (pl. 327) que celle d'Alexandrie.

Ce poisson ressemble aussi à notre mérou à museau aigu (t. II, p. 286), avec lequel il serait même facile de le confondre; mais les dentelures du préopercule du mérou de Gorée sont fortes, la caudale est à peine échancrée, et les nombres des rayons de l'anale sont moins considérables.

Page 284. Addition à l'article du *mérou bronzé :*

Nous avons reçu de Gorée un bel individu de ce mérou bronzé, long de vingt-deux pouces. M. Rang, qui l'a envoyé au Cabinet du Roi, y a joint un jeune individu long de six pouces, et sur lequel on voit les trois lignes obliques de la joue. Mais le corps, plus clair, est traversé par six ou sept bandes brunes verticales, qui montent sur la dorsale. Des taches nombreuses, plus foncées sur les bandes brunes que sur le fond clair du corps, couvrent les côtés et les nageoires impaires.

Page 299, après l'article du *mérou jaune et bleu*, ajoutez :

Le Mérou aux pectorales épaisses.

(*Serranus dermochirus*, nob.)

Il y a sur la côte de Coromandel un serran à formes courtes et trapues, comme notre mérou,

et qui est comme lui d'un brun uniforme, sans taches. Les dentelures de l'angle du préopercule sont plus faibles, et ce mérou est surtout remarquable par l'épaisseur de la peau qui revêt les rayons de sa pectorale. Cette nageoire est très-grande et arrondie. Les épines de la dorsale sont courtes et très-robustes.

D. 11/16; A. 3/8; C. 17; P. 17; V. 1/5.

Nous devons à M. Bélenger un individu de cette nouvelle espèce, lequel a neuf pouces de long.

Page 306. Addition à l'article du *mérou urodèle :*

M. de Mertens a rencontré cette espèce sur les côtes de l'île Uléa, l'une des Carolines, et les couleurs du dessin qu'il a bien voulu nous communiquer, diffèrent très-peu de celles que Forster avait fait connaître.

Le corps y est peint en rouge de minium. La dorsale est rouge, bordée d'orange sur la partie épineuse, et tachetée de bleu sur la partie molle. L'anale est orangée, tachetée de points bleus, et

6. 33

porte en outre deux lignes bleues; l'une par le milieu, et l'autre le long du bord de la nageoire. La caudale est rouge, ponctuée de bleu. Les deux bandes obliques convergentes sont blanches, ainsi que le bord de la nageoire. La pectorale et les ventrales sont orangées.

Page 307. Addition à l'article du *mérou à anale bordée :*

M. Gaimard vient de rapporter un individu de cette espèce en meilleur état, ce qui nous permet d'ajouter quelques mots à notre description, et d'y mieux compter les nombres des rayons, qui sont :

D. 9/15; A. 3/9; C. 17; P. 17; V. 1/5.

La couleur est uniforme, et probablement rosée. Mais la partie molle de la dorsale et la caudale sont, comme l'anale, lisérées de noir. La caudale a de plus le bord blanc. Les dentelures du préopercule sont extrêmement fines.

Ce second individu est de même taille que le premier, qui a fait le sujet de la description déjà publiée.

Page 309. Addition à l'article du *mérou boelang :*

Nous avons déjà dit que le mérou boelang[1] se trouve à Ceilan. MM. Quoy et Gaimard l'ont

---

1. Voyez tome III, supplément, p. 494. *Ikan-boelang* signifie *poisson lune.*

trouvé dans le détroit de la Sonde et à la Nouvelle-Guinée. Ils nous donnent de nouvelles observations sur les couleurs du poisson vivant.

Le fond de la couleur est brun vineux, et les bandes sont jaunes. Le dessus de la gorge et les nageoires sont rougeâtres, bordées de brun. La partie épineuse de la dorsale est noirâtre.

Page 314, après l'article du *mérou nébuleux*, ajoutez :

Le Mérou rivulé.

(*Serranus rivulatus*, nob.)

Nous devons à MM. Quoy et Gaimard un mérou

brun, et couvert d'un nombre infini de petits points bleus. Chacun de ces points occupe le centre d'une écaille. Les écailles sont très-petites et âpres. Sur la joue, au-dessous de l'œil, il y a trois ou quatre lignes brunes, onduleuses, anastomosées, qui y forment des rivulations. Un trait brun noirâtre, très-foncé, suit la base de la dorsale. Les nageoires sont arrondies et noirâtres.

D. 10/16 ; A. 3/8 ; C. 17, etc.

Les épines de l'angle de l'opercule sont fortes.
Ce poisson a près de sept pouces de longueur.

Il a été pris dans la rade de l'île Bourbon.

Il se pourrait bien que ce ne fût qu'un individu mieux conservé de notre mérou nuageux.

Le MÉROU ÉRYTHRÉEN.

(*Serranus erythræus*, nob.)

Le même naturaliste a pris dans la même rade un mérou semblable au précédent

par la petitesse des écailles, par leur nombre sur les nageoires; mais qui s'en distingue par l'extrême finesse des dentelures du préopercule, qui est arrondi; les nageoires le sont aussi. Les nombres des rayons sont :

D. 9/16; A. 3/9; C. 17; P. 21; V. 1/5.

Le corps paraît avoir été rouge, un peu rembruni sur le dos, sans aucunes taches. Les pectorales et la caudale sont presque noires. La dorsale et l'anale paraissent avoir été brunes comme le dos. Les ventrales sont jaunâtres.

Ce petit poisson n'a que cinq pouces.

Page 33o. Addition à l'article du *mérou à taches hexagones* :

La même variété se trouve sur les côtes de la Nouvelle-Irlande. MM. Quoy et Gaimard l'ont pêchée dans le Havre-Carteret pendant la relâche qu'y a faite le capitaine d'Urville.

Ce poisson, frais, était d'un beau jaune gomme-goutte, et couvert d'un grand nombre de taches hexagonales rouges.

Les mêmes naturalistes ont rapporté de

l'Isle-de-France une autre variété, à taches plus grosses, et par conséquent moins nombreuses; mais qui a les mêmes nombres de rayons, et qui ne présente aucune autre différence.

Pendant ce même voyage ces zélés navigateurs ont pris aussi à l'île de l'Ascension un mérou tacheté, qui a les mêmes nombres de rayons, et qui est certainement de cette espèce. Nous avons vu ce poisson avec d'autant plus de plaisir, que nous avons tout lieu de croire que c'est le véritable *trachinus Ascensionis* d'Osbeck. Il a pour rayons dorsaux 11/16 ou 12/17, comme l'a dit Osbeck, en comptant le dernier pour deux.

Page 331, après l'article du *mérou à taches hexagones*, ajoutez :

Le Mérou a tête noire.

(*Serranus nigriceps*, nob.)

Une autre sorte de mérou tacheté, que l'on doit encore aux recherches de M. Gaimard, se distingue du *merra* ou du *faveatus*

par l'obliquité d'avant en arrière du bord montant du préopercule très-finement dentelé. L'angle arrondi n'a que deux ou trois pointes faibles. L'épine moyenne de l'opercule est longue et forte. Sur un fond gris foncé, et argenté vers le ventre, le corps est couvert de taches nombreuses, rondes, **rousses** sur le dos et les côtés, et rougeâtres sous le ventre et la gorge. Les taches sont plus petites sur les nageoires, olives sur les pectorales, et noirâtres sur les autres, qui sont bordées d'un liséré blanchâtre. Il y a sur le dos trois grandes taches noires : la première, à la base du quatrième et du cinquième rayon épineux de la dorsale ; la seconde, à la base des trois dernières épines, et la troisième, derrière la dorsale, sur le dos de la queue. Tout le dessus de la tête jusqu'au bout du museau est noir. Sur la tête les taches sont plus noires, moins nombreuses et plus irrégulières, principalement sous la mâchoire inférieure, où elles deviennent des marbrures. Les écailles sont fortes et âpres. Les nageoires sont hautes, arrondies. Les nombres de leurs rayons se comptent ainsi qu'il suit :

D. 11/17 ; A. 3/8 ; C. 17 ; P. 19 ; V. 1/5.

Ce poisson est long de près d'un pied.

Le MÉROU A PECTORALES RAYÉES.

(*Serranus tœniocheirus*, nob.)

Le même voyage a procuré au Cabinet du Roi un mérou

à corps raccourci, d'un gris roussâtre, marbré de noirâtre. Le préopercule est finement dentelé, arrondi. Les épines de l'opercule sont médiocres. Les écailles sont petites et lisses. La tête est tachetée de petits points grisâtres ; ceux des lèvres sont plus gros.

La dorsale épineuse est beaucoup plus basse que la portion molle; elle est arrondie, ainsi que les deux autres nageoires impaires, qui sont brunes, tachetées de gros points noirs assez rares. La pectorale est médiocre, arrondie, traversée par cinq à six bandes onduleuses, noirâtres, sur un fond olive. La ventrale est olivâtre et tachetée de gros points noirs.

La longueur de ce mérou est de onze pouces.

Page 333, après l'article du *mérou maculé*, ajoutez:

Le Mérou de Quoy.

(*Serranus Quoyanus*, nob.)

MM. Quoy et Gaimard ont rapporté de la Nouvelle-Guinée deux mérous tachetés, voisins du *merra*, mais qui se distinguent l'un de l'autre, et chacun de toutes les espèces voisines.

L'un a le corps roussâtre, couvert de grosses taches rondes, éparses sur les joues et les mâchoires : ce sont de gros points noirs. Les taches sur la dorsale, la caudale, sont presque effacées; celle-ci est bordée de blanchâtre. La pectorale est brune, semée de taches nuageuses, et a près de la base deux lignes bleuâtres, onduleuses, mal terminées. Les ventrales sont noirâtres et tachetées.

D. 11/19; A. 3/8; C. 17; P. 17; V. 1/5.

Les nageoires impaires sont arrondies et couvertes

de très-petites écailles. Les dentelures de l'angle du préopercule sont assez fortes.

Longueur, quatre pouces et demi.

Le Mérou de Gaimard.

(*Serranus Gaimardi,* nob.)

L'autre espèce a aussi le corps tacheté sur un fond rougeâtre. La mâchoire inférieure est couverte de taches petites, nombreuses, et un peu nuageuses. Il n'y a pas de taches sur la portion épineuse de la dorsale. Sur la partie molle il y a quatre grosses taches rondes sur le bord, qui est liséré de blanc; on voit au-dessous d'autres taches plus effacées. La caudale est lisérée de blanc, et ses taches sont disposées comme sur la dorsale; mais elles sont plus visibles. L'anale n'a qu'une grosse tache sur le bord, également blanc. La pectorale est verdâtre, et a sept ou huit gros points noirs : il n'y en a que quatre ou cinq sur la ventrale.

D. 11/17; A. 3/8; C. 17; P. 16; V. 1/5.

Toutes les nageoires sont arrondies. Les dentelures du préopercule sont plus fines que celles du précédent. Nos individus sont longs de six pouces.

Le Mérou miliaire.

(*Serranus miliaris,* nob.)

Commerson avait trouvé ce poisson. Depuis long-temps le Cabinet du Roi avait reçu de ce voyageur la peau d'un mérou à préopercule arrondi et finement dentelé, à dorsale épineuse longue, plus haute de l'avant, que nous avions considéré comme une variété de notre *serranus hexagonatus*, à cause de la disposition de ses couleurs. Mais depuis que MM. Quoy et Gaimard viennent de rapporter des mers de la Nouvelle-Guinée un mérou en tout point semblable à celui dont nous n'avions que la peau, nous sommes convaincus qu'il faut le séparer du *serranus hexagonatus*, et en faire une espèce.

Le reste des caractères sera comme il suit :

Comparé à l'*hexagonatus*, ce mérou a le corps plus haut de l'avant, et la queue plus étroite. La dorsale n'a que onze rayons ; mais ils sont plus éloignés l'un de l'autre, de sorte qu'elle est à proportion plus longue que la portion molle, qui a dix-sept rayons. Les second, troisième et quatrième rayons épineux sont d'un tiers plus hauts que les derniers ; les autres rayons sont arrondis. Le corps est brun rougeâtre, et tout couvert de taches brunes, arrondies. Il y a des taches plus grosses sur le bord de la dorsale. L'individu de Commerson porte une tache noire très-foncée sur le dos de la queue.

D. 11/17 ; A. 3/8 ; C. 17 ; P. 16 ; V. 1/5.

Longueur, sept pouces.

Le Mérou a tête verte.

(*Serranus chlorocephalus*, nob.)

Un autre mérou, rapporté par les mêmes voyageurs, et pris à Tongatabou, l'une des îles des Amis,

a le dessus de la tête et le museau vert foncé, les joues vert clair, le corps verdâtre, et rayé de sept à huit bandes longitudinales, alternativement brun verdâtre et jaune orangé. La dorsale et l'anale sont verdâtres, tachetées de brun fauve à la base; les pectorales et les ventrales verdâtre clair et sans taches. Le fond de la couleur de la caudale est semblable à celui de la dorsale; elle est rayée de bandes transversales rougeâtres peu marquées.

D. 11/17; A. 3/8; C. 17; P. 17; V. 1/5.

L'intérieur de la bouche est rouge. La langue est blanche. L'iris de l'œil est fauve. Le bord montant du préopercule de ce mérou est finement dentelé. L'angle est saillant, et il y a trois ou quatre dentelures plus fortes.

L'individu a presque huit pouces de longueur.

—Les naturels de Tongatabou l'ont donné à MM. Quoy et Gaimard sous le nom de *kouan-ho*.

Page 334. Addition à l'article du *mérou bontoo :*

M. Bélenger nous a procuré cette espèce, connue jusqu'à présent par la description et la figure de Russel.

Le corps est brun, couvert de grosses taches rousses, éparses. La dorsale et l'anale sont blanchâtres, avec un large bord noirâtre liséré de blanc. Les rayons sont noirâtres. La caudale est grisâtre, et vers l'extrémité entre chaque rayon il y a une tache oblongue bleuâtre. La pectorale est noirâtre, avec une large bande blanchâtre à la base. Les dentelures du préopercule sont fortes, et le bord inférieur alongé très-obliquement.

Page 398, après l'article du *plectropome du Brésil*, ajoutez:

Le PLECTROPOME AIGUILLONNÉ.

(*Plectropoma aculeatum*, nob.)

M. Keraudren a bien voulu donner au Cabinet du Roi un plectropome pris sur le banc des Aiguilles, et d'une espèce qui manquait à cette magnifique collection.

Ce poisson, long de quinze pouces, a le corps trapu, haut de l'avant. Sa hauteur aux pectorales est comprise trois fois et demie dans la longueur totale. La tête est très-forte. Les yeux sont grands, assez gros et saillans. Les trois épines du préopercule sont très-fortes. Les dentelures du bord montant forment une scie à dents courtes, espacées, et d'autant plus fortes qu'elles sont plus près de l'angle. Les trois pointes de l'opercule sont très-fortes et très-saillantes. Le sous-opercule a vers l'angle inférieur trois pointes très-aiguës ; c'est un caractère que nous n'avons pas encore observé dans aucune autre de nos espèces. Les dents du rang externe sont crochues, un peu plus fortes que les dents en carde des mâchoires ; mais il n'y a pas de canines saillantes, en longs crochets, comme dans les autres espèces. Les rayons épineux de la dorsale et de l'anale sont très-gros et très-forts. La portion molle de ces nageoires est élevée, arrondie, et en grande partie recouverte de très-petites écailles. La caudale est peu large et presque carrée. Les pectorales sont grandes et arrondies.

D. 13/14 ; A. 3/8 ; C. 17 ; P. 17 ; V. 1/5.

Les écailles sont petites. La couleur paraît avoir été d'un brun doré, avec des petites taches noirâtres, éparses sur le dos et sur la dorsale.

Page 414, après l'article de la *diacope de Seba*, ajoutez :

La DIACOPE DE SIAM.

(*Diacope siamensis*, nob.)

Parmi les riches collections que renferme le superbe établissement de la Compagnie des Ind.s à Londres, nous avons trouvé une diacope prise et dessinée dans le golfe de Siam par feu le docteur Finlayson. Elle ressemble parfaitement, aux couleurs près, à la diacope de Seba, et peut-être même n'en est-elle qu'une variété. Nous lui trouvons deux rayons mous de plus à l'anale : elle en a onze (D. 11/10; A. 3/11; C. 17; P. 18; V. 1/5), tandis que nous n'en comptons que neuf à l'anale de la diacope de Seba; mais un autre individu de cette dernière espèce que nous avons reçu, depuis notre première publication, de la côte de Coromandel, en a dix. En attendant des renseignemens plus précis, nous donnerons la description suivante de la diacope de Siam.

Le dos est brun rougeâtre, le ventre rouge, et la gorge argentée. Le front, le limbe du préopercule, le bord de l'opercule et l'épaule sont d'une belle couleur rouge orangée. La joue est rosée. Les mâchoires sont blanches. La bande qui passe à travers l'œil est rouge de laque rembrunie ; les trois autres sont brunes. Les rayons des nageoires sont orangés, et la membrane est bleue; celle de la caudale et des ventrales est plus foncée. Il y a une tache pourpre dans l'aisselle de la pectorale.

L'individu dessiné était long d'un pied.

Nous aurons encore plusieurs fois l'occasion de citer les travaux du docteur Finlayson, qui a péri malheureusement dans l'Inde. Nous avons pu profiter de ses recherches et les publier ici, grâce à la générosité que M. le docteur Horsfield a mise à nous communiquer les collections qui lui sont confiées. Nous nous empressons de lui en témoigner notre reconnaissance.

Page 418. Addition à l'article de la *diacope à huit raies* :

Un examen plus attentif des nombreux individus qui nous sont récemment parvenus des divers points de l'océan Austral, et que nous avons comparés à ceux que nous avions sous le nom de *diacope octolineata*, nous a fait trouver entre eux des différences assez marquées pour que nous croyions utile de les signaler aux naturalistes. Il restera à savoir si ces différences ne sont qu'accidentelles, ou si elles sont véritablement spécifiques.

La première variété que nous avons décrite, en rappelant les travaux de Commerson et de M. de Lacépède,

a la dorsale lisérée de noir, une tache pâle plus ou moins effacée sur les flancs. Les rubans bleu clair sont étroits, et leur bordure n'est pas très-foncée.

Aux individus que nous possédions, nous avons pu comparer ceux que MM. Quoy, Gaimard, Delise et Desjardins nous ont envoyés de l'Isle-de-France.

La figure de Commerson que M. de Lacépède a fait graver est faite au crayon : le bord de la dorsale est très-large; mais il n'y a point de tache sur les flancs. Solander a observé la même variété à Otaïti. Nous en avons retrouvé le dessin fait par Parkinson sous le nom de *perca vittata*.

Une seconde variété, sans bord noir à la dorsale et sans tache sur les flancs, est le *sciæna kasmira* de Forskal. Commerson en a laissé un fort beau dessin colorié, dont M. de Lacépède ne s'est pas servi.

Le dos et une partie des flancs, ainsi que les nageoires, sont peints d'un beau jaune doré. Le dessus de la tête est rouge pourpré, passant au rose sur les joues. Le ventre est blanc, avec neuf lignes longitudinales orangées.

Une troisième variété vient des îles Waigiou et Rawack.

Elle a le front plus bombé, les dents de la mâchoire inférieure égales et serrées, les rubans plus larges, leur bordure plus noire.

Une quatrième variété, qui nous vient également de l'Isle-de-France, a sur le haut du dos, au-devant de la dorsale, un cinquième ruban; mais cela ne suffit pas pour faire rapporter ce poisson à la *diacope decemlineata*, que nous décrirons tout à l'heure.

La tache sur les flancs y est plus marquée que dans les variétés précédentes. Le troisième ruban, qui devient ici le quatrième, ne s'étend pas au-delà du préopercule. Les dents de la mâchoire inférieure sont serrées; les dernières latérales sont plus grandes que les antérieures.

Toutes ces variétés ont les mêmes nombres.

D. 10/15 ; A. 3/8 , etc.

La Diacope a dix raies.
(*Diacope decemlineata,* nob.)

MM. Quoy et Gaimard ont envoyé de la Nouvelle-Guinée, et M. Raynaud a rapporté de Trinquemalé des diacopes à cinq raies sur chaque flanc, qui présentent des caractères assez constans pour que l'on puisse les regarder comme appartenant à une espèce distincte.

Le museau est plus court; les raies atteignent au bord postérieur de l'orbite, les deux inférieures même dépassent l'œil, et vont jusqu'au bout du museau. Le corps et les nageoires sont d'un beau jaune doré. Il y a un peu de violet sur le dos. Nos individus ne dépassent pas cinq pouces. Les nombres sont les mêmes qu'à la précédente.

Cette variété ou cette espèce se rapporte à l'*holocentrus quinquelineatus* de Bloch.

La Diacope a huit rubans.
(*Diacope octovittata,* nob.)

Nous avons encore de l'Isle-de-France une autre diacope,

à dorsale sans bordure noire, à museau plus court et plus bombé, à rubans très-larges, droits, et sans taches sur les flancs, et qui a deux épines de plus et deux rayons mous de moins à la dorsale.

D. 12/13 ; A. 3/8, etc.

Cette différence dans le nombre des rayons ne nous laisse guère de doute que cette diacope ne soit une espèce.

Le dessus de la tête paraît avoir été rougeâtre ; les flancs sont gris-violet, et le ventre jaune, avec des teintes rouges vers l'anale. La dorsale est violette, avec une large bordure blanche.

Notre individu, long de six pouces, a été rapporté par MM. Quoy et Gaimard.

Il est, sans aucun doute, identique à l'*holocentrus bengalensis* de Bloch. La forme du corps, le nombre des rayons du poisson de Bloch, s'accordent exactement avec ce que nous observons dans le nôtre.

La Diacope a douze lignes.

(*Diacope duodecimlineata*, nob.)

On trouve encore sur les mêmes côtes de l'Isle-de-France une diacope voisine des précédentes, mais qui s'en distingue par plusieurs caractères fort notables.

L'œil est beaucoup plus grand que dans aucune des précédentes. Le museau est aussi avancé que ce-

6.   34

lui de la diacope à huit raies. Les dents sont petites, égales et serrées. Sur un fond jaune orangé il y a à chaque flanc six rubans lilas sans bordures, et qui n'avancent pas sur les opercules. La tête au-devant de l'œil est rouge pourpré. Les épines de la dorsale sont jaunes, et la membrane est grise, lavée de lilas. Les autres nageoires sont jaunes, à rayons orangés.

D. 11/13 ; A. 3/8 ; C. 17 ; P. 16 ; V. 1/5.

Ce poisson nous a été envoyé de l'Isle-de-France par M. Théodore Delise, qui avait bien voulu prendre la peine d'y joindre un dessin, où nous avons appris à connaître les couleurs du poisson frais. Il nous dit que l'espèce atteint un pied de longueur.

La Diacope a rubans bleus.

(*Diacope cæruleovittata,* nob.)

Une autre espèce, qui a été aussi envoyée de l'Isle-de-France par M. Théodore Delise, a huit rubans bleus, sans bordures, sur chaque flanc. Les quatre supérieurs avancent sur la tête comme dans la diacope à huit raies, et les quatre inférieurs, plus étroits, plus serrés, suivent la courbure du ventre, et s'arrêtent à la gorge. La tête est pourpre. Le fond du corps est jaune doré, le ventre blanc argenté. La dorsale est verte, mélangée d'olivâtre. Les autres nageoires sont jaunes. Les formes du corps diffèrent peu de celles des autres diacopes. Elle paraît cependant un peu plus haute. L'œil est très-grand. Les dents de la mâchoire inférieure sont serrées et égales. Il y a deux fortes canines à la supérieure.

D. 11/13 ; A. 3/9 ; C. 17 ; P. 16 ; V. 1/5.

Le poisson qui est au Cabinet du Roi a neuf pouces de long ; mais suivant M. Delise il y en a de plus de seize pouces.

La Diacope aux lignes rousses.

(*Diacope rufolineata*, nob.)

Les mers de la Nouvelle-Guinée nourrissent aussi une petite diacope

à taches noires sur les flancs, sous les premiers rayons mous de la dorsale, et dont le corps est rayé longitudinalement de sept à huit lignes rousses, qu'on ne voit bien que par reflets. Le dos est brun rougeâtre, le ventre jaunâtre et très-argenté. La dorsale a un liséré noir. La caudale est rougeâtre. Les autres nageoires sont jaunâtres. La joue est argentée. Il n'y a pas de raies sur la tête.

D. 11/13 ; A. 3/7 ; C. 17 ; P. 16 ; V. 1/5.

Cette nouvelle espèce a été découverte par MM. Quoy et Gaimard. Nous n'en avons qu'un individu long de cinq pouces.

Page 426, après l'article de la *diacope bordée*, ajoutez :

La Diacope axillaire.

(*Diacope axillaris.*)

M. de Ketlitz nous a communiqué le dessin d'une diacope de la mer des Indes

qui a le corps d'un beau rouge carmin, avec des raies obliques, formées d'une suite de points rosés. Les nageoires sont rouges, plus foncées que le corps, bordées de noir, avec un liséré blanc. La partie épineuse de la dorsale est orangée. Une tache jaune est à la base de la pectorale, qui est elle-même orangée. Ces nombres sont :

D. 10/15; A. 3/9, etc.

Cette espèce a les plus grands rapports avec la *diacope marginata* et la *diacope striata;* elle tient de l'une et de l'autre, et est intermédiaire entre les deux, peut-être même n'est-elle qu'une variété de la *marginata*. Ce poisson avait près de sept pouces.

Nous rapportons à cette même espèce ou variété un poisson que MM. Quoy et Gaimard viennent de trouver aux îles de Vanicolo.

Il paraît dans la liqueur d'un brun rougeâtre, plus foncé sur le dos, et une suite de points blancs forment des stries obliques sur le dos, au-dessus de la ligne latérale; mais elles ne descendent pas au-dessous de la ligne latérale, ce qui la distingue de la *diacope striata*, chez laquelle les stries descendent jusque sur les flancs. Les ventrales du poisson de MM. Quoy et Gaimard sont jaunes.

Il nous paraît également probable que le poisson de Commerson décrit au commencement de notre article sur la *diacope marginata* (t. II, p. 425) est le même que celui-ci, et alors il faudra réserver seulement le nom de *diacope marginata* au poisson de Pondichéry, qui a des couleurs assez différentes, d'après ce que nous apprend M. Leschenault.

Nous nommerons cette espèce *diacope axillaris*. L'individu que MM. Quoy et Gaimard ont rapporté a plus de huit pouces.

Page 429. Addition à l'article de la *diacope à quatre gouttes :*

M. Ruppel a trouvé aussi ce poisson dans la mer Rouge, et il nous a assuré qu'il perd ses taches en grandissant, et que lorsqu'il est adulte il devient la *diacope bohar*.

L'une des deux espèces devra donc être rayée du catalogue.

Page 429, après l'article de la *diacope calvet*, ajoutez :

La DIACOPE A VENTRALES JAUNES.
(*Diacope flavipes*, nob.)

Les naturalistes qui ont accompagné le capitaine d'Urville ont pris aux îles Vanicolo une diacope

d'une teinte brune dorée, uniforme et sans taches, comme la *diacope calveti*. La dorsale a une large bordure noire. Les ventrales sont jaunes. La caudale est très-rembrunie. Le corps est beaucoup moins haut que celui de la *diacope calvet*. Ses nombres sont :

D. .0,14 ; A. 3,8, etc.

Nos individus ont cinq à six pouces de long.

Page 431, après l'article de la *diacope sans taches*, ajoutez :

La DIACOPE A ANALE JAUNE.
(*Diacope analis*, nob.)

Les mêmes voyageurs ont pris à l'Isle-de-France une diacope très-voisine de leur *diacope immaculata*.

Elle a le corps presque aussi haut que la *diacope calvet;* mais sa forme est celle d'un ovale plus régulier. La tubérosité de l'interopercule est petite; elle paraît dans la liqueur d'un brun verdâtre, s'éclaircissant insensiblement jusqu'au ventre, qui est blanc. Des lignes longitudinales brunes dorées se voient par reflets sur les côtés. La dorsale est grise, avec une large bordure noire sans liséré blanc. La caudale est rembrunie; les pectorales sont pâles; l'anale jaune de soufre; les ventrales jaunâtres. Les nombres sont ceux des espèces voisines.

Longueur, sept à huit pouces.

Page 435. Addition à l'article de la *diacope de Boutton :*

MM. Quoy et Gaimard nous ont procuré un individu de cette diacope, que nous ne connaissions encore que par la description de Commerson. Ces voyageurs l'ont pris à la Nouvelle-Guinée.

Dans la liqueur, ce poisson paraît d'une belle couleur jaune d'or sur le dos, et le ventre en a conservé une légère teinte. Le fond de la couleur du ventre est blanchâtre. Il y a un liséré noir à la partie épineuse de la dorsale. Les nombres sont :

D. 10/14 ; A. 3/9, etc.

La forme du corps, en n'y comprenant pas la queue, est une ellipse très-régulière.

Notre individu est long de sept pouces.

Page 436, après l'article de la *diacope fauve*, ajoutez :

La Diacope orangée.
(*Diacope aurantiaca*, nob.)

Les côtes des îles Vanicolo nourrissent encore une diacope, que nous rapporterions volontiers à la *diacope fauve* de Forster, si elle en avait les nombres.

Tout le corps est brun doré, la dorsale orangée, lisérée de noir ; les ventrales et l'anale jaunes, la caudale brune, mêlée de rougeâtre. Les nombres sont : D. 10/14 ; A. 3/8, etc.

L'individu que MM. Quoy et Gaimard ont rapporté, a huit pouces de long.

Page 438, après l'article de la *diacope bossue*, ajoutez :

La Diacope a deux raies.

(*Diacope bitœniata*, nob.)

MM. Quoy et Gaimard ont trouvé à Célèbes une petite diacope longue de trois pouces et demi, et qui diffère de toutes les espèces que nous connaissons. Ses formes sont semblables à celles de la *diacope calvet* et autres voisines.

Elle a de même des lignes obliques sur le dos, et longitudinales au-dessous de la ligne latérale ; mais ce qui la fait aisément distinguer, sont les deux lignes rouges qui traversent la joue au-dessous de l'œil et la bande transversale noire qui est sur le milieu de la caudale. Le corps est jaunâtre, à reflets argentés. Le dessus de la tête est brun. La dorsale est rouge ; la portion épineuse est bordée de brun rougeâtre, et la partie molle de verdâtre. L'anale est jaune, avec du rouge sur les épines. La ventrale est jaune. La tubérosité de l'interopercule n'est pas très-forte.

La DIACOPE ROSE.
(*Diacope rosea.*)

Enfin nous avons encore à décrire une diacope que M. de Mertens a découverte dans l'archipel des Carolines à Uléa, et qui a des nombres tout différens des autres espèces de ce genre.

La tubérosité de l'interopercule et l'échancrure du préopercule y sont très-marquées. La forme du corps ressemble à celle de nos autres espèces. Les nombres des nageoires sont indiqués de la manière suivante sur le dessin que M. Mertens a bien voulu nous communiquer.

D. 13/12; A. 3/8; C. 17; P. 20; V. 1/5.

La couleur du corps est rose-vif ou carmin. La tête est un peu plus foncée. La dorsale est orangée, avec des taches bleues. L'anale et les ventrales sont bleues.

Longueur, neuf pouces.

Page 447, après l'article du *mésoprion à stigmate*, ajoutez:

Le MÉSOPRION A TACHE CAUDALE.
(*Mesoprion caudalis,* nob.)

MM. Quoy et Gaimard ont trouvé aux îles Vanicolo un de ces mésoprions à tache noire sur les côtés, et très-semblable à l'*unimaculé;* mais il nous paraît avoir le corps plus haut, la tête plus longue et plus étroite, le museau un peu plus aigu, l'œil plus grand, le sous-orbitaire plus étroit, les rayons épineux de la dorsale plus grêles et plus hauts, et la caudale légèrement arrondie, tandis que toutes les autres espèces l'ont plus ou moins en croissant. Les dentelures du bord montant du sous-opercule sont fines. L'échancrure est profonde, presque lisse, et le bord horizontal a des dentelures assez fortes et séparées comme de petites pointes.

Le dos paraît gris olivâtre ou jaunâtre. Les flancs et le ventre sont argentés. Il y a une vingtaine de traits violets longitudinaux sur chaque côté, six environ sont au-dessus de la ligne latérale. La portion épineuse de la dorsale est gris violacé; les autres nageoires sont d'un jaunâtre pâle, à l'exception de la caudale, qui offre une grande tache triangulaire violette, entourée de blanc jaunâtre.

D. 10/13; A. 3/7; C. 17; P. 16; V. 1/5.

L'individu est long de six pouces.

Le MÉSOPRION BRUNATRE.

(*Mesoprion fuscescens,* nob.)

Les mêmes naturalistes ont encore découvert une nouvelle espèce de mésoprion à tache latérale.

Elle a le museau plus aigu, l'œil petit, le sous-orbitaire presque aussi haut; les dents, surtout celles de la mâchoire inférieure, beaucoup plus fines et beaucoup moins hautes. Les dentelures du préopercule sont presque nulles le long du bord montant et dans l'échancrure, qui est très-large. Les épines de la dorsale sont fortes et basses.

D. 10/13 ; A. 3/8, etc.

La caudale est coupée carrément. Chaque écaille a la base d'un brun plus ou moins foncé, et le bord légèrement verdâtre. Cette disposition rend le poisson brun verdâtre, plus foncé sur le dos que sur les flancs. Le ventre est blanc mat, sans aucune tache. La portion épineuse de la dorsale est brune ; la portion molle est jaunâtre. La caudale et l'anale sont rousses ; les pectorales pâles, avec une tache rousse dans leur aisselle ; les ventrales jaunâtres, avec du roussâtre sur la membrane entre les trois premiers rayons.

L'individu, long de neuf pouces, a été pris dans les eaux douces de Célèbes, ce qui est remarquable, la plupart des autres espèces étant marines.

Le MÉSOPRION ÉCLATANT.

(*Mesoprion fulgens,* nob.)

M. Rang vient d'envoyer de la rade de Gorée plusieurs mésoprions sans tache sur les côtés, et qui ne le cèdent en rien par l'éclat des couleurs aux espèces de l'Atlantique, qui nous sont venues des côtes d'Amérique. Celle-ci est assez voisine de notre *mésoprion aya*;

mais elle en diffère par son museau plus aigu, par des dentelures plus fines et plus égales sur le bord montant du préopercule, par des épines plus séparées et plus aiguës sur le bord arrondi de l'angle de cet os. Les côtés du corps sont teints de brun-rouge au-dessus de la ligne latérale, et au-dessous jusqu'au ventre du carmin le plus vif. Sur ce fond brillent quinze à seize bandes longitudinales du plus beau jaune doré. Quelques traits argentins verticaux sur les écailles donnent au corps des reflets d'argent. Les joues, l'opercule et le dessous de la mâchoire inférieure sont argentés. Sur les écailles des pièces operculaires il y a une tache rose. La portion épineuse de la dorsale et de l'anale est rouge, bordée de noir; la portion molle de ces deux nageoires et la caudale ont de l'orangé. Les pectorales et les ventrales sont rouge vermillon.

D. 10/15; A. 3/9, etc.

Les individus sont longs d'un pied.

Page 467, après l'article du *mésoprion jocu*, ajoutez :

Le Mésoprion de Gorée.

(*Mesoprion goreensis*, nob.)

Parmi ces mésoprions de Gorée en est un si semblable au *jocu*, qu'il n'en est peut-être qu'une simple variété.

Il a le corps un peu plus trapu, plus haut; la tête un peu plus longue, l'œil plus grand, les dents de la mâchoire inférieure, surtout les antérieures, plus grosses et plus égales; le bord postérieur de l'interopercule plus haut, mais d'ailleurs la même série de points sur la joue. Le dessus de la tête est brun mordoré, la partie antérieure du dos brune, et la postérieure jaunâtre. Les flancs sont rougeâtres, et le bord de chaque écaille argenté. Le dessous de la tête, de la gorge, de la poitrine, est d'un beau carmin pur et très-brillant. En arrière le ventre est plus pâle. La dorsale épineuse est jaune orangé. Les écailles qui montent sur la membrane entre les rayons mous de la dorsale et de l'anale sont rouges. Le reste de la nageoire et la caudale sont violacées. Les pectorales sont rougeâtres. Les ventrales brillent d'un beau rouge vermillon. Les nombres sont ceux du *jocu.*

L'individu a dix pouces de long.

Le Mésoprion a dentelures rétrogrades.

(*Mesoprion retrospinis,* nob.)

Parmi les beaux poissons que M. Rang vient d'envoyer au Cabinet du Roi, nous en avons remarqué un qui semble lier les plectropomes aux mésoprions; car il a le long du bord horizontal du préopercule des épines dirigées en avant; mais comme l'opercule n'a aucune pointe, nous avons cru devoir laisser cette espèce parmi les mésoprions, d'autant plus qu'elle a tant d'affinités avec notre *mésoprion cynodon,* qu'il faut y regarder avec soin pour ne pas se laisser tromper par la première ressemblance.

La mâchoire supérieure porte de même deux grosses et fortes canines, au-devant desquelles il y en a deux plus petites. Le long du bord de l'intermaxillaire on compte une série de petits crochets. La mâchoire inférieure est armée de quatre fortes canines, dont les antérieures sont presque aussi grosses que les supérieures. Entre ces dents il y a des crochets plus petits. Le bord montant de l'opercule est finement et également dentelé. Il n'y a pas l'arc rentrant des mésoprions, ni même d'angle arrondi. A partir de la dernière dent du bord montant du préopercule, le bord de cette pièce osseuse descend en faisant un arc de cercle très-ouvert; et il y a quatre ou cinq dentelures médiocres, dirigées obliquement en avant. L'opercule est triangulaire, couvert de grandes écailles, et n'a aucune épine. L'œil est petit; son diamètre ne fait guère que le septième de la longueur de la tête, qui est contenue trois fois et un tiers dans celle du corps. Les épines de la dorsale sont médiocres. La portion molle de cette nageoire et l'anale sont arrondies. La caudale est coupée carrément. La pectorale est pointue et contenue quatre fois et demie dans la longueur totale du poisson.

Le dessus de la tête est plombé. Cette teinte s'étend sur le dos, qui a du jaunâtre, parce que chaque écaille en est bordée. Le fond de la couleur des flancs est un jaune rougeâtre, plus ou moins éclairci par un large trait vertical argenté, qui occupe la base de chaque écaille. Le ventre est plus jaune, et la queue est rougeâtre, à reflets dorés. La portion épineuse de la dorsale est olivâtre. Le reste de cette nageoire et les deux autres verticales sont bleuâtres, les ventrales vineuses, et les pectorales pâles.

D. 10/14 ; A. 3/8 ; C. 17 ; P. 17 ; V. 1/5.

L'individu que nous avons décrit est long de deux pieds quatre pouces, et haut de huit pouces.

Page 490, après l'article du *mésoprion blanc-or*, ajoutez :

Le MÉSOPRION A TRAIT SOUS L'OEIL.

(*Mesoprion tæniops,* nob.)

MM. Quoy et Gaimard ont rapporté des eaux douces de Célèbes un mésoprion sans tache latérale,

dont tout le corps est brun roussâtre, avec quatre ou cinq lignes argentées sous le ventre. Un trait bleuâtre, horizontal, un peu flexueux, traverse le sous-orbitaire. Les nageoires impaires et les ventrales sont noirâtres. L'anale est la plus foncée ; les pectorales sont grises.

L'individu est long de sept pouces.

DE L'APRION.

Nous avons à présenter à nos lecteurs la description d'un poisson qui réunit une nouvelle combinàison de caractères dans la grande et nombreuse famille des percoïdes à une seule dorsale. Il a les deux mâchoires armées de canines, des dents fines et en velours ras aux palatins et sur le vomer; l'opercule a deux très-petites pointes, mais le préopercule est lisse et sans aucunes dentelures. Le nombre de ses rayons branchiostèges est de sept. Ce serait presque un etelis, si sa dorsale n'était pas unique, ou un gristes, s'il n'avait pas des dents canines. Il est en quelque sorte au gristes ce que le serran est au centropriste. Nous n'avons pas pu faire l'anatomie des individus du Cabinet du Roi, et avons seulement vu que la vessie aérienne est grande et simple, comme celle des serrans. Nous ne connaissons encore qu'une espèce de ce genre, qui vient, comme l'etelis et d'autres poissons fort curieux, des îles Séchelles où M. Dussumier l'a recueillie.

*L'*Aprion verdatre.

(*Aprion virescens,* nob.)

Cet aprion a tout-à-fait la tournure d'un sparoïde, et même quelque ressemblance avec l'*apha-reus*, par le prolongement du dernier rayon mou de la dorsale et de l'anale. Le corps est alongé et arrondi. Sa hauteur fait le cinquième de la longueur totale; son épaisseur en surpasse un peu le huitième.

La tête est assez longue, à peu près du quart de la
longueur du corps. Le museau est gros et arrondi.
La ligne du profil est droite, mais un peu relevée
et soutenue au-devant de l'œil. Le dessus de la tête
est aplati, ayant la forme d'un carré long en arrière
des yeux, et d'un triangle au-devant. L'œil est assez
grand, placé sur le haut de la joue, sans cependant
entamer le profil du front; sa forme est ovalaire; le
diamètre vertical ne fait que les trois quarts du longitudinal, lequel est contenu quatre fois dans la
longueur de la tête. L'angle antérieur de l'œil est
aigu. Le sous-orbitaire est grand, à peu près deux
fois aussi long que haut; au-dessus de son bord
antérieur, qui va obliquement de l'œil le long de
la branche montante de l'intermaxillaire, il y a un
sillon large et profond; au-dessus de lui sont percées
les deux ouvertures de la narine, qui sont rondes
et à peu près d'égale grandeur. Le préopercule est
large, et la joue recouverte en dessous de l'œil par
sept rangées d'écailles, et par trois en arrière. Le
limbe est médiocrement large. Le bord de cet os est,
comme nous l'avons déjà dit, lisse, très-mince, et
sans aucune épine ou dentelure. L'opercule et le
subopercule paraissent réunis sous les écailles; ces
deux pièces forment ainsi une grande plaque triangulaire, dont la première a deux petites épines. La
plus forte est vers l'angle: l'autre au-dessus. L'interopercule est arqué, et n'a qu'une ou deux rangées
d'écailles. La bouche est grande et bien fendue,
mais pas au-delà du tiers de la longueur de la tête.
Quand elle est fermée, la mâchoire inférieure dé-

6.   35

passe un peu la supérieure. Le maxillaire est en partie caché sous le bord mince et tranchant du sousorbitaire. L'intermaxillaire est plus court que le maxillaire. Il y a deux grosses dents coniques à l'extrémité de la mâchoire supérieure, et une rangée de petits crochets; derrière est une bande de dents en velours ras. La mâchoire inférieure porte six crochets de chaque côté, suivis d'une rangée de petites dents pointues, qui augmentent de hauteur à mesure qu'elles sont plus près de l'angle. Derrière il y a des dents semblables à celles d'en haut. Les palatins ont une bande très-étroite de dents fines : il y en a une autre, distincte, sur le chevron du vomer. Les pharyngiennes sont en fortes cardes. Les râtelures des branchies sont grêles. La langue est libre, arrondie, charnue et sans aucune âpreté. Les lèvres sont minces et assez étendues. Les ouïes sont très-fendues. La membrane branchiostège porte sept rayons. Le surscapulaire forme une large écaille oblique, à bord un peu dentelé, et attachée sur la tempe au-dessus de l'opercule. L'huméral est étroit, et longe le bord de la fosse branchiale; il est nu : sa seconde pièce forme une large écaille osseusse dans l'angle de l'aisselle de la pectorale. Cette nageoire est arrondie et fort petite; sa longueur ne fait pas le dixième de celle du corps. La dorsale s'élève un peu en arrière de la base de la pectorale; elle a peu de hauteur. Ses rayons épineux sont faibles; les deux premiers articulés n'ont point de ramifications; le dernier rayon branchu dépasse les autres. La première épine de l'anale répond au second

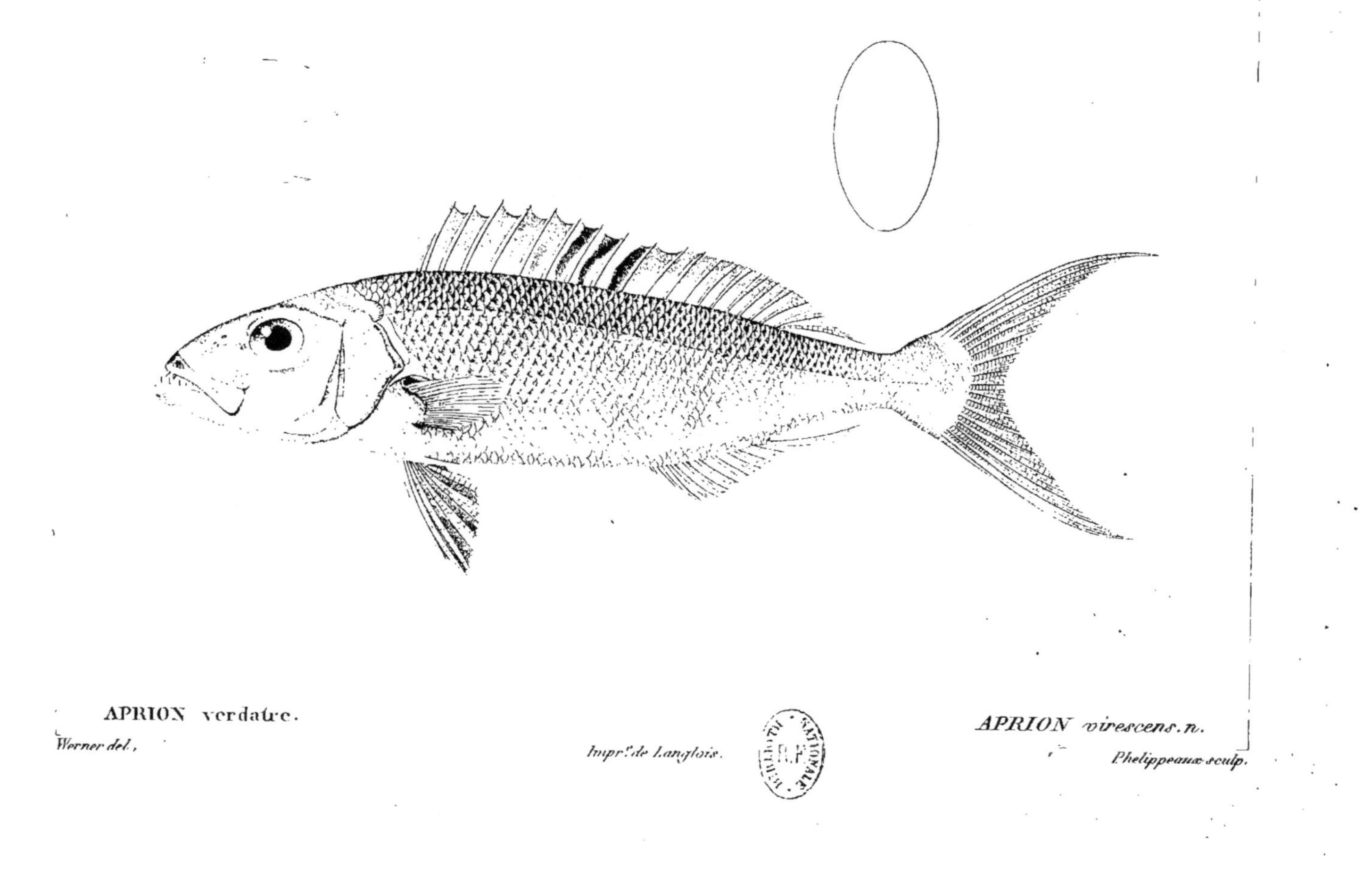

APRION verdâtre.

Werner del.

Impr.^e de Langlois.

APRION virescens. n.

Phelippeaux sculp.

rayon articulé de la dorsale. Les épines anales sont faibles; la première très-courte. Le premier rayon articulé est simple; les autres sont divisés, et le dernier, qui répond à la fin de la dorsale, est également plus prolongé que les autres. La caudale est longue et profondément fourchue. Un lobe est contenu quatre fois et un quart dans la longueur totale. La membrane entre chaque rayon est toute couverte d'écailles. C'est la seule nageoire de ce poisson qui offre cette disposition. Les ventrales sont assez grandes, triangulaires, et attachées sous les pectorales. Il y a dans leur aisselle et entre leur base une écaille longue et très-pointue.

B. 7; D. 10/11; A. 3/8; C. 17; P. 18; V. 1/5.

Les écailles sont lisses, peu épaisses et de grandeur moyenne : on en compte une cinquantaine entre l'ouïe et la caudale, et une vingtaine dans la hauteur. Au-dessus du surscapulaire il y a une bande de sept à huit écailles un peu plus grandes que les autres, et qui détachent en avant et au-dessus du préopercule une plaque composée de trois rangées d'écailles cornées, semblables à celles du corps. Le dessus de la tête, le tour de l'orbite, le sous-orbitaire, les deux mâchoires, le limbe du préopercule et une partie de l'interopercule sont recouverts par une peau nue, épaisse, lisse, et sans aucunes écailles. La ligne latérale est droite, et à peu près par le quart de la hauteur du corps à son origine; elle s'abaisse ensuite un peu, de manière que sous la portion molle de la dorsale elle traverse le corps par le tiers, et la queue par la moitié de la hauteur. Elle se compose d'une série de traits droits, marqués en relief sur les écailles.

Ce poisson est verdâtre, à reflets argentés. Le dessus de la tête, le sous-orbitaire et les mâchoires sont bleus, ainsi que les ventrales ; les autres nageoires sont olivâtres. Entre le septième, le huitième et le neuvième rayon épineux de la dorsale il y a une grande tache bleu noirâtre très-foncée. L'iris de l'œil est doré.

Nos individus ont un pied de long.

M. Dussumier ne nous apprend aucune particularité sur ce poisson curieux.

TOME TROISIÈME.

Page 60, après l'article du *growler de la rivière Macquarie*, ajoutez :

DE L'APSILE (*Apsilus*, nob.).

Nous avons encore à parler dans ce supplément d'un genre que nous ne pouvons rapporter qu'aux percoïdes à une seule dorsale, mais qui se distingue de tous les autres par l'absence de véritables épines et de dentelures, soit aux pièces osseuses de l'opercule, soit à celles de l'épaule. Le poisson qui sert de type à ce genre a des dents en velours très-fin, sur une bande fort étroite aux deux mâchoires et aux palatins, et sept rayons à la membrane branchiostège. Ainsi il se rapproche des centropristes et des gristes ; mais les premiers ont des épines à l'opercule et des dentelures au préopercule ; les seconds ont des épines à l'opercule, sans dentelures au préopercule. Le genre que nous ajoutons à cette subdivision des percoïdes à dorsale unique et à sept rayons branchiaux, n'a ni épines ni dentelures. Nous n'en connaissons encore qu'une seule espèce.

*L'*Apsile brun.

(*Apsilus fuscus*, nob.)

Le Cabinet du Roi possédait depuis long-temps un poisson sec, assez mal conservé, sans qu'on en sût l'origine, et qui a tout-à-fait la tournure d'un cæsio ; mais comme les palatins et le vomer portent des dents, nous ne pouvions en faire un sparoïde. Attendu le mauvais état de conservation de ce seul exemplaire, nous avions été fort embarrassés sur la place qu'il convenait de lui assigner dans notre Système ichtyologique, lorsque nous avons été assez heureux pour en retrouver un bel individu, conservé dans l'eau-de-vie, parmi les poissons que MM. Quoy et Gaimard ont recueillis pendant leur second voyage à Porto-Praya du cap Vert. C'est d'après lui que nous allons faire la description qu'on va lire.

Le corps est d'une forme ovalaire, régulière et alongée. La hauteur n'est que le quart de la longueur totale; l'épaisseur n'a guère que le tiers de la hauteur. La tête est courte, du cinquième de la longueur du corps. Le museau est obtus, un peu arrondi. Le front est légèrement bombé et court. L'œil est médiocre, placé au tiers de la hauteur de la joue. La longueur du diamètre est contenue quatre fois et demie dans celle de la tête, et une fois et demie dans la distance du bout du museau au bord antérieur de l'orbite, qui est parfaitement circulaire. La pièce antérieure du sous-orbitaire ne touche pas tout-à-fait à l'orbite, elle est placée obliquement entre le bout du museau et l'œil. La hauteur du bord antérieur de cette pièce est double de celle du bord postérieur. Les autres pièces forment derrière l'œil une large portion de cercle qui cerne l'orbite. Il n'y a aucune épine ni dentelure au sous-orbitaire, dont la surface est criblée de pores assez visibles. Le préopercule est assez grand. On compte six rangées d'écailles sur la joue au-dessous de l'œil, et quatre seulement sur le haut du préopercule. Le limbe a quelques stries et beaucoup de pores. Le bord montant et l'horizontal sont droits, minces, et sans aucune épine ni dentelure. L'angle sous lequel les deux bords sont réunis, est arrondi; il est strié, et les rainures des stries entaillent un peu le bord de l'angle, ainsi que cela a lieu dans quelques sparoïdes, et notamment dans les cæsio, mais sans y former cependant des épines. L'opercule forme une pièce triangulaire assez grande, dont l'angle est mousse. La portion osseuse qui le termine est mince, et l'on ne peut pas non plus y voir une épine. Les écailles sont beaucoup plus grandes que celles du préopercule. Une ligne oblique marque la séparation du sous-opercule, qui est étroit, écailleux, et sans aucune armure : il en est de même de l'interopercule. La bouche est petite, et n'est pas fendue au-delà de la moitié de la distance du bout du museau au bord antérieur de l'œil. Le maxillaire est mince, coupé carrément, peu caché par le bord du sous-orbitaire ; il atteint en arrière au bord antérieur de l'œil. L'intermaxillaire est petit, très-peu protractile. La mâchoire inférieure ne dépasse pas la supérieure. Les lèvres sont minces et peu charnues ; l'inférieure est cependant plus épaisse que celle d'en haut. Les dents sont en velours ras, très-fin, sur une bande fort étroite aux deux mâchoires ; celles du bord antérieur de la mâchoire supérieure sont un peu plus fortes que les autres ; celles du chevron du vomer et des palatins sont très-petites. La langue est large, arrondie, très-libre, charnue : vers sa base on sent avec le doigt des âpretés très-fines. Les dents pharyngiennes sont en grosses cardes. Les deux ouvertures de la narine sont petites, rapprochées l'une de l'autre, et au milieu de la distance entre le bout du museau et l'œil. La fente des ouïes est grande. On compte sept rayons à la membrane branchiostège. Le surscapulaire forme une assez grande écaille à bord festonné, revêtue d'une peau épaisse au-dessus de l'angle supérieur de l'opercule. Il n'y a pas chez ce poisson d'écailles surscapulaires proprement dites, plus larges et distinctes de celles du corps, comme on en voit chez la plupart des sparoïdes ; mais il existe sur la tempe une plaque écailleuse longitudinale, composée de sept rangées d'écailles cornées sur deux ou trois dans la hauteur. Cette plaque est entourée par une peau lisse, adipeuse, semblable à celle du front. L'ossature de l'épaule est étroite, sans écailles, et en partie cachée sous le bord membraneux de l'opercule. La pectorale est médiocre, des trois quarts de la longueur de la tête, attachée un peu au-dessous de l'angle de l'opercule ; de sorte qu'elle est éloignée du bout du museau du cinquième de la longueur totale. Les ventrales sont fixées un peu plus en arrière que les pectorales. La dorsale s'élève encore plus en arrière que ces deux nageoires, un peu plus loin que le tiers de la longueur du corps, la caudale non comprise. L'étendue que cette nageoire occupe sur le dos égale le tiers de la longueur totale, la caudale comprise. Les épines sont faibles : c'est la cinquième qui est la plus élevée ; elle a plus du tiers de la hauteur du corps. L'anale commence sous l'aplomb du second rayon mou de la dorsale.

B. 7 ; D. 10/10 ; A. 3/8 ; C. 17 ; P. 17 ; V. 1/5.

La caudale est très-profondément fourchue, et ses pointes sont très-longues. Le lobe supérieur surpasse de beaucoup le quart de la longueur totale. Elle est entièrement couverte d'écailles : c'est la seule nageoire qui soit écailleuse.

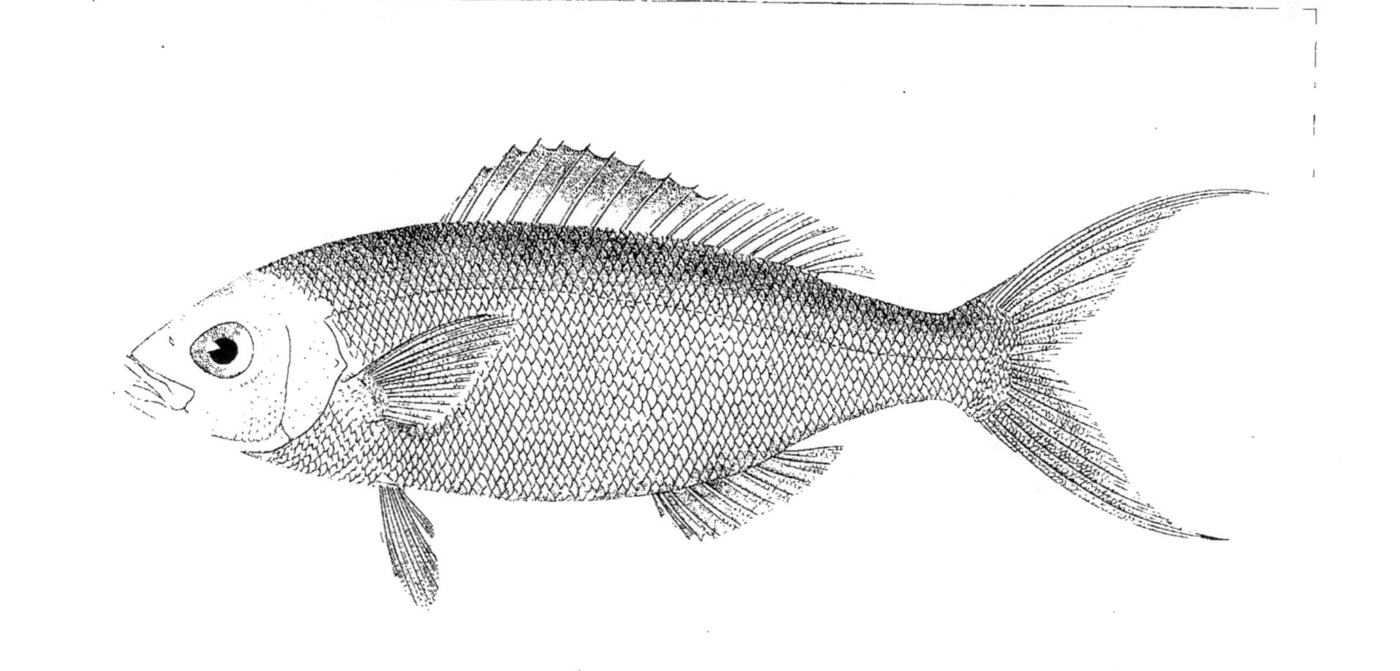

APSILE brun.

Werner del.

Impr.e de Langlois.

APSILUS fuscus. n.

Schmelz sculp.

Les écailles du corps sont médiocres, minces : on en compte soixante-cinq entre l'épaule et la caudale, et une vingtaine dans la hauteur. Chaque écaille, vue séparément, est pentagonale. Le bord radical est droit, festonné par l'extrémité des neuf rayons de l'éventail de sa surface recouverte. La portion libre est très-finement grenue, et les deux bords, qui se réunissent sous un angle très-ouvert, sont ciliés. La ligne latérale est droite, peu marquée, et va par les deux septièmes de la hauteur des côtés, à partir de l'angle inférieur du surscapulaire. Arrivée sur la queue, elle s'abaisse et se termine à la caudale par le milieu de la hauteur de la queue.

La couleur de ce poisson est brune sur le dos, et un peu éclaircie sur le ventre. La dorsale est marbrée de brun sur un fond brunâtre. La caudale est plus foncée que le corps ; les pectorales le sont beaucoup moins.

Notre individu est long de treize pouces.

Nous n'avons pu rien voir de l'anatomie de ce poisson.

Page 491 (supplément), après l'article de l'*apogon à nageoires roses*, ajoutez :

Cet apogon a été décrit sur des individus conservés dans l'esprit de vin, en partie décolorés, rapportés de Ceilan par M. Leschenault. Nous en avons de semblables que MM. Quoy et Gaimard ont pris à Amboine, et qu'ils ont peints d'après le frais.

Son corps est uniformément jaunâtre, à reflets dorés. Les nageoires sont rouges. Un large cercle noir entoure la queue. Deux bandes violettes vont du bout du museau sur l'opercule, en passant à travers l'œil. Une tache de la même couleur se voit le long du maxillaire supérieur, et une bande violette règne le long de la base de l'anale. Les deux traits de l'œil s'effacent; la bande violette de la base de l'anale ne paraît plus que sur la membrane, et y forme une suite de points noirs. Le cercle noir de la queue paraît seul être inaltérable.

Ce nouvel examen nous confirme dans l'opinion que cette espèce diffère de celle que Commerson avait déjà observée, et que d'après les descriptions ou les figures qu'il en a laissées, M. de Lacépède a introduite trois fois dans son Ichtyologie, sous trois noms génériques différens.

TOME QUATRIÈME.

Page 225, après l'article de *l'aspidophore à une seule dorsale*, ou *aspidophoroïde de Lacépède*, ajoutez :

Depuis que nous avons publié, d'après Bloch, la courte description de l'aspidophore à une seule dorsale, nous avons pu la rectifier et la compléter sur l'exemplaire même de Berlin, que M. Lichtenstein a bien voulu nous communiquer.

Le corps a au-devant de la dorsale une forme prismatique, tétraèdre; mais que l'on peut dire aussi octaèdre, si l'on veut considérer comme des faces séparées les divisions des plans latéraux et du dessous du corps par les arêtes longitudinales qui relèvent les écailles. En arrière des deux nageoires verticales la queue est hexaèdre. La plus grande hauteur du corps, mesurée aux ventrales, fait le quinzième de la longueur totale. La longueur de la tête n'est que le septième de celle du corps. Le casque du crâne est creusé en gouttière sur la longueur. L'élévation des crêtes sourcilières rend le sillon plus profond entre les yeux. Le casque s'élargit un peu en arrière, et forme un léger sillon au-dessus de l'articulation de l'opercule. L'œil est grand; son diamètre égale le quart de la longueur de la tête, et la distance du bout du museau à l'angle antérieur de l'orbite est égale au diamètre. Sur le bout du museau il y a deux pointes crochues, comme dans l'aspidophore de nos côtes. Au-dessous de ces pointes sont les deux très-petites ouvertures de la narine; l'antérieure est une fente longitudinale. Le sous-orbitaire antérieur est étroit et peu caverneux; le postérieur s'étend derrière l'œil sur la joue, il est un peu relevé en carène oblique vers sa portion inférieure. Le préopercule est étroit; l'opercule, un peu renflé, est petit; le sous-opercule l'est encore davantage; l'interopercule forme une bande osseuse, aplatie derrière la branche de la mâchoire inférieure. Le museau, obtus et arrondi, s'avance au-delà de l'ouverture de la bouche. La fente en est petite et en arc de cercle; elle ne dépasse pas le bord antérieur de l'orbite. Il y a sur chaque mâchoire une bande étroite de dents en velours ras, ainsi que sur les palatins et sur le devant du vomer. Les ouïes sont très-fendues, et la membrane branchiostège est garnie de six rayons.

Les pectorales comptent onze rayons. Il y a sous la gorge une série de cinq écailles étroites, alongées, échancrées sur les côtés, donnant appui à la ceinture écailleuse qui cache l'ossature du bras. Cette ceinture est composée de trois écailles renflées, situées sur les côtés du corps au-devant de la nageoire; et d'une quatrième, de forme hexagone, sous le ventre dans le plan des écailles sternales. Au-devant et en arrière de cette écaille il y en a une autre, également hexagone, mais plus étroite. Cela donne le nombre des neuf plaques que Bloch a comptées sous la poitrine. A l'extrémité postérieure des écailles mitoyennes, et au tiers en arrière des pectorales, on voit les deux très-petites ventrales, qui ne sont composées que de trois rayons, dont le premier est osseux. L'anus répond à la terminaison des ventrales. Il n'y a qu'une seule dorsale, placée sur le milieu du corps et au-dessus d'une anale unique. Ces deux nageoires n'ont chacune que cinq rayons, tous flexibles, et dont le premier seul ne paraît pas articulé. Le plan du dos est un peu concave, et formé par une double série d'écailles placées le long du bord de la face latérale du corps : on en compte vingt-huit depuis l'occiput jusqu'au dernier rayon de la dorsale. Derrière cette nageoire jusqu'à la caudale il n'y a plus sur le dos de

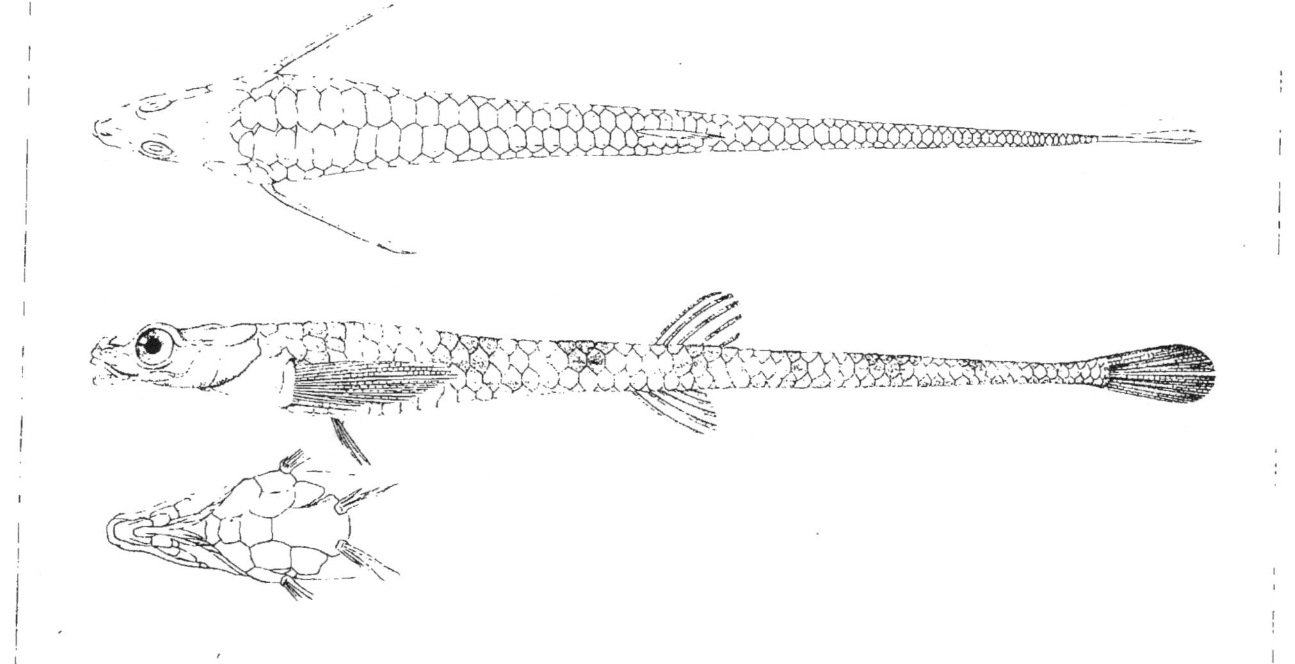

ASPIDOPHORE à une seule dorsale.

ASPIDOPHORUS monopterygius. bl.

Werner del.

Impr.e de Langlois.

Phelippeaux sculp.

la queue qu'une seule rangée d'écailles hexagones,
et pliées par le milieu, ce qui forme la carène impaire du dos de la queue. Il y a au-dessous de cette
première série deux rangées d'écailles hexagonales,
au nombre de cinquante, depuis l'ouïe jusqu'à la
caudale. Chaque écaille est relevée par une arête.
Les inférieures, depuis les ventrales jusqu'à l'anale,
sont au nombre de vingt-quatre et semblables à
celles du dos; mais elles sont pliées deux fois, ce
qui forme deux faces latérales et une impaire sous
le ventre. En arrière de l'anale il y en a une série
impaire comme celles du dos, mais d'écailles plus
petites et au nombre de vingt-trois. La surface de
chaque écaille est rude et comme chagrinée. La ligne
latérale est marquée, sur la rangée supérieure des
écailles hexagonales des flancs, par un assez gros
trou percé sur chacune.

La couleur est, comme Bloch l'a indiquée, un gris
verdâtre avec six ou sept larges bandes brunes.

Les deux individus que Bloch a laissés au
Cabinet de Berlin n'ont pas conservé leurs viscères; en sorte que nous ne pouvons rien dire
sur l'anatomie de ce singulier genre.

Ce qui sera très-intéressant à apprendre pour
les naturalistes, c'est que ce poisson ne vient
pas des mers de l'Inde, comme le dit Bloch,
mais du Groënland. Nous devons ce précieux
document à M. Reinhardt, de Copenhague. Ce
savant a bien voulu nous donner pour le Cabinet du Roi un des trois individus qu'il a